LE
CULTIVATEUR
AVEYRONNAIS.

LE CULTIVATEUR

AVEYRONNAIS :

LEÇONS ÉLÉMENTAIRES

D'AGRICULTURE PRATIQUE,

ET VUES

SUR LA SCIENCE DE L'EXPLOITATION RURALE ;

Par A. RODAT,

Secrétaire perpétuel de la Société d'Agriculture de l'Aveyron, correspondant du Conseil supérieur, de la Société des Progrès agricoles, de la Société d'Agriculture et des Arts de l'Ariége et de celle du Cantal.

Sapiens divitiarum naturalium quæsitor acerrimus. (SENEC. *Ep.* 119.)

Le Sage est rechercheur très-véhément des biens de la nature. (*Trad. de* MONTAIGNE.)

Rodez,
Imprimerie de Carrère aîné, *libraire.*

1839.

Préface.

Depuis long-temps plusieurs personnes, parmi lesquelles je pourrais citer des hommes d'un mérite distingué, m'invitaient à réduire en corps de doctrine les vues que j'ai publiées à diverses époques sur la pratique de l'art agricole, et qui, après avoir été insérées dans la *Feuille villageoise* et dans le *Propagateur aveyronnais*, ont été reproduites dans les *Annales de l'agriculture française*, rédigées alors par MM. Tessier, Bosc et Huzard fils.

On me disait qu'un journal n'est guère propre qu'à recevoir des procédés particuliers de culture, et qu'ayant essayé de montrer l'exploitation rurale telle qu'elle est, c'est-à-dire comme une science de rapports, je devais compléter l'enchaînement de ces rapports, sous peine de ne pas atteindre le but d'utilité publique que je m'étais proposé.

J'avoue que c'était me prendre par mon faible que de me faire entrevoir, dans mon obscure carrière, la possibilité de me rendre utile au pays. A mon âge, au soir de la vie, lorsqu'on éprouve le regret de n'avoir pas su ou pu remplir sa journée d'homme par des services importans, il est doux, il est consolant de laisser tout au moins un petit témoignage de ses bonnes intentions.

Je sentais d'ailleurs que, dans mes articles d'agriculture, trop souvent écrits avec précipitation, il y avait plusieurs lacunes à remplir, plusieurs passages à éclaircir ou à développer, et, s'il faut tout dire, des erreurs à rectifier.

J'étais dans cette disposition d'esprit, lorsque je reçus le programme par lequel la Société centrale et royale de Paris proposait des prix pour six Traités élémentaires d'agriculture, applicables aux diverses régions qui divisent la nature agricole du royaume.

Cette vue de la Société royale me parut si féconde en résnltats, si patriotique, si bien conçue, que je résolus de répondre à l'appel et de travailler pour la région trop peu connue et trop dédaignée, qui comprend l'Aveyron et généralement tous les pays pauvres ou montueux qui lui ressemblent.

Mais lorsque je voulus mettre la main à l'œuvre, je sentis toute la vérité de ce que j'avais entendu dire dans ma jeunesse par des savans très-distingués de la capitale, savoir, qu'il n'y a guère rien de plus difficile à faire qu'un bon livre élémentaire. C'est surtout en matière d'agriculture que cette difficulté devient extrême, comme l'a remarqué M. Mathieu de Dombasle.

Aussi voyons-nous que plusieurs de ceux qui nous ont donné des essais en ce genre ont échoué. Leurs ouvrages sont conçus d'après des données entièrement fausses, sans connaissance du caractère et de la portée des cultivateurs pour lesquels ils sont écrits. Ils outragent l'intelligence des lecteurs en leur présentant quelque chose de trivial, de plat, de niais, de superficiel, d'incomplet. On ne peut s'empêcher de sourire en voyant de quel air ils enseignent aux villageois tout ce qu'ils savent mieux que l'auteur, rien de ce qu'ils ignorent, rien de ce qu'il importe de leur apprendre.

Un livre élémentaire doit être plus approfondi qu'un autre ; car, ainsi que le mot l'indique, il s'oblige de mettre à nu, par une analyse rigoureuse, les élémens de la matière qu'il traite. Il faut qu'il montre l'ensemble et les détails, sans quoi il manque le but. Il n'en est pas d'un art industriel comme d'une science spéculative, laquelle se compose de plusieurs séries de vérités qui s'enchaînent et se joignent, pour ainsi dire, bout à bout. Ainsi, par exemple, dans l'étude des mathématiques, on peut se contenter de l'arithmétique, des quatre premières règles, si l'on veut ; on peut pousser l'algèbre jusqu'aux équations du premier degré, la géométrie jusqu'aux sections coniques. Celui qui ne va pas plus loin aurait tort de se donner le titre de savant ; mais enfin ses connaissances bornées lui servent, et son temps n'a pas été dépensé en pure perte. En agriculture, il n'en est pas de

même ; on ne sait rien lorsqu'on n'a point saisi l'ensemble du métier, lorsqu'on ignore les détails qu'il faut savoir pour être en état de conduire l'exploitation d'une ferme. Rien de plus dangereux, en agriculture, que la science incomplète. C'est tout comme en politique.

Ainsi donc, celui qui entreprend un livre d'agriculture élémentaire se condamne à tout dire, et cependant il doit en même temps éviter d'être long ; car les longueurs engendrent l'ennui, et l'ennui possède, au degré héroïque, la propriété d'engourdir l'attention et d'offusquer l'entendement.

C'est ici un des nœuds de la difficulté; or, pour la surmonter, cette difficulté, il faut créer un ordre qui n'ait rien de scolastique ni d'arbitraire; un ordre qui puisse saisir les objets et les montrer tels que les offre la nature, dans leur liaison intime et réciproque; un ordre suivant lequel, en prenant pour point de départ les premiers rudimens, tout marche et s'explique par gradations, conduisant le lecteur de l'exposé des faits les plus simples jusqu'à la considération des rapports qui dérivent de ces faits, c'est-à-dire jusqu'à la partie méthodique, j'ai presque dit philosophique, et pourquoi ne le dirais-je pas? J'entends par ce mot qu'il faut apprendre au jeune agriculteur à raisonner son métier. Un charpentier qui n'a point appris à raisonner le sien, ne sera jamais qu'un misérable routinier, incapable d'adapter sa charpente aux différentes circonstances qui pourront se présenter.

Il importe de rejeter toute classification abstraite, et de faire passer sous les yeux du lecteur les diverses opérations de l'exploitation rurale, dans l'ordre où elles se montrent à celui qui les observe et les étudie dans leurs détails et dans leurs motifs.

Qu'on se figure un citadin qui n'a pas la moindre notion d'agriculture et qui forme le projet de s'en instruire à fond. Il entreprend, pour cet objet, de nombreuses promenades à la campagne, dans les différentes saisons de l'année, en commençant par celle qui ouvre la série des travaux. Il est à croire qu'il donnera la préférence à la ferme qui passe, dans le pays, pour être la plus avancée vers la perfection. Il voit, il regarde tout, et il adresse au maître et aux valets des questions multipliées.

Les réponses à ces questions sont la matière de mon livre. Peut-être dira-t-on que j'aurais dû conserver la forme du dialogue, et composer une sorte de catéchisme par demandes et par réponses ; mais j'ai considéré que c'eût été multiplier les mots sans rien ajouter aux choses. Les questions, d'ailleurs, se trouvent en substance dans la table des matières, et les réponses dans les numéros des chapitres.

Cette forme puérile exposait au danger de provoquer le ridicule dans un pays spirituel et goguenard tel que le nôtre. Un Traité élémentaire doit, sans doute, montrer les premiers rudimens, il doit savoir descendre à la portée de toutes les intelligences, mais sans tomber dans la puérilité. Un livre qui n'est bon que pour les enfans n'est bon pour personne. Les enfans ne tardent pas à le prendre en mépris, lorsqu'ils voient que les grandes personnes dédaignent de le lire.

Il faut faire la part de l'écolier et celle du maître (1). Il faut laisser à ce dernier le plaisir et le mérite d'expliquer quelque chose. Un bon livre élémentaire, après avoir occupé avec fruit les commençans, doit être en état de les suivre plus tard dans la pratique, et de leur inspirer tous les jours de nouvelles idées à mesure que l'expérience leur en offrira le commentaire.

Une autre difficulté plus considérable encore, et bien faite pour rebuter celui qui entreprend un livre d'agriculture élémentaire, est celle de montrer comment il faut s'y prendre pour appliquer les principes de la bonne méthode aux différentes circonstances de localité. Cette difficulté, grande par tout pays, est immense dans le département de l'Aveyron, où le sol, le climat, les communications, les relations commerciales établissent des disparates qui se diversi-

____

(1) C'est pour les maîtres que l'on a mis en tête du présent Traité élémentaire un Essai sur la manière d'enseigner l'agriculture.

fient par nuances à l'infini. Pour atteindre directement ces nuances, il eût fallu se précipiter dans un fatras effrayant, dans un labyrinthe inextricable de détails.

J'ai osé aborder cette difficulté qui a épouvanté les maîtres de la science. Pour la surmonter, j'ai eu recours à deux moyens. J'ai commencé par établir une classification qui embrasse les principaux caractères, les traits les plus généraux, les plus communs, les divisions les plus tranchées de la nature agricole. Ensuite, j'ai pris un détour pour conduire mon lecteur sous les différens points de vue propres à montrer les modifications que doit subir la méthode générale, afin de se plier aux particularités de position, aux circonstances de localité. Ici la route était étroite entre deux écueils ; car l'esprit trop général et l'esprit trop particulier sont également dangereux.

J'ai voulu donner au praticien intelligent une clef pour déchiffrer la nature sur le terrain. Voilà comment je conçois que devrait être un ouvrage fait pour enseigner avec fruit les élémens de l'agriculture.

Pour ce qui est du style, on lui pardonnera, je pense, de n'être pas académique, pourvu qu'il soit clair. Toutefois il ne suffit pas qu'il le soit d'une clarté mathématique; il faut qu'il devienne parfois pittoresque, c'est-à-dire heureux à saisir les nuances locales dans toute leur naïveté (1). On pourrait souhaiter aussi qu'il fût intéressant; mais l'intérêt de style, en pareille matière, est un don de la nature, un secret qu'on ne trouve jamais quand on s'efforce de le chercher.

En posant ainsi, dans toute leur rigueur, les conditions d'un Traité élémentaire, je sens trop que je fais d'avance la critique du mien. Après l'avoir travaillé avec tout le soin dont je suis capable, j'ai été tenté de le jeter au feu. Si je me décide à le donner au public, c'est parce que j'ose espérer que les gens du métier y trouveront les inspirations de la pratique. Mes notes ont été écrites sur le manche de

(1) L'homme, a dit Alibert, n'est vivement frappé que par des faits et par des images.

la charrue, et mon papier, en plus d'un endroit, porte l'empreinte terreuse de la sueur de mes doigts.

Ce n'est pas en amateur que j'ai exercé l'industrie agricole : cette industrie que les heureux du siècle dédaignent, a été le fondement de mon existence et de celle de ma famille. Né dans une maison rurale, je joins à mon expérience les traditions de mes ancêtres. Je me suis trouvé dans une position rare, unique peut-être, ayant à diriger une exploitation très-compliquée, laquelle faisait concerter ensemble trois fermes séparées, très-différentes entr'elles, et composées de manière à embrasser presque toutes les natures de terrain que l'on remarque dans le pays. De telle sorte que j'ai opéré pendant longues années sur les graviers du grès arkose, sur les gneis, sur les mica-schistes, sur les schistes ocreux, sur les limagnes bâtardes, mêlées d'argile et de magnésie, sur le calcaire franc, sur le calcaire maigre, sur les terres fortes marneuses qui appartiennent au lias, et que l'on nomme *aubugues* dans la langue de nos laboureurs.

La destinée a pris un soin tout particulier de mon instruction, en me faisant passer par la rude filière des revers, des contrariétés, des traverses de toute espèce, soit de la part des élémens, soit de la part des hommes.

Je dis ceci pour excuser aux yeux du public la présomption qui me porte à supposer qu'il m'appartient autant et peut-être plus qu'à bien d'autres de parler des choses de l'agriculture, et qu'en cette matière, je suis dans le cas d'un vieux capitaine en retraite qui, après trente campagnes, rassemble ses souvenirs et se met à écrire ses commentaires.

ESSAI

LA MANIÈRE D'ÉTUDIER ET D'ENSEIGNER L'AGRICULTURE.

L'agriculture considérée comme une science, c'est-à-dire comme une collection de connaissances liées entr'elles par des rapports fixes et par un but commun, est plus vaste qu'on ne le pense communément.

Elle se rattache d'ailleurs de près ou de loin à toutes les branches de la physique, de façon que, pour peu qu'on se laisse aller au fil de l'analogie, les volumes s'enflent et se multiplient.

Mais lorsqu'on se borne aux faits les plus essentiels qui peuvent nous guider dans la pratique de l'art, on voit son sujet se rétrécir et se circonscrire dans des limites précises, invariables.

C'est sous ce point de vue que nous allons envisager l'agriculture. Laissons aux maîtres de la science l'honneur de former de savans agronomes. Notre objet se borne à former de bons cultivateurs, à mettre ceux qui daigneront lire nos leçons avec quelque attention, en état de bien saisir, dans leurs détails et dans leur ensemble, tous les procédés, tous les secrets du ménage des champs. Cette tâche est encore assez considérable et assez difficile.

Voyons d'abord quelle est la manière dont il faut enseigner et étudier l'agriculture.

Cette étude est une affaire sérieuse ; et ceux-là sont dans une grande erreur qui la regardent, les uns comme inutile, les autres comme quelque chose de trivial et d'aisé.

Or, la pratique de l'art agricole est si peu aisée que, pour l'exercer avec profit, il faut en avoir fait l'apprentissage dans la première jeunesse, ainsi que l'observe Arthur Young. Cet auteur va même jusqu'à dire que quiconque n'est point né au sein d'une exploitation rurale entreprendra inutilement de devenir, par lui-même et sans guide, un bon cultivateur, quand même il serait doué de facultés peu communes.

Il n'en est point de l'agriculture comme de la science d'Euclide, dont Pascal devina un certain nombre de propositions par la seule force de son esprit. L'art agricole est fils de la nature, et la nature ne se devine pas. Il faut l'étudier avec application, avec sagacité et avec ce goût qui est la clef de toutes les études, et sans lequel la mémoire devient réfractaire et la conception rétive.

Mais avant de nous livrer à l'étude de l'agriculture, il est bon, ce me semble, de se mettre dans l'esprit une idée nette de ce qui constitue la nature et l'essence de cet art scientifique ; de voir quelle est la place qu'il occupe dans la grande chaîne des connaissances humaines.

Ce savant prodigieux qui, en terminant son illustre carrière, a refait et agrandi l'arbre de Bâcon, M. Ampère, dans sa classification des sciences, n'a eu garde d'oublier l'agriculture ; mais à la façon dont il en parle, on voit bien que la chose rustique n'avait pas été admise dans cette tête vaste où toutes les autres sciences avaient germé et s'étaient établies comme dans leur terre natale ; il la caractérise et la classe d'après la phytologie et la zoologie (1).

Cette vue me paraît superficielle et inexacte. Sans doute l'agriculture s'efforce aussi de lire dans le grand livre de la nature, mais elle y cherche tout autre chose. La botanique et la zoologie s'occupent de généraliser les plantes et les animaux par leurs ressemblances, et de les spécifier par leurs

---

(1) Ce n'est pas connaître l'agriculture que de séparer la culture des terres de celle des animaux : c'est tomber dans l'erreur que Montaigne reproche aux philosophes qui, dans l'étude de l'homme, s'efforcent de *déprendre* l'âme d'avec le corps pour les considérer séparément. Aussi, ajoute-t-il, ne peuvent-ils le faire que par une *singerie contrefaite*. Le bétail est l'âme de l'agriculture. Celle-ci perd son principe vital et son caractère spécifique, lorsque, se vouant exclusivement au règne végétal, elle se sépare des animaux. Elle n'est plus alors qu'une espèce d'horticulture. Voyez plus loin la distinction que nous avons établie entre ces deux branches de l'art de cultiver les terres.

caractères distinctifs. Or, ce soin ne regarde en aucune façon l'agriculteur. Que lui importe le nombre des étamines ou des cotylédons? Il connaît, sans le secours des livres et de la loupe du naturaliste, les plantes qu'il a intérêt à cultiver, et son art consiste à les faire naître dans les circonstances les plus favorables.

L'agriculture, comme l'indique l'étymologie du mot, est l'art de cultiver la terre : la partie scientifique de cet art se compose de tous les faits que l'expérience et l'observation ont signalés comme les plus propres à donner à la terre la capacité de produire les végétaux qui servent directement, ou indirectement, à la nourriture et au bien-être de l'homme.

Ainsi donc, la géologie paraîtrait se rattacher plus directement que toute autre science à l'agriculture. Mais quelle différence entre le géologue et l'agriculteur, dans la façon dont chacun d'eux étudie la nature de la terre! Deux champs, composés des mêmes élémens minéralogiques, considérés sous le point de vue agricultural, présentent souvent des disparates frappantes.

Mais si l'agriculture diffère des sciences naturelles proprement dites par ses vues, elle en diffère encore bien davantage par sa méthode. Or, dans tout art scientifique, la méthode qui le dirige constitue, ce me semble, son essence. Elle offre le caractère fondamental suivant lequel on doit le classer.

Considérée sous ce rapport, on trouvera que l'agriculture tient de bien près à la médecine. Elle est, comme la médecine, un art scientifique qui a des points de contact avec les sciences naturelles ; comme la médecine, elle s'occupe de la conservation de la vie ; sans doute, la pathologie lui est étrangère ; mais elle fait de l'hygiène végétale et animale. Sa méthode est la même : c'est la méthode conjecturale. Née de l'expérience, et fidèle à son origine, si elle s'impose des règles, c'est avec l'arrière-pensée de les faire plier, eu égard à la nature, et, s'il est permis de parler ainsi, eu égard au tempérament des terres qu'elle traite.

L'agriculteur et le médecin prennent en considération le climat et la constitution atmosphérique. Enfin , si la médecine, qui , considérée dans sa nature propre, se réduit à l'art de guérir , est entourée de sciences accessoires qui l'éclairent et lui fournissent des moyens d'action , l'agriculture, qui n'est que l'art de cultiver (et je prends ce mot dans le sens de Virgile , lequel embrasse les récoltes et le bétail), a aussi ses sciences accessoires, qui peuvent l'aider , ou du moins occuper agréablement l'agriculteur , sans l'éloigner des idées habituelles de son métier.

Telle est l'agriculture considérée sous le rapport scientifique , dans sa nature intrinsèque abstraite.

Mais si , passant à la pratique de l'art , nous le considérons par rapport à l'organisation de ses moyens , par rapport à la marche et à la conduite de ses opérations ; si , après avoir assigné sa place dans l'ordre des sciences réelles , nous cherchons celle qu'il occupe dans l'ordre de l'économie sociale , nous trouverons que l'agriculture est une véritable manufacture. Les fermes sont des usines modifiées à l'infini par la nature des choses et par les divers accidens qui dérivent des lois qui régissent la propriété. Toute manufacture est subordonnée, dans ses opérations , à la grande loi du profit : c'est là son sang et sa vie. Elle cherche ce profit par le calcul des probabilités , et elle le constate et le mesure par une comptabilité régulière.

C'est ici que l'art agricole , que l'auteur de la nature avait déjà rendu assez difficile , comme l'observe Virgile (1) , se complique encore et justifie ce qu'a dit Tacite , que l'administration d'une ferme exige souvent plus de capacité que celle d'une province.

Ces considérations ont pu paraître trop générales ; mais on verra bientôt qu'elles ne sont pas inutiles. J'ose croire qu'elles serviront à répandre sur les leçons qui vont suivre

(1) .... *Voluit Pater ipse colendi*
Haud facilem esse viam.
Le Père tout-puissant n'a pas voulu que l'agriculture fût chose facile.

l'ordre et la clarté. Elles nous mettent sur la voie de la méthode que nous cherchons pour étudier et enseigner l'agriculture ; elles nous fournissent la division la plus naturelle de la science agricole en deux parties principales, dont l'une comprend la culture proprement dite, c'est-à-dire tous les procédés de l'art considéré en lui-même et d'une manière générale ; l'autre traite de la science de l'exploitation rurale et cherche à montrer l'application de ces mêmes procédés dans une position donnée.

Cette dernière partie de l'art est, sans contredit, la plus essentielle et la plus difficile.

C'est la science de l'exploitation qui explique comment de deux fermiers qui se succèdent et exercent sur le même fonds les mêmes principes, les mêmes procédés de culture, l'un se ruine et l'autre s'enrichit.

Le premier n'est que cultivateur, l'autre est manufacturier agricole ; celui-là ne voit devant lui que des arpens de terre, l'autre voit la ferme comme une machine organisée dont les parties doivent concerter ensemble, suivant la loi des rapports qui les unissent.

C'est peut-être pour avoir trop négligé cette division, que les livres nombreux qui traitent de l'agriculture ont eu si peu d'influence sur les progrès de l'art. Les deux points de vue dont nous parlons s'y trouvent mêlés et confondus. Aussi ne peuvent-ils être lus avec fruit que par ceux qui ont acquis, par l'expérience et par la réflexion, une connaissance raisonnée de l'exploitation rurale. Encore faut-il qu'ils aient appris à lire avec cet esprit attentif et analytique qui sait, en lisant, débrouiller et classer les idées. Or, ce sont deux choses qui se trouvent rarement ensemble ; la plupart des praticiens ne savent pas lire, du moins à la façon dont je l'entends, et ceux qui savent lire dans toute la force du terme ne sont pas praticiens.

Aussi voyons-nous des gens pleins d'esprit et d'instruction qui, ayant formé le projet de diriger la culture de leurs terres, après avoir enrichi leur mémoire des écrits des plus célèbres agronomes, arrivés au milieu de l'exploitation, ne savent plus où donner de la tête. Ils poussent avec ardeur des essais décousus et infructueux : bientôt rebutés, découragés, humiliés, ils abandonnent le gouvernail à leur maître-valet, lequel fait aller la machine tant bien que mal, et plutôt mal que bien : mais enfin elle marche, car la routine a cet avantage qu'elle sait d'où elle part et où elle va. La routine est le recueil des traditions locales : tout imparfaits que puissent être ses mouvemens, ils sont assez bien liés entr'eux. La science mal digérée ne s'élève que pour tomber, et voilà ce qui a tant décrié parmi nous l'agriculture transcendante.

C'est pourtant celle-ci qu'il importe d'apprendre ; c'est l'agriculture perfectionnée qu'il faut enseigner. Un livre qui ne traiterait que des méthodes de la routine serait quelque chose de bien niais et de bien inutile.

Mais, en rendant hommage aux belles découvertes de l'école moderne, gardons-nous d'un injuste dédain pour les vieilles méthodes. Elles ont été conçues et développées sous l'inspiration d'une longue expérience, et si elles méritent le nom de routine, ce n'est que par rapport à la foule ignare ou prévenue qui les adopte sans examen et les met en œuvre machinalement avec une sorte de vénération aveugle et superstitieuse ; car d'ailleurs elles forment un système assez concordant dans toutes ses parties. Si la plupart des zélateurs de la culture perfectionnée échouent dans la pratique, c'est parce que, prévenus à leur tour d'un aveugle mépris pour ce qu'ils appellent la routine, ils dédaignent de l'étudier. Toutefois c'est par là qu'il faut commencer lorsqu'on veut acquérir une instruction agricole solide et applicable. Un auteur célèbre a dit : « Pour voir ce qui doit être il faut » s'élever au-dessus de ce qui est. » Ne peut-on pas dire avec plus de justesse encore que, pour voir ce qui doit être, il faut commencer par bien voir ce qui est ?

Ainsi donc, les jeunes gens qui se destinent à la pratique de l'art agricole, et ont la noble ambition de l'élever au niveau des progrès du siècle, doivent commencer par acquérir une connaissance profonde et raisonnée du système usité, vulgairement qualifié de routine

Ils doivent s'instruire avec soin de tous les usages reçus dans l'économie rurale des localités où ils sont dans le cas d'établir leur exploitation. Mais il importe de les avertir que cette étude serait stérile, s'ils n'avaient soin de chercher la raison de ces usages dans la constitution physique du pays, dans ses relations commerciales et dans sa position financière. En étudiant ainsi les procédés de la routine avec un esprit de saine critique, ils parviendront à juger avec précision quels sont ceux qui méritent d'être conservés comme bons en eux-mêmes, ou comme imposés par la nature particulière du pays ; et quels sont ceux, au contraire, qu'on peut considérer comme des abus dommageables, qu'il est essentiel d'extirper, ou bien comme des imperfections qu'il est utile de rectifier.

Quand ils seront parvenus à connaître la constitution agricole du pays dans son principe, dans tous ses détails, dans tous ses motifs, ils seront en état de voir comment il faut s'y prendre pour greffer la méthode perfectionnée sur ce vieux tronc qui a poussé de profondes racines.

Pour donner aux études agricoles cette direction philosophique, les jeunes commençans ont besoin d'un guide qui, possédant les notions de la théorie, les ait long-temps éprouvées sur le terrain, par une pratique expérimentale raisonnée. Ainsi dirigés, les jeunes gens acquerront cet aplomb agricole qui, en se dégageant d'une rampante adoration pour les préjugés vulgaires, ne se laisse point emporter par la fougue impétueuse de l'esprit d'innovation.

Or, c'est ici le danger qui assiége les études agricoles. Les écrivains qui donnent le ton au siècle, font sans cesse retentir le mot de progrès. Ce mot a quelque chose d'enivrant qui exalte. Rien n'est plus flatteur à l'imagination que l'idée du progrès ; rien n'est plus difficile à spécifier, et surtout rien n'est plus épineux à conduire dans la pratique.

Ainsi, quiconque se mêle d'enseigner l'agriculture soit par écrit, soit de vive voix, doit s'attacher par-dessus tout à bien inculquer dans l'esprit de ses disciples l'art heureux et délicat d'être tout à la fois conservateur avec discernement et progressif avec prudence.

Chaque art, chaque science, chaque industrie a ses points fixes et ses vérités immuables. Ce sont des échelons sur lesquels il faut s'appuyer fortement pour arriver plus haut. Telle est la loi du progrès. Rien n'est moins progressif que la manie de tout remuer. On connaît l'anathème de Charron contre les *remueurs* de ménage.

L'agriculture, plus que toute autre industrie, redoute les changemens brusques et les bouleversemens d'une réforme radicale. Ce n'est pas le seul point de ressemblance qui rapproche l'économie agricole de la politique. L'industrie manufacturière admet plus de mobilité, parce qu'agissant sur la nature morte, dont elle cherche à modifier les formes, elle est plus arbitraire dans son but, plus indépendante dans ses procédés.

L'agriculture ne façonne point directement son ouvrage ; elle ne fait que mettre en jeu les forces productrices de la nature : elle est, par conséquent, enchaînée par les lois invariables qui régissent la production et la vie des êtres organisés. L'agriculture est encore enchaînée aux lois de l'organisation sociale d'une façon plus étroite, et aux usages du pays. Aussi le progrès agricole doit-il être plus méthodique que substantiel ; il ne doit point affecter l'essence de l'art, il consiste seulement à améliorer la distribution des travaux, à augmenter et à ménager l'action des forces productrices, à économiser le temps par la perfection des outils. Car, d'ailleurs, dans tous les systèmes, le fond du ménage des champs est toujours le même. Il consiste à bien labourer la terre, à la rendre meuble et perméable aux influences atmosphériques, à l'engraisser et à la nettoyer des mauvaises herbes, à épier, à saisir l'à-propos des saisons. Le plus savant agronome ne fait pas autrement que le plus ignorant jardinier. Seulement le premier arrive au même but par une voie plus prompte et plus économique ; il augmente ses produits en les variant ; il fertilise ses terres et en accroît la valeur par la culture et l'emploi bien entendu des substances propres à les engraisser, et par une attention bien calculée de modérer la production des objets de vente. L'art est le même ; seulement la façon de l'administrer est différente.

L'art de la préparation des terres se réduit à des termes bien simples et bien faciles à concevoir. Le type de la perfection se trouve partout : il suffit, pour en avoir une idée, de jeter les yeux sur un jardin bien tenu. Or, c'est précisément cette facilité apparente dans la théorie qui fait que l'agriculture, suivant l'expression d'un célèbre écrivain anglais, est le plus difficile, le plus profond, le plus savant des arts industriels (1).

Pour éclaircir ce paradoxe, il importe de bien établir la distinction qui existe entre l'horticulture et l'agriculture proprement dite. Ces deux arts, issus d'une même tige, se rapprochent et se confondent par tant de points, qu'il ne faut pas être surpris des méprises nombreuses dans lesquelles sont tombés d'excellens auteurs qui ont écrit sur ces matières. Dire que l'horticulture et l'agriculture diffèrent par la nature des objets qu'elles produisent, ce serait établir une distinction insuffisante ; ce ne serait point tracer la ligne de démarcation d'une manière complète et tranchée ; car l'agriculture, sans altérer l'essence de sa méthode, a pu s'approprier une partie des légumes qui appartenaient primitivement au jardinage. Qu'importe d'ailleurs la nature des productions? Elle ne change rien à l'essence de l'art qui est employé à les faire naître. Il faut donc tirer cette distinction d'un fait important et fondamental, d'un principe fécond en conséquences.

Or, on remarquera que l'horticulture ne puise pas dans son propre fonds les engrais qu'elle emploie, et que les préparations de sa terre sont exécutées par des outils que pousse la main de l'homme. L'agriculture, au contraire, a recours à la force des animaux pour mettre en jeu les instrumens dont elle se sert, et de plus, elle s'occupe de la production des engrais nécessaires au maintien de la fécondité de ses terres.

Ce dernier point est le plus caractérisque et le plus important, à cause des complications nombreuses qui en dérivent dans la pratique de l'exploitation rurale.

Il suit de là que l'horticulture est une industrie secondaire

(1) Hume, *Histoire d'Angleterre.*

et dépendante, qui ne porte pas en elle-même le principe de sa conservation, tandis que l'agriculture est une machine organisée qui puise le mouvement et la vie dans une circulation active et continue.

L'art du jardinier n'est qu'un métier simple, constant et uniforme dans ses procédés, absolu. L'agriculture proprement dite, telle que je viens de la définir, est un art relatif à diverses circonstances, un art de combinaison et de génie (1).

Ces deux ordres de culture se mêlent et se confondent, en ce sens que l'exploitation rurale a quelquefois recours à la bêche et à la houe du jardinier, et qu'à l'instar de celui-ci, elle achète des engrais.

L'horticulture, de son côté, s'applique dans toute sa simplicité à la production des céréales. C'est ce qui arrive aux environs des villes où les fumiers et les bras abondent, où il n'est pas rare que des ouvriers, qui tirent leur existence d'un autre métier, possèdent quelques lambeaux de terre qu'ils cultivent avec affection et sans calcul. C'est là ce que les gens de ville, qui observent l'agriculture en se promenant le long des routes, appellent les miracles de la petite culture. Cette petite culture leur paraît le sublime de l'art et en même temps la chose du monde la plus simple dans sa conception, la plus facile dans l'exécution. De quoi s'agit-il? De répandre beaucoup de fumier et d'enfoncer le fer de la bêche jusqu'à la douille. Ils croient que c'est là de l'agriculture et, qui plus est, de l'agriculture perfectionnée, tandis que ce n'est que de l'horticulture.

On ne saurait croire combien ce quiproquo a été une pépinière d'erreurs funestes au progrès de l'économie rurale.

Il arrive tous les jours que des citadins instruits, pleins de ce préjugé que la chose rustique est chose grossièrement aisée, se lancent dans l'exploitation de leurs fermes sans se donner la peine d'en étudier les ressorts; ils roulent quelque temps de bévues en bévues. Le succès de leurs voi ins leur

____

(1) L'agriculture est à l'horticulture ce qu'est la charpente à la menuiserie.

paraît un effet sans cause. Ils ne se persuadent pas que le métier soit au-dessus de leurs connaissances ; ils finissent par croire sérieusement qu'il faut être ignorant et rustre pour y exceller : ils le quittent avec humeur, non pas comme incapables, mais, au contraire, parce qu'ils ne se sentent pas assez bêtes.

C'est ainsi que l'art agricole est d'autant plus difficile que les difficultés qu'il renferme échappent à la vue de ceux qui, n'étant point initiés dans les mystères de l'exploitation rurale, sont hors d'état d'en bien définir la nature et d'en embrasser l'ensemble systématique.

Cette distinction que nous venons d'établir entre l'horti-culture et l'agriculture n'est rien moins que frivole. Il importe d'acquérir des idées bien nettes de la chose qu'on étudie et, par conséquent, de se faire une langue précise qui puisse écarter les équivoques.

C'est pour avoir négligé cette distinction que certains auteurs, d'ailleurs fort recommandables, ont répandu dans leurs écrits le vague et la confusion : leurs préceptes se rapportent pêle-mêle, tantôt à la méthode jardinière, tantôt à la méthode agricole, et le lecteur que rien n'avertit court risque de former insensiblement dans sa tête un système décousu, composé de vues contradictoires et de procédés qui se heurtent, lorsqu'on essaie de les réaliser dans la pratique.

Pour mettre ceci à la portée des commençans, il suffira de leur faire remarquer que l'horticulture est un art exceptionnel et borné, un art de position et de circonstance, qui, travaillant pour le luxe et la sensualité, peut aller à son but par la voie la plus courte, la plus simple, la plus directe, qui est aussi la plus dispendieuse.

L'agriculture, au contraire, s'occupe en général de la production des objets de première nécessité ; par conséquent, le prix de ses denrées se mesure, non sur la bourse du riche, mais sur celle du pauvre.

Il faut donc qu'elle cherche la méthode la plus économique, laquelle, par la nature même des choses, est la plus savante et la plus compliquée.

Pour mettre encore plus de clarté dans la langue de l'enseignement, nous adopterons la charrue pour symbole de l'agriculture proprement dite, que nous appellerons *grande culture*. La bêche sera le symbole de l'horticulture, qui prend le nom de *petite culture* lorsqu'elle s'applique à la production des objets de première nécessité.

Ainsi, partout où agira une charrue suffisamment attelée, nous verrons de la grande culture, et partout où les travaux s'exécuteront à la bêche ou à la houe, nous dirons que le fermier fait de la petite culture, quelle que soit l'étendue de la ferme. La culture qui n'a pour moteurs que les bras de l'homme mérite bien l'épithète de petite, car nos forces sont très-petites par rapport à nos besoins, par rapport surtout aux exigences de l'ordre social.

Peu importe que ces définitions ne soient pas tout-à-fait d'accord avec le langage ordinaire ; elles ont, ce me semble, le mérite d'être précises, et après tout, le point essentiel de l'enseignement est de se faire entendre et de mettre les élèves à l'abri des équivoques et des disputes de mots.

Convenons d'ailleurs que ces mots de grande et de petite culture, tels qu'on les trouve dans divers écrits d'économie rurale, ou d'économie publique, sont loin de présenter un sens clair ou rationnel : ce sont des signes de relation dont les termes ne sont pas indiqués.

La plupart des auteurs paraissent entendre, par le mot de grande culture, celle qui s'exécute au moyen des chevaux ; mais il est difficile de dire en quoi consiste, pour le labourage, ce caractère de grandeur que l'on fait dériver de la nature de l'attelage qui met en mouvement la charrue. La prééminence du cheval sur le bœuf est au moins indécise en ce qui concerne la culture des terres. On remarquera même que nos plus savans agronomes regardent le bœuf comme l'animal du labourage. Telle fut aussi l'opinion de toute l'antiquité. Toujours est-il vrai qu'il est des pays où le service des exploitations rurales ne saurait être exécuté par des chevaux. La culture par les bœufs est d'une application plus universelle. D'où il suit, ce me semble, que la division vulgaire en grande et petite culture, étant tirée de l'usage des chevaux et des bœufs, n'a rien de solide sous le rapport de la science, puisqu'elle est purement relative à des convenances de localité, et qu'elle n'implique pas clairement l'idée de deux méthodes placées sous un ordre respectif de supériorité et d'infériorité. Toute classification qui n'a pas pour résultat de fixer dans l'esprit des connaissances positives, est futile, si elle n'est pas nuisible : elle ne saurait être admise dans un Traité élémentaire.

En conservant les dénominations consacrées par l'usage, il importe de les tirer du vague où elles nagent, pour ainsi dire, et d'attacher à chacune d'elles une idée principale autour de laquelle vienne se grouper tout un système d'idées accessoires. C'est ainsi que, pour tracer une ligne de démarcation exacte entre les deux espèces de culture, nous avons dû chercher dans l'histoire de l'art une de ces inventions qui font époque, parce qu'elles ont opéré une véritable révolution dans l'état de cet art et dans celui de la société. Nous avons trouvé ces caractères dans l'invention de la charrue.

Le jour où l'homme apprit à faire servir les forces des animaux aux travaux agricoles, son domaine s'agrandit et la société fit un pas de géant vers le bien-être et la puissance. Aussi, les anciens, dans l'excès de leur naïve reconnaissance, élevèrent-ils des autels à l'inventeur de la charrue. Ils virent bien que cet instrument était le créateur des arts, le père nourricier des grandes cités et des armées ; bref, le fondateur de la civilisation.

Ainsi définie, la grande culture, la culture par la charrue, mérite principalement de fixer les regards de la science. Que dire de la culture à bras? Quels conseils, quels préceptes peut-on lui donner? Avoir des bêches bien acérées, d'un demi-mètre de long ; les enfoncer jusqu'à la douille en deux ou trois temps, si on ne le peut d'un seul jet ; acheter du fumier ou ramasser dans des paniers celui qui se trouve çà et là sur les chemins : voilà à-peu-près tous les raffinemens de son art ; c'est là son génie. La charrue, au contraire, est la clef de tout un système.

Sous le rapport de l'intérêt social, la charrue mérite toute notre attention, attendu que c'est elle qui approvisionne nos marchés. La petite culture, au contraire, dévore tous ses produits et tourne dans le cercle étroit de l'individualité.

La grande et la petite culture se mêlent pour l'ordinaire, et se prêtent des secours mutuels. C'est dans les combinaisons qui dérivent de cette alliance qu'il est intéressant de les considérer avec attention. Jusqu'à quel point la grande culture peut-elle mettre à profit les moyens de la petite? Voilà une grande question qui mérite d'être examinée avec soin.

D'après les définitions que nous avons données plus haut, les jeunes élèves agricoles sentiront que l'agriculture abjure son principe et sort de ses limites naturelles, toutes les fois qu'elle a recours aux procédés et aux outils de la culture jardinière.

Cependant celle-ci met dans ses travaux un fini bien propre à exciter l'émulation de l'agriculteur. Ainsi, trouver une combinaison suivant laquelle la grande culture parvienne à atteindre la perfection de travail qui fait tout le mérite de la petite, sans trop déroger à la méthode économique qui lui est imposée et qui caractérise son essence, tel est le problème à résoudre.

Or, ce problème a été résolu par la méthode connue sous le nom de *grande culture perfectionnée*. Cette méthode consiste principalement dans l'emploi d'un certain nombre d'instrumens ingénieux, au moyen desquels la force des animaux, soit pour les sarclages, soit pour les diverses préparations, laisse peu de chose à faire à la petite culture manuelle.

La construction et la direction de ces instrumens accélérateurs du travail, l'art d'en tirer parti, de les placer dans le système de l'exploitation, de les employer à propos, tout cela donnera lieu à des leçons développées, d'autant plus nécessaires que ces instrumens sont peu connus dans le pays.

Après avoir envisagé l'agriculture par rapport à ses

moyens d'action, après l'avoir suivie pas à pas dans le cercle de ses opérations, il reste un point de vue plus intéressant encore sous lequel il importe de la considérer.

En effet, le père de famille a le choix de deux méthodes générales d'exploitation, dont l'une consiste à tirer de la terre la rente la plus considérable possible, sans augmenter en aucune façon la valeur capitale de l'immeuble. L'autre, au contraire, dirige ses combinaisons vers l'accroissement progressif de cette valeur. Tel est l'objet de la culture améliorante.

Le principe de cette culture dérive d'une loi de la nature, dont la connaissance approfondie constitue une des plus belles découvertes des agronomes modernes. Cette loi est celle de l'alternance, suivant laquelle la terre peut être tenue dans un état continuel de production, en variant la nature des récoltes.

Cela ne suffit pas : pour que la culture alterne soit améliorante, il faut qu'elle ne soit pas exclusivement consacrée à des objets de vente, et qu'elle fasse entrer dans son assolement les fourrages et les racines, pour être consommés par le bétail de la ferme.

Les récoltes sarclées et les prairies artificielles sont la base de la culture améliorante.

Ce n'est rien faire que d'énoncer une vérité ; il faut la démontrer. En conséquence, on s'appliquera à démontrer la loi de l'alternance et surtout à développer toutes les conséquences, tous les changemens, tous les résultats qui en dérivent dans la pratique.

On s'appliquera surtout à bien mettre au jour toutes les difficultés qui attendent celui qui entreprend d'arriver tout d'un coup à l'abolition des jachères, et qui, sans préparation préalable, essaie de réaliser, sur des terres peu fertiles, les grands principes tirés de la science des assolemens.

Ces difficultés sont telles que j'ose croire qu'elles sont insurmontables dans l'état actuel de notre agriculture. Ainsi, avant de songer à établir un assolement régulier fondé sur la loi de l'alternance, il faut commencer par préparer les terres ; il faut, en quelque sorte, faire leur éducation.

D'après ces considérations, dont la pratique m'a donné le sentiment intime, j'ai été amené peu-à-peu à me faire une méthode que j'appelle *préparatoire* ou de *transition*, et dont l'objet est d'améliorer graduellement les terres pour les élever jusqu'à l'assolement régulier.

Cette méthode étant actuellement praticable partout, et la seule praticable en dehors de la routine, dans les pays qu'on a en vue dans ce Traité élémentaire, on s'attachera à l'expliquer dans tous ses détails. Elle fera le fond de la partie qui a pour objet la science considérée dans le jeu de l'exploitation rurale (1).

Cette méthode préparatoire peut devenir plus ou moins active, plus ou moins rapide dans ses progrès, plus ou moins efficace dans ses résultats, suivant les facultés pécuniaires de celui qui l'emploie.

Mais doit-on écrire pour le riche? N'a-t-il pas en main la baguette magique qui change en jardins délicieux les plus stériles déserts? Les préceptes dont il peut avoir besoin se trouvent dans cent ouvrages qu'il est en état d'acheter et qu'il a le temps de lire.

L'art n'est pas fait pour le riche, comme le remarque Ovide en traitant d'un art moins sérieux. C'est le pauvre qui a besoin d'être habile. C'est à lui qu'il faut enseigner cette tactique agricole qui évite d'attaquer de front les difficultés et qui les tourne avec adresse et circonspection.

C'est pour le pauvre qu'il faut écrire un Traité élémentaire qui ne soit pas trop long, et qui contienne néanmoins tout ce qu'il est utile de lui apprendre, tous les secrets du métier mis à la portée des intelligences les moins développées.

Ainsi, la méthode qu'on tâchera d'expliquer est basée sur la supposition que le cultivateur n'a point d'argent disponible et qu'il est réduit au strict nécessaire. C'est ce que j'appelle la *méthode parcimonieuse*.

En se renfermant dans ce plan, on se prive d'un grand

(1) Voyez surtout la IIe Section de la IIe Partie.

avantage, cher à plus d'un écrivain, celui de parler à l'imagination et de la réjouir par de flatteuses utopies. Mais, dira-t-on, en ne montrant que la froide vérité, ne s'expose-t-on pas à rebuter les commençans, à amortir en eux le goût de l'agriculture? Un tel danger me semble peu à redouter, si l'on a soin de leur faire voir la profession agricole telle qu'elle est, c'est-à-dire, comme la moins lucrative des professions industrielles, mais en revanche comme la plus solide, la plus morale, la plus voisine de la paix de l'âme et du vrai bonheur.

Telle est l'agriculture, en effet; attrayante comme la nature, attachante comme la vertu, elle est proche parente de la sagesse, suivant l'expression si vraie et si heureuse de Columelle.

Vivre du fruit de son travail, sans être dans la nécessité de nuire à qui que ce soit, loin des tracasseries et des bassesses de l'intrigue, sans être obligé de courir sur un pavé glissant, avec un visage composé dès le matin, pour aller tirer la sonnette d'un protecteur dédaigneux qu'on importune; chercher dans le grand réservoir de la nature le secret d'améliorer le modeste héritage de ses pères, et chaque fois qu'on réussit à accroître la richesse de son fonds, goûter la joie indicible d'avoir augmenté d'autant la richesse publique; voir germer et fleurir l'espérance dans les sillons du champ qu'on a fertilisé, sur lequel on a sanctionné son droit de propriété en l'embellissant; recueillir enfin, après douze mois d'occupations variées et de combinaisons intéressantes, cette honorable médiocrité qui suffisait aux désirs de l'épicurien Horace : n'est-ce pas une perspective assez riante pour soutenir le zèle des jeunes aspirans à la profession agricole? Est-il besoin de farder cette image des prestiges du charlatanisme, ou des rêves enluminés d'une imagination chimérique? Montrons l'agriculture dans toute sa vérité, entourée de soins, de fatigues et d'épines, et de ces vicissitudes qui redoublent l'intérêt dramatique qui lui est propre, assiégée parfois de peines et de soucis, mais féconde en consolations ineffables. Comment n'en serait-il pas ainsi? La profession agricole est la destination primitive de l'homme : elle est donc pour celui-ci l'abrégé le plus sincère du sort que lui a fait la nature.

Pour faire des progrès dans l'étude de l'agriculture, il ne suffit pas d'en avoir le goût ; il ne suffit pas de lire, ou d'entendre des leçons méthodiquement déduites, clairement exposées ; il faut voir.

On recommandera donc aux jeunes commençans de parcourir les champs, de suivre la marche des travaux, de visiter les fermes en détail, d'interroger les vieux laboureurs.

La science agricole, comme toutes les autres sciences, se réduit à une langue bien faite ; or, pour apprendre une langue, il faut connaître les objets qu'elle exprime, sans quoi les mots ne sont que des sons. Peu importe que les jeunes élèves aient vu dans nos campagnes des pratiques vicieuses ; il suffit qu'ils aient acquis une connaissance effective des objets matériels de l'agriculture et de ses travaux, pour qu'ils soient en état de suivre avec fruit les leçons qu'on leur destine.

L'expérience est le juge en dernier ressort de toutes les questions d'économie rurale ; mais ce juge, comme bien d'autres, rend des arrêts contradictoires. Il faut beaucoup de patience et de temps pour constater une expérience agricole. On avertira les jeunes commençans de se tenir en garde contre les inductions précipitées que l'on peut tirer de l'expérience. Il faut avoir appris à se faire un résumé de la constitution atmosphérique de plusieurs années, une idée approximative de la nature habituelle du climat, pour décider que telle ou telle culture lui convient ou ne lui convient pas. Il faut apprendre à lire dans l'expérience. On s'appliquera à enseigner aux élèves quelles sont les conditions qui rendent une expérience décisive, ou du moins assez probablement concluante.

Telle est la méthode suivant laquelle je conçois que l'on peut enseigner l'agriculture avec fruit. Si les leçons que j'entreprends d'écrire sur la pratique de cet art, réalisent seulement la moindre partie des vues indiquées dans cet Essai, j'ose croire qu'elles ne seront pas inutiles.

INTRODUCTION.

§. Ier.

DESCRIPTION ABRÉGÉE DU DÉPARTEMENT DE L'AVEYRON.

1. **COMME** c'est principalement pour le département de l'Aveyron que je me propose d'écrire, il est nécessaire de se faire une idée exacte de la nature agricole de ce département, sans quoi il serait difficile de saisir l'esprit des méthodes qui seront développées dans le cours de mes leçons d'agriculture pratique. Ce n'est pas une description complète et détaillée que j'entreprends ici : elle m'entraînerait dans des longueurs aussi fastidieuses qu'inutiles. Ce que j'ai à dire sera, au contraire, exprimé en peu de mots ; car tous les pays ayant un grand fonds de ressemblance, il faut peu de mots à celui qui se borne à les caractériser par les traits particuliers qui les distinguent.

2. Le caractère le plus frappant du département de l'Aveyron, considéré au point de vue agronomique, c'est la variété. Variété étonnante dans la nature et la qualité du terroir, dans son exposition, son inclinaison, comme aussi dans la température à laquelle il est soumis. On trouve sur le sommet de nos montagnes plusieurs des plantes que les botanistes appellent *alpines*, et dans nos vallées croissent le maïs, la vigne, l'amandier, l'abricotier, etc.

3. Toutes les terres et tous les climats que l'on remarque en France ont été entassés ici pêle-mêle dans un désordre bizarre ; de façon que, pour celui qui étudie en détail cette contrée, l'Aveyron présente en quelque sorte un abrégé du territoire de la France entière, en exceptant toutefois le climat des oliviers qui vient expirer assez près de nos frontières,

4. Sous le rapport de la configuration générale du sol, l'Aveyron offre l'aspect d'un pays montueux, haché dans toutes les directions par des ravins plus ou moins profonds et souvent creusés à pic.

Les plaines proprement dites s'y réduisent à peu de chose et se montrent principalement dans le fond assez étroit des vallées.

Les plateaux qui couronnent les montagnes, à des hauteurs différentes, usurpent le nom de plaine sans le mériter : c'est une étendue que la vue peut embrasser, mais qui se replie en tout sens et se déroule par ondulations.

5. Sous le rapport de ses productions et de sa culture, l'Aveyron se divise en quatre régions différentes, désignées dans le pays par les noms de *Montagne*, de *Causse*, de *Ségala* et de *Rivière* ou *Vallon*.

6. On entend par montagne proprement dite les sommets les plus élevés que le climat condamne à une jachère perpétuelle et dont toute la richesse consiste en herbages naturels.

7. Ces montagnes sont en partie volcaniques et en partie granitiques. Les premières sont, en général, les plus fertiles : on y trouve de belles prairies, qui sont fauchées, et d'excellentes savanes, appelées *devèses* dans l'idiome du pays, qui servent à la dépaissance des bêtes à grosses cornes. Les autres, qui se couvrent de bruyères, de fougères et d'une pelouse moins substantielle et moins riche, sont livrées aux bêtes à laine. Mais, sans nous embarrasser de sa composition minéralogique, nous diviserons cette nature de propriété en montagnes pour les bêtes à laine et en montagnes pour les vacheries. Celles-ci alimentent, pendant la belle saison, les nombreux troupeaux de vaches qui donnent lieu à la fabrication de ces énormes fromages, connus dans le commerce sous le nom de *formes*. Les montagnes de la seconde catégorie sont le plus souvent louées aux propriétaires qui habitent les pays circonvoisins, et qui sont dans l'usage d'envoyer paître leurs brebis sur ces hauteurs pendant les mois d'août, de septembre et d'octobre.

8. Le climat de ces montagnes ressemble assez à celui de la

Pologne. Il n'est guère habitable qu'à partir du milieu de mai jusqu'au 1er novembre. Sur les montagnes à vacheries, on trouve des châlets nommés en patois *mazucs*, qui servent aux pasteurs des troupeaux de vaches d'habitation et d'atelier pour la fabrication des fromages. Chacun fait son fromage à part : l'esprit d'association répugne au caractère aveyronnais. Les vaches montent à la montagne le 20 mai, et la quittent vers le milieu d'octobre.

9. Partout où la montagne s'abaisse et le climat se radoucit, on cultive le seigle ; mais la principale richesse des habitans de cette contrée consiste dans leurs pâturages et dans leurs bestiaux. Les principales et les meilleures montagnes de l'Aveyron sont celles qu'on appelle de Laguiole et d'Aubrac.

10. Le mot causse dérive certainement du mot latin *calx* et sert à désigner, dans son acception primitive, les terrains qui appartiennent à la roche calcaire ; mais comme les terres de cette nature sont propres à la culture du froment, on a étendu, par analogie, cette dénomination à toutes les terres qui ont la même propriété.

11. On divise le causse en trois sortes, savoir :

1° Le causse proprement dit ou calcaire oolitique ;

2° L'aubugue, terre marneuse qui appartient au lias et dont le nom patois dérive du latin *albus* (blanc) et exprime sa couleur ;

3° Enfin la rougière, terre forte aussi, qui doit son nom à sa couleur d'un rouge dur, et qui repose sur le grés bigarré. La rougière est quelquefois argilo-calcaire, quelquefois purement argilo-gréseuse, mais toujours d'une consistance tenace. La rougière s'éloigne du caractère marneux qui appartient à l'aubugue. Celle-ci se délite assez bien par l'effet de l'humidité et surtout des gelées. Les mottes de la rougière sont plus rudes, plus persistantes. La rougière et l'aubugue se ressemblent en ce sens que le travail en est pénible et délicat, l'à-propos des labours étant quelquefois difficile à saisir, attendu qu'elles sont sujettes à s'imbiber d'eau avec excès, et ensuite à se durcir et à se coaguler comme du plomb.

12. Le causse proprement dit ou calcaire oolitique est de

toutes les sortes de terre du département la plus estimée , sauf les terres d'alluvion.

13. Il produit spontanément des herbages.excellens, parmi lesquels se font remarquer le triolet, le mélilot et différentes espèces de luzerne sauvage. Quand le printemps est humide, cette production adventice des terres en friche rivalise jusqu'à un certain point avec celle des prés. C'est là le trait le plus remarquable du causse de l'Aveyron.

14. Cette faculté de produire spontanément les meilleurs herbages qu'il y ait peut-être en France, donne le droit de supposer que le fonds du causse est riche en substance végétative.

15. Cependant ses récoltes en céréales sont habituellement médiocres et souvent détestables. Cette contradiction s'explique quand on vient à remarquer que le causse est entaché de deux vices capitaux qui contrebalancent sa fertilité intrinsèque , qui la retiennent captive, pour ainsi dire , et quelquefois la font s'évanouir.

Le causse est presque partout encombré de cailloutage et assez souvent traversé , dans sa couche labourable , par les branches d'un roc souterrain qui vient poindre çà et là à la surface ; de façon qu'un champ récemment ensemencé rappelle l'idée d'une mer parsemée de récifs. Cette circonstance rend les labours pénibles et imparfaits. Le grincement du soc , et le tremblottement des cornes des bœufs attestent continuellement les chocs nombreux que reçoit l'araire dans l'intérieur de la terre. En second lieu, les causses même les plus profonds et les moins pierreux reposent sur un banc perméable, qui laisse passer l'eau comme un crible. Par conséquent, nos terres calcaires redoutent infiniment la sécheresse. La pluie est la divinité tutélaire du causse proprement dit.

16. Une région ainsi constituée doit être pauvre en prairies naturelles. Celles-ci ne se trouvent guère que dans les portions , assez rares, qui appartiennent aux deux sortes que nous avons appelées aubugue et rougière. Cette dernière est particulièrement favorable aux gazons , avantage qu'elle

doit en partie à sa position ; car les trois natures de terrain dont nous parlons sont superposées ainsi qu'il suit : 1º le banc calcaire, 2º l'aubugue dans les renfoncemens du plateau, 3º la rougière sur les flancs des côteaux et dans le fond des vallées.

17. Ainsi qu'on l'a dit plus haut, les champs purement calcaires donnent, vers le solstice d'été, une riche dépaissance sur la jachère ; mais ce n'est qu'un accident passager. Pour qu'il se renouvelle, il faut derechef cultiver la terre. Après une récolte de froment et une récolte d'orge, on donne un an de repos, et on a ce qu'on appelle une *frachive*. Cette frachive nourrit successivement les bœufs, les vaches, les jumens, et finalement les bêtes à laine : puis on la laboure pour y semer du froment deux ou trois mois après.

18. Le bon causse ne rapporte en froment que cinq grains pour un, c'est-à-dire 13 hectolitres par hectare. Une bonne partie de ses ressources provient des bestiaux. C'est, par excellence, la patrie des bêtes à laine.

19. La région appelée causse occupe probablement le quart du département. Elle forme une bande ou zône d'un myriamètre et demi de large à peu près, qui le traverse en courant du nord-ouest au sud-est et qui se replie ensuite vers l'ouest le long de sa limite méridionale.

20. La région des terres à seigle prend sa dénomination vulgaire du mot italien qui sert à désigner cette céréale, et il s'appelle *ségala* ou *ségola*.

Le terroir du ségala appartient à la roche que les géologues appellent primitive. Sa base principale est le gneiss ; on y trouve aussi fréquemment des phyllades et des micaschistes, le tout entremêlé de rognons de quartz.

Le ségala est en quelques endroits établi sur le grés arkose, et ailleurs, mais assez rarement, il devient granitique. Il est aussi parsemé çà et là de pièces de terre qui, ayant été long-temps submergées, ou étant actuellement marécageuses, ont pris le caractère tourbeux.

21. Pour caractériser agronomiquement le ségala d'un seul trait, nous dirons qu'il est pauvre en substance végéta-

tive ; on peut dire même qu'en général il est naturellement infertile, puisqu'il ne devient productif qu'à l'aide du fumier ou d'une opération qui en tienne lieu , tel que l'écobuage , ou l'incinération des genêts, ou l'enfouissement des verdures. Mais il rachète ce défaut essentiel par deux qualités qui vont rarement ensemble , et qui sont d'un grand prix aux yeux de l'agriculteur instruit et pénétré de la bonne méthode.

Ses terres , à quelques exceptions près, ont de la fraîcheur, sans être compactes ; en sorte qu'elles ont tout à la fois la propriété de résister assez bien à la sécheresse , et l'avantage d'être d'un travail facile.

22. Le ségala produit spontanément des bruyères , des ajoncs , des genêts , des fougères , et un gazon de mauvaise qualité.

23. On divise communément les terres de cette région en gréseuses , en schisteuses , en granitiques et en terres noires ou tourbeuses. On peut encore les diviser en terres de bruyères , en terres d'ajoncs , en terres de genêts et en terres franches , qu'une culture habituelle a débarrassées de ces végétaux arborescens.

24. Les prés sont assez communs dans le ségala ; mais leur qualité est , en général , médiocre ou mauvaise. Ils pèchent souvent par excès d'humidité , ou par le vice des eaux qui tiennent en dissolution ou charrient des substances métalliques. Le foin qui en provient est aigre , peu nourrissant et mêlé de joncs. Le même excès d'humidité se retrouve aussi dans les terres labourables et y produit des points marécageux , appelés *moulencs* dans l'idiome du pays.

25. Les bestiaux du ségala sont , en général , d'une qualité inférieure, et dans certaines localités ils sont chétifs et rabougris. De tous les animaux domestiques, le bœuf est celui qui s'accommode le mieux des herbages du ségala. Ils ne lui font pas acquérir une grande taille, mais un tempérament robuste , plein de nerf et de vivacité.

26. Le ségala cultive , outre le seigle , l'avoine , les pommes de terre et un peu de chanvre.

27. Il se distingue du causse et de la montagne, en ce

qu'il est passablement boisé et qu'il possède notamment une assez grande étendue plantée en châtaigniers.

28. Toutes ces circonstances donnent à ce pauvre pays les moyens de se procurer des ressources autres que celles qui proviennent des céréales et de spéculer notamment sur l'engraissement des porcs.

29. On appelle rivière les vallées profondes, dont les côteaux sont chargés de vignes, du moins à l'aspect du soleil, car les côtaux qui regardent le nord portent de belles châtaigneraies.

30. Dans le fond de ces vallées, s'étendent des plaines plus ou moins spacieuses, mais en général assez rétrécies, dont le sol est composé d'un bon terreau d'alluvion. On peut considérer ces petites plaines comme des lambeaux du bassin de la Garonne, avec d'autant plus de raison qu'on y pratique à peu près la même culture, c'est-à-dire qu'on y fait alterner le maïs et les légumes, sans jachères, avec le blé. On y cultive aussi le chanvre et le lin. Les melons, semés en plein champ, y acquièrent une grosseur prodigieuse et un parfum exquis.

31. D'après cet aperçu, tout imparfait qu'il est, on peut juger que la nature agricole de l'Aveyron est très variée ; que, par conséquent, un ouvrage qui embrasserait avec exactitude les faits relatifs à la culture des diverses parties de ce département et parviendrait à déterminer la méthode qui convient le mieux à chacune d'elles, qu'un tel ouvrage, dis-je, s'il pouvait exister, sortirait des bornes de la spécialité et deviendrait d'une application presque générale.

§. II.

DÉFINITION DE L'AGRICULTURE. — DESSEIN ET OBJET DE CET OUVRAGE.

32. Le mot agriculture, pris dans son acception la plus générale, embrasse tous les procédés, toutes les opérations

qui ont pour objet la production des denrées d'utilité et d'agrément qui sont à l'usage de l'homme.

33. Les vues de l'art agricole se rapportent à la nature vivante, et c'est là le caractère spécifique qui le distingue des arts appelés *industriels*, ainsi que des préparations de *l'économie domestique*.

34. La culture se divise en deux branches principales : la culture des champs ou agriculture proprement dite, et la culture des jardins ou horticulture.

35. L'art de cultiver les vignes, celui de tailler et de palisser les arbres fruitiers sont du domaine de l'horticulture.

36. Les fruitiers à plein vent, notamment les châtaigniers, enfin tous les arbres forestiers sont une dépendance de l'exploitation rurale.

37. On remarquera que la culture des vignes, par son importance et son étendue, forme un ordre à part. Nous ne parlons pas ici de la fabrication du vin, laquelle exige des procédés et un capital en constructions et en ustensiles qui donnent à l'exploitation des vignes le caractère industriel. Nous n'avons en vue, pour le moment, que la manière de travailler la vigne, et il est certain qu'elle a tous les caractères de la méthode jardinière.

38. L'objet principal de l'agriculture est la production des denrées de première nécessité ; l'objet principal de l'horticulture est la production des denrées de luxe et d'agrément.

39. Cette différence dans l'objet des deux cultures en nécessite une bien grande dans les vues et le système qui les régissent. La perfection des travaux préparatoires, les soins minutieux, bref tous les efforts et toute l'adresse de la main de l'homme appartiennent à l'horticulture ; et cela, parce que, adressant ses produits à la sensualité et à l'aisance, elle peut viser à la quantité et à la qualité, bien plus qu'à l'économie des moyens.

40. L'agriculture, au contraire, travaille pour le besoin : elle nourrit le jardinier, le vigneron, l'artisan, le soldat, le marin, le négociant, l'homme d'état, le jurisconsulte et l'huissier, le pauvre et le riche. Elle est le principe de tout ;

par conséquent , ses profits sont subordonnés à ceux de tous les autres ; par conséquent , le tarif de ses valeurs est déterminé par les ressources de la classe pauvre. Il ne suffit pas qu'elle offre à tout le monde le pain de chaque jour , il faut que chacun puisse le payer. Il faut aussi que l'agriculteur vive en faisant vivre les autres.

41. Donc l'agriculture n'est point un art absolu dans ses moyens ; ses profits tels quels ne peuvent se trouver que dans un point de relation difficile à saisir entre les travaux et les productions qui en sont le résultat : donc son action est renfermée entre deux points fixes , le prix de la main-d'œuvre et les facultés du consommateur. Il suit de là que l'agriculture proprement dite ne peut subsister et faire subsister les autres que tout autant qu'elle fait usage des instrumens propres à multiplier le travail , et qu'elle ajoute la force des animaux à celle de l'homme.

42. Joindre la perfection des travaux à l'économie des moyens , tel est le problème dont la solution est imposée à l'agriculteur par l'état de la civilisation.

43. Cela ne suffit pas pour qu'il obtienne un résultat proportionné à ses efforts et aux besoins de la subsistance publique , si ce n'est sur des fonds de terre privilégiés. Généralement parlant , du moins dans le département de l'Aveyron , les terres ont besoin d'être fertilisées par l'emploi des engrais.

44. Cette circonstance a dû nécessairement compliquer le système de l'exploitation rurale. Celle-ci n'est point une manufacture simple , qui marche directement vers son but. Avant de s'occuper de la production du blé , il faut songer à établir une fabrique de fumier. La production du fumier est le trait le plus caractéristique de l'agriculture proprement dite : c'est là son essence , c'est le grand ressort au moyen duquel elle marche et se maintient par elle-même.

45. D'après ces considérations , puisque l'agriculture peut être définie en disant qu'elle est l'art de produire et de fournir à toutes les classes de la société les denrées nécessaires à leur existence , on est forcé de conclure que ce nom , dans toute la force de son acception ainsi particularisée , ne con—

vient qu'à la grande culture, c'est-à-dire à celle qui prend la charrue pour base de ses opérations. En résumé et en deux mots, partout où je vois tout ensemble production de fumier et emploi des instrumens par les animaux, je vois la véritable agriculture; hors de là vous tombez plus ou moins dans le système de l'horticulture.

46. La culture à la bêche, que nous appelons petite culture, appliquée à la production des céréales, n'est au fond qu'une horticulture imparfaite et fausse dans son application.

47. Cette petite culture ne peut prospérer que dans les pays où les bras surabondent et au voisinage des villes qui lui fournissent les engrais qu'elle est hors d'état de produire. Partout ailleurs elle est misérable : nulle part elle ne contribue à la subsistance publique, attendu que ses productions sont absorbées par la famille qui l'exerce.

Elle n'est d'ailleurs qu'un métier fort simple qui n'admet point de combinaisons.

48. Ce préambule a paru nécessaire pour mettre le lecteur en état de bien saisir le dessein et l'objet de l'ouvrage que j'entreprends. On voit que ce que j'ai à dire sur l'art agricole se rapporte à la grande culture, telle qu'elle a été définie plus haut, à la culture qui embrasse tout à la fois les productions végétales et le bétail, à celle qui, employant un capital circulant plus ou moins considérable, ayant des magasins et en quelque sorte des ateliers, une batterie d'ustensiles et d'outils, bref une organisation en personnel et en matériel, prend les caractères d'une manufacture et exige, pour être bien régie, les connaissances et les talens du cultivateur, de l'administrateur et du négociant.

49. On voit aussi que mon livre se divise naturellement en deux parties principales, dont l'une, qu'on peut appeler technologique, comprend les principes et les procédés de l'art considérés d'une manière générale; et dont la seconde, qui a pour objet spécial le jeu de l'exploitation rurale, cherche à montrer l'application des principes et des procédés aux diverses circonstances qui modifient la nature agricole du pays.

50. La première se subdivise en trois sections, savoir : 1º les instrumens et les opérations de la culture appliqués aux diverses récoltes ; 2º les prairies et les bestiaux ; 3º les conséquences pratiques des lois de la nature qui régissent la production et notamment celles de la loi de l'alternance.

51. La seconde se subdivise aussi en trois sections, qui comprennent, par ordre, les règles générales de l'exploitation rurale et de la science de faire ses affaires par l'agriculture, les méthodes particulières qui conviennent aux diverses régions que l'on remarque dans le pays , enfin l'administration et la comptabilité.

52. Ce plan peut paraître assez vaste, bien qu'il soit renfermé dans les limites de l'art agricole proprement dit. En suivant, dans toutes ses ramifications, l'ordre qu'on vient d'indiquer, on espère d'éviter les longueurs sans nuire à la clarté.

53. Enfin , pour être bien sûr d'être entendu de tout le monde, on aura soin , tout en développant les méthodes perfectionnées , de les mettre en parallèle avec la méthode usitée, que l'on désigne ordinairement par le mot de routine.

LE CULTIVATEUR

AVEYRONNAIS.

1re PARTIE.

LEÇONS D'AGRICULTURE PRATIQUE.

CETTE première partie, avons-nous dit, a pour objet la technologie agricole, c'est-à-dire l'ensemble des règles et des procédés de l'art considéré dans ses rapports avec les lois naturelles de la production. Elle embrasse :

1o Tous les travaux des champs, à commencer par les labours préparatoires, et à finir par la moisson et le battage ; ainsi que les modifications particulières de culture qui conviennent aux différentes récoltes ;

2o L'éducation des diverses espèces de bétail et les soins que demandent les prairies qui les nourrissent ;

3o L'art de ménager et d'accroître les forces productrices des terres, soit par l'intermittence, soit par l'ordre des cultures : ce qui comprend les questions de la jachère et de l'alternance, ainsi que la théorie des assolemens.

En un mot, dans cette partie de notre traité élémentaire, on s'appliquera à rassembler tous les faits qui composent, à proprement parler, la science d'un bon chef de service, que nous appelons *bouriayre* ou maître-valet.

Nous traiterons ailleurs de la science du maître. Non que le maître doive ignorer les détails de culture qui font la matière de cette première partie ; mais la seconde, qui a plus particulièrement en vue les combinaisons industrielles de l'exploitation, regarde spécialement celui qui a la haute direction des affaires, c'est-à-dire le propriétaire, ou le régisseur investi de sa confiance.

Iʳᵉ SECTION.

CULTURE DES CHAMPS. — SOMMAIRE DES CHAPITRES.

Chapitre Iᵉʳ. — Des labours et des instrumens aratoires. — Des diverses espèces de charrues. — Conditions essentielles du labourage. — Des formes du labour. — Du labour à plat, — par billons, — par planches. — Perfection du labour. — De la herse et de l'extirpateur.

Chapitre IIᵉ. — Des semailles. — Choix et préparation des semences. — Remède contre le charbon et la carie des blés. — Des saisons. — De la façon de recouvrir les semences. — Instrumens propres à cette opération. — Des raies d'écoulement.

Chapitre IIIᵉ. — Des récoltes intercalaires. — De la pomme de terre. — Du maïs. — Du colza. — De la betterave. — De la carotte. — Des raves ou navets. — Des fèves et autres légumes. — De la houe à cheval ou buttoir. — Du rayonneur et du semoir. — Du chanvre et du lin.

Chapitre IVᵉ. — Des engrais et des amendemens. — Distinction essentielle entre les engrais et les amendemens. — Des engrais excrémenteux. — Des diverses sortes de fumier. — Remarques sur la façon de les employer. — Engrais verts appelés verdures. — De l'écobuage. — Avantages et dangers de cette opération. — Du plâtre. — Conjectures sur la façon d'agir de ce minéral. — Des amendemens. — Défoncement des terrains pierreux. — Saignées par les fossés couverts. — Construction de ces fossés. — De la chaux et de la marne.

Chapitre Vᵉ. — De la moisson et du battage des grains. — Observations sur les difficultés et l'importance de saisir l'instant précis de la moisson. — Signes de la maturité des blés. — Des diverses façons de couper les blés. — De la faucille. — De la faux à râteau. — Du piquet flamand. — Soins qu'exigent les javelles et les gerbes dans les temps pluvieux. — De la construction des gerbiers. — Du battage par les chevaux, par le fléau, par la latte. — Des machines à battre.

CHAPITRE Ier.

Des Labours et des Instrumens aratoires.

1. LE but de l'agriculture étant de forcer la terre à produire autre chose que ce qu'elle produit spontanément, il devient nécessaire de changer, de modifier l'état habituel du sol par une suite de procédés et de travaux.

Il faut d'abord labourer la terre, c'est-à-dire l'ouvrir, la diviser, l'émietter.

On se sert pour cela de divers instrumens que nous ferons connaître dans ce chapitre, en commençant par le plus essentiel, c'est-à-dire par la charrue.

2. La charrue est le symbole de l'agriculture, la clef de toutes ses opérations. C'est donc vers la perfection de cet instrument qu'ont dû se diriger principalement les efforts des agronomes-mécaniciens. Aussi existe-t-il un nombre prodigieux de charrues qui diffèrent entre elles par leurs dimensions, leur forme, leur assemblage et par la façon dont elles remuent la terre. Il serait trop long et trop inutile de faire ici la description de toutes les charrues que nous connaissons : il suffira d'observer que, quant à la manière de labourer, les diverses sortes de charrues se réduisent à deux genres principaux, savoir : celui des charrues à deux oreilles, et celui des charrues à une seule oreille. Ces dernières prennent le nom de charrue à versoir, parce qu'elles ont la propriété de retourner et de renverser la terre, tandis que les autres ne font guère que l'ouvrir et la diviser.

3. Sous le rapport du tirage et de la conduite de l'instrument, les charrues peuvent être aussi ramenées toutes à deux genres : les charrues à roues ou avant-train, et les charrues simples, que l'on nomme araires, du latin *aratrum*.

4. Les premières, seules, sont des charrues proprement dites ; car leur nom dérive certainement du mot char et exprime qu'elles manœuvrent sur un avant-train pareil à celui d'un charriot ou d'un carrosse.

5. L'instrument de labourage, dont on fait usage dans le

département depuis un temps immémorial , appartient au genre des araires, et c'est avec raison qu'il porte ce nom dans le patois du pays. C'est précisément l'araire romain , tel qu'il est décrit dans Virgile. Le sep est taillé en pointe triangulaire : on y adapte sur les côtés deux oreilles étroites qui se relèvent un peu et se terminent en forme de spatule. La haie ou timon est une forte pièce de bois recourbée dans sa partie postérieure. Un peu au-dessus de l'extrémité concave de la courbure, se trouve une rainure en saillie, sur laquelle porte le sep. Celui-ci est attaché sur le devant au moyen de deux tringles en bois de chêne souple et nerveux, qui font l'office d'étançons. Ces deux espèces de tringles traversent la haie au moyen de deux trous de tarière. Arrivées au-dessus de la haie, on les joint ensemble par une sorte de lunette en fer ayant la forme d'un 8 de chiffre; et après avoir pratiqué une fente au milieu du bout saillant de chacun de ces étançons , on les assujétit avec de petits coins de bois sec. Le soc a la forme d'un fer de flèche terminé sur le devant par un bec carré qu'on nomme pierrier. Il a un manche ou queue également quadrangulaire. Le soc est placé sur le sep et il le déborde dans sa partie antérieure. L'assemblage dépend d'une mortaise pratiquée dans la haie un peu au-dessus de la rainure sur laquelle porte le derrière du sep. Le mancheron unique est engagé dans le haut de cette mortaise, et on l'assujétit , ainsi que le soc, au moyen d'un coin de bois. Dans le ségala , le soc n'est qu'une barre de fer étroite et carrée, assez semblable à la règle dont se servent les maçons (1).

(1) A l'exemple des instructeurs de cavalerie qui apprennent aux conscrits le nom de toutes les parties du harnais d'un cheval , nous croyons utile de mettre ici le nom patois de toutes les parties de l'araire avec la traduction française. Les parties de l'araire sont au nombre de neuf : *lo combetto* (la haie ou timon), *lou dental* (le sep), *los aureillos* (oreilles), *los tendillés* (étançons), *lo vaupiliero* (le 8 de chiffre en fer), *lous vaupillous* (les petits coins qui fixent les étançons), *lo reillo* (le soc en fer de flèche). (Le soc de ségala prend le nom de *gaben*.) *L'estevo* (le mancheron), *lou tescou* (le coin de bois qui assujétit le mancheron et le soc dans la mortaise de la haie).

On remarquera que le mot *dental* dérive du latin *dentalia*, et *estère* de *stiva*. (Voir les *Géorgiques*.)

6. L'araire n'est pas exactement le même partout. La modification la plus essentielle qu'il subit, consiste en ce que, dans certains pays, il est à timon raide, et dans d'autres à timon brisé, c'est-à-dire formé de deux pièces réunies par un grand anneau oblong qui a du jeu (1).

7. Cette disposition entraîne de grands changemens dans le tirage et dans la manœuvre de l'instrument. Dans l'araire à timon raide, on pèse sur le mancheron, pour obtenir que l'instrument plonge dans la terre, et on le soulève pour le dégager. Dans le système du timon brisé, la manœuvre se fait en sens inverse ; on soulève l'araire pour le faire prendre, et on le presse pour lui faire lâcher prise. Il est certain que le jeu du timon brisé est plus favorable à la bonté et à la célérité du travail et qu'il fatigue moins l'attelage. La moindre réflexion suffit pour faire remarquer que, dans le système du timon raide, l'effort du laboureur qui pèse sur le mancheron vient s'ajouter à la résistance avec la force du levier. D'ailleurs le timon raide donne une position contrainte à l'attelage et lui ôte en partie la liberté des mouvemens. Du reste, cette vérité a reçu une démonstration éclatante dans un des concours de charrues qui ont eu lieu aux environs de Rodez. Le public a salué par des cris d'admiration un jeune laboureur qui, dirigeant un araire à timon brisé, tiré par deux petites vaches, a lutté avec avantage contre les bœufs les plus forts et les laboureurs les plus exercés qui se servaient de l'araire à timon raide ; le labour des vaches, grâces à la souplesse de l'instrument, a été plus rapide, plus correct et même plus profond, surtout plus uniforme. Et cependant tout le monde a remarqué que les vaches, malgré la disproportion des forces, paraissaient moins fatiguées que les bœufs.

8. La plupart des gens croient que la forme et l'agencement des charrues a sa raison dans la nature du sol. C'est une grande erreur, et une erreur dangereuse, qui s'oppose

(1) **Dans l'araire à timon brisé, la haie se nomme *combet* au lieu de *combetto*. La lancette qui** s'attache au joug se nomme *proudel*, et l'anneau qui la joint à la haie ou *combet* se nomme *cadenas*.

au progrès de l'agriculture. Par exemple, le timon raide est généralement adopté par le causse de Rodez, d'Espalion et de Sévérac ; le timon brisé est en usage dans la majeure partie de la région limitrophe qu'on nomme ségala. On croirait d'abord que cette différence dérive de celle qui existe entre ces deux pays ; mais lorsqu'on remarque qu'une partie du ségala se sert du timon raide et que tout le causse pierreux du Larzac, de Millau et de St.-Affrique donne la préférence au timon brisé, on ne peut s'empêcher de conclure que la raison n'est pour rien dans cette différence et que c'est purement affaire de mode, de caprice ou de préjugé.

9. Or, les préjugés en fait de charrues sont tout-à-fait inexcusables, car il est assez facile d'en venir à l'essai.

10. D'après la forme de notre araire, on peut juger qu'il procède suivant les propriétés du triangle ; qu'il ouvre une raie étroite dans le fond, qui va en s'élargissant dans le haut ; que, par conséquent, il laisse, dans l'intervalle des raies, une bande de terre qui n'a pas été remuée. C'est ce que nos laboureurs appellent un tison. Pour rompre ce tison, on croise obliquement le labour et on a de petites pyramides. On croise une troisième fois dans un autre sens : mais si l'on enlève la terre remuée, on trouve le sous-sol tout sillonné de petites rigoles, de petites cannelures.

Les vices de ce labourage sont trop évidens pour qu'on n'ait pas cherché à les éviter au moyen d'un instrument plus parfait.

11. Il a été facile d'imaginer qu'un instrument ajusté de manière à agir carrément, à détacher net une bande prise à une profondeur convenable, à la soulever, à la renverser sens dessus dessous après avoir coupé les racines qui pivotent dans le sous-sol, on a imaginé, dis-je, qu'un tel instrument produirait à peu près les effets de la bêche, en enterrant le gazon et en ramenant la couche inférieure à la surface ; et qu'il joindrait l'économie à la perfection, puisqu'une raie en vaudrait deux de celles de l'araire triangulaire.

Telle est l'idée qu'on a réalisée dans la charrue à versoir, dite charrue de Brie.

12. Mais comme cette charrue, telle qu'on l'a conçue de prime abord, s'est trouvée difficile à conduire et à maintenir dans une direction convenable, on a jugé à propos de la fixer par l'extrémité de la haie sur un avant-train à roues analogue à celui d'un carrosse. Alors il est arrivé que la charrue ne recevant pas immédiatement les secousses de l'attelage, a acquis une direction très-facile.

13. Malheureusement l'avant-train compense cet avantage par deux graves inconvéniens. 1º Il augmente les frais de construction dans une proportion considérable. 2º Il ajoute aux frottemens de la charrue ceux qu'éprouvent les roues, et il rend le tirage beaucoup plus pénible, de façon qu'on est obligé de mettre double attelage.

14. Ces deux considérations suffisent pour faire rejeter l'avant-train comme une superfétation inutile et dispendieuse.

15. En conséquence, les Belges ont inventé leur charrue simple, qui a les avantages de la charrue de Brie, sans en avoir les inconvéniens.

16. M. Mathieu de Dombasle a perfectionné la charrue belge. Celle-ci, en quittant les roues, les a remplacées par un sabot qui porte sur la terre et règle l'entrure. Ce sabot a le défaut d'augmenter le frottement et de se heurter contre les pierres et les mottes, et, ce qui est pire, il soulève la charrue toutes les fois qu'il rencontre une éminence, et il la fait plonger outre mesure toutes les fois qu'il tombe dans un enfoncement.

17. La charrue-Dombasle n'a ni roues ni sabot. Son entrure se règle au moyen d'un régulateur qui ne touche pas la terre et sur lequel porte la chaîne de tirage. Ce régulateur est une pièce de fer en forme d'équerre. La branche verticale, qui est percée de trous, joue de bas en haut dans une mortaise à l'extrémité antérieure de la haie. Une clavette transversale sert à fixer le régulateur au point convenable. A mesure que le régulateur hausse, l'entrure augmente; le contraire a lieu quand on le baisse, parce que la chaîne de tirage alors tend à soulever l'instrument. Cette chaîne se prend à un crochet qui est fixé en dessous de la haie, derrière le régulateur ; elle a une maille alongée dans laquelle s'engage la branche latérale de ce régulateur. Cette branche latérale a des dents qui servent à écarter plus ou moins la chaîne de la direction de la haie et à faire prendre une bande de terre plus ou moins large.

18. Quand on se sert de chevaux, on attelle au moyen d'une balance semblable à celles qui sont employées pour les diligences. Pour les bœufs, on fait usage d'une lancette (*proudel*) au bout de laquelle est fixée une chaîne qui vient se prendre au crochet qui termine la chaîne de tirage. C'est le système du timon brisé dont on a parlé plus haut.

19. On voit que la construction de la charrue, ou, si l'on veut, de l'araire-Dombasle (1) atténue les frottemens autant que possible et les réduit à ceux qu'éprouvent nécessairement le sep et le versoir. Le sep est étroit et armé d'un soc qui prend la terre de biais, l'attaque avec sa pointe et la coupe en sciant. D'un autre côté, le coutre opère la section verticale. Le versoir s'insinue sous la bande, à mesure qu'elle se détache, la fait glisser le long d'une courbure insensible et la renverse sans effort.

20. La charrue à versoir unique, arrivée au bout de la raie, ne peut pas revenir sur ses pas : il faut qu'elle revienne par le côté opposé, projetant la terre en sens contraire ; de façon qu'elle forme des planches qu'elle termine en laissant une raie ouverte pour aller commencer par le centre une planche nouvelle.

21. L'araire à deux oreilles fait la navette, et forme un labour tout d'une pièce, en projetant la terre toujours vers le même point de l'horizon, c'est-à-dire vers celui qu'il a choisi en commençant.

22. Cet avantage est nécessairement suivi d'une rude com-

(1) Les charrues simples qui n'ont pas de roues, appartiennent au genre des araires. Néanmoins, pour prévenir toute équivoque, et nous conformer au langage le plus commun, nous conserverons le nom d'araire à celui du pays, et nous désignerons celui de Roville par le mot de charrue.

pensation. En effet, tandis qu'une des deux oreilles pousse la terre divisée, l'autre comprime inutilement le sol et augmente ainsi les difficultés du tirage.

23. D'ailleurs l'inconvénient du labourage par planches est-il aussi grave qu'on l'imagine dans les pays où il n'est pas usité? On reproche à ce système de labourage de causer une perte de temps par la nécessité où l'on est de cheminer sur la largeur de la planche pour aller reprendre la raie de l'autre côté. Cet inconvénient est plus apparent que réel. J'ai examiné la chose de près, et j'ai trouvé que l'araire à versoir ne perd pas plus de temps en tournant que l'araire à deux oreilles, pourvu toutefois que les planches ne soient pas trop grandes.

24. En effet, l'araire à deux oreilles, pour revenir sur ses traces, impose à l'attelage une circonvolution sur lui-même, et au laboureur la nécessité de transporter l'instrument. Cette opération, lorsqu'elle est fréquente, inquiète l'attelage et fatigue le laboureur ; elle s'exécute lentement, surtout de la part des bœufs, et elle entraine habituellement un temps d'arrêt. Dans le tirage de la charrue à versoir, les bœufs vont toujours dans le même sens et reprennent la seconde raie par deux quarts de conversion successivement exécutés à droite, et le laboureur, pourvu qu'il tourne à propos, n'a pas besoin de transporter l'instrument. On remarquera que l'attelage, en tournant, tire la charrue à vide et qu'ainsi il a le temps de reprendre haleine sans s'arrêter.

25. On reproche encore au labourage par planches d'être forcé, pour atteindre les limites du champ, de les dépasser, et par conséquent, dans les terres closes, de laisser à chaque bout une bande non labourée.

26. Ce reproche est fondé, mais l'omission est facile à réparer en labourant les bordures en travers.

Le régulateur donne même les moyens d'aborder de très-près les clôtures et de ne laisser rien ou presque rien à faire à la main de l'homme, et de surpasser encore l'araire indigène sous ce rapport.

27. Quoi qu'il en soit, le labourage par planches a déplu à certaines gens et leur a inspiré l'idée d'une charrue qui pût réunir les avantages de la charrue à versoir et la commodité d'aller et venir du même côté en faisant un labour continu, comme l'araire à deux oreilles. .

28. C'est dans ces vues qu'on a inventé la charrue à tourne-oreille. Celle-ci ne diffère de la charrue à versoir fixe qu'en ce que son versoir est mobile et s'attache alternativement des deux côtés. Mais cette différence en occasionne une bien importante dans le travail des deux instrumens. Un versoir qui passe tantôt à droite, tantôt à gauche, ne saurait être contourné de manière à soulever et à retourner la terre. Il ne peut que la déplacer comme notre araire. En outre, le soc est en fer de flèche : il a deux ailes, dont une attaque inutilement le sol non divisé. Il en résulte une raie plus pénible, moins carrée et moins nette.

29. Nous n'insisterons pas ici sur le mérite respectif des différentes charrues. Nous nous contenterons de dire que, sous le rapport de leur travail effectif et de la façon dont elles entament le sol, les charrues appartiennent à deux systèmes différens. Les unes agissent suivant les propriétés du triangle, les autres suivant les propriétés du carré.

30. Pour être en état de bien comprendre lequel de ces deux systèmes mérite la préférence, il faut se faire une idée juste du but des labours, des conditions qui constituent la perfection des labours et de l'importance qui s'attache à cette perfection.

31. Nous n'entreprendrons pas ici de donner la théorie des labours. Nous nous contenterons de rassembler quelques faits, quelques observations qui peuvent nous éclairer et nous guider dans la pratique.

32. Il est assez prouvé par l'expérience que les labours produisent deux effets différens : l'un purement mécanique, en détruisant les mauvaises herbes et en divisant la terre de manière à permettre aux graines que l'on sème d'étendre leurs radicules et leurs feuilles naissantes; l'autre fertilisant, en ce que la terre remuée devient plus perméable aux

fluides répandus dans l'atmosphère, ainsi qu'à la lumière et au calorique, que l'on peut regarder comme les agens les plus actifs de la végétation.

33. Il est connu de toute antiquité que les alternatives de froid et de chaud auxquelles on expose la terre en la travaillant, contribuent à la rendre plus féconde. Lorsqu'on laboure avant l'hiver, qu'on donne ensuite une seconde raie en mars ou avril, une troisième en été, la récolte est plus belle que dans le cas où l'on se contente de donner le premier labour aux approches du solstice d'été. On a donc lieu de penser que le contact de l'atmosphère exerce une action fertilisante sur les terres labourées (1). Nos villageois ont très-bien observé ce fait. Lorsqu'une terre est restée long-temps en friche, par conséquent, à l'abri du contact de l'air, et qu'elle est récemment labourée, ils disent qu'elle est crue ; si elle est semée dans cet état et que la récolte languisse, ils disent que le cru la dévore.

34. D'après ces faits, on voit que le but du labour est, 1º de ramener à la surface les parties inférieures de la couche labourable et de les exposer à l'action de l'air et du soleil ;

2º D'enterrer les herbes qui occupent le sol et de les faire servir à lui restituer les sucs nourriciers qu'elles lui ont dérobés ;

3º De diviser la terre, de la rendre meuble, afin que le germe naissant des récoltes puisse la traverser et y bien développer le chevelu de ses racines.

35. Le but ainsi clairement aperçu, il peut paraître facile de poser les conditions d'un bon labour.

36. Cependant il est vrai de dire que dans cette matière on ne doit pas établir, sous tous les rapports, une règle

(1) L'action de l'air sur les oxides métalliques, dont la terre est plus ou moins mélangée, ne peut être révoquée en doute. Lorsqu'on ramène à la surface un sous-sol rendu noirâtre par l'oxide de fer, on le voit, s'il reste long-temps exposé à l'air, acquérir peu à peu une couleur rougeâtre de rouille, attendu qu'il absorbe l'acide carbonique répandu dans l'atmosphère ; alors cette substance métallique passée à l'état de carbonate a perdu ses qualités malfaisantes et le sous-sol devient très apte à la végétation.

absolument générale. Les circonstances du labourage doivent varier suivant la nature du sol, de la récolte précédente et de celle qui doit suivre.

37. Néanmoins il faut poser comme un principe fondamental qui ne souffre point d'exception, qu'il n'y a de bon labour que celui qui ne présente point de chevets ou places non labourées (1), et dont la bande est bien retournée. Il est surtout essentiel que toute la terre soit coupée au fond du sillon, sans quoi les herbes à racines profondes ne sont pas détruites, et l'eau ne peut pas s'écouler vers la raie ouverte destinée à la recevoir et à la conduire hors du champ. Cette dernière condition est impossible avec notre araire qui ouvre un sillon évasé en triangle et peut tout au plus en approcher à force de croiser et de recroiser.

38. Quant à la forme de la bande de terre, on ne peut rien affirmer de positif sur l'épaisseur et la largeur qu'il convient de lui donner. En général, j'ai reconnu que la largeur de 25 centimètres (9 pouces) est la plus convenable. Les meilleurs cultivateurs ont pour règle de varier la largeur et l'épaisseur de la bande de terre, de telle sorte que l'une et l'autre vont en diminuant à mesure qu'on réitère les labours. Pour le premier labour sur jachère, ils prennent 28 centimètres (10 pouces) en largeur, sur une profondeur de 22, 27, 30 ou 32 centimètres; pour le second, 25 sur 17 ou 20; pour le troisième, 20 à 22 centimètres sur 14; pour l'avoine, on prend 25 centimètres en largeur et

---

(1) C'est ce que nos laboureurs appellent des *truéjos;* mot qui veut dire des *truies.* Il sera peut-être curieux de remarquer, comme une preuve de l'opiniâtreté des modes et de la continuité des traditions en fait d'agriculture, que les laboureurs latins se servaient de ce mot *truie,* quoique dans un autre sens. On trouve le passage suivant dans Columelle : *Liras autem rustici vocant, easdem porcas, cùm sic aratum est ut inter duos latius distantes sulcos, medius cumulus siccam sedem frumentis præbeat.* Ce qui paraît exprimer ce que nous appelons un billon. Or, lorsque notre araire s'écarte de sa direction, le chevet qu'il laisse s'élève entre deux sillons. On a dû dire ironiquement à celui qui labourait ainsi : Tu fais des billons : *Fas de truéjos.*

12 ou 13 seulement en profondeur. On observera que l'avoine succède à une récolte qui a reçu primitivement un labour profond.

39. La profondeur du labour est un point essentiel. Les labours profonds produisent deux effets qui semblent contradictoires : ils préservent tour-à-tour les plantes de l'excès d'humidité et de la sécheresse. Mais la contradiction n'est qu'apparente. Lorsque la terre est profondément remuée, les eaux s'écoulent, en hiver, au-dessous des racines des plantes, et ensuite quand les chaleurs surviennent, il se trouve que la terre, imbibée à une plus grande profondeur, conserve de la fraîcheur, ce qui donne lieu à une évaporation propre à fournir l'humidité nécessaire pour entretenir la végétation.

40. Ainsi donc, toutes les fois que le sol peut le permettre, il est avantageux de labourer à toute la profondeur que l'on peut obtenir d'une bonne charrue et d'une bonne paire de bœufs. Il est même très-profitable de donner de temps en temps un labour plus profond, en doublant l'attelage, principalement au commencement de chaque rotation.

41. Les labours profonds conviennent à toute espèce de terrain, soit qu'il participe de l'argile, de la silice, ou du calcaire. Cependant la prudence exige, avant de s'enfoncer dans un terrain inconnu, d'examiner avec soin la nature du sous-sol. S'il est composé d'un sable ocreux, il y aurait certes du danger à le ramener à la surface. On trouve encore des sous-sols d'une nature différente, qui, ramenés brusquement à la surface, frapperaient la terre d'une infertilité momentanée. Tels sont ceux qu'on trouve au-dessous des terres fortes et qu'on nomme en patois *cran* ou *cragnas*. Mais presque toujours on peut les mettre à contribution avec avantage, en observant de n'entamer cette couche inférieure que par lames minces, et cela seulement dans le premier labour de jachère. Encore faut-il, en pareil cas, avoir soin de labourer avant l'hiver, afin que les gelées puissent dissoudre la bande compacte qui provient du sous-sol.

42. Outre cela, les bons cultivateurs anglais ont pour règle, toutes les fois qu'ils font pénétrer le labour au-delà de la couche cultivée, d'amender ce sol neuf et vierge au moyen de la chaux, et en même temps d'y répandre une plus grande quantité de fumier que de coutume.

43. S'il s'agit de mettre en culture des terrains marécageux, froids, tels qu'on en rencontre plusieurs dans notre ségala, on ne saurait labourer trop profondément, afin de les ressuyer et de fournir aux plantes une plus grande masse de terre pour leur nourriture.

44. Mais pour les terres pauvres, il est à propos de proportionner la profondeur du labour à la quantité de fumier dont on peut disposer.

45. Le labour qui précède immédiatement la semaille ne doit pas excéder la profondeur à laquelle pénètrent les racines des plantes que l'on se propose de semer.

46. En général, les labours de 20 à 23 centimètres sont suffisans pour les procédés ordinaires de la culture.

47. Mais il est très-utile de donner de loin en loin un labour extraordinaire de 30, 36, 40, 45 centimètres, que l'on peut considérer comme une sorte de rénovation de la terre. Les bons cultivateurs anglais n'y manquent pas, et c'est par là qu'ils ouvrent chaque rotation; ils ont, pour cet effet, de grandes charrues qu'ils attellent de deux ou trois paires de chevaux.

48. L'utilité des labours profonds est incontestable. Elle se fait remarquer, en général, sur toutes les récoltes; mais c'est particulièrement pour le trèfle, les raves, les fèves et les pommes de terre qu'il est très-avantageux de ramener à la surface une terre neuve.

49. Nonobstant ce qui précède, on évitera de labourer trop profondément, 1° le terrain parqué par le bétail, 2° celui sur lequel on aura répandu de la chaux ou de la marne. Il ne faut pas excéder, en pareil cas, quinze ou dix-sept centimètres, de peur de mettre les engrais hors de la portée des racines de la récolte.

50. Lorsqu'il s'agit de rompre un terrain gazonné, voici

ce que conseillent de savans agronomes. Il faut commencer , disent-ils, par un labour superficiel qui écorche , pour ainsi dire , le terrain ; ensuite on prend 12 ou 13 centimètres plus bas , et on place ainsi le gazon entre deux terres. Par ce procédé , on fait profiter la récolte de la décomposition des herbes, qui sans cela tomberaient au-dessous de la sphère de végétation.

51. Cela est parfait dans la théorie , mais trés-difficile à exécuter dans la pratique. J'avoue qu'avec mes charrues rovilliennes, qui manœuvrent chez moi depuis douze ans , je n'ai jamais pu obtenir l'exécution de ce mode de labourage ; probablement la nature du sol s'y oppose.

52. En conséquence, j'ai pris le parti d'employer une méthode toute différente. J'attaque les gazons en décembre au plus tard. On laboure à la profondeur de 20 centimètres à peu près. Lorsque les bandes, qui ressemblent à des madriers, ont subi les influences de l'hiver, je les fais herser afin d'atténuer l'épaisseur de la bande et de boucher les joints par où le gazon peut respirer. Ainsi claquemuré , le gazon périt. Vers la fin de mars ou en avril, je fais croiser par l'araire à deux oreilles. Puis on herse : toutes les racines du chiendent jonchent le sol et demeurent exposées aux ardeurs du soleil. Quand ces racines ont été tuées , on enterre les débris du gazon avec le fumier par un trait de la charrue-Dombasle.

53. Le succès de cette manière de procéder m'a engagé à la généraliser pour la préparation de toutes les terres. En conséquence , après un premier labour de la charrue perfectionnée, je fais herser. J'attends que le labour soit raffermi (*caillé* et *encroûté* , suivant l'expression de nos laboureurs), et ensuite je le fais croiser par l'araire indigène. Ce méchant outil devient alors un excellent scarificateur, ses défauts se tournent en qualités précieuses. Les frottemens qu'il éprouve servent à briser la terre. Comme il ne retourne pas , et qu'il ne fait que diviser la couche labourée , il ne détruit pas l'ouvrage du premier labour. Lorsque les mottes qu'il élève ont été quelque temps exposées à l'air, on profite d'une saison favorable pour herser. Le champ prend alors l'aspect d'un jardin.

54. Cette méthode de labourage est celle d'Olivier de Serres, que nous pouvons appeler le patriarche de l'agriculture. Après avoir comparé les deux espèces de charrues et signalé les imperfections de l'araire à deux oreilles, il observe, avec le bon sens qui le caractérise, que l'araire à versoir, quoique très-supérieur à l'autre, ne remplit pas néanmoins toutes les conditions désirables et qu'il a un inconvénient qui devient assez fâcheux dans la pratique.

55. L'araire à versoir, qu'on appelle *mousse* dans le Midi, enterre par un premier travail le gazon et la couche supérieure : ce qui est bien ; mais si vous réitérez avec le même instrument, vous reportez en haut ce que vous avez pris la peine de mettre en bas, de sorte que les deux premiers labours se contredisent et qu'il faut nécessairement aller jusqu'au troisième (1), nécessité qui n'est pas toujours économique et qui devient quelquefois très-incommode.

56. D'après ces motifs, Olivier de Serres conclut que la perfection du labourage n'appartient pas à un seul genre de charrue et qu'elle gît dans la réunion des deux. Il conseille de faire le premier labour avec l'araire à versoir et de le croiser ensuite avec l'araire à deux oreilles.

57. L'expérience m'a démontré que la méthode d'Olivier de Serres est infiniment préférable à celle qui est en usage dans le Nord, où l'on n'a que la charrue à versoir, avec laquelle on réitère les façons, en labourant toujours dans le même sens.

58. A présent, nous avons à examiner une autre question non moins intéressante pour la bonté du labourage. De quelle manière faut-il placer la bande de terre? Nos charrues françaises à avant-train et celles de plusieurs cantons de l'Angleterre renversent la bande entièrement à plat; mais en Northumberland et en Ecosse, on a cru plus utile de la renverser de manière à ce qu'elle soit placée sous un angle de 45 degrés ; de façon que les bandes s'appuient en pente l'une sur l'autre.

---

(1) Un vieux laboureur du pays, en voyant le travail de mes charrues rovilliennes, me disait dans son patois énergique : « La première raie laboure et la seconde délaboure. »

59. Cette méthode est fondée sur l'opinion que les deux principaux objets du labourage sont d'exposer la plus grande surface possible à l'action de l'air, et de disposer la bande de manière à ce que le hersage puisse produire la plus grande quantité de terre meuble pour recouvrir la semence. M. Mathieu de Dombasle a adopté cette manière de labourer, et sa charrue est construite pour verser sous un angle de 45 degrés.

60. Aussi fait-elle mousser la terre et son labour s'élève au-dessus du niveau de la portion non labourée comme une béchée bien faite.

Dans le département de l'Aveyron, les gens du métier ont applaudi à cette disposition.

61. Quand on se sert de la charrue à versoir unique, il est nécessaire de labourer par planches ou billons. J'appelle billon un espace labouré qui s'élève entre deux sillons ouverts et forme une sorte de chaussée très-bombée dans le centre. J'appelle planche ce même espace renfermé par deux sillons, lorsqu'il est uni ou qu'il n'a que la légère courbure que donne un premier labour.

62. La largeur des planches doit être plus ou moins grande, suivant la nature des terres. Sur un sol léger et perméable à l'eau, et où la fréquence des raies ouvertes n'est pas nécessaire pour ressuyer le labour, on peut leur donner telle largeur qu'on juge convenable, en observant toutefois que les planches trop larges entraînent une perte de temps considérable. Sous ce rapport, il est bon de ne pas excéder la largeur de huit mètres, ou de huit pas géométriques.

63. Dans les plaines sujettes à être submergées, on fait des planches très-étroites ; nous en parlerons au chapitre des semailles.

64. Pour former les planches, on emploie deux manières de procéder ; on laboure tour-à-tour en endossant et en fendant. Suivant la première de ces méthodes, on trace au milieu de la planche une première raie, le long de laquelle on ouvre la seconde de l'autre côté, en sorte que les deux

bandes retournées se rencontrent et forment un ados. Quand on laboure en fendant, on commence à l'endroit où l'on a fini la première fois, c'est-à-dire au bord de la planche, et l'on va tracer la seconde raie sur le bord opposé ; ainsi de suite jusqu'à ce qu'on finisse au milieu par une raie ouverte.

65. Dans certains pays, on laboure toujours en endossant et l'on forme ainsi des billons très-élevés. Cette méthode est vicieuse, en ce qu'elle accumule la terre de plus en plus vers le centre et qu'elle appauvrit les côtés du billon. Il est clair qu'on rétrécit ainsi la production ; au lieu qu'on n'a rien de pareil à craindre lorsqu'on laboure tantôt en endossant, tantôt en fendant. Pour les terrains en pente, on doit tracer les planches obliquement sur les travers du côteau, de façon qu'elles soient dirigées à droite en partant du sommet vers le fond. Cette direction élude la difficulté du tertain autant que possible, à cause que le versoir jette la terre en bas quand la charrue va en montant, ce qui soulage beaucoup l'attelage, et que celui-ci est favorisé par la descente lorsqu'il s'agit de labourer à contre-mont. Ceci suppose que le versoir est placé du côté droit, car s'il était à gauche comme dans la mousse de la Haute-Garonne, il faudrait prendre une direction contraire.

66. Pour peu qu'on se donne la peine de réfléchir sur ce qui précède, on sera en état de prononcer, sans hésitation, sur le mérite respectif des différentes charrues. On verra que l'araire à deux oreilles ne fait pas un travail complet, qu'il est loin d'atteindre le but et de remplir les conditions du bon labourage. Si on le compare à la charrue à versoir, on voit clairement que l'araire indigène, procédant d'après le triangle, et l'autre d'après le carré, le volume de terre que le premier attaque dans son passage est tout au plus la moitié de celui dont la charrue se saisit ; car tout le monde sait que le triangle ne mesure que la moitié d'un carré de même base et de même hauteur (1). Cette forme triangulaire

---

(1) Nos villageois savent fort bien le rapport du triangle au carré, bien qu'ils n'aient aucune notion scientifique de géométrie. Leur esprit contentieux donne lieu à de nombreuses opérations d'arpentage qu'ils suivent avec intérêt et une pénétration étonnante.

laisse échapper souvent les racines et met nos laboureurs
dans la nécessité de s'arrêter pour les couper avec un fer
tranchant, placé au bas-bout du pique-bœuf et qui se nomme
en patois *glandis*.

67. On verra clairement que la charrue simple à versoir,
bien qu'elle opère avec plus de vigueur, doit obéir, sans
l'excéder, au même attelage, toutes les fois qu'elle marche
sous des conditions égales ; attendu que l'araire triangulaire
éprouve des frottemens inutiles et dépense en pure perte
une bonne partie des forces motrices (1).

68. Le labour de la bêche étant le modèle de la perfection
en ce genre, il est clair que la meilleure charrue est celle
dont le travail approche le plus d'une béchée exécutée avec
soin. Telle est la charrue perfectionnée, dite de Roville. Son
labour est même préférable à celui de la bêche sous un point
de vue essentiel : le sous-sol est plus uni, étant raboté par
le soc ; circonstance importante qui facilite l'écoulement
des eaux pluviales. Aussi les bons effets de cette charrue se
font particulièrement remarquer sur les terres humides
sujettes à se cristalliser sous l'influence des gelées, à sauter,
suivant l'expression de nos laboureurs (2).

69. La charrue la mieux conçue et la mieux agencée ne
suffit pas pour donner au labour toute sa perfection ; du
moins est-il vrai de dire qu'on ne pourrait y arriver que par
l'emploi trop souvent répété de cet instrument. En conséquence, pour mettre la dernière main aux préparations de
la terre, on a recours à un autre instrument très-expéditif,
qui porte le nom de herse.

---

(1) Le préjugé qu'inspire l'aspect des deux instrumens est si puissant
que la plupart des cultivateurs ont beau voir les mêmes bœufs passer de
l'araire indigène à la charrue rovillienne sans donner le moindre signe
d'impatience ou de fatigue, qu'ils soutiennent toujours qu'elle doit être
plus fatigante. Tant il est vrai que le préjugé trouble le témoignage des
sens jusqu'à ce qu'on soit parvenu à expliquer ce qui avait paru d'abord
un phénomène inexplicable.

(2) Cet effet de la gelée s'exprime en patois par le mot de *grauzel*.

70. La herse est un grand râteau formé par un assemblage de pièces de bois garnies de chevilles de bois ou de fer, qu'on nomme dents.

71. Il y a des herses triangulaires et des herses carrées ; mais, quelle que soit leur forme, il est essentiel que les dents soient disposées de manière à cheminer les unes à côté des autres, à distances égales.

72. La herse triangulaire a un défaut capital : celui d'amonceler la terre et les pierres au sommet du triangle, et de produire sur le labour des difformités.

73. La meilleure herse n'a pas une forme exactement carrée ; elle prend celle qu'on appelle parallélogramme ou losange. Sa construction est fort simple. On place quatre montans à distances égales, en observant que le premier déborde le second, et celui-ci le troisième, etc.

Sur ces montans, on place les dents à distances égales et à la file les unes des autres, et l'on a soin de les bien fixer avec des écrous.

Alors on les assemble par des traverses au moyen de mortaises obliquement creusées. Aux quatre extrémités des montans latéraux, on fixe des crochets pour servir au tirage. Une chaîne lâche se prend par ses deux bouts aux crochets de la partie antérieure de la herse, quand on veut la faire aller dans ce sens qui est celui de la courbure des dents, et à ceux du derrière de la herse, quand on juge à propos de faire travailler les dents en sens inverse de leur courbure. La chaîne ainsi placée en anse de panier, on y attache la lancette ou *proudel*, au moyen d'une esse en fer.

74. Si l'on attelait la herse par le milieu de la chaîne lâche, il est clair que les dents marcheraient de l'avant à l'arrière dans la même ligne. On l'attelle donc très-près du montant latéral qui rentre et paraît le plus court sur la face que l'on veut mettre en avant. La herse alors tourne et marche de côté en biaisant. Les dents tracent des lignes convenablement disposées. Cet instrument oscille en marchant et imite le va et vient du râteau, et, par ce moyen, il se délivre assez bien des pierres. Lorsqu'il s'engorge par la multi-

plicité des herbes ou des racines, on le soulève par derrière. On peut, pour rendre cet exercice plus commode, placer une corde ou un rameau tordu de chêne à l'extrémité postérieure de l'un des montans.

75. On donne à la herse plus ou moins de force, suivant la nature des terres, et suivant l'effet que l'on veut obtenir. La herse la plus usuelle est la herse à deux colliers ou à une seule paire de bœufs. Elle a un mètre 1 2 de long sur un mètre de large, et elle porte trente-deux dents placées entre elles à la distance de 15 ou 16 centimètres. La herse à 4 colliers porte 48 ou même 64 dents. Celle-ci est excellente pour les terres fortes.

76. La herse en losange n'étant pas plus coûteuse qu'une autre, étant au contraire plus facile à construire que la herse en triangle, son travail étant infiniment meilleur, il est clair qu'on doit l'adopter et qu'il n'y a pas à hésiter sur le choix.

77. La herse à dents de fer est un excellent outil de labourage ; c'est une succursale de la charrue.

78. Un coup de herse placé entre deux labours est un moyen puissant de détruire les mauvaises herbes. Cette opération secoue et met à nu les racines du chiendent, et si l'on prend bien son temps, ces racines vivaces périssent. Le hersage fait éclore en même temps les mauvaises graines, ensuite les plantes qui en proviennent sont enterrées par la charrue.

79. Il est même utile de herser avant le premier labour et immédiatement après la moisson. Lorsque la terre a été ainsi remuée, les premières pluies font germer les graines et les herbes qui échappent à la dent du bétail sont exterminées par le labour qui vient après.

80. La herse est excellente pour râtisser, ameublir la terre labourée et pour lui donner cette préparation que nos laboureurs expriment, dans leur patois souvent pittoresque, par le mot *estrida*.

81. Mais elle ne détruit point les herbes qui sont en pleine végétation. On a imaginé, pour cet effet, un autre instru-

ment, qui est bien au fond une espèce de herse, mais qui porte, au lieu de dents, des pieds armés de socs triangulaires. Ces pieds, au nombre de cinq, sont rangés sur deux files, et de telle sorte que ceux de derrière passent dans les intervalles que laissent les autres et rentrent de quelques lignes dans la place que ceux-ci ont parcourue. Cet instrument se nomme extirpateur.

82. L'extirpateur est formé de deux montans assemblés par des traverses sous forme de trapèze. L'extrémité de la haie ou timon porte sur un sabot à roulette. On le dirige au moyen de deux mancherons comme la charrue. Cet instrument, d'un tirage facile, est parfait pour la destruction des herbes ; il sert encore à donner des cultures légères qui, dans certains cas, dispensent de réitérer le labour à la charrue. On observera que l'extirpateur doit marcher entre deux terres, et que ce serait manquer le but que de l'enfoncer au-delà de 8 ou 10 centimètres.

83. Il existe encore plusieurs autres instrumens auxiliaires de la charrue ; mais ils ne sont guère que des variantes plus curieuses qu'utiles de ceux que nous venons d'indiquer.

84. Ces derniers suffisent pour remplir toutes les conditions du labourage perfectionné. Toutefois on observera que cette perfection dépend non-seulement de la bonne construction des outils, mais encore de l'adresse avec laquelle ils sont dirigés.

85. Le premier talent du laboureur est de savoir bien dresser son attelage. Or, c'est en quoi pèchent communément nos bouviers. Il arrive assez souvent qu'ils se mettent en état habituel d'hostilité envers les bœufs qui n'aspirent qu'à vivre en paix avec leur maître et à le contenter ; ces pauvres animaux, tout dociles qu'ils sont naturellement, s'accoutument à regarder de travers leur conducteur tracassier ; leur caractère s'aigrit et ils se livrent de temps en temps à des écarts et à des mouvemens d'impatience aussi contraires à la régularité du labourage qu'à la conservation des charrues. Vendôme disait que, dans les marches de son armée, il avait souvent examiné avec attention les querelles

des mulets et des muletiers, et qu'à la honte de l'espèce humaine, il avait été forcé de juger que presque toujours c'est le mulet qui a raison. Combien sommes-nous plus fondés à donner gain de cause au bœuf contre le bouvier, lorsque celui-ci, dans un accès d'humeur ou de caprice, l'attaque à grands coups d'aiguillon et lui déchire le tympan par des intonations plus aiguës encore et plus insupportables. Le bœuf veut être mené avec douceur, avec calme et ménagement. Plus lourd et plus lent que le cheval, il supporte moins une impulsion vive et brusque, parce qu'il est hors d'état d'y répondre. Plus tenace, il s'excède s'il est surmené. Il faut donc que le maître et son *bouriayré*, son chef d'attelage, veillent à ce que les valets de charrue ne maltraitent pas les animaux sans sujet.

86. Je me suis occupé souvent, depuis mon enfance, à dresser des animaux domestiques et même des animaux sauvages. J'ai eu toujours pour principe de chercher d'abord à gagner l'affection de mon élève, et ensuite à n'avoir recours au châtiment qu'à la dernière extrémité et avec modération, observant surtout avec soin de ne jamais battre l'animal que lorsqu'il peut comprendre le motif pour lequel on lui inflige cette punition. Le grand secret consiste à savoir lui donner la conscience de son méfait, sans quoi, dans son âme muette, bouillonne sourdement le sentiment de l'injustice; or, rien ne pèse sur le cœur comme l'injustice : c'est une chose que ni gens, ni bêtes ne peuvent digérer.

87. Il y a plus d'art qu'on ne pense à bien labourer. Les bons laboureurs sont rares dans notre pays. Que dit le proverbe ? *N'es pas bouyé qué porto guillado* (n'est pas laboureur quiconque porte le pique-bœuf). La charrue perfectionnée a cela de bon qu'elle fait un travail passable, alors même qu'elle n'est pas très-bien conduite. Cependant, pour qu'un labour soit correct, il faut que les raies soient droites et qu'elles aient, toutes, la même largeur et la même profondeur.

88. Il est essentiel de bien raboter le dessous de la couche labourée, et pour cela il faut tenir la charrue dans son

aplomb. Si elle s'incline, le fond de la raie n'est pas uni. Cela s'appelle labourer en crémaillère. Si la charrue penche à gauche, le tranchant du soc se soulève, les racines échappent, et la raie devient triangulaire comme celle de l'araire du pays. Pour bien labourer, il faut un apprentissage.

89. Les vieux laboureurs qui ont pris l'habitude, en menant l'araire, de suivre une courbe irrégulière, se font difficilement au maniement de la charrue rovillienne.

90. Les jeunes gens sont bientôt formés lorsqu'on parvient à les piquer d'émulation et à leur donner le goût du bon labourage (1).

91. Mais pour former de bons laboureurs, il faut que le maître ait appris à labourer lui-même et qu'il soit en état, dans l'occasion, d'ajouter l'exemple au précepte.

92. Le labourage est la partie honteuse de notre agriculture aveyronnaise. Dans les départemens voisins, on laboure mieux.

93. En adoptant la méthode de labourer par planches et de faire marcher les charrues séparément, on fera un grand pas vers la réformation du labourage. Lorsque les charrues marchent à la file l'une de l'autre, les fautes se confondent et se perdent dans la foule. Mais du moment que chaque laboureur fait sa planche à part, les fautes de chacun sont à découvert, et le maître peut envoyer à son adresse le blâme et la louange.

94. Terminons ce chapitre par le passage suivant que nous empruntons à l'un des meilleurs écrivains agricoles d'Angleterre ; il servira à faire mieux sentir toute l'importance du bon labourage :

« On ne peut trop se pénétrer, dit John Sinclair, des
» avantages que produisent les bons labours. Par les labours,
» la composition et la consistance du sol sont améliorées et
» rendues propres à la nature des différentes espèces de
» plantes qu'on cultive. Par leur aide, les engrais et les se-
» mences sont mieux répartis. Le cultivateur y trouve un

(1) Rien de mieux pour cela que les défis ou concours de charrues.

» moyen d'éviter les dommages que cause une humidité sur-
» abondante.

95. » Il est certain qu'il n'y a pas de bonne agriculture là
» où les labours sont imparfaits. Il est très-probable que, dans
» un canton composé principalement de terres arables, on
» perd annuellement un tiers des récoltes sur un grand
» nombre des meilleures pièces de terre par *l'insuffisance*
» *des labours.*

96. » On peut même évaluer la perte que produit la même
» cause sur le produit des terres arables de tout le royaume
» en général, au quart ou, au moins, au sixième de la
» masse des récoltes. C'est donc un sujet qu'on ne peut exa-
» miner avec trop de soin. Il est bien connu que les chevaux,
» conduits par un bon laboureur, sont moins fatigués que
» ceux qui sont confiés à un homme maladroit ou inexpé-
» rimenté, et qu'on remarque une différence considérable
» dans les récoltes des planches labourées par un mauvais
» ouvrier, comparées à la partie du même champ où le la-
» bourage a été bien exécuté. »

97. En résumé, tenons pour certain que de toutes les opérations de l'agriculture, celle-ci est la plus considérable :
elle est le fondement de toutes les autres. N'oublions pas
surtout que, pour bien labourer, il faut tout à la fois avoir
une bonne charrue et s'appliquer à la bien conduire,

CHAPITRE II.

Des Semailles et des Instrumens qui servent à cette opération.

1. Il y a sept choses à considérer dans l'opération des semailles : 1° le choix , 2° la préparation des semences , 3° l'état de la terre , 4° la constitution atmosphérique , 5° la quantité des semences , 6° la profondeur à laquelle il convient de les placer , 7° les précautions propres à les préserver des eaux pluviales.

2. Il est essentiel que les grains que l'on sème aient atteint une maturité parfaite. Les grains qui ne sont pas mûrs lèvent fort bien , mais ils ne tardent pas à languir, et la récolte va en dépérissant.

3. Cette observation très-importante le devient encore plus aujourd'hui que l'usage de couper les blés sur le vert a prévalu. Il est certain que lorsqu'on moissonne ainsi avant que le grain soit consolidé et dès l'instant qu'il présente une pâte qui s'arrondit sous le doigt comme la mie du pain qui sort du four , le blé est plus beau et plus propre à la panification.

4. Mais il est avantageux de laisser mûrir tout-à-fait la portion de la récolte que l'on destine aux semences. Il importe surtout que le grain ait été récolté et mis en tas au grenier dans un état parfait de dessication. Le grain échauffé par la fermentation ne germe pas.

5. Les grains que l'on sème doivent être exempts de mélange. C'est ici un des points les plus essentiels et les plus difficiles de l'agriculture. La vesce , la nielle et l'ivraie salissent habituellement les fromens du causse de l'Aveyron. La nielle seule se montre dans les terres à seigle dites ségala.

6. Nos laboureurs prétendent que le froment se change en ivraie et l'ivraie en froment, suivant certaines circonstances. C'est un préjugé ridicule qui tend à encourager la paresse en la justifiant. L'expérience démontre qu'il est possible

d'extirper l'ivraie et que cette mauvaise plante ne paraît que dans les terres où elle a été semée (1).

7. Il y a plusieurs manières de procéder à la destruction des mauvaises graines. Voici la plus économique et la plus sûre :

8. Prenez la peine de trier vous-même, ou de faire trier sous vos yeux, grain à grain, une certaine quantité de blé, trois ou quatre hectolitres, par exemple. Semez ce blé trié sur une terre engraissée par le parc et non par le fumier de litière, afin d'être plus sûr de ne point apporter de mauvaises graines dans le champ. Vers la fin de mars ou le commencement d'avril, parcourez votre blé trié. Si quelques pieds de vesce, de nielle ou d'ivraie se montrent, faites-les abattre avec la binette. Vous obtiendrez ainsi une petite récolte rigoureusement pure. Alors il ne s'agit plus que de la conserver à part et de la multiplier assez pour qu'elle suffise à l'ensemencement de l'assolement tout entier.

9. Dès la première année l'amélioration est considérable. En continuant ainsi à ne jeter sur les terres qu'une semence exempte de tout mélange, on parvient à extirper complétement les mauvaises graines.

10. On aura soin de ne jamais porter dans les champs le fumier ou terreau qui provient des vannures, car celles-ci contiennent beaucoup de mauvaises graines tout le temps que les récoltes n'ont pas été complétement purgées.

Tel est le moyen le plus économique pour obtenir des blés exempts de tout mélange.

11. Parlons à présent d'un fléau bien plus dangereux et des précautions qu'il faut prendre pour s'en préserver.

12. Tout le monde sait que les blés sont sujets à deux maladies connues vulgairement sous le nom de charbon. Quelquefois l'épi est désorganisé et noirci comme s'il avait été consumé par le feu. Cet état mérite bien le nom de charbon, car il en a toutes les apparences.

(1) Il y avait de l'ivraie dans mes blés, lorsque j'ai commencé à m'occuper de culture.

Aujourd'hui mes récoltes sont parfaitement purgées de cette mauvaise graine comme de toute autre.

13. Plus souvent il arrive que l'épi est sain et bien garni, mais les grains qu'il porte s'écrasent sous le doigt et laissent échapper une poussière brune et volatile, assez semblable à celle qu'on trouve dans la vesse de loup quand elle est dans sa maturité. Cette dernière espèce de charbon reçoit le nom de carie, quand on veut la distinguer de l'autre.

14. Le charbon proprement dit est assez rare et il n'affecte les récoltes que sous le rapport de la quantité. Il sévit peu sur le froment, mais il maltraite davantage l'orge et surtout l'avoine.

15. La carie, au contraire, n'attaque que le froment, et elle l'endommage sous le double rapport de la qualité et de la quantité.

Les ravages qu'elle cause s'étendent assez souvent jusqu'au quart, au tiers, à la moitié de la récolte.

16. On connaît aujourd'hui les causes de la carie. On sait qu'elle provient d'une plante parasite de la famille des champignons, qui se propage au moyen de cette poussière dont nous avons parlé : les botanistes ont donné le nom d'*uredo* à cette végétation morbifique.

17. La poussière de la carie se loge dans la rainure du grain et s'attache à la petite houpe que l'on remarque à l'une de ses extrémités. Lorsque le blé germe, elle est entraînée par la sève et elle monte, sans nuire à la végétation, jusqu'à ce qu'elle arrive dans l'ovaire où se trouvent les conditions de sa germination et de son développement. Elle dévore la substance du grain, sans attaquer l'épiderme qui lui sert de vêtement et d'abri.

18. Ce fait bien constaté, en nous montrant le principe de la maladie, nous met sur la voie de trouver le remède. Puisque le germe de la carie se trouve uniquement dans la poussière qui s'attache au grain que l'on sème, il suffit de bien nettoyer celui-ci et d'anéantir le germe de la contagion.

19. On emploie pour cela diverses préparations. On plonge les semences dans un bain de lessive caustique, composé avec des cendres de bois et de la chaux vive. Ce moyen n'étant pas infaillible, quelques-uns ont recours à des pré-

parations où entrent l'arsenic et le sublimé-corrosif. Cette recette est dangereuse, par conséquent coupable ; d'autant plus qu'elle est expressément prohibée par une ancienne ordonnance qui n'a pas été rapportée. D'ailleurs, à haute dose, elle revient trop cher, et à la dose que l'on emploie communément, elle est peu efficace.

20. Le meilleur préservatif contre la carie est le bain de vitriol bleu ou sulfate de cuivre.

21. Prenez vitriol bleu, que vous ferez dissoudre dans l'eau bouillante. Un kilogramme de vitriol suffit pour dix hectolitres de blé. Versez la moitié à peu près de cette dissolution dans une grande chaudière, ou dans un cuvier, en ayant soin de l'étendre avec de l'eau froide. Ajoutez une poignée de sel de cuisine. Plongez le blé dans ce bain, de manière à ce que l'eau le surmonte de cinq ou six centimètres. Ayez soin de bien remuer le grain et de le retourner avec la pelle. Ecumez tout ce qui surnage. Laissez infuser au moins une heure, et si votre blé est très-infecté de charbon, le plus sûr est de prolonger l'infusion jusqu'au lendemain.

22. En retirant le blé du bain, on le met égoutter dans une corbeille placée sur une autre chaudière, afin de recueillir l'eau vitriolique pour l'opération subséquente. Cependant, chaque fois que l'on soumet à cette immersion une nouvelle charge de blé, il faut ajouter une portion de la dissolution vitriolique que l'on garde à part, et de l'eau pure autant que de besoin.

23. Agissant ainsi jusqu'à la fin, en observant d'employer un kilogramme de vitriol et une poignée de sel de cuisine pour dix hectolitres de blé, on est sûr d'échapper à la carie (1). On peut même se dispenser d'ajouter le sel de cuisine, si ce n'est la première année, lorsque le blé est fortement imprégné de poussière charbonneuse. Mais on ne doit jamais négliger de brasser le blé dans le bain, afin de pro-

(1) Trente années d'une expérience constamment heureuse me donnent le droit d'affirmer que le sulfate de cuivre est le spécifique de la carie des blés.

duire un frottement, au moyen duquel pas un atome de poussière morbifique n'échappe à l'action détersive et corrosive de la dissolution vitriolique.

24. Le vitriol de cuivre est un poison, sans doute ; mais ainsi étendu dans une grande masse d'eau, il n'offre aucun danger à ceux qui manient le blé : les volailles mangent impunément les grains qui surnagent et que l'on écume. Cependant, lorsque du blé a été soumis à l'immersion vitriolique, il serait imprudent de s'en servir pour la nourriture de l'homme.

25. Si les semailles sont interrompues, et qu'il reste une portion de grain imbibé, il faut l'étendre sur un plancher et avoir soin de le remuer tous les jours avec un râteau ou un râble. Il se conserve à merveille et peut être semé lorsque le beau temps revient.

26. Si la lessive de vitriol préserve les blés de la carie, peut on dire qu'elle ait la même efficacité contre le charbon proprement dit, contre celui qui brûle l'épi et le réduit en poudre noire qui disparaît par l'effet des vents et de la pluie.

27. On l'a prétendu dans quelques écrits périodiques ; mais l'observation m'induit à penser le contraire. J'ai vu des semences préparées au vitriol produire quelques épis charbonnés, c'est-à-dire noircis et désorganisés, et pas un grain carié. J'ai lieu de soupçonner cependant que la lessive vitriolique combat et atténue les ravages du charbon proprement dit ; mais elle n'est pas pour lui, comme pour la carie, un préservatif infaillible. Il sera bon de faire des essais à cet égard sur l'orge et sur l'avoine, en augmentant les doses du vitriol et du sel de cuisine. Du reste, le mal que cause le charbon est bien peu de chose en comparaison de celui qui résulte de la carie.

28. L'usage de mettre infuser les semences est très-utile, indépendamment de la carie, lorsqu'on sème du blé de l'année précédente. Mais alors il est bon de prolonger l'infusion. Le blé vieux, qui a été conservé dans un grenier bien sec, est très-propre à être semé, sauf qu'il germe plus dif-

ficilement. En le faisant macérer pendant cinq ou six heures, la germination est tout aussi prompte que celle du blé nouveau.

29. La plupart des cultivateurs sont dans l'idée que le blé vieux n'est pas bon à semer. C'est un préjugé qui devient quelquefois nuisible , attendu qu'il est des années mauvaises qui salissent les récoltes ou les avarient, et que , dans ce cas, on trouverait un grand avantage à semer du blé de l'année précédente.

30. Ces soins ne suffisent pas pour assurer le succès des semailles ; il faut avoir égard à l'état de la terre. Vaut mieux saison que labouraison , a dit Olivier de Serres. Pour entendre ce proverbe , il faut savoir ce que signifie le mot saison dans la langue de nos laboureurs.

31. Quand on dit qu'une terre a bonne saison , on entend qu'elle n'est ni trop sèche, ni trop humide. Si la terre est fortement détrempée par les pluies et qu'on la remue dans cet état, on dit qu'elle est dessaisonnée. En effet, elle est gâchée et corroyée par la charrue et par le piétinement de l'attelage, ce qui s'oppose à la germination des semences.

32. Quand elle est , au contraire , trop sèche , il n'est pas bon de la remuer. *A la terre sans humeur ne touche le laboureur* , a dit encore Olivier de Serres.

33. Le même auteur dit dans un autre endroit qu'il faut semer le froment en terre *boueuse* , et le seigle en terre *poudreuse*.

34. Il faut bien se garder de prendre cet adage à la lettre. Il est très-vrai que le seigle redoute moins une terre sèche et le froment une terre humide , mais les deux excès sont nuisibles à ces deux céréales.

35. Ceci, du reste, est relatif à la nature du sol bien plus encore qu'à la nature de la récolte. Dans les terrains calcaires, légers, peu ductiles , l'excès d'humidité n'est point à redouter. Au contraire, plus ils sont humides, plus ils sont en bonne saison pour le froment. Or, les terres de cette sorte sont habituellement cultivées en froment. Les terres à seigle, au contraire , qui appartiennent au schiste et à l'argile, re-

doutent infiniment l'humidité excessive , et si on y touche dans cet état , elles forment une espèce de mortier qui se durcit et devient impropre à la végétation.

36. Il est certain que la majeure partie du ségala se trouve bien de jeter ses semences sur une terre *poudreuse*. Mais pour les graviers à base de grès , le seigle exige une certaine fraîcheur , et si le sol est trop sec , les semailles sont mauvaises.

37. D'un autre côté , on remarque que le froment vient mal sur les aubugues et les rougières, lorsque ces terres , naturellement compactes , sont semées dans un état d'humidité excessive.

38. Ainsi , n'en déplaise à Olivier de Serres , son adage est sujet à distinction et à commentaire.

39. Lorsqu'on sème tard , c'est-à-dire vers la fin d'octobre ou en novembre , l'observance des saisons de la terre est moins essentielle , parce qu'alors on a peu à craindre les coups de soleil qui raidissent et encroûtent les terres , et que d'ailleurs les gelées ne tardent guère à survenir et à produire une réaction qui corrige le corroi que la compression de la charrue produit sur une terre trop grasse. On remarquera que ce que nous disons ici s'applique principalement à l'usage presque universel du pays , suivant lequel on enterre les semences avec l'araire à deux oreilles ; car il est des instrumens au moyen desquels on évite la majeure partie des inconvéniens qui résultent de l'humidité excessive du sol. Nous en parlerons bientôt , mais auparavant il est à propos d'avertir que ce que nous venons de dire du labour des semailles s'applique aux labours préparatoires , et si on n'en a pas parlé au chapitre des labours , c'est pour éviter les redites. Ainsi donc on aura l'attention de ne pas labourer une terre trop détrempée, trop boueuse, si ce n'est au commencement de l'hiver , où le danger est moindre à cause des gelées , ainsi qu'on vient de l'observer au sujet des semailles. En général , il est bon, lorsque les labours préparatoires ont eu lieu sur un terrain sec , d'attendre la pluie pour semer, et, au contraire, de semer au sec si les labours ont été

humides. Mais à quel signe reconnaît-on le bon état de la terre? Lorsqu'elle a de la fraîcheur, et que cependant la bande labourée se divise en retombant et s'émiette, la saison est parfaite : nos laboureurs expriment cet état de la terre par le mot *entrecioux*. Au contraire, lorsque le contact du versoir et du sep produit une surface lisse comme celle que laisse la truelle sur le mortier ou sur la glaise qu'on a pétris, la saison est mauvaise ou tout au moins suspecte. Cet état de la terre se rend en patois par le mot *acoudat* (1).

40. Toutes les fois qu'on a mis infuser les semences, ainsi qu'on l'a expliqué plus haut, il faut bien se garder de les jeter sur un terrain trop sec, à moins que la pluie ne paraisse imminente, parce que l'humidité contenue dans le grain suffit pour faire éclore le germe et que celui-ci périt faute de subsistance. Dans ce cas, si l'on se croit dans la nécessité de semer, il faut faire sécher le blé, soit en l'exposant au soleil, soit en le saupoudrant de chaux vive.

41. Mais, en bonne règle, il faut éviter, autant que l'on peut, de semer le froment sur une terre absolument sèche.

42. Lorsqu'on sème à l'araire, il faut prendre garde que le dernier labour ne soit pas trop récent. Il doit être *caillé*, suivant l'expression de nos anciens. Cette règle s'applique à toutes les façons que l'on donne à la terre. Avant d'ouvrir le second labour, il faut attendre que le premier soit consolidé, sans quoi on rend le jour et la vie aux herbes qu'on a enterrées.

43. Ce qui vient d'être dit sur les saisons de la terre s'applique, à plus forte raison, aux semis de mars. Le danger de corroyer, d'*acouda*, la terre est alors bien plus redoutable. On observera seulement que l'orge redoute l'humidité bien plus que le froment et l'avoine. Celle-ci a le nez poin-

(1) *Acoudat* se dit au propre de la mie de pain qu'on a fortement comprimée au sortir du four. Ce mot dérive du latin *cos, cotis*, qui signifie pierre à aiguiser, en patois *cout*. Le pain de seigle comprimé présente, en effet, une apparence analogue à celle d'une pierre à aiguiser de faucheur.

tu , disent les vieux laboureurs , elle perce mieux un sol mal ameubli.

44. Il n'est pas mal à propos de prendre en considération l'état du ciel , et il y a plus d'art qu'on ne pense à savoir saisir l'à-propos d'un temps favorable. Il arrive plus d'une fois que la terre a la plus belle apparence , et cependant les semailles tournent mal. Lorsque la terre est fortement échauffée et qu'il survient une averse qui la pénètre , sur-tout si la pluie est immédiatement suivie d'un soleil ardent , si l'atmosphère est calme et le temps lourd , on ne doit pas semer. Une fermentation sourde , dans le sein de la terre , ou toute autre cause dans l'air ambiant , fait que le grain lève mal et produit un germe débile qui languit. Dans ce cas , il faut attendre un ou deux jours pour laisser passer cette fermentation intestine. Un vent frais qui survient alors est une circonstance favorable.

45. Cependant on remarque qu'un temps trop froid n'est pas celui qu'on doit désirer pour les semences. Lorsque la terre est couverte de gelée blanche , il est prudent d'attendre que le soleil ou le vent l'aient fondue avant de recouvrir la semence. Les vents les plus favorables aux semailles sont les vents méridionaux, qui produisent ordinairement, en voilant le soleil , une constitution douce et tiède·

46. Le vent ouest-nord-ouest, qu'on nomme ici *vent noir*, et à Paris *vent de galerne*, passe pour être nuisible aux semailles.

47. Cette observation n'est pas constante , et il me semble, d'après mon expérience, qu'elle s'applique plus particulièrement aux semis tardifs de l'automne et à ceux du printemps. Les mauvais effets de ce vent, pour l'ordinaire accompagné de pluie fine et froide, sont moins à craindre pour les terrains gréseux ou calcaires , que pour les argiles ou les micaschistes.

48. Je ne puis me défendre ici d'une remarque qui pourra paraître subtile à ceux qui ne savent pas combien il faut épier finement la nature dans la pratique de l'art agricole. J'ai cru entrevoir que lorsque la constitution atmosphérique

est telle que les chiens de chasse ne sentent point la trace du gibier, la saison est mauvaise pour les semailles. Or, c'est ce qui arrive souvent lorsque le vent de galerne souffle, comme aussi lorsque la terre fermente par l'effet d'une pluie subite, suivie d'une forte chaleur et d'un calme plat.

49. Ici se présente la question tant débattue parmi les laboureurs, s'il faut semer tard ou à bonne heure. Cette question est purement relative au climat et au terrain. Dans le midi de la France, les semailles des premiers jours de novembre passent pour assez précoces, ici au contraire pour extrêmement tardives.

50. Pour la moyenne région du département de l'Aveyron, on sème à bonne heure quand on sème entre le 15 septembre et le 15 octobre. Pour la région cultivable des montagnes, on sème les seigles depuis le 20 d'août jusqu'au 10 septembre.

51. Il est à propos de semer dans la première quinzaine de septembre les terres marécageuses, dites *moulenq*, ainsi que les terres noires tourbeuses du ségala. Il y a du danger à semer trop tôt les terres calcaires, gréseuses ou sablonneuses, parce que la chaleur et la sécheresse peuvent y détruire la récolte naissante, et que d'ailleurs leur consistance est telle qu'on n'a pas à craindre les effets des pluies qui surviennent vers la fin d'octobre.

52. Pour les terres fortes, au contraire, il faut prévoir ces pluies, et il est besoin de les ensemencer depuis le 8 ou le 10 septembre jusqu'au 1er octobre. Dans les vallons dits *rivière*, on sème vers la fin d'octobre ou en novembre.

53. À présent que nous avons indiqué à peu près ce qu'on doit entendre dans les diverses régions du département par blés précoces et par blés tardifs, nous dirons qu'en général les premiers sont plus forts en paille et les autres plus riches en grain, attendu que les mauvaises herbes et notamment le raifort sauvage et la moutarde, nommés l'un et l'autre *ravanelle* dans le patois du pays, résistent mal aux gelées, lorsqu'on sème après le 20 octobre, tandis que plu tôt ces deux abominables fléaux de nos meilleures terres s'enracinent assez pour échapper aux rigueurs de l'hiver.

54. Ainsi donc , pour les terres saines , bonnes ou améliorées , il est convenable de retarder les semailles.

55. Du reste , tous les préceptes que l'on peut donner à cet égard sont subordonnés à la constitution atmosphérique. Sitôt que la saison est évidemment bonne , il faut en profiter avec activité , car on n'est pas sûr qu'elle dure. Au contraire , quand la saison est mauvaise , quand la terre est trop sèche ou trop humide , il faut attendre. C'est dans la terre et dans le ciel qu'il faut chercher la saison des semailles , et non dans le calendrier. L'impatience est tout aussi dangereuse que la paresse. Savoir attendre en agriculture , comme en toute autre affaire , est un grand secret.

56. Faut-il semer clair , faut-il semer épais ? c'est encore une question relative à la nature du sol , à l'état de la terre , à l'époqne des semailles et à l'espèce de grain que l'on sème , comme aussi à l'instrument dont on se sert pour recouvrir les semences.

57. Sur une terre légère , peu substantielle , qui n'est pas productive en herbe , il faut semer clair , parce que les tiges trop nombreuses s'affament réciproquement sur un sol incapable de les nourrir , et les épis sont petits et maigres. Si le terrain est riche , onctueux et enclin à pousser de l'herbe , il faut semer plus épais , afin que le blé puisse étouffer toute autre végétation.

58. Lorsqu'on sème tard , il faut répandre une plus grande quantité de grains sur la terre , surtout si la terre est humide , car il est à présumer que tous ne leveront pas , et que le froid tuera les moins vigoureux. D'ailleurs les blés tardifs tallent moins que les autres. Cette dernière observation s'applique aux semailles de mars.

59. Lorsqu'on sème en bonne saison , que la terre a été bien préparée , bien nettoyée , deux hectolitres par hectare suffisent pour le ségala ; dans le causse , il faut deux hectolitres et un tiers pour le froment, deux hectolitres deux tiers pour l'orge, trois hectolitres 1/3 pour l'avoine.

60. Mais encore une fois , la quantité de la semence est subordonnée aux circonstances que l'on vient d'indiquer.

Ceci est une affaire de tact et, pour ainsi dire, d'instinct. Il importe de visiter attentivement les semis naissans, de les examiner encore à l'issue de l'hiver et au moment où ils montent en chalumeaux. On acquiert ainsi cette précision de coup-d'œil qui sert à forcer ou à ménager à propos la semence.

61. La quantité de la semence doit encore être proportionnée à la profondeur à laquelle on la place, et par conséquent à la nature de l'instrument dont on se sert pour la recouvrir.

62. Quand on recouvre à la herse, on doit économiser au moins le huitième de la semence. La herse a de grands avantages pour les semailles, comme pour les labours préparatoires. Elle fait autant de travail que cinq araires : elle unit le terrain et ameublit la couche qui doit servir de berceau à la jeune plante. Elle complète l'extraction du chiendent. Mais peut-on, dans tous les cas, employer cet instrument aux semailles? C'est ce que nous allons examiner.

63. Pour qu'on puisse faire usage de la herse avec succès, il est nécessaire que le labour soit assez récent pour n'être pas couvert de mauvaises herbes et surtout pour que les dents de la herse puissent l'entamer convenablement. Il faut aussi que le fumier ait été enterré par ce labour. Il faut, en conséquence, repasser à la charrue les labours un peu anciens, après quoi l'on sème à la herse.

64. Quand on recouvre avec l'araire, on complète les préparations de la terre et en même temps on enterre la semence.

65. Il paraîtrait donc que la herse, dans ce cas, n'amène point une véritable économie et qu'elle occasione au contraire un surcroît de travail.

66. Toutefois, il est juste de dire que ce travail ajoute au bon état de la terre et que la herse a de plus le mérite de placer les semences à une profondeur convenable.

67. Lorsqu'on se sert de l'araire, il arrive que plusieurs grains ne lèvent pas, que plusieurs autres s'épuisent à pous-

ser un filet qui monte pour aller établir les racines dans la couche perméable à l'air, qui seule est propre à la germination; puis ce filet meurt et le jeune pied est faible. Les graines sont comme les œufs; si on les prive d'air, le germe ne peut pas éclore. Si la profondeur où elles sont placées est telle que le germe a assez d'air pour naître, mais pas assez pour vivre, il faut qu'il meure, ou que, par un travail forcé, il se procure l'air qui lui manque.

68. Nos laboureurs sont dans l'idée que les grains profondément enterrés donnent des tiges plus robustes, mieux enracinées, plus capables de résister au froid de l'hiver. C'est une erreur. Les grains placés à la profondeur de la herse, c'est-à-dire à 6 ou 9 centimètres (deux ou trois pouces), germent plus vite, se développent avec vigueur, et, trouvant une terre meuble, étendent en tout sens le chevelu de leurs racines latérales, et poussent avec énergie leurs racines verticales dans la couche inférieure, dans la couche ferme du labour. Alors les blés sont bien ancrés et, pour ainsi dire, amarrés en tout sens pour soutenir les oscillations que la gelée produit dans le sol.

69. Ici se présente un des points les plus délicats de l'art d'aménager les terres, et une contradiction qu'il faut tâcher d'expliquer.

70. Tous les agronomes et tous les praticiens reconnaissent que les céréales et surtout le froment et l'avoine aiment à croître sur un sol ferme, et redoutent une terre trop divisée, trop émiettée. Cependant ils sont tous d'accord que la perfection des labours est un point essentiel; ils recommandent les hersages. Ceci paraît contradictoire. Voici comment j'explique cette difficulté que les auteurs ont trop négligée, ce me semble.

71. Voyons ce qui arrive lorsqu'on prépare la terre conformément aux règles indiquées plus haut (1). Après avoir donné un premier labour profond avec la charrue à versoir, si le second labour est moins profond que le premier,

----

(1) Voir le chapitre des labours.

la couche inférieure se trouve comprimée par la semelle de la charrue. Alors le labour se divise en deux zônes : la supérieure qui, après le hersage, est très-meuble jusqu'à la profondeur de 9 ou 10 centimètres ; et l'inférieure qui conserve assez de souplesse pour laisser percer les racines et assez de consistance pour les retenir.

72. Distinguons à présent deux époques, deux phases dans l'enfance des blés : celle qui suit immédiatement l'éruption du germe, pendant laquelle la plantule travaille à organiser sa vie, et celle où, ayant conquis l'existence, elle travaille à la consolider, à la prémunir, à la cramponner au sol. Si les frêles organes du germe naissant rencontrent des difficultés pour s'étendre et pour se nourrir; la jeune plante languit et elle a moins de force pour pousser en bas les racines maîtresses destinées à la défendre contre les gelées. Si, au contraire, la radicule et la plumule trouvent à se bien développer dans une couche douce et, pour ainsi dire, jardinière, le blé, après avoir fait de belles feuilles radicales et un chevelu abondant, se trouve dans les conditions d'un animal qui a reçu un bon allaitement. Et voilà ce qui explique pourquoi les blés semés à la herse, sur des labours bien faits, ont mieux résisté aux gelées violentes des précédentes années que ceux qui avaient été cultivés et semés à l'araire (1).

73. La plupart des racines de ces derniers ne descendent guère au-delà de 15 ou 20 centimètres, tandis qu'on a vu, sur des labours exécutés avec les instrumens perfectionnés, des racines de blé semé à la herse qui avaient de 30 à 36 centimètres (12 à 13 pouces). Ainsi donc, c'est un préjugé nuisible de croire que la profondeur des racines du blé dépend de celle où l'on a placé le grain.

---

(1) L'hiver de 1835 à 1836 a cruellement maltraité les fromens dans tout le département et même dans les vallons. Les blés cultivés à la charrue-Dombasle et semés à la herse se sont infiniment mieux défendus et ont même donné, dans plusieurs localités, des récoltes fort belles qui contrastaient avec l'état déplorable des récoltes environnantes.

74. La herse offre , dans les années pluvieuses , un grand avantage pour le succès des semailles. D'abord , il est clair qu'elle peut agir dès l'instant que la surface est assez raffermie pour que l'attelage ne s'embourbe pas et que la terre ne se pelotonne pas sous les dents , et par conséquent elle fournit la possibilité de semer dans des circonstances où le labour à l'araire serait impraticable. En second lieu , comme cet instrument est très-expéditif , on y trouve un moyen de profiter des beaux jours qui surviennent et de saisir l'occasion aux cheveux , comme dit Olivier de Serres.

75. Néanmoins , on est forcé de convenir que la herse ne peut pas être d'un usage général pour les semailles , dans le département de l'Aveyron. Elle ne convient point aux terrains trop pierreux du causse. Dans le ségala , on peut s'en servir toutes les fois que le labour n'est point occupé par des *ravanelles* (1) ou autres plantes que les pluies ont fait éclore. Dans ce cas , on peut remplacer la herse par l'extirpateur : ce dernier instrument est le meilleur de tous pour les semailles. Mais comme il coûte cher , on peut le remplacer , jusqu'à un certain point , par la rite. La rite est quelque chose d'extrêmement simple. C'est une lame de fer recourbée en forme de faucille , qu'on adapte à la charrue rovillienne , après avoir ôté le versoir. Cet instrument extirpe fort bien les mauvaises herbes.

76. Dans les vallons appelés *rivière*, on peut presque toujours semer à la herse.

77. Nous avons en vue , dans ce qui précède , les semailles d'automne ; pour celles de mars , la herse est sans difficulté autre que celle qui provient des pierres.

78. Quand on laboure pour les blés de mars avec l'araire , il faut couvrir avec l'araire. Mais quand on a donné un labour avec la charrue perfectionnée , il suffit de herser après le dégel et puis de recouvrir à la herse. On voit combien les instrumens perfectionnés économisent le temps et les frais de culture.

(1 Raifort sauvage : *rafanus*, *rafanistrum*.

79. Tels sont les procédés et les instrumens pour les se-mailles lorsqu'on jette le grain à la volée. Mais si l'on veut semer par rangées, on fait usage d'une machine appelée *semoir*, qui distille les grains un à un, ce que nos labou-reurs appellent *compter les semences*. Parmi ces semoirs pour le blé, il en est un dont on a beaucoup parlé dans le Midi. C'est le semoir-Hugues. Je n'en dirai rien, ne l'ayant point essayé. Je me contenterai d'observer que les blés semés par rangées exigent des binages, et que ces binages, pour être économiques, doivent être exécutés avec des instrumens mus par les animaux. C'est le faîte de la perfection; et ce faîte est trop loin de nous. Ceci sera développé dans la deuxième partie.

80. Lorsque les blés ont été soulevés par les gelées, on les raffermit en promenant sur la surface du champ un rou-leau tiré par un cheval. On peut obtenir le même effet en les faisant piétiner par le troupeau des bêtes à laine, que l'on a soin de faire marcher vite et serré.

81. Mais rien n'est plus propre à fortifier les blés et à ré-parer les torts que peuvent leur avoir causés les vicissitudes de l'hiver, que de les herser fortement avec la herse à dents de fer. La herse n'arrache point le blé et elle produit le double effet de rechausser les racines et d'ouvrir la terre aux influences atmosphériques. C'est dire assez que, pour cette opération, il faut attendre que la saison des gelées soit passée.

82. Pour assurer le succès des semailles, il est essentiel de les mettre à l'abri du séjour des eaux pluviales. On atteint ce but en laissant de distance en distance des raies ouvertes pour servir à l'écoulement de ces eaux. Le nombre et la di-rection des raies d'écoulement varient suivant la nature et suivant la disposition du terrain.

83. Dans les terrains en plaine, ou qui ont une pente lé-gère et uniforme, lorsqu'on laboure par planches avec la charrue à versoir, les raies d'écoulement ne sont autres que celles que la charrue laisse nécessairement ouvertes en terminant les planches. On doit observer de tracer les

planches dans le sens le plus favorable à l'écoulement des eaux. Lorsque cet écoulement n'a point de détermination précise, comme dans les vastes plaines de la Limagne, de la Touraine et du bassin de la Garonne, on fait les planches très-étroites, de 4 ou 6 raies, c'est-à-dire d'un mètre, ou d'un mètre et demi de largeur. Cette méthode est inapplicable au département de l'Aveyron, si ce n'est peut-être dans quelques-unes de nos vallées qui portent le nom de *rivière* et notamment à St.-Cyprien, à Vabre, à Livignac, à Agrès et dans quelques autres bas-fonds répandus çà et là dans le pays.

84. Dans la majeure partie du département, les raies des planches ne sauraient servir à l'écoulement des eaux, parce que les ondulations du sol produisent des pentes qui se contredisent, ou des irrégularités qui s'opposent à l'évacuation des eaux par la ligne droite. Il ne faut pas, pour cela, se priver des avantages de la charrue perfectionnée. Après un premier labour de cette charrue, on croise avec l'araire indigène, et lorsqu'à l'aide de cet instrument et de la herse on a effacé les raies des planches, on trace avec le même araire les sillons d'écoulement, en suivant les circonvolutions indiquées par les mouvemens du sol. Pour mieux effacer les raies des planches, il est bon de donner de chaque côté un trait peu profond de l'araire; ensuite la herse achève le nivellement.

85. L'art de tracer les raies d'écoulement, lequel s'appelle en patois *enrega*, est souvent assez délicat; il exige un coup-d'œil juste et de la précision dans la conduite de l'instrument et de l'attelage. Il n'est pas rare de trouver des champs qui demandent un labyrinthe de raies dessinées en courbes variées qui affluent les unes dans les autres, en formant des séries distinctes qui font déboucher les eaux par des points diamétralement opposés. Il ne suffit pas d'évacuer les eaux, il faut savoir les diviser et ménager les pentes, pour modérer leur impétuosité. En ménageant les pentes par des courbes, il faut prévoir le cas où l'effort de l'eau peut rompre les parois de la raie et faire irruption dans le semis. Il faut

parer à la ravine et à l'engorgement des raies. Cette partie de l'art exige plus que toute autre un apprentissage. Elle compose un des points les plus essentiels du talent des chefs de labour que nous appelons *maîtres-valets.*

86. Tout ce que nous pouvons faire ici, c'est d'avertir les chefs d'exploitation rurale, que souvent de cette opération, bien ou mal faite, dépend tout le succès d'une année entière de travaux et de dépenses. Le défaut d'une seule raie qui a été omise ou mal tracée entraîne la ruine d'une récolte. Telle est l'agriculture : un seul point négligé emporte tout l'ouvrage ; une seule faute fait avorter la plus savante combinaison.

87. On ne saurait trop veiller à ce que les raies d'écoulement soient bien entreprises et bien tracées. Il serait même utile, dans bien des cas, de déterminer les points d'écoulement et le tracé des raies à l'aide du niveau d'eau.

88. Pendant l'hiver, on aura soin de vérifier souvent les raies d'écoulement et de faire déblayer celles qui s'engorgent.

CHAPITRE III.

Des Cultures intercalaires et des Instrumens qui leur sont propres.

1. On entend par cultures intercalaires celles que l'on place entre deux récoltes de grains et qui occupent, pendant une portion de l'année, le labour destiné à ceux-ci.

2. On ne parlera ici que de celles qui sont pratiquées ou praticables dans le pays ; ce sont : 1° la pomme de terre ; 2° le maïs ; 3° le colza ; 4° la betterave ; 5° la carotte ; 6° la rave ou navet ; 7° les fèves, les pois et autres légumes ; 8° le chanvre et le lin.

3. Parmi les cultures de ce genre, celle de la pomme de terre occupe le premier rang, à cause de son étendue et des services immenses qu'elle rend à la population.

4. La pomme de terre demande une terre profondément remuée, divisée et ameublie autant que possible. La bonne méthode consiste à donner un labour profond avant l'hiver, à herser en février ou en mars ; puis on donne un second labour qui est suivi d'un hersage. Enfin, on répand le fumier, et on enterre les tubercules par un troisième labour, que l'on râtisse encore par un troisième hersage.

5. Cette culture, exécutée avec soin et à propos, suffit, en général, surtout pour les terres légères ; mais dans certains cas, principalement quand le premier labour est tardif, une quatrième raie devient, sinon nécessaire, du moins très-utile.

6. Il ne faut point lésiner sur les façons préparatoires de la pomme de terre, parce que cette plante a besoin de sarclages et que ceux-ci deviennent moins coûteux et moins pénibles, à mesure que la terre a été bien labourée.

7. Les pommes de terre doivent être plantées par lignes espacées. La distance des lignes doit être au moins d'un demi-mètre, et la distance des tubercules entr'eux, dans l'intérieur de la ligne, d'un quart de mètre ou 9 pouces. Pour cet effet, on plante les pommes de terre dans la seconde

raie , c'est-à-dire qu'alternativement il y a une raie plantée et une raie vide. M. Mathieu de Dombasle ne met les tubercules qu'à la 3e raie , ce qui produit , entre les rangées , un intervalle de trois-quarts de mètre (27 pouces).

8. J'ai essayé les deux méthodes ; la première (celle de 18 pouces) m'a semblé plus productive , eu égard à la contenance , dans les terres peu substantielles du ségala.

9. Le ségala est , par excellence , la patrie des pommes de terre. Cette culture y a produit une véritable révolution et une aisance auparavant inconnue. Le causse, depuis quelques années , s'est mis aussi à cultiver les pommes de terre , mais sur une échelle plus bornée. Il n'y a point de culture qui soit plus généralement appropriée à tous les terroirs et à tous les climats. Cependant il est des terres arides où elle est exposée à languir par suite de la sécheresse.

10. Quoiqu'on ait dit que le choix des tubercules pour la plantation était indifférent , quoique certains écrivains aient conseillé de ne planter que les pelures , et que parmi nous plusieurs cultivateurs soient dans l'usage de couper les tubercules , qu'ils plantent par morceaux très-petits , j'ose affirmer qu'il y a de l'avantage à planter des tubercules d'une grosseur raisonnable. Ceux qui sont trop gros peuvent être partagés , mais en observant qu'il y ait au moins deux yeux dans chaque fragment et assez de pulpe pour nourrir le rejeton naissant. On ne doit pas descendre au-dessous de la grosseur d'une noix revêtue de son enveloppe , qu'on nomme *brou.* J'ai remarqué que les fragmens trop maigres donnent une tige grêle , qui languit lorsque la plantation est surprise à sa naissance par la sécheresse.

11. Il y a des gens qui coupent par morceaux très-petits et qui plantent à chaque raie : c'est une bien fausse économie.

12. Quand on se sert de la charrue à versoir pour planter, il faut bien se garder de jeter les tubercules au milieu de la raie, comme on le fait à la suite de l'araire ; on les fait placer contre la bande retournée , en observant de les fixer un peu au-dessus du fond. De cette manière , les plants sont alignés et les tubercules ne sont pas trop recouverts. Il est

utile de recouvrir légèrement les pommes de terre que l'on plante : leur germination est plus facile et plus prompte.

13. Quand les pommes de terre séjournent long-temps dans le sillon sans éclore , il arrive souvent qu'elles se pourrissent par l'effet des pluies ; et d'ailleurs le danger d'être dévorées par les mulots est plus long-temps prolongé pour elles. Cette considération doit engager à attendre la belle saison pour planter. Le mois de mai est l'époque la plus favorable.

14. Aussitôt que la plante a atteint dix-huit ou vingt centimètres de hauteur , il faut s'empresser de sarcler. Lorsqu'ensuite elle commence à fleurir , on la butte.

15. Ces deux opérations sont exécutées communément par les moyens de la petite culture jardinière , c'est-à-dire par la houe à bras : elles sont donc très-dispendieuses. On donne communément le tiers de la récolte pour salaire à ceux qui binent les pommes de terre. Mais on peut rendre ce travail très-économique en rentrant dans les principes de la grande culture , et en exécutant les sarclages à l'aide d'un instrument mu par les animaux , qu'on nomme *houe à cheval*.

16. La houe à cheval se compose de trois pièces de bois portant 7 ou 8 centimètres d'équarrissage et qu'on joint ensemble par des charnières. La pièce du milieu a 1 mètre 40 centimètres de long. A son extrémité antérieure, on fixe un régulateur en fer à cheval , qui joue dans une échancrure et sert à régler l'entrure du soc et des pieds. A son extrémité postérieure , sont attachés deux mancherons. Les montans latéraux n'ont en longueur qu'un mètre cinq ou six centimètres.

17. On les attache à celui du milieu , de façon que leur extrémité postérieure coïncide , à sept ou huit centimètres près, avec celle du montant principal. Sur le milieu de celui-ci , se trouve fixé un arc de cercle en fer. Cet arc , qui est dentelé , traverse les deux montans latéraux au moyen d'une mortaise ; il sert à régler l'écartement des deux montans que l'on fixe au point convenable avec une clavette.

18. Ainsi l'instrument s'ouvre ou se resserre à volonté , suivant l'exigence des cas.

Sur le devant du montant du milieu, on fixe un pied en fer qui porte un soc triangulaire. Sur chacun des montans latéraux, sont des pieds qui se terminent par des lames de couteau qui font office de râtissoire.

19. Cet instrument est tiré par un seul cheval qu'on attelle par des traits et un palonnier. On l'introduit dans l'intervalle des lignes plantées en pommes de terre.

20. Lorsque le cheval n'est pas dressé à cet ouvrage, on le fait conduire à la main ; mais au bout de quelques jours, celui qui tient les mancherons le dirige seul. Quand le cheval a été bien dressé, on le voit éviter avec soin de poser le pied sur les plantes.

21. La direction de cet instrument n'est ni pénible, ni bien difficile; l'apprentissage exige cinq ou six leçons tout au plus. Il faut avoir soin de tenir le soc et les pieds dans une position horizontale, et prendre garde qu'ils ne pénètrent pas trop avant dans la terre, car alors les herbes échappent au tranchant du fer. Au moyen de cet instrument, un seul homme et un seul cheval font le travail de vingt pionniers robustes.

22. Mais comme la houe à cheval ne prend que l'intervalle vide, en rasant la ligne qu'occupent les pommes de terre, il faut faire marcher à sa suite quelques manouvriers, pour abattre les herbes qu'il ne peut atteindre. Cette main-d'œuvre se réduit à bien peu de chose ; cependant, en l'évaluant au plus haut, je porte le travail de la houe à cheval à seize journées de manouvrier seulement, au lieu de vingt. Lorsque les circonstances l'exigent, on réitère le sarclage ; mais cette nécessité est assez rare quand les labours préparatoires ont été suffisans et exécutés avec la charrue perfectionnée.

23. Lorsque le moment de butter est venu, on peut se servir pour cela d'une charrue à deux versoirs mobiles qui s'ouvrent et se resserrent à volonté. Cette charrue, en labourant l'intervalle des lignes, relève la terre de chaque côté. On la fait tirer par deux chevaux qui marchent à la file l'un de l'autre. On peut aussi employer des bœufs à cet usage, en ayant soin de leur donner un joug calculé dans sa longueur, de manière à ce que les bœufs marchent dans l'intervalle des raies latérales.

24. On peut butter avec un seul cheval, mais alors on passe deux fois en ne prenant, à chaque fois, qu'une demi-profondeur de raie.

25. Un auteur dont le nom fait autorité, M. de Dombasle, prétend que le buttage pour les pommes de terre est une opération non-seulement inutile, mais encore nuisible.

26. Je ne puis pas adopter cette opinion d'une façon absolue.

27. Lorsque la terre est sèche et très-échauffée par le soleil, il faut bien se garder de butter et d'envelopper les plantes d'une poussière brûlante qui ne peut qu'accroître le mal qui les consume. C'est le cas d'appliquer le proverbe d'Olivier de Serres : *A la terre sans humeur ne touche le laboureur.*

28. Mais si, au milieu de la saison sèche, il survient une averse, si la terre est passablement humectée, le buttoir, en accumulant la fraîcheur autour de la plante, la prémunit pour long-temps contre les ardeurs de l'été. Voici un autre cas où le buttage peut être nuisible. Si on l'exécute au moment où la plante travaille à la procréation des tubercules, ce qu'elle fait en projetant autour de ses racines fibreuses des filets déliés et fragiles, le choc des versoirs sur les parois de la raie produit un ébranlement qui cause la rupture de quelques-uns de ces filets. Alors la récolte est nécessairement endommagée.

29. Mais lorsqu'on sait prendre le moment favorable, le buttage est utile. Il complète la destruction des mauvaises herbes : les raies ouvertes par le buttoir recueillent et conservent sous la fane qui les couvre l'humidité des pluies légères et même des rosées ; enfin ces raies, en exposant la terre aux influences de l'air, constituent une excellente préparation pour la récolte subséquente.

30. Il faut apporter quelque attention à saisir le moment précis de l'extraction des tubercules. Tant que la fane est verte, les tubercules ne sont pas mûrs, et si on les arrache en cet état, ils ne sont ni bien nourrissans ni bien sains, soit pour l'homme, soit pour le bétail.

31. Le moment de la maturité est celui où la fane jaunit.

Lorsque celle-ci est entièrement desséchée, si les pommes de terre demeurent plusieurs jours ensevelies, leur qualité s'altère.

32. Le maïs, plus précieux à certains égards que la pomme de terre, est infiniment plus difficile sur le choix du terroir et du climat. Il n'est cultivé que dans nos vallées fertiles et abritées. On peut néanmoins cultiver dans la région moyenne du département la variété hâtive qui porte le nom de *maïs quarantain*. Celle-ci peut être semée plus tard que l'autre et échapper ainsi aux gelées blanches d'avril et des dix premiers jours de mai.

33. Comme la pomme de terre, le maïs se cultive par lignes espacées, mais à des distances plus considérables. Cette distance doit être de 24 à 26 pouces en tout sens. On sème trois grains sur le même point à peu près, ensuite on laisse subsister le pied le plus vigoureux et on abat les deux autres, dans le cas où tous aient levé. La saison la plus convenable pour semer le maïs ordinaire est du 15 ou 20 avril au six mai. Le quarantain peut attendre jusqu'au 25 mai.

34. Peu de jours après la naissance du maïs, on lui donne une légère façon avec la binette, tout autour de chaque pied. Cette opération, utile à tous égards, a particulièrement l'avantage d'écarter les insectes qui quelquefois attaquent la racine encore tendre de la jeune plante. Quand les tiges ont de 10 à 12 centimètres de haut, on donne un sarclage complet. Il ne faut pas craindre d'ébranler les racines en remuant la terre tout autour.

35. On bine jusqu'à trois fois, suivant l'exigence des cas ; puis, quand l'étendart commence à paraître, on butte fortement pour remparer les tiges contre l'effort des vents. Quand les fleurs mâles qui sont au sommet en forme de panicule ont jeté leur poussière, et que les barbes des épis femelles commencent à brunir et à se dessécher, on coupe les crêtes.

36. Celles-ci composent un excellent fourrage que l'on peut faire consommer en vert ou converti en foin.

37. Dans ce dernier cas, on forme de petits fagots avec les crêtes et on les laisse debout contre les tiges pendant quel-

ques heures , pour les faire sécher. Puis on les place dans le grenier à foin. Les crêtes de maïs ainsi desséchées fournissent aux bêtes à cornes une nourriture très-substantielle.

38. Les sarclages du maïs peuvent être exécutés, comme ceux de la pomme de terre , au moyen de la houe à cheval. On le butte aussi avec la charrue à versoirs mobiles, dont nous avons parlé. Mais pour cette opération , il faut avoir soin d'ôter le palonnier. On attache les traits à la chaîne de tirage de la charrue , et pour qu'ils ne s'embarrassent pas dans les jambes du cheval, on les écarte au moyen d'une baguette assez courte pour ne pas blesser les tiges du maïs. Quand on doit butter avec la charrue , il faut avoir l'attention de ne pas attendre que les tiges aient acquis une taille trop élevée.

39. Quand les épis ont été ramassés après la maturité , on les débarrasse de leur enveloppe. On les fait sécher au soleil , ou bien on les suspend, en les plaçant sur des perches, au plancher du grenier , après les avoir liés deux à deux au moyen des feuilles ou balles qui leur servent de fourreau et qu'on a soin de ne pas arracher, après avoir mis à nu le grain. On peut aussi les étendre sur de grandes claies. Quand ils sont secs, on les égraine et l'on peut employer à ce travail les veillées de l'hiver. On se sert pour cela de baquets sur lesquels sont placées des lames de fer contre lesquelles on frotte les épis. On peut encore placer ceux-ci sur une claie et les battre à coups de bâton.

40. Il y a deux manières d'établir la culture du colza. L'une consiste à semer en place à la volée, et à éclaircir ensuite, de façon à mettre les pieds à la distance convenable. L'autre consiste à former un planchon , et à repiquer le plant qui en provient, soit à la main, soit à la charrue.

41. Plusieurs sont dans l'idée que la première méthode est la plus économique ; mais après des essais comparatifs, je me décide pour la méthode du repiquage.

42. Lorsqu'on veut semer en place, il faut semer vers la fin d'août, au plus tard vers le commencement de septembre. Or, à cette époque, les mauvaises herbes croissent plus vite

que le colza. On se trouve dans la nécessité de sarcler à la main , dans une saison où la main-d'œuvre est rare , à cause des semailles, de la vendange , de l'extraction des pommes de terre , de la cueillette des châtaignes et des autres fruits.

43. Ce sarclage d'automne ne dispense pas de celui du printemps. Lorsqu'on repique , pourvu que ce soit à la charrue , l'opération peut être retardée jusqu'à la fin d'octobre ou au commencement de novembre. Le labour de plantation détruit les mauvaises herbes et coûte bien moins que l'opération d'éclaircir et de sarcler.

44. Le colza n'exige plus aucun soin jusqu'au retour de la belle saison. Alors on le sarcle à la houe à cheval , puis on le butte avec le buttoir.

45. Convenons toutefois que le repiquage à la charrue ne peut guère convenir aux petits tenanciers qui n'ont point de chevaux de trait. Il ne peut pas non plus être convenablement exécuté par l'araire à deux oreilles. Mais avec la charrue rovillienne tirée par des chevaux , rien n'est plus facile, ni plus expéditif. On place les chevaux à la file , de manière à ce qu'ils marchent tous deux au bord de la raie. Des femmes ou des enfans mettent les choux dans cette raie contre la bande retournée. On ne plante que la seconde raie alternativement, afin que l'intervalle des lignes soit d'un demi-mètre (18 pouces). On met les plantes dans la raie à vingt-sept centimètres l'une de l'autre.

46. On pourrait absolument repiquer avec des bœufs , en faisant placer un planteur derrière le bœuf qui chemine dans la raie. Avec un peu d'adresse et d'agilité , ce planteur disposerait continuellement des plantes un peu en avant du versoir. Deux personnes seraient continuellement occupées à lui mettre en main des paquets de plantes.

47. Cette manœuvre, plus lente que celle des chevaux , est praticable ; mais elle n'a pas été encore pratiquée dans le pays.

48. Quand on repique à la charrue , on laboure par planches comme à l'ordinaire. Il faut six ou sept personnes pour disposer les plantes dans la raie. La charrue, qui marche

à la suite, les recouvre. Pendant que les planteurs vont prendre des plantes nouvelles, les chevaux tournent la planche et ouvrent la seconde raie. Pendant que les chevaux mangent et se reposent, les planteurs, après leur goûter, ont le temps de parcourir les planches et de perfectionner le repiquage, en déterrant les pieds trop couverts, en couvrant ceux qui ne le sont pas assez.

49. La moisson du colza est une opération critique, dont l'opportunité doit être épiée avec vigilance et saisie avec précision. Si le colza est prématuré, les grains sont rouges : or, les grains rouges sont moins riches en huile tant sous le rapport de la quantité que de la qualité. Si, au contraire, on attend pour le couper que les siliques soient blanches, elles s'ouvrent au moindre choc, et la graine se répand, du moins en partie notable.

50. Sitôt que les siliques deviennent jaunes et transparentes, et que la graine a pris une couleur brune, il est temps de couper. On forme de petits tas qu'on laisse assez long-temps sans y toucher, pour que la maturité se complète.

51. On bat sur des toiles en plein champ, si le temps le permet. On étend les graines sur un plancher pêle-mêle avec les débris des siliques.

52. On a soin de les remuer pendant quelques jours. Lorsqu'elles sont bien sèches, on les entasse. Le grain se nourrit par le contact de ses enveloppes. Puis on a soin de le vanner, de le cribler, de le bien nettoyer.

53. Si, au moment de la moisson, le temps est pluvieux, on dispose le colza en meules circulaires qu'on a soin d'encapuchonner avec de la paille.

54. On peut aussi le mettre à couvert dans des granges; mais le transport entraine la perte d'une certaine quantité de grain. On atténue cette perte en tapissant les voitures avec des toiles. Il y a une variété de colza qui se sème au printemps et devient très-précieuse quand la récolte d'hiver a péri.

55. Il y a plusieurs variétés de betterave champêtre, qui toutes diffèrent de la betterave des jardins. Le choix doit

être déterminé par la nature du terrain et par l'objet qu'on se propose. Si l'on a en vue la fabrication du sucre, il faut choisir la variété blanche dite de *Silésie ;* si c'est pour le bétail que l'on travaille, il faut donner la préférence à la variété connue sous le nom de *disette,* à cause qu'elle est la plus productive.

56. Du reste, il est bon d'essayer les différentes variétés pour tâter le terrain et se décider, avec connaissance de cause, pour celle qu'il paraît préférer.

57. On sème la betterave par rangées espacées de 18 ou 20 pouces (un demi-mètre). On peut semer dès les premiers jours du printemps; on peut retarder cette opération jusqu'au mois de mai. J'ai vu des semis faits après le vingt mai donner des résultats satisfaisans.

58. Ainsi l'époque du semis doit être déterminée par l'état de la terre et par celui de l'atmosphère, conformément aux règles posées au chapitre des semailles. Il est toutefois utile de semer de bonne heure, quand le temps le permet, parce qu'il arrive souvent que le semis laisse des lacunes que l'on remplit en repiquant. Le plant pour repiquer est pris dans le champ même, sur les points où les graines ont levé trop près l'une de l'autre. Mais comme cette ressource est souvent insuffisante, il est bon d'avoir un planchon en réserve.

59. Il y a des cultivateurs qui préfèrent, comme pour le colza, le repiquage au semis en place. Cette manière de procéder peut avoir des avantages ; mais, dans nos climats, elle a un grand inconvénient. Si le printemps est froid et humide, les betteraves du planchon arrivent tard, et le repiquage coïncide avec le solstice. Alors la sécheresse s'oppose souvent à la reprise du plant repiqué.

60. Il vaut mieux semer en place, et si le premier semis tourne mal, il faut semer une seconde fois. Cette opération n'est pas coûteuse lorsqu'on l'exécute avec le semoir dans des raies tracées par le rayonneur. Nous parlerons plus amplement de ces deux instrumens à l'article des légumes.

61. Pour que cette culture soit profitable, il est essentiel d'observer les règles que nous avons établies pour les pom-

mes de terre. Labours profonds, hersages, sarclages rigoureux, engrais copieux, telles sont les conditions du succès.

62. Le buttage est peu usité pour la betterave, mais
l'expérience m'a appris qu'il est très-avantageux.

63. La betterave coûte un peu plus à sarcler que la
pomme de terre, parce que, dans l'enfance de la plante,
la houe à cheval laisse plus à faire à la main de l'homme.
Le repiquage des lacunes du semis est encore une addition
de dépense. Mais on doit considérer que le semis est une
opération insignifiante, comparée à la plantation des pommes de terre. Celle-ci coûte bien plus de temps et de peine,
et d'ailleurs la valeur des tubercules que l'on plante surpasse
beaucoup celle de la graine de betterave. L'extraction coûte
quatre fois moins, et la production est deux fois plus considérable. Ainsi donc, comme supplément de nourriture pour
le bétail, la betterave mériterait la préférence sur la pomme
de terre, si, comme cette dernière, elle pouvait être cultivée avec profit sur toutes les natures de terrain.

64. Malheureusement la majeure partie des terres qui appartiennent à cette région que nous appelons ségala, paraît
peu propre à la culture de cette racine. Sans doute, on peut
venir à bout de l'y établir, mais non sans des soins, des frais
et du temps. Nous en parlerons dans la seconde partie, à
l'article de la culture améliorante.

65. La betterave réussit fort bien dans les bonnes terres
du causse qui ne sont pas trop pierreuses. Du reste, cette culture n'a été encore essayée dans le pays qu'en petit et par un
petit nombre d'amateurs.

66. Tout ce qu'on vient de dire sur la culture de la betterave s'applique à la carotte, sauf que celle-ci souffre mal
le repiquage. Pour avoir de belles carottes, il faut semer en
place et par lignes espacées. La carotte vient très-bien dans
les terrains siliceux, légers, qui repoussent la betterave.

67. C'est de toutes les racines celle qui résiste le mieux
à la sécheresse. C'est la nourriture la plus saine que l'on
puisse donner au bétail, particulièrement aux chevaux et
aux moutons.

68. Le premier sarclage est pénible et coûteux, parce que la plante reste long-temps dans l'enfance et que, dans ces premiers temps, la houe à cheval l'enterrerait sous le rejet inévitable que produit cet instrument sur les lignes semées. Il faut d'abord sarcler, je ne dis pas à la houe seulement, mais avec les doigts : opération qui demande une attention assez fine et assez minutieuse. Quand la plante a grandi, on se sert de la houe à cheval pour les sarclages subséquens.

69. Soit pour la carotte, soit pour la betterave, on fait choix des plus belles racines, que l'on conserve en les enterrant profondément et que l'on replante au printemps pour porte-graines.

70. On les place ordinairement dans un jardin, ou dans une terre améliorée et le long d'un mur à l'exposition du midi.

71. On peut semer la carotte à la volée et même dans une récolte d'orge, d'avoine, de chanvre ou de lin. Après qu'on a enlevé ces récoltes, la carotte, qui a végété pendant qu'elles occupaient le sol, se développe et prend une certaine croissance. Cette manière de procéder est peu coûteuse, mais bien moins utile à tous égards que celle qui se base sur les sarclages.

72. On cultive ici la grande rave circulaire, applatie, qui se peint légèrement en rose, qui porte le nom de *rabioule* dans le Limousin et qui ressemble beaucoup au turneps anglais. On sème à la volée vers la fin de juin, ou dans les vingt premiers jours de juillet ; le plus souvent ce semis a lieu sur les chaumes immédiatement après la moisson. Cette culture est, en général, peu productive, étant très-exposée à périr par l'effet des ardeurs de la saison, ou à être dévorée par les pucerons.

73. Si les raves étaient éclaircies et sarclées, elles donneraient de meilleurs résultats, dans les années où elles pourraient échapper aux deux causes de destruction dont on vient de parler ; mais ces années sont si rares, que la culture de la rave ne saurait être classée parmi les objets importans de notre agriculture aveyronnaise. Elle prend

seulement un rang inférieur parmi les productions de convenance et de localité.

74. On replante, comme pour la carotte et la betterave, pour avoir des porte-graines.

75. La culture des haricots occupe une place considérable dans cette portion du département que l'on nomme vallon ou rivière. On les cultive aussi dans le ségala et dans le causse, mais seulement pour la provision du ménage et non comme objet de vente. Il arrive souvent, surtout dans le causse, qu'on les sème à la volée, qu'on les recouvre avec l'araire, et qu'on ne les sarcle pas.

76. Dans le pays de rivière, on sème les haricots par rangées serrées, et on les sarcle avec la binette. On sarcle de même les pois et autres légumes.

77. Suivant les procédés de la grande culture perfectionnée, on sème les légumes avec le semoir et le rayonneur.

78. Le rayonneur est composé d'un timon au bout duquel est fixée en potence une forte pièce de bois qui porte des pieds armés, à leur extrémité, d'un onglet en fer fondu ou battu. La partie antérieure du timon s'appuie sur un avant-train à roues, où il est retenu au moyen d'un collier en fer. Sur la grande traverse postérieure, sont deux mancherons. Il y a des rayonneurs à neuf pieds, mais il faut une force au-dessus du commun pour les maintenir dans la ligne droite. Je me sers d'un rayonneur à cinq pieds espacés d'un demi-mètre (18 pouces). Le rayonneur à 9 pieds n'offre dans la trace des raies qu'un intervalle moitié moindre. Il est très-difficile, pour ne pas dire impossible, de sarcler à la houe à cheval des lignes espacées seulement de 25 centimètres. Il faut, au moins, un intervalle de 34 ou 36 centimètres, pour que le cheval et l'instrument puissent passer sans endommager les légumes.

79. Du reste, on ne perd rien à placer les rangées des légumes à une distance plus considérable que celle qui est usitée dans la petite culture. Je dispose mes lignes pour les légumes d'après une distance de 18 pouces, ou 50 centimètres, et je remarque qu'après les bons binages de la houe

à cheval, les tiges ne tardent pas à couvrir les intervalles. La récolte compense, par la vigueur et la fécondité, ce qu'elle perd sous le rapport du nombre des tiges.

80. D'ailleurs, pour les récoltes intercalaires, il n'est pas mal de ménager le terrain, en mettant les lignes à une certaine distance. Le blé qui vient après est plus beau, la terre se trouvant moins épuisée.

81. Quand les raies ont été tracées par le rayonneur, on les fait parcourir par un semoir à brouette, qu'un homme conduit avec facilité. Ainsi cultivés, les fèves, les pois, les lentilles, etc., peuvent donner des bénéfices, vu que le semis et le sarclage sont peu coûteux. Il est inutile de dire que la culture préparatoire doit être la même que pour la pomme de terre et le maïs, c'est-à-dire très-soignée. On comprend aussi que le maïs peut être aligné avec le rayonneur et semé avec le semoir.

82. Les féveroles (1) sont cultivées dans le causse, suivant les procédés ordinaires de la culture du blé, c'est-à-dire labourées à l'araire, semées à la volée et recouvertes avec le même instrument.

83. On les sème habituellement en automne, quelquefois en mars. Les féveroles d'hiver sont plus productives quand elles résistent au froid, ce qui n'arrive pas toujours. Suivant les principes de la bonne culture, dont nous parlerons ailleurs, les féveroles doivent être cultivées par rangées et sarclées comme on vient de le dire pour les haricots.

84. Je place le chanvre parmi les récoltes intercalaires, bien que l'usage du pays en ait fait une culture spéciale qui reparaît constamment sur le terrain qui lui est exclusivement affecté, terrain qui prend, à cause de cela, le nom de *chenevière*.

85. Le chanvre peut fort bien être placé sur un labour destiné à une céréale, soit d'automne, soit de printemps. Le chanvre ne peut pas être sarclé, mais il a ordinairement la propriété d'étouffer les mauvaises herbes ; et cette consi-

(1) *Vicia faba equina.*

dération nous engage à le placer ici dans la catégorie des cultures sarclées.

86. Le chanvre exige une terre fertile ou fortement engraissée, préparée d'ailleurs avec soin par la bêche, la houe et le râteau.

87. On sème à la volée vers la fin d'avril, ou les dix premiers jours de mai. On recouvre en traçant des rigoles superficielles avec la pioche. Ce sont des procédés de petite culture. La grande culture perfectionnée laboure deux ou trois fois avec la charrue à versoir et râtisse les labours avec la herse. Les Flamands disent que, pour le chanvre comme pour le lin, il faut lasser la herse. Ce dernier instrument sert aussi à recouvrir les semences.

88. Quoiqu'on ne soit guère dans l'usage de tracer des sillons d'écoulement sur les chanvres, l'expérience m'a appris qu'il est bien des cas où cette précaution est nécessaire. On doit en dire autant de toutes les récoltes dont on vient de parler dans ce chapitre. Les raies d'écoulement leur sont ordinairement indispensables.

89. Le chanvre est mâle et femelle. Dans l'usage ordinaire, on appelle mâles les pieds qui portent la graine, et femelles, ceux qui portent les fleurs à poussière fécondante, ce qui est un contre-sens (1). Lorsque le chenevis mûrit, les tiges qui le portent donnent une filasse moins belle que celle qui provient des tiges mâles, improprement appelées femelles dans le pays. Si on arrache le chanvre mâle et fe-

---

(1) Les plantes, comme les animaux, se reproduisent par le concours des deux sexes. C'est dans les fleurs que résident les organes sexuels. Il y a des plantes dont les fleurs renferment à la fois les organes mâles qu'on nomme *étamines*, et les organes femelles qu'on nomme *pistils*. Ces plantes sont appelées *hermaphrodites*. Tel est le rosier, le pommier, le prunier, le cerisier ; tel est le blé, telles sont la plupart des plantes. Il y en a qui portent sur le même pied des fleurs mâles et des fleurs femelles, on les nomme *monoïques*; tel est le châtaignier, le noisetier, le chêne, le noyer, le maïs, etc. On appelle *dioïques* les espèces dont les fleurs mâles et les femelles sont séparées sur des pieds différens. Tel est le chanvre, le frêne, le palmier, etc.

melle immédiatement après la floraison, la filasse des deux sexes est également belle. En conséquence, il serait avantageux de ne laisser grainer que la portion nécessaire au renouvellement de la semence.

90. Une bonne méthode serait de semer fort clair le chanvre qu'on cultive pour graine, de l'associer, par exemple, à une récolte de pois, ou de fèves, ou de raves. On sarcle après la floraison, on arrache les pieds mâles et on a des porte-graines très-vigoureux et très-féconds.

91. Après l'extraction, on étend le chanvre sur le pré pour le faire rouir par l'action des pluies et de la rosée. Il y a des pays où l'on fait rouir le chanvre dans l'eau. Pour séparer la filasse de la partie ligneuse, on broie le chanvre avec un outil appelé en patois *cavalet*. Cet outil est composé de six lames de bois, dont trois sont fixes et attachées à deux montans ayant chacun deux pieds écartés, ce qui présente l'apparence d'une sorte de banc; les trois autres sont assemblées par les deux bouts au moyen de deux chevilles dont une traverse les lames fixes et fait l'office de charnière. L'instrument, ainsi agencé, présente l'assemblage de deux mâchoires dont l'inférieure est fixe et la supérieure mobile. Les lames sont disposées de manière à rentrer les unes dans les autres. La lame supérieure du milieu a un manche par où on la prend pour la soulever et frapper de haut en bas sur le chanvre. Après avoir ainsi dégrossi la filasse, on la passe sur le peigne. En la peignant, on la divise en deux qualités dont l'une est en quelque sorte l'estame. On l'appelle en patois *fiolouso* ou *counouillado*; l'autre prend le nom d'étoupes. On file grossièrement à la quenouille. L'usage du rouet à filasse est inconnu dans le pays.

92. Tout ce qu'on vient de dire du chanvre s'applique au lin, sauf que celui-ci peut être semé en automne aussi bien qu'au printemps. On notera que le lin est plus épuisant que le chanvre.

CHAPITRE IV.

Des Engrais et des Amendemens

1. Il ne suffit pas de disposer la terre à la production par le travail, il faut encore la fertiliser par les engrais, et corriger les vices qu'elle peut avoir par les amendemens.

2. J'appelle engrais toute substance qui améliore sensiblement les récoltes en devenant, pour ainsi dire, leur pâture, ou bien en agissant sur elles comme stimulant ou comme médicament.

3. J'appelle amendement toute substance, ou toute opération qui modifie la nature du sol, corrige les vices qui le rendent peu propre à la production, ou lui donne les qualités qui lui manquent.

4. Les engrais agissant directement sur la végétation donnent des résultats plus prompts ; les amendemens qui tendent à changer l'état de la terre produisent des effets plus lents, mais plus durables.

5. L'engrais le plus usuel est le fumier qui provient des animaux qu'on nourrit dans la ferme. La qualité du fumier varie suivant l'espèce d'animal qui le produit. On doit remarquer neanmoins que cette différence dans la qualité du fumier est jusqu'à un certain point relative à la nature du sol auquel on l'applique.

6. Ainsi, par exemple, le fumier de bœuf, qui agit faiblement dans les terrains siliceux ou schisteux, produit des effets assez satisfaisans sur les terrains calcaires.

7. Le meilleur fumier est celui de pigeon, vulgairement connu sous le nom de *colombine*. Il a, par rapport aux vignes, une propriété qui le distingue de tous les autres fumiers, en ce qu'il augmente la quantité du vin sans altérer en rien sa qualité. Le second rang appartient au fumier de poule qu'on nomme en patois *galinasse* ; le troisième au fumier des bêtes à laine. Puis vient le fumier d'âne et de mulet, lequel ne le cède guère à celui de mouton. Le fumier

de cheval, moins énergique que les précédens, est néan-moins très-bon. Celui des porcs est très-actif quand on l'em-ploie frais et récent; mais il compte peu dans les fermes, parce qu'il se dissout et se volatilise avec une extrême faci-lité. Enfin, le fumier des bêtes à cornes est le moins actif de tous.

8. Ce dernier se bonifie quand on le stratifie dans le tas avec celui des autres animaux.

9. Cette méthode de mêler ainsi les fumiers des diverses étables mérite d'être recommandée. Il en résulte des récoltes plus égales et plus généralement belles.

10. Le fumier est de deux sortes, savoir : le fumier avec ou sans litière. Dans le causse, où l'on est dans l'usage de faire servir toute la paille à la nourriture du gros bétail, on ne fait point de litière. On ne voit guère dans le fumier que les tronçons de paille que les animaux rebutent.

11. Cet usage est vicieux en lui-même : nous examinerons ailleurs jusqu'à quel point il est commandé par la nature des choses.

12. Non-seulement la litière est utile à la santé des ani-maux, mais encore elle sert à augmenter considérablement la quantité du fumier.

13. Dira-t-on que le fumier mêlé de paille est moins ac-tif? C'est de quoi on peut douter. La paille s'imbibe des urines, qui sont peut-être la partie la plus précieuse de l'en-grais excrémentitiel.

14. Là où on ne fait pas de litière les urines se perdent. On pourrait, à l'exemple des Flamands, les recueillir dans des fosses et puis les transporter dans les champs avec des tonneaux. Au-dessous du robinet, on dispose une planche percée de plusieurs petits trous ; au moyen de cette disposi-tion fort simple, les urines, désignées par le mot de *purin*, tombent en pluie pendant que la voiture chargée du ton-neau parcourt le champ.

15. On peut s'épargner ce soin et utiliser le purin en le conduisant avec les égouts de la basse-cour dans le pré le plus à portée de les recevoir.

16. Les soins que réclame la conservation du fumier ont attiré l'attention des cultivateurs intelligens , des agronomes et même de quelques chimistes célèbres. Il résulte des observations de ces derniers, que le fumier qui reste exposé tour-à-tour au soleil et à la pluie éprouve une fermentation considérable. Or, toute fermentation est une véritable combustion. Le fumier perd donc, en fermentant , une bonne partie de ses principes constitutifs, et même la partie la plus précieuse. La substance animale, contenue dans le fumier récent, est la première qui fermente et qui s'évapore sous forme gazeuse.

17. D'ailleurs il est du ressort des yeux que les pluies entraînent la portion la plus soluble de l'engrais , qui est aussi la portion la plus nourrissante pour les végétaux.

18. Quoi qu'il en soit, il est bien avéré que le fumier qui reste exposé à l'humidité , à la chaleur et à l'air , conditions essentielles de toute fermentation , éprouve un déchet considérable , que l'on ne peut guère évaluer à moins d'un tiers, et qui va quelquefois jusqu'à la moitié.

19. Quelques-uns, pour prévenir cette déperdition, ont imaginé de placer le fumier sous des hangars et de le tenir au sec. Mais qu'arrive-t-il alors? Le fumier chancit, c'est-à-dire prend une couleur blanchâtre. Or , le fumier , dans cet état, a perdu son action fertilisante. Les Flamands le tiennent dans l'eau , afin de hâter sa décomposition.

20. Quelques savans ont indiqué des appareils pour mettre le fumier à l'abri de la chaleur et de l'air nécessaires à la fermentation. Ces moyens ne sont point admissibles dans la pratique. Voici ce que celle-ci m'a enseigné.

21. Il est bon de placer le tas du fumier dans une excavation abordable aux voitures d'un côté, et disposée néanmoins de manière à retenir les égouts.

22. Plus le tas est grand , moins il y a de déchet. Il faut donc, autant que possible , réunir sur ce point le fumier de toutes les étables , et avoir soin de faire promener sur le tas les voitures chargées. En mettant ainsi le fumier à la presse , on atténue singulièrement la fermentation.

23. En été , on recouvre le tas avec de la paille ou avec des fougères , des genêts , etc.

24. L'usage de former des tas de fumier dans les champs présente quelques avantages ; mais il a l'inconvénient d'augmenter le déchet. J'aime mieux subir la nécessité de transporter aux champs le fumier , au moment où il est question de l'appliquer aux semences et de l'enterrer.

25. Un usage très-vicieux est celui de laisser long-temps sur la surface du champ le fumier en petits tas que l'on appelle en patois des *foumerous*. Ces fumetrons se dessèchent et s'imbîbent d'eau tour-à-tour. Ils perdent la moitié de leur valeur. La place qu'ils occupent est surengraissée. D'où il résulte un blé qui présente des touffes trop grasses au milieu d'une végétation maigre. Il est donc essentiel, aussitôt qu'on a voituré le fumier dans le champ , et qu'on l'a disposé en petits tas, de le faire éparpiller.

26. Quand il est ainsi répandu, il peut attendre, sans inconvénient sensible, le moment des semailles , parce que les sucs qui en découlent se répandent uniformément sur la surface de la terre.

27. Pour répandre le fumier qui n'est point mêlé de paille , on se sert d'une pelle ; mais lorsque les étables ont été fournies de litière , le fumier se présente en masses agglomérées , en espèces de tourteaux , qu'il faut déchirer avec les mains en le répandant.

28. On ne saurait trop veiller à ce que les personnes chargées de répandre le fumier s'acquittent de cette fonction avec un soin minutieux , et de manière à en disposer les lambeaux avec uniformité sur toute la surface du champ.

29. Le fumier de litière , le fumier pailleux a des propriétés importantes que ne possède pas le fumier purement excrémenteux. Les blés engraissés avec ce dernier ont les tiges moins fortes et sont par conséquent plus sujets à verser.

30. Outre que la paille des blés nourris par le fumier de litière est plus rigide et plus résistante aux vents et aux pluies, je remarque encore que ce fumier conserve mieux les blés dans les terrains humides, sujets à ce que nos labou-

reurs appellent *grauzel*, c'est-à-dire à se cristalliser par l'effet des gelées. Plus l'engrais est récent et pailleux, plus son action conservatrice est puissante.

31. Les cultivateurs croient, en général, que le fumier, pour être bon, doit être décomposé, doit avoir acquis une consistance grasse et onctueuse, analogue à celle du beurre. Or, des expériences nombreuses m'ont prouvé que le fumier est d'autant plus actif qu'il est plus récent. Le fumier de cheval surtout perd considérablement par la fermentation. On est forcé, néanmoins, d'attendre que la paille soit assez pourrie pour qu'elle puisse se briser facilement en fragmens assez courts, qu'on puisse enterrer sans entraver la marche de la charrue.

32. On a une belle preuve de l'énergie des fumiers non fermentés dans les effets du parcage. Qu'est-ce que le parcage, en effet ? Les moutons, enfermés par des claies, passent une nuit fort courte sur un espace calculé, de manière à ce que, pour cent ou cent vingt bêtes, l'enceinte renferme deux cents mètres carrés ou deux ares au moins. Le terrain parqué ne présente à sa surface qu'une quantité insignifiante de crottin. Cependant un hectare ainsi engraissé signale une fécondité égale tout au moins à celle que produiraient sur la même contenance quatre cent quatre-vingts demi-quintaux métriques de bon fumier. En rassemblant dans un sac le crottin répandu sur un hectare parqué, on trouverait, en le pesant, tout au plus un quintal métrique de fumier. On a essayé de balayer le crottin du parc et de le porter sur une autre partie du champ. L'effet a été insensible.

33. Cet effet du parc paraîtrait un phénomène prodigieux, si l'on ne considérait que le terrain reçoit, outre le crottin, les urines et cette espèce de transpiration grasse que l'on nomme *suint*. Dans le fumier fermenté, cette substance animale a disparu.

34. On notera que le parc n'agit pas avec le même bonheur sur toutes les terres.

35. Il convient merveilleusement aux terres légères, saines; aux graviers, aux calcaires, même aux terrains

marneux du lias, nommés dans le pays *aubugues;* mais il agit peu ou mal sur les sols glaiseux et généralement sur les terres marécageuses ou tourbeuses, dites *moulenqs*, et terres noires.

36. En général, lorsque la terre est fortement détrempée par la pluie, on ne doit pas envoyer les bêtes à laine au parc, attendu que, dans cet état, la terre est gâchée et dessaisonnée par le piétinement. Néanmoins un tel inconvénient n'est pas à craindre dans les causses, pas même dans les aubugues. Au contraire, sur ces dernières, lorsque les brebis s'embourbent, le parc laisse des traces plus vives de fécondité et de fraîcheur sur la récolte.

37. Faut-il enterrer le fumier par un des labours préparatoires dans le courant du printemps ou de l'été; ou bien est-il mieux d'attendre le moment des semailles? Cette dernière façon d'appliquer le fumier est consacrée par l'usage du pays. J'ai fait quelques expériences qui me donnent le droit de soupçonner que, lorsqu'on enterre au printemps par la charrue rovillienne un fumier récent, qui se décompose au fond du sillon, et qu'ensuite on donne un labour croisé avec l'araire, lequel froisse, brise le fumier et l'incorpore avec la terre, la récolte est plus unie, plus uniformément belle.

38. Cependant il est des cas où cette méthode pourrait avoir quelques inconvéniens. Il faut avoir égard à la nature de la terre.

39. Il y a des terres qui dévorent le fumier avec une incroyable rapidité. Telles sont la plupart des terres du ségala et surtout les graviers gréseux. Il y a tout lieu de supposer que, sur des terroirs de cette sorte, un fumier enseveli trois ou quatre mois avant les semailles a déjà été réduit en terreau, et a perdu une partie de ses propriétés.

40. Il faut considérer que le fumier ne sert pas seulement à nourrir les blés, il sert aussi à les réchauffer et à les défendre contre les rigueurs de l'hiver. Sous ce dernier rapport, il paraît plus avantageux de fumer au moment des semailles les terres de la nature de celles dont on vient de parler.

41. La paille n'est pas la seule matière qu'il soit utile de faire entrer dans la composition du fumier, en la mettant en contact avec les excrémens des animaux. Les feuilles de châtaignier, de noyer, celles de chêne même, quoique plus arides, et généralement, toutes les feuilles quelconques, les fougères, les bruyères, les pousses tendres du genêt, tout cela peut être répandu sur le sol des étables et servir ainsi à accroître la masse du fumier. La paille de colza est particulièrement bonne à servir de litière aux bêtes à laine. Elle se brise sous leurs pieds et s'imbibe fort bien de leurs urines et de leur suint. Cette paille est d'ailleurs, par elle-même, plus substantielle que celle des céréales.

42. La terre que l'on répand sur le sol de la bergerie et qu'on laisse quelque temps, même au-dessous de la litière, s'imprégner des déjections des moutons, devient un engrais excellent, dont les effets se font remarquer pendant plusieurs années.

43. Les excrémens humains constituent un engrais infiniment énergique, soit qu'on les emploie dans leur état naturel, soit qu'on les expose auparavant à la dessication, ce qui les réduit en poudre inodore. Dans ce dernier état, ils prennent le nom de *poudrette*. Au sortir des latrines, on les désigne par le mot de *gadoue*.

44. La fabrication de la poudrette n'a d'autre avantage que de ménager la délicatesse de ceux qui sont appelés à la répandre ; car d'ailleurs la gadoue est plus riche en substance organique, et peut être appliquée aux récoltes sans autre inconvénient que celui de la puanteur.

45. Dans les fermes flamandes, on a soin d'établir des fosses d'aisance pour les domestiques et de leur imposer l'obligation de s'en servir.

46. Ces fosses fournissent une rente annuelle en un engrais précieux qu'on mélange avec la bouse de vache, et qui donne à cette dernière le montant et le feu qui lui manquent.

47. Pourquoi cet usage ne deviendrait-il pas général ? Pourquoi, dans un pays tel que le nôtre, où le fumier est

le dieu de la terre (1), où l'on se plaint de ne jamais en avoir assez ; pourquoi dédaigner cette économie flamande ? Pourquoi affecter d'y attacher une idée d'opprobre, et de la considérer comme quelque chose d'ignoble (2)? Sot et ridicule préjugé. Rien n'est plus noble pour l'agriculteur que de rendre à la mère commune le superflu de la nourriture qu'il en a reçue.

48. Toutes les immondices de la basse-cour ou de la cuisine, les balayures, les rognures de cuir ou d'étoffe, les cendres qui ont servi à la lessive, tout doit être recueilli avec soin et être ajouté au tas de fumier (appelé *foumérier* en patois), ou mis à part dans une fosse à purin.

49. Dans l'emploi du fumier, non–seulement on doit avoir égard à la nature de la terre, mais encore à celle des récoltes et à la saison sous l'influence de laquelle ces récoltes sont destinées à végéter.

50. Pour les semailles d'automne, qui ont à subir les rigueurs de l'hiver, le fumier le plus chaud, le plus actif, le plus récent est le plus convenable.

51. Pour les récoltes qui croissent en été, telles que le maïs et les pommes de terre, on doit donner la préférence aux fumiers les plus décomposés, aux terreaux, parce que les autres augmentent les effets de la sécheresse. Le parc notamment devient funeste au maïs, à moins qu'il ne survienne des pluies assez abondantes pour éteindre l'engrais alcalin et brûlant, que le séjour des moutons a déposé dans la terre.

52. Le fumier de bœuf, au contraire, peut être appliqué, tout frais émoulu, aux récoltes d'été, parce qu'il est d'au-

---

(1) Expression de nos vieux laboureurs.

(2) N'ayez pas honte, dit Virgile, de saturer de fumier gras votre sol aride et de répandre sur vos champs épuisés une *poudrette* immonde.

> .... *Arida tantùm*
> *Ne saturare fimo pingui pudeat sola, neve*
> *Effetos cinerem immundum jactare per agros.*

Par *cinerem immundum*, il faut entendre de la poudrette.

tant plus humide et d'autant plus froid qu'il est plus près du moment où il a été produit.

53. Il est des cas où il est bon d'appliquer le fumier en couverture, c'est-à-dire de l'étendre sur la surface des semailles sans l'enterrer.

54. Il y a même des agronomes qui prétendent que dans cet état il ne perd rien de son efficacité.

55. Ceci est douteux ; mais lorsque le fumier est très-récent et que la paille est difficile à renfermer dans le sillon, on peut l'étendre en couverture. Dans cet état, il a l'avantage d'amortir le choc des fortes averses qui battent les terres fraîchement remuées, et y forment un gâchis qui se durcit en croûte et s'oppose à l'éruption des semis. Il paraît aussi qu'il abrite mieux les blés contre le froid. Pour le chanvre, le fumier en couverture produit de bons effets. Il défend la semence contre la voracité des oiseaux ; et d'ailleurs, il nourrit de ses sucs entraînés par les pluies la jeune plante dont les racines latérales rampent à une mince profondeur.

56. Néanmoins l'usage d'enterrer le fumier doit être conservé dans la plupart des cas. On observera seulement de ne pas le placer à une profondeur qui puisse le dérober aux racines de la récolte. Le parc surtout demande un labour peu profond, un labour de 15 à 18 centimètres tout au plus.

57. Une autre observation importante au sujet du labourage des terres parquées, c'est qu'on doit éviter, autant que possible, d'exécuter cette opération pendant que la terre est sèche et brûlante, parce qu'alors le parcage perd une bonne partie de son efficacité. Le parc veut être labouré *verd*, suivant l'expression de nos laboureurs, c'est-à-dire, pendant que la terre est convenablement humectée.

58. On peut remplacer le fumier en enfouissant diverses plantes, pendant qu'elles sont en pleine végétation et riches en sucs nourriciers.

59. On donne à cet engrais le nom de *verdure*. Le trèfle, le sarrasin, les féverolles enterrés au moment de la floraison ont la vertu de fertiliser la terre.

60. On reproche aux verdures d'avoir l'inconvénient de croître avec abondance sur les terrains fertiles, et de ne donner qu'une végétation rare et maigre sur les portions les plus stériles, qui sont précisément celles qui ont le plus besoin d'engrais. Ce défaut est inévitable pour les plantes dont on vient de parler, à moins que l'on ne prenne la précaution de fumer les endroits les plus maigres avant d'y semer le trèfle ou le sarrasin destinés à être enfouis en vert.

61. Mais parmi les plantes qui reçoivent cette destination, il en est une qui mérite d'attirer particulièrement notre attention : c'est le lupin.

62. Cette plante a moins que toute autre l'inconvénient dont nous venons de parler. Elle se plaît de préférence sur les terroirs siliceux et arides.

63. Les lupins, d'ailleurs, possèdent je ne sais quelle substance odorante et amère qui a la vertu de féconder singulièrement les terres.

64. Quand on veut appliquer les lupins aux récoltes comme engrais, il faut nécessairement les cultiver aussi pour graine. Les lupins qu'on cultive pour cet objet peuvent être semés en automne ou au printemps. Si on sème avant l'hiver, on a lieu de craindre les gelées. Un froid de 8 à 9 degrés de Réaumur suffit pour tuer les lupins quand ils ne sont point garantis par la neige. Si on sème au printemps, et que celui-ci soit froid et humide, la plante peut être retardée au point de ne mûrir que très-imparfaitement.

65. La prudence exige de diviser cette semaille en deux parts, une pour l'automne, l'autre pour le printemps. On aura soin de semer vers la fin d'août ou le commencement de septembre, les lupins d'hiver, et les printanniers en février.

66. Quant à ceux qui doivent être enterrés, on doit semer en automne, si on les destine à des pommes de terre, et seulement en avril ou en mai lorsqu'ils doivent être appliqués aux semailles d'automne. Le moment de les enterrer est celui où ils sont au milieu de leur floraison.

67. Il y a des cultivateurs qui sèment en automne les lupins destinés au blé de l'année suivante. Cette verdure est enter-

réc en mai ou en juin et passe tout l'été dans la terre , en attendant les semailles. Cette manière de procéder a l'avantage
de donner une verdure plus abondante , quand elle échappe
à l'hiver ; et de plus, il faut avouer que les lupins de printemps ont quelquefois à souffrir de la sécheresse.

68. Mais rien n'est plus incommode dans la pratique.
Si on travaille en grand , on se voit dans l'obligation d'ajouter aux labours de la semaille de l'année ceux qui doivent
appartenir à la récolte de l'année suivante et d'enchevêtrer
ainsi les assolemens.

69. En règle générale , c'est au printemps qu'il faut semer
les lupins destinés à engraisser les blés d'hiver. Il faut
prendre son temps de manière à enfouir la verdure peu de
temps avant les semailles , afin de pouvoir recouvrir le blé
à la herse. Les lupins exigent la charrue à versoir, attendu
que l'araire les enterrerait fort mal. Lorsqu'on a mis les verdures
au fond du sillon , la terre ne comporte plus que des
façons très-superficielles, sous peine de déterrer les plantes
enfouies. Si l'on a enterré à bonne heure , et que le labour
réclame un travail, soit pour extirper les mauvaises herbes,
soit pour ameublir le sol, on peut faire passer l'extirpateur ,
ou la rite , ou simplement le soc de la charrue , après avoir
ôté le versoir.

70. Au moment d'enterrer les verdures , on fait passer la
herse ou une échelle de charrette pour coucher les tiges
à plat ; puis on laboure. Si les lupins sont très-vigoureux ,
on est dans la nécessité de les faire couper.

71. Cette opération est assez expéditive , parce qu'il suffit
de sabrer à tort et à travers avec la faux. Dans ce cas, on
est encore forcé de faire placer les lupins dans le sillon, ce
qui est exécuté par des femmes armées de râteaux. Bien que
cette façon d'enterrer les lupins soit plus dispendieuse,
j'incline à lui donner la préférence.

72. Les lupins défendent très-bien les blés contre le froid ,
ainsi que je l'ai éprouvé durant l'hiver de 1835 , lequel a
fait périr la plupart des blés du département de l'Aveyron.
Mon blé sur lupins a été magnifique.

73. Le lupin est lent dons sa végétation ; le sarrasin croit avec plus de rapidité et il peut être semé plus tard. Comme les verdures sont inusitées dans l'agriculture aveyronnaise et qu'il n'a été fait à cet égard qu'un petit nombre d'essais, nous laissons à l'expérience le soin de décider quelle est la plante qui mérite la préférence sous ce rapport. Mais nous croyons devoir recommander ce moyen de fertilisation comme le plus propre à changer la face du pays. Les verdures conviennent surtout aux terres maigres et siliceuses. La spergule peut jusqu'à un certain point rivaliser avec les lupins comme engrais vert.

74. Les verdures et particulièrement les lupins demandent à être semés sur une terre bien labourée et bien hersée. On peut les recouvrir à la herse.

75. Le plâtre est un puissant moyen d'accroître la production végétale ; mais il n'agit que sur un certain nombre de plantes et encore dans certaines circonstances.

76. On remarque, en général, qu'il n'exerce d'influence sensible que sur les plantes de la famille des légumineuses, telles que les fèves, les pois, les gesses, les trèfles, les luzernes, les sainfoins, etc.

77. Le plâtre, dans sa façon d'agir, a quelque chose de bizarre et de fantasque. Il arrive souvent que son action sur les trèfles, les luzernes, les sainfoins est prodigieuse ; et il arrive aussi qu'elle est nulle ou même nuisible (chose, du reste, assez rare).

78. On a prétendu que le plâtre perd son efficacité dans les bas-fonds et généralement sur les terres grasses et humides ; qu'il ne convient par conséquent qu'aux terres légères et élevées.

79. Cependant on l'a vu réussir dans des vallées, sur des terres limagneuses et fortes.

80. En un mot, après avoir inutilement employé le plâtre sur des terres de toute nature pendant plusieurs années consécutives, il n'est pas rare de le voir agir ensuite avec une énergie merveilleuse.

81. Quoiqu'il soit avéré que les plantes légumineuses sont

les seules qui puissent gagner à être plâtrées, un agronome américain affirme qu'il l'a vu agir sur le maïs et même quelquefois sur le blé.

82. D'après ces faits, on a droit de présumer que le plâtre n'a pas la propriété de nourrir les plantes, car, s'il en était ainsi, ses effets comme ceux du fumier seraient constans et en quelque sorte inévitables.

83. De savans agronomes ont pensé qu'il agit comme stimulant, ou bien comme ayant la propriété d'attirer sur les végétaux l'humidité de l'air. Mais comment se fait-il qu'il n'attire ordinairement cette humidité que sur les légumineuses? Ne peut-on pas supposer que le plâtre a la vertu de détruire ou d'écarter les insectes qui quelquefois dévorent sourdement la plante? Il me semble infiniment probable que les plantes, comme les animaux, sont souvent attaquées par des animalcules qui nuisent à leur santé et leur procurent une végétation faible et languissante.

84. Si, dans un état pareil, un trèfle reçoit du plâtre et que le plâtre soit, comme je le suppose, le spécifique de ces maladies animalculaires, les plantes ainsi rendues à la santé se distinguent de celles auxquelles on n'a pas appliqué le même remède. Si, au contraire, la récolte est saine, le plâtre ne fait rien, parce qu'il ne trouve rien à faire.

85. Les insectes s'éloignent des terres compactes et humides : ils donnent habituellement la préférence aux terrains légers et poreux, où ils trouvent plus de chaleur et plus de facilité à se loger ; mais il peut survenir des circonstances qui les forcent de déroger à leurs habitudes.

86. Aussi voyons-nous le plâtre agir accidentellement sur des terres où il est communément infructueux, et manquer son effet sur celles que l'expérience a signalées comme les plus propres à assurer l'efficacité de ce minéral.

87. On remarquera que le plâtre, bien que son usage paraisse exclusivement affecté aux légumineuses, produit quelquefois de bons effets sur le maïs. Or j'ai observé que le maïs est sujet à être attaqué dans sa racine par un ver qui ressemble aux vers de farine (1).

(1) C'est une larve du genre appelé *Taupin*.

88. Mais, outre les insectes visibles et invisibles, les récoltes ont à redouter une végétation parasite qui les ronge : nous en avons parlé à l'occasion du charbon des blés. La rouille que nos paysans attribuent aux brouillards et qu'ils nomment *nèple*, est aussi, comme le charbon, une plante rongeante. Le plâtre doit, ce me semble, détruire la rouille ou la prévenir. Ce qui me donne lieu de le supposer, c'est que le plâtre détruit la mousse qui attaque les arbres.

89. En m'arrêtant ainsi à de pures suppositions, en dérogeant ainsi à la règle que je me suis imposée, je n'ai eu d'autre but que d'engager les agriculteurs à bien étudier les effets du plâtre ; que de leur faire sentir qu'en cette matière, il faut se défendre du jugement précipité qu'inspirent naturellement des essais infructueux ; qu'il ne faut pas se rebuter ; que tôt ou tard le plâtre peut récompenser amplement les soins et la constance de celui qui s'obstine à réitérer les épreuves.

90. Pour employer le plâtre, on le calcine et on le réduit en poudre. Ensuite on le sème à la main sur les feuilles des plantes. Il faut pour un hectare 200 kilogrammes, ce qui revient à peu près à la quantité de blé que l'on sème sur la même contenance.

91. On fait usage du plâtre principalement pour les prairies artificielles. Il importe d'attendre que la saison des froids soit passée et que les feuilles soient épanouies. Il faut éviter de plâtrer lorsqu'on a lieu de craindre une chaleur vive et surtout une continuité de jours brûlans.

92. On fera choix d'une matinée calme et nébuleuse qui promette la pluie pour le soir ou le lendemain. Un temps de brouillard humide est le plus favorable à cette opération.

93. Lorsque le vent est fort, il est clair que ce serait mal prendre son temps que de jeter une poussière fine qui serait emportée et dissipée dans les airs.

94. M. Mathieu de Dombasle a éprouvé que le plâtre répandu sur la terre, au moment où l'on sème la graine de trèfle, de luzerne ou de sainfoin, agit mieux ; et que, dans ce cas, on peut économiser sur la quantité de cet engrais minéral.

95. Ce fait ne détruit point l'opinion générale des agronomes, suivant laquelle le plâtre ne doit pas être appliqué à la terre comme le fumier, mais bien à la plante elle-même. En effet, lorsque la terre est saupoudrée de plâtre au moment du semis, la prairie artificielle s'en empare en naissant.

96. Le plâtre ne paraît pas améliorer la qualité de la terre. Il ne peut pas être considéré comme un amendement. On a droit de douter qu'il puisse servir de nourriture aux plantes ; je le range néanmoins parmi les engrais, parce qu'il y a lieu de supposer qu'il agit comme un stimulant qui précipite le mouvement de la sève, et en même temps comme un vermifuge, comme une sorte de médicament qui délivre la prairie artificielle des maladies que lui causent les insectes et les végétations parasites.

97. Les cendres et surtout les cendres de bois sont employées avec avantage comme engrais. La portion de matière terreuse et charbonneuse qu'elles contiennent peut servir à alimenter les végétaux ; les sels alcalins qui s'y trouvent mêlés lui donnent des propriétés stimulantes analogues à celles que l'on attribue au plâtre ; mais ce qui a droit de surprendre, ce qui semble fait pour confondre les théories et les raisonnemens, les cendres répandues sur les fourrages n'agissent avec énergie que dans les endroits où le plâtre est sans efficacité.

98. Les terrains marécageux appellent les cendres. On peut en dire autant de la suie. Ces deux produits de la combustion ont la vertu de détruire le jonc.

99. Les cendres de houille, moins actives que celles de bois, ne sont pas néanmoins sans utilité, non plus que la poussière charbonneuse qui accompagne l'exploitation des houillères.

100. Toutefois on remarquera, non sans surprise, que les cendres, transportées dans les champs, agissent d'une façon insignifiante en comparaison des résultats produits par l'incinération sur place des gazons et des broussailles, dans l'opération connue sous le nom d'écobuage (en patois *bouzigue*).

101. L'écobuage doit être mis au rang des engrais les plus héroïques. Quelques agronomes ont voulu considérer cette opération comme un amendement. Je conviens que l'écobuage amende la terre en détruisant les plantes grossières qui l'occupent, et probablement aussi en neutralisant les acides et les oxides qui la frappent de stérilité ; mais sous ce rapport, son action est peu considérable et peu durable ; elle est contrebalancée d'ailleurs, dans certains cas, par des inconvéniens réels : nous en parlerons plus bas.

102. L'écobuage est une opération agriculturale qui consiste à écorcher le sol gazonné, à enlever par lambeaux plus ou moins grands, plus ou moins épais, le gazon ; à faire sécher ces mottes en les plaçant debout au moyen de la forme mi-circulaire qu'on leur fait prendre ; enfin à former avec ces mêmes mottes des fourneaux au centre desquels on place des genêts secs ou autres broussailles qui servent à les soumettre, en y mettant le feu, à une combustion lente et étouffée. Quand le moment de semer est venu, on étend les cendres des fourneaux avec la pelle ; puis on les enterre, en même temps que le grain, par un simple trait de l'araire, sans autre travail préparatoire. Les plus mauvaises terres, ainsi grossièrement divisées, donnent des récoltes dont la vigueur a passé en proverbe (1).

103. A quoi tient cette prodigieuse vertu de l'écobuage ? Dieu nous préserve d'avoir la prétention de le dire. Contentons-nous d'observer ce phénomène et d'en tirer des faits et des réflexions qui puissent nous éclairer dans la pratique.

104. Quelques savans ont cru que la propriété fertilisante de l'écobuage réside tout entière dans les cendres du gazon, c'est-à-dire dans la petite portion de substance végétale qui échappe à la combustion. En partant de ce point de doctrine, ils ont facilement démontré que l'écobuage est une opération destructive et funeste. En effet, si l'on pose en principe qu'il n'y a rien dans l'écobuage que le résidu des

1) Quand nos villageois veulent vanter une récolte, ils disent que voilà un blé qui ressemble à un blé d'écobuage.

herbes et des broussailles, il est clair qu'en enterrant à la charrue le gazon, au lieu de le brûler, on doit obtenir une fertilisation infiniment plus considérable. Comment donc se fait-il que l'expérience démente avec éclat cette induction de la théorie? Si la vertu de l'écobuage est renfermée exclusivement dans les cendres, d'où vient que ces cendres, transportées ailleurs, produisent un effet beaucoup moindre que celui qu'on obtient en les répandant sur le sol écobué? Cette expérience a été faite plus d'une fois. On a transporté sur un champ voisin la moitié des cendres produites par les fourneaux d'écobuage. Il paraîtrait qu'il aurait dû y avoir parité d'effets sur les deux récoltes. Point du tout : la différence, en faveur du champ écobué, a constamment été hors de comparaison.

105. Les places qu'occupent les fourneaux d'écobuage offrent toujours des touffes plus vigoureuses qui se font remarquer. Cependant on a soin d'enlever, non seulement toutes les cendres, mais encore la terre sur laquelle a immédiatement reposé le foyer de la combustion.

106. Convenons qu'il y a dans l'action du feu sur les terres quelque chose d'occulte, que les effets signalent, mais qu'il serait inutile et téméraire de vouloir expliquer.

107. Lorsqu'on brûle sur place des genêts (1), on obtient des effets approchans de ceux de l'écobuage. Cependant la quantité de cendres qu'on produit ainsi est bien peu considérable.

108. L'action de l'écobuage ne se borne pas à réduire en cendres le gazon, elle s'exerce aussi sur la bande de terre qui sert de support à ce même gazon. Cette terre, ainsi exposée au feu, prend la couleur et le caractère de la brique.

109. Cette circonstance fait naître des questions intéressantes relativement aux procédés de l'écobuage et relativement à la nature des terres sur lesquelles il convient de l'employer.

110. L'écobuage convient-il à toute sorte de terres? En

(1) Cette manière d'engraisser les terres s'appelle en patois *issart*.

ne considérant que ses effets instantanés sur la récolte qui lui succède immédiatement, on répondrait par l'affirmative; car il est certain que cette opération fait naître sur toutes les terres une première production très-remarquable. Mais, si l'on porte ses vues et ses observations plus avant, on reconnaît que l'écobuage, trop souvent répété, tend à appauvrir les terrains légers et siliceux, tandis qu'il améliore les sols glaiseux, humides, aigres et froids. Cette portion de terre que le feu convertit en brique devient pour ces derniers un bon amendement, tandis qu'au contraire elle ôte aux terrains légers le peu de consistance qu'ils possèdent.

111. Cette considération doit introduire quelques différences dans les procédés de l'écobuage. Lorsqu'on opère sur un sol argileux, compacte, on doit faire la bande aussi épaisse que possible, et donner un bon coup de feu pour avoir beaucoup de terre brûlée réduite en poudre de brique.

112. On observera à ce sujet que la brique pilée compte parmi les moyens de fertiliser les terres fortes.

113. Mais si l'on écobue un terrain siliceux, la bande ne saurait être trop mince et le feu trop étouffé, de manière à n'obtenir, autant que possible, que des cendres noires.

114. Du reste, sur les terres légères, on doit craindre d'abuser de l'écobuage. Cette opération ne convient guère que lorsque la terre porte un gazon grossier encombré de bruyères, d'ajoncs, de genêts épineux. Ceci sera développé dans la seconde partie.

115. Suivant le procédé ordinaire, l'écobuage s'exécute à force de bras avec la pioche. Ce travail est pénible et coûteux. On le paye en donnant au manouvrier la moitié de la récolte.

116. On peut appliquer à cette opération les moyens de la grande culture, en écobuant avec la charrue rovillienne. Il suffit d'adapter à celle-ci un sabot et de modifier un peu la forme du soc. On coupe ensuite les bandes avec la hache qui sert à tailler les rigoles des prés. L'épaisseur de bande la plus convenable roule entre 10 et 12 centimètres (4 pouces).

117. En résumé, l'écobuage peut être très-utile, quand on sait l'employer à propos et avec modération ; mais on ne peut pas le considérer comme un engrais habituellement usuel ; c'est un moyen extraordinaire, une mesure de circonstance.

118. Les engrais les plus puissans trouvent souvent des sols ingrats et réfractaires, où leur action est habituellement atténuée et quelquefois anéantie. Le cultivateur attentif et soigneux s'applique à étudier les vices de sa terre, et il conçoit le projet de les corriger. De là est née cette partie de l'art agricole que l'on désigne par le mot d'*amendement*.

119. Le but des amendemens étant de bonifier les terres d'une façon décisive et durable, il importe avant tout de se faire une idée nette des qualités qui constituent ce que l'on appelle un bon fonds.

120. Voyons d'abord quelle est la composition des terres. Les terres ne sont jamais parfaitement homogènes, c'est-à-dire composées d'un seul principe. On y remarque le plus souvent trois élémens terreux qui sont mêlés ensemble dans des proportions très-inégales, savoir : la silice, l'argile ou alumine, et la chaux. Ces trois élémens sont les seuls essentiels. De leur combinaison plus ou moins convenable dépend la qualité des terres. Un quatrième élément vient parfois se joindre aux trois autres : c'est la magnésie. Les chimistes ont découvert encore plusieurs autres élémens terreux ; mais nous n'en parlerons pas, vu qu'ils ont peu d'influence sur la nature agricole du sol, ou que du moins leurs effets n'ont pas encore été observés.

121. La silice dérive du *silex* ou caillou, de cette pierre blanche vitreuse, appelée quartz (en patois *cai'lou* ou *calveyrou*). En pulvérisant un fragment de quartz, on a de la silice. C'est une substance rude, qui raye les métaux, et dont le caractère essentiel, sous le point de vue agronomique, est de constituer un sable sans adhérence, qui laisse passer l'eau.

122. L'argile appelée alumine, parce qu'elle est la base de l'alun, a des qualités opposées à celles de la silice. Elle est grasse, onctueuse; elle happe à la langue, elle a une odeur particulière qui se manifeste au moment où la pluie tombe après la sécheresse. Elle absorbe l'eau et forme avec elle une pâte qni se durcit au soleil et au feu, et prend par l'action vive de ce dernier une consistance ferme et pierreuse, qu'on désigne par le mot de *brique*.

123. La chaux paraît sous deux états différens, ou pure, ou combinée avec un acide.

124. La chaux pure, ou chaux vive, est une substance acre, alcaline, qui verdit les couleurs bleues végétales, qui tend à ronger, à désorganiser le tissu des matières végétales et animales.

Elle absorbe l'eau avec bruissement et dégagement de chaleur. Elle est douce et farineuse au toucher.

125. Quand elle reste quelque temps exposée à l'air, elle attire l'acide carbonique et se combine avec lui. Elle perd alors sa causticité. Elle devient un sel terreux, appelé carbonate de chaux, qui constitue la base du sol calcaire.

126. C'est dans cet état que la chaux existe dans la nature. La chaux vive est le produit d'une opération que l'on nomme *calcination*. On calcine les pierres et les terres calcaires en les soumettant à l'action du feu, et en procurant ainsi le dégagement de l'acide carbonique.

127. La chaux carbonatée ou élément calcaire, dans sa manière de se comporter avec l'eau, tient le milieu entre l'alumine et la silice. Elle est moins pâteuse que la première, moins susceptible de se coaguler, mais beaucoup moins incohérente que la silice.

128. La chaux entre comme partie constituante dans la composition de tous les corps organisés, soit végétaux, soit animaux. Sa présence est donc une condition essentielle de la fertilité des terres. On peut croire qu'elle est généralement répandue dans la nature; car elle existe dans l'eau de pluie.

129. La chaux a une propriété qui la distingue, celle d'être plus soluble dans l'eau; cette propriété devient considérable quand l'eau est saturée d'acide carbonique.

130. La magnésie, base du sel d'epsom, a quelques rapports avec la chaux. Elle est blanche, douce au toucher
et alcaline. Elle se délaye facilement dans l'eau et y reste
long-temps suspendue. Aussi sa présence dans les terres se
décèle par la couleur laiteuse que prennent les eaux pluviales.

131. La magnésie est contraire à la végétation : les terrains où elle abonde sont mauvais. Elle a la propriété néanmoins de leur procurer de la fraîcheur, en attirant l'humidité et en la retenant par une affinité particulière. Les
terres magnésiennes sont froides.

132. D'après cet aperçu, on peut juger que la qualité
des terres dépend de la proportion qui existe entre les divers
élémens qui les composent. Là où la silice domine, le sol est
léger, poreux, mouvant, aride ; au contraire, là où l'argile
est en excès, on a un terrain fort, compacte, gluant, boueux
durant la saison des pluies, dur, impénétrable pendant
la sécheresse. Si la chaux se montre presque pure et que le
terrain soit ce que l'on appelle crayeux, on a un fonds stérile, chaud et sec.

133. Chacun des élémens terreux pris à part est impropre
à la végétation ; d'où il suit qu'un fonds homogène est par
lui-même infertile.

134. C'est donc dans un amalgame des trois principes siliceux, argileux et calcaire, que se trouve le fonds le plus
favorable à la production.

135. Il suit de là que chacun des élémens terreux peut
être employé comme amendement sur les terres où les
autres sont en excès.

136. Le point de perfection dans la science des amendemens consiste à créer ainsi la proportion la plus convenable
entre les élémens terreux. Mais quelle est donc la proportion qui constitue cette perfection dans la nature des
terres ?

137. Il est impossible de la fixer d'une manière absolue,
attendu qu'elle est relative au climat.

138. Si le climat est pluvieux, les meilleures terres seront

celles où domineront la silice et le calcaire. Au contraire, sous un climat sec, les terres argileuses seront à préférer, et un peu de magnésie pourra y entrer avec utilité.

139. Il est certain que le mélange des terres exécuté avec discernement aurait pour résultat de corriger leurs défauts et d'accroître leurs qualités (1).

140. Mais attendu que cette opération doit être considérée comme impossible dans la pratique, nous ne parlerons ici que des deux substances dont l'expérience a consacré l'emploi, c'est-à-dire de la chaux et de la marne.

141. La chaux vive, la chaux produite par la calcination des pierres calcaires, est, ce me semble, le plus puissant amendement que l'on puisse donner à la majeure partie des terres du département.

142. Elle convient surtout aux terres noires, spongieuses, tourbeuses du ségala. Elle réussit aussi sur les terrains de gravier, et plus encore sur les terres fortes du grès bigarré, dites rougières.

143. On peut en espérer de bons résultats sur les aubugues et généralement sur tous les fonds argileux.

144. Non seulement la chaux augmente la force productrice des terres, mais encore elle les rend propres à des cultures qu'elles rebutaient naturellement. C'est ainsi qu'on a vu, sur les confins du département de l'Aveyron, des terres à bruyères métamorphosées par la chaux en terres à froment. Elle est très-utile aussi à la production du trèfle.

145. Pour appliquer la chaux au terrain, on la porte sur le labour : on la dispose par petits tas de distance en distance, de façon qu'elle puisse être également répartie. On couvre ces tas de 6 à 8 pouces de terre. Au bout de huit jours, on mélange cette terre avec la chaux, et un mois après on la répand sur le sol.

---

(1) On remarquera qu'en parlant ici de la nature des terres, nous les avons considérées dans leur composition primitive, abstraction faite du terreau végétal qu'elles contiennent plus ou moins, et que l'on peut regarder comme un engrais naturel, auquel on ajoute ou bien on supplée au moyen des engrais artificiels dont il a été question dans les premiers paragraphes de ce chapitre.

146. Les auteurs qui ont traité du chaulage des terres ne sont pas d'accord sur les doses de cette substance. Les uns veulent qu'on donne seulement 30 ou 40 hectolitres par hectare ; d'autres portent cette quantité au double ou au triple. Il est probable que les doses de la chaux doivent varier suivant la nature des terres. Il convient, par conséquent, de tâtonner et de chercher par des essais quelle est la quantité qu'il convient d'employer.

147. Celle de 40 à 50 quintaux métriques par hectare, c'est-à-dire, à peu près d'une charretée ordinaire du pays par séterée, ancienne mesure, a été essayée sous mes yeux avec succès. C'est par là que l'on peut commencer. Ensuite on augmentera les doses, si l'effet a paru insuffisant (1).

148. On ne doit pas chauler la même terre tous les ans, mais seulement tous les trois ou quatre ans. Du reste, on observera que, si le premier chaulage a été vigoureux, par exemple de cent ou deux cents quintaux métriques par hectare, on éloignera le retour du même amendement beaucoup plus que si le chaulage avait été seulement de 40 ou 50 quintaux.

149. Ici se présente une question importante. Vaut-il mieux chauler plus rarement à haute dose, ou au contraire chauler souvent et peu à la fois? Les faits nous manquent pour décider cette question. Seulement nous pensons, d'après des auteurs accrédités, que pour les terres argilosiliceuses légères, pour les graviers du grès arkose, le chaulage modique et souvent répété est convenable ; mais que pour les terrains schisteux, humides, aigres et froids, il peut y avoir de l'avantage à mettre en une fois la quantité de chaux que l'on emploie ailleurs à deux reprises.

150. Quelques auteurs recommandent pour la chaux une préparation différente de celle dont on vient de parler. Elle

(1) On doit avoir égard à la qualité de la chaux. Il y a des chaux qui sont mêlées d'argile : il y en a qui contiennent une quantité plus ou moins considérable de silice.

Les chaux argileuses conviennent davantage aux terrains maigres ; les siliceuses aux terrains argileux.

consiste à placer la chaux, couche par couche, avec de la terre, du fumier, des herbes et autres substances propres à engraisser les champs, en un grand tas qui prend le nom de *compost*. Lorsqu'on juge que les matières mises en contact avec la chaux ont été suffisamment desorganisées, on démolit le compost à coups de pioche, en le coupant de haut en bas. Quand cet amalgame est ainsi pulvérisé, on le répand dans les champs.

151. Ayant essayé cette méthode, je dois avouer qu'elle a des avantages; mais on les achète trop cher. D'ailleurs la réflexion nous montre assez qu'un compost est un détour superflu. En répandant le fumier sur le sol, et ensuite la chaux, si on enterre le tout ensemble à la charrue, les effets du compost se produisent en détail au fond des sillons.

152. La chaux vive détruit les insectes et notamment les vers de terre. Les cendres des fours à chaux, appelées *farinade* par les chaufourniers, agissent dans certains cas sur les prairies artificielles et naturelles à la manière du plâtre.

153. L'amalgame naturel de la chaux et de l'argile s'appelle *marne*; et, suivant que l'un de ces deux élémens domine, la marne prend le nom de calcaire ou celui d'argileuse. Pour distinguer la marne de l'argile pure, il suffit de la placer dans un endroit humide. Si c'est de la marne, elle se délite et tombe en poussière. On peut aussi l'essayer avec l'acide nitrique (eau forte du commerce). La présence de la chaux se manifeste par une effervescence plus ou moins considérable.

154. On emploie la marne calcaire, parce qu'elle agit à des doses qui ne sont pas exorbitantes.

155. La marne argileuse convient fort bien aux terrains siliceux; mais pour obtenir un effet sensible, il faut en couvrir le sol à l'épaisseur d'un pouce, et par conséquent se soumettre à des transports ruineux. On n'a trouvé encore dans le pays que des marnes argileuses; aussi l'opération du marnage n'a-t-elle été tentée par personne.

156. On peut amender considérablement les terres sans addition de substance étrangère, et cela au moyen des défoncemens et des fossés couverts.

157. Lorsque la couche labourable manque de profondeur, on obtient une amélioration immense en rompant la couche pierreuse qui forme le sous-sol. Nos terrains calcaires pourraient ainsi être élevés au rang des meilleures terres du royaume. Pour exécuter cette opération, on ouvre au bord du champ un large fossé à la profondeur de 40 ou 50 centimètres. On extrait les pierres. Puis un second fossé ouvert à côté du premier sert à combler celui-ci avec la terre dégagée des pierres. Ainsi de suite jusqu'à la fin. Cette opération effrayante a été essayée dans notre causse par un pauvre manouvrier qui avait long-temps été employé à des travaux de ce genre dans les environs de Montpellier. Le terrain sur lequel il a opéré lui coûtait 200 fr. l'hectare : il a été revendu à raison de 2,400 fr. la même contenance. Les défoncemens sur nos terrains calcaires à sous-sol pierreux, doivent être regardés comme le plus efficace des amendemens. Ce n'est pas ici le lieu d'examiner la question sous le rapport économique. Nous en parlerons ailleurs.

158. Une bonne méthode d'amender les terres marécageuses, qui abondent principalement dans le ségala, consiste à les saigner par des fossés couverts.

159. Il y a plusieurs manières d'établir les fossés couverts. Voici celle que nous recommandons comme la plus simple et peut-être la plus solide. Après avoir ouvert la tranchée sur une profondeur d'un mètre, on place dans le fond sur la même ligne, en travers de la largeur, trois pierres dont les deux latérales s'inclinent et forment arc-boutant contre celle du milieu et contre les parois du fossé. Les pierres doivent être hautes de 6 pouces au moins et pas trop grosses. On aura soin de les placer de manière qu'elles aient la pointe la plus étroite en bas et le côté le plus large en haut. On forme ainsi dans le fond du fossé des courans qui divisent l'eau et qui, s'échappant par des conduits étroits, ont assez de vivacité pour entraîner les matières qui pourraient les obstruer. A mesure qu'on forme cette espèce de voûte à colonne centrale, on la charge de cailloutage jusqu'à mi-hauteur du fossé. Ensuite on place une couche

de paille et on comble la tranchée avec la terre. A la vérité, on pourrait procéder d'une façon plus simple encore, en jetant pêle-mêle le cailloutage dans le fossé ; mais cette pratique a le défaut de n'être pas solide. Le fossé s'obstrue et l'eau vient crever à la surface.

160. On peut encore former dans le fond une sorte de voûte en ogive avec deux pierres plates qui se rencontrent par leurs bords supérieurs. On charge ensuite avec du cailloutage. Si la masse d'eau est considérable, on construit un véritable aqueduc, en établissant sur les côtés deux petits murs qu'on recouvre avec des dalles. Dans les terrains en pente, les eaux creusent le milieu du fossé et finissent par occasioner l'éboulement de l'aqueduc. On prévient cet accident en établissant un pavé sur le fond du fossé.

161. Le point essentiel, le point délicat dans l'art de saigner les terres par des fossés couverts, consiste à disposer ceux-ci de manière à couper la racine des eaux. Le pied de géline dont parle Olivier de Serres, et qui se compose de branches réunies par une tige principale, toujours en ligne droite, est souvent peu efficace pour assainir un sol marécageux dans lequel les eaux arrivent, par infiltration, d'un point plus élevé. Il faut chercher la naissance du marais et intercepter les eaux par une tranchée demi-circulaire, dont la pente soit ménagée de manière à conduire les eaux dans le canal central qui doit les évacuer.

162. Si ce premier travail est insuffisant, on coupe de distance en distance le marais, en travers de la pente, par des parallèles courbes qui vont déboucher dans la tige principale, laquelle a été pratiquée dans le sens de la pente naturelle du sol, au point le plus bas.

CHAPITRE V.

De la Moisson et du Battage des grains.

1. L'ÉPOQUE de la moisson est pour l'agriculteur un moment de crise et d'anxiété : sa situation ressemble, en quelque sorte, à celle du pilote, en présence d'un port dont l'entrée est étroite et périlleuse.

2. L'instant précis de la maturité des blés est quelquefois difficile à saisir. On marche entre deux dangers également redoutables. Si l'on prévient la maturité, le grain se ride et la récolte est perdue. Ainsi est justifié le proverbe de nos anciens, que la pire des grêles est la faucille (1).

3. Si, au contraire, on laisse trop mûrir sur pied les blés, et que vienne à souffler ce vent quinteux et brûlant que les Espagnols appellent *solano* et nos paysans *solédre* c'est-à-dire solaire ou vent blanc (*notus albus* des Latins), la récolte s'égraine. Toutefois cet accident n'est ni le plus commun, ni le plus dangereux.

4. Il arrive assez souvent que le grain qui se montre beau et plantureux disparaît au bout de quelques jours, tombe dans le marasme et semble rentrer dans la paille. Ce phénomène est aussi certain qu'inexplicable. C'est une maladie des blés que nos laboureurs attribuent aux brouillards, d'autres aux rosées du matin, qui agit principalement dans les bas-fonds, sur les terres grasses et humides, sur les récoltes épaisses et vigoureuses et surtout quand le solstice est pluvieux. Ce qui a lieu de surprendre, c'est l'inconcevable rapidité avec laquelle cette épidémie exerce ses ravages.

5. Une récolte se présente belle, riche, brillante, et, quarante-huit heures après, on la revoit avec une couleur sombre et le grain a été pour ainsi dire escamoté.

6. Si on l'eût coupée deux jours plus tôt, on avait beaucoup de grains, aujourd'hui les gerbes sont légères comme

(1) *N'y a pas de pus miçonto grélo qué lou boulou.*

des bottes de paille battue. J'ai vu , dans le même champ , une portion moissonnée le samedi donner des gerbes excellentes , et l'autre partie moissonnée le lundi , donner des gerbes misérables : cependant les épis de cette dernière moisson , deux jours auparavant , étaient, comme les autres, courbés sous le poids.

7. On remarquera qu'ordinairement, lorsque cet accident est produit, la paille des blés est enduite de cette poussière jaunâtre qu'on nomme *rouille*.

8. On remarquera encore que si l'on coupe les blés rouillés pendant que la paille est verte et que le grain s'écrase sous le doigt, les effets de la rouille sont interceptés , la récolte est abondante et belle : mais il n'y a pas un moment à perdre. La difficulté gît à saisir le point convenable , et à ne pas couper les blés ni trop tôt , ni trop tard.

9. Il paraît que le travail de l'organisation du grain est quelquefois terminé à l'intérieur avant que les signes extérieurs·de la maturité se produisent. Cela arrive dans les années pluvieuses. Alors il faut bien se garder d'attendre que la paille ait blanchi complétement , et que le grain ait pris une consistance dure.

10. Voici à quels signes on peut reconnaître que les blés sont en état d'être coupés avec avantage. Quoique la paille ait encore une teinte verte sur la majeure partie de sa tige , si les nœuds sont devenus blanchâtres et transparens , si le grain, partagé sous l'ongle, ne laisse point suinter une matière liquide, et que son intérieur montre une substance coagulée, analogue au blanc d'œuf durci , si le grain écrasé et roulé entre les doigts forme une boulette , on doit procéder à la moisson sans hésiter.

11. Outre que l'on échappe ainsi au danger dont on vient de parler , il est certain que le blé coupé dans cet état de maturité , en apparence incomplète , donne un grain plus beau , plus fin , plus riche en fécule.

12. On prendra donc pour règle de couper les blés un peu sur le vert. Ce que nous disons ici du froment s'applique au seigle , mais nullement à l'orge. Celle-ci donne une farine

amère quand on la coupe avant que la paille soit tout-à-
fait blanche et le grain consolidé. L'orge d'ailleurs est
moins sujette à s'égrainer par l'effet des vents.

13. On ne peut pas en dire autant de l'avoine. Elle s'égraine
en plein champ, quand elle est trop mûre; mais elle ne
s'égraine pas du tout quand elle ne l'est pas assez. Dans cet
état, elle résiste au fléau et au pas des chevaux qui la
foulent. Il faut observer et saisir le point convenable.

14. Le froment de printemps dit *trémois* ne peut pas être
coupé vert comme le froment d'hiver. On doit attendre que
la paille ait blanchi.

15. Lorsque le blé est coupé, on doit apporter un soin
attentif à ce que les javelles soient suffisamment sèches
avant d'être liées en gerbes. On veillera aussi à ce que celles-
ci soient convenablement disposées en gerberons, c'est-à-
dire par douzaines, que l'on entasse en les plaçant en croix.

16. Ces gerberons, appelés *crouzels*, doivent être faits
avec soin. L'art consiste à rapprocher le plus possible les
gerbes de la perpendiculaire, à les bien relever en les croisant, afin que l'eau s'égoutte. On laisse les gerbes quelques
jours dans cet état pour compléter la dessiccation du grain.
On ne saurait trop insister sur les précautions à prendre
pour que les gerbes soient bien sèches au moment où on les
porte sur l'aire à dépiquer, pour y être mises en meules
que l'on nomme *gerbiers*. Si les gerbes ne sont pas sèches,
le gerbier s'échauffe et le grain devient impropre à la panification et surtout à la germination.

17. La construction des gerbiers demande une certaine
adresse : c'est une partie essentielle du talent des maîtres-
valets. Il faut que le gerbier soit bâti dans un aplomp parfait, que les gerbes soient bien relevées sous l'angle le plus
favorable à l'écoulement des eaux pluviales, et que cependant elles soient assujéties de façon à résister aux coups de
vent et à prévenir l'écroulement de l'édifice.

18. Lorsque les javelles sont surprises par de longues
séries de jours pluvieux, il faut avoir soin de les retourner
souvent sens dessus dessous ; on dérange ainsi le travail de

la germination. Les autres moyens que certains écrivains ont indiqués sont inutiles ou dangereux, ou inexécutables. Il ne faut point songer à entasser les blés pendant qu'ils sont humides.

19. Si les gerberons sont dérangés par les vents et pénétrés par les pluies, il faut les refaire, après avoir profité d'une éclaircie, pour faire un peu sécher les gerbes les plus imbibées, en les plaçant debout, afin de les mieux exposer au vent et au soleil. En refaisant les gerberons, on observera de mettre en bas les gerbes les plus sèches, et en haut les plus humides.

20. La disposition des gerbes en tas formés de quatre piles de trois chacune qui se croisent, a l'avantage de laisser circuler l'air dans l'intérieur du gerberon et de prévenir l'échauffement, lorsqu'il y a infiltration d'eau. On peut aussi entasser les gerbes dans les champs en meules compactes et serrées ; mais il faut qu'elles soient parfaitement sèches, sans quoi le grain s'échauffe.

21. Les gerbes sèchent en gerberons, ce qu'elles ne font pas en meules serrées, appelées en patois *bals* ou *balsières*. Lorsque les orges et les avoines sont trop courtes pour être liées, on entasse les javelles en meule circulaire.

22. On se sert, pour couper les blés, d'une faucille appelée par nos villageois *fals* ou *boulan*, et qui n'est autre chose qu'un coutelas recourbé en demi-rond. Il y a trois manières de se servir de la faucille. La première consiste à empoigner les tiges du blé et à couper en sciant. Cela s'appelle moissonner par poignées. La seconde consiste à sabrer les tiges qui tombent à demi sur le blé qui reste debout, et qu'on relève avec la pointe de la faucille, pour en former une javelle assez mal ordonnée. La troisième demande plus d'adresse et est malheureusement peu usitée aujourd'hui. Elle consiste à saisir par leurs sommités, un certain nombre de tiges, à les couper en sciant, et, par un tour de main particulier, à pelotonner les pailles à mesure que l'instrument les coupe, en les maintenant debout jusqu'à ce que le moissonneur, arrivé au fond de la tranchée qu'il a

prise (1), les pose en javelle presqu'aussi régulière que celles que l'on forme en coupant par poignées. Cette dernière façon est très-expéditive, et cela s'appelle *raqueta*. La seconde se nomme *dailla*; elle est expéditive aussi, mais, les javelles étant irrégulières, plusieurs épis échappent au lien et tombent quand on transporte les gerbes.

23. On peut couper les blés avec la faux à râteau, c'est-à-dire avec une faux (en patois *daillé*) sur le manche de laquelle on a fixé des dents en bois ou en fer, pour rassembler les tiges du blé et les pousser en avant. J'ai essayé de faucher ainsi les blés ; mais j'ai cru remarquer que cette méthode pourra difficilement se généraliser dans l'Aveyron, parce qu'il arrive souvent que les blés sont brouillés et inclinés en tout sens; de façon que le râteau saisit des tiges que le tranchant de la faux n'a pas pu atteindre, ce qui entrave le jeu de l'instrument et fait sauter des épis qui sont perdus· On atténue cet inconvénient en fauchant en dedans, c'est-à-dire de façon que le champ de blé soit à la gauche du faucheur, et que les tiges coupées viennent se poser sur celles qui ne le sont pas encore. Il est nécessaire alors que le faucheur soit suivi par une femme qui ramasse le blé coupé avec un petit bâton et forme les javelles.

24. Quand on fauche le blé, on doit prendre garde de ne pas conduire la faux exactement de la façon dont on la pousse quand on fauche les prés. Il faut éviter de lui donner tout son essor et de terminer le demi-tour. Il faut s'arrêter avant que la main arrive vis-à-vis la cuisse gauche, et faucher autant que possible en ligne droite. La faux doit être plus courte et du genre de celles qu'on appelle en patois *un dragon*.

25. Quand on fauche en dehors (ce qui ne peut guère avoir lieu que pour les orges et les avoines), il ne faut pas projeter vivement la paille coupée, comme on le fait en

---

(1) Cela s'appelle dans le pays l'échelon du moissonneur, en patois *escalo*. On exprime ainsi l'entaille que le moissonneur fait à chaque passage dans la récolte. Les moissonneurs qui marchent à la file prennent un échelon proportionné à leurs forces.

fauchant les prés, il faut au contraire que le coup finisse en mourant, de façon à porter le blé sur la faux et à le faire tomber en javelle par un léger contour que l'on fait faire à l'instrument.

26. Il faut donc un apprentissage pour bien faucher les blés. Les essais qu'on a faits jusqu'ici dans le pays, bien que peu satisfaisans, ne doivent pas nous décourager ; il est probable qu'on aurait mieux réussi en suivant les procédés convenables ; mais il était naturel que les faucheurs, transportés des prés dans les champs, voulussent agir sur ceux-ci comme sur les autres.

27. Un faucheur coupe à peu près autant de blé que trois moissonneurs.

28. Les Flamands se servent d'un instrument qui réunit les avantages de la faucille et de la faux. Ils lui donnent le nom de *piquet*. Dans le fait, c'est une petite faux qui porte un manche assez court que l'on fixe au poignet avec une courroie. Le moissonneur coupe en sabrant d'une main, et de l'autre il rassemble les épis avec un crochet de fer. Cet instrument mérite d'être introduit dans notre pays.

29. On ne saurait trop multiplier les moyens de rendre la moisson prompte et expéditive.

30. Il est des cas où le temps presse et où les moissonneurs sont rares sur le marché. Alors il serait à souhaiter qu'on pût les renforcer avec des faucheurs. Par conséquent, il serait bon d'avoir soin d'exercer quelques-uns de ceux-ci au maniement particulier de la faux, qu'exige la coupe des blés.

31. Après la moisson, il reste une dernière opération qui n'est ni la moins pénible, ni la moins importante. Je veux parler de celle qui sert à séparer le grain de la paille. Le procédé le plus généralement usité consiste à dépouiller les épis, en les battant à force de bras avec un outil appelé *fléau*, ou bien avec une longue perche flexible que l'on nomme *latte* dans l'idiome du pays.

32. Le fléau se compose de deux bâtons liés ensemble par une courroie qui est fixée sur celui qui sert de manche, de telle sorte que l'instrument puisse fouetter en tournoyant.

33. Le fléau n'est employé que dans quelques cantons du dérartement. Cette vaste région qui comprend les terres à seigle bat au moyen de la latte. Celle-ci se compose de branches de houx unies ensemble en faisceau par des liens tirés des tiges sarmenteuses de la ronce.

34. Le fléau tape plus fort ; la latte dirige mieux ses coups et parcourt avec exactitude toutes les parties de l'airée.

35. Dans le causse, on fait fouler les blés par des jumens poulinières. On les couple de deux en deux et on les fait trotter à la longe, sur les gerbes déliées, jusqu'à ce qu'on juge que la paille est suffisamment dépouillée. On a soin de tourner et retourner fréquemment l'airée avec des fourches, et de bien la secouer pour en séparer le grain. Cela n'empêche pas qu'il n'en reste une certaine quantité mêlée avec la paille. Celle-ci se trouve hachée par le piétinement. Cette manière d'égrainer le blé se nomme *dépiquer*.

36. On a généralement adopté dans le département de l'Aveyron l'usage méridional de battre en plein air ; en quoi on a eu égard à la latitude géographique beaucoup plus qu'à l'élévation du sol qui rapproche notre climat de celui du Nord de la France.

37. Dans les pays du Nord, on bat en grange. On se procure ainsi l'avantage d'employer à cette opération les jours perdus de la saison morte. Il n'est pas nécessaire d'avoir une grange capable de contenir toute la récolte de la ferme. On prend la précaution de donner aux gerbiers une chemise de paille, et l'on se procure ainsi le moyen d'avoir toujours des gerbes sèches pour approvisionner la grange à battre à mesure qu'elle se vide.

38. Quand on bat en plein air, on est souvent surpris par les orages : cet accident est grave quand on dépique avec des chevaux, parce qu'on met dès le matin sur l'aire, debout à côté l'une de l'autre, toutes les gerbes qui doivent être battues dans la journée.

39. Quand l'été est dérangé, l'opération du battage devient très-difficile, très-chanceuse et quelquefois impossible. Il est essentiel au moins de faire paver le sol de l'aire.

40. On a inventé diverses machines pour rendre l'opéra-

tion du battage plus expéditive, plus complète et moins pénible. Nous ne parlerons ici que de celles dont le succès a été constaté. Elles sont au nombre de deux. L'une, assez usitée dans le Midi, n'est rien qu'un pesant rouleau en pierre, de forme conique (en pain de sucre), que deux chevaux promènent sur une airée circulaire. Le rouleau est attaché par une corde à un pieu fixé au centre de l'airée. A chaque tour qu'il fait, la corde, en se roulant autour du pieu, se raccourcit et le rouleau se rapproche. Lorsqu'il a parcouru toute l'airée, on tire en sens contraire ; la corde se déroule et le rouleau revient sur ses pas. Cette manière de battre ne peut réussir qu'en plein air et sous un soleil ardent. L'autre machine agit à huis-clos. Je veux parler de la machine dite écossaise, dont on se sert dans la ferme exemplaire de Roville. Celle-ci est une véritable composition mécanique. Elle se compose d'un bâtis, dans l'intérieur duquel est un tambour armé de battans assemblés par les deux bouts au moyen de cercles de fer. Ce tambour est destiné à faire 350 tours par minute. Sur le devant, sont deux cylindres cannelés qui se meuvent plus lentement. Ils saisissent et tirent en dedans, pour les présenter aux battans, les épis, de manière que ceux-ci reçoivent un coup à mesure qu'ils avancent de 4 lignes. Le tout est mis en jeu par des chevaux au moyen d'un engrenage composé de roues et de pignons. Cette machine dépouille rigoureusement la paille de tout le grain. Elle bat et elle vanne en même temps. Mais son prix est tel qu'elle ne peut convenir qu'à de grandes fermes et à des propriétaires riches. Elle ne pourra guère être usitée dans l'Aveyron que dans le cas où l'on parvienne à la rendre portative.

41. L'usage du tarare pour vanner les blés commence à devenir commun dans le département. On ne saurait trop recommander aux cultivateurs cette machine utile (en patois *ventayré*). C'est la ventoire d'Olivier de Serres (1).

(1) Cet instrument demande, dans sa construction, des principes et de la précision. Le meilleur facteur de tarares que nous ayons dans le pays est le sieur Jalbert, actuellement domicilié à Dalmayrac. Il s'est formé sous mes yeux d'après les dessins de M. Leblanc, que j'ai reçus de la munificence de M. le ministre de l'intérieur.

IIᵉ SECTION.

DES PRAIRIES ET DES BESTIAUX. — SOMMAIRE DES CHAPITRES.

Chapitre Iᵉʳ. — Des prés naturels et des pâtures gazonnées dites devèses. — Irrigation. — De l'art de bien disposer les rigoles et de les tracer à bon marché. — Charrue à rigoler. — Des réservoirs. — Moyens d'assainir les eaux insalubres. — De la régénération des prés marécageux. — De celle des prés maigres couverts de mousse. — Des taupes. — De la manière de les prendre. — De l'étaupinoir pour abattre les taupinières. — De la récolte. — Précautions que demande la bonne préparation du foin. — Causes de la dégénérescence des pâturages. — Nécessité et façon de les rajeunir.

Chapitre IIᵉ. — Des prairies artificielles. — De leur culture. — De la luzerne. — Du sainfoin. — Du trèfle. — Des prés-gazon, appelés fénasse. — De la cueillette des graines. — De la quantité qu'il faut en semer par hectare. — Fourrages semi-annuels. — Trèfle incarnat dit farouch. — Vesces d'hiver et de printemps, pois gris, gesces. — Spergule. Celle-ci est intercalaire, pouvant être jetée sur le labour préparatoire. — La cuscute attaque les fourrages légumineux. — Moyens de la détruire. — La cuscute fait entrer les vaches en chaleur.

Chapitre IIIᵉ. — Des bêtes à grosses cornes. — Effets de la gelée blanche sur les vaches pleines. — Du part et des soins qu'il exige. — Renversement de la matrice. — Appareil pour la contenir après réduction. — Du choix des types de la reproduction. — Des différentes races. — Education des veaux. — Précautions d'hygiène et moyens curatifs d'urgence contre la météorisation, le lumbago et les fièvres charbonneuses. — De l'engraissement. — Connaissance des qualités du bœuf et de son âge.

Chapitre IVᵉ. — Des bêtes à laine. — La nourriture sèche exclusivement prolongée leur nuit. — Soins minutieux

CHAPITRE Ier.

Des Prés naturels et des Pâtures naturelles appelées *Devèses*.

1. LES prés naturels constituent la nature de propriété la plus précieuse. Dans le système ordinaire que l'on nomme routine, les prés sont la base fondamentale de la culture des champs, comme producteurs du fumier qui est nécessaire pour les fertiliser. Un bon pré, suivant l'expression d'Olivier de Serres, est la pièce glorieuse du domaine.

2. Les prés ont l'avantage de se maintenir en état de production sans labours ni semis ; mais ce serait toutefois une erreur de croire qu'ils ne demandent ni soins, ni travaux autres que ceux de la récolte.

3. Un des premiers soins que demandent les prés consiste à les bien rigoler, c'est-à-dire à tracer des raies ou rigoles pour distribuer convenablement les eaux qui servent à les arroser.

4. On se sert pour cela d'une espèce de hache demi-circulaire, en croissant, qui porte dans son centre une douille, dans laquelle est fixé un manche long, semblable à celui d'une pioche de jardinier. Cet instrument est connu dans le pays sous le nom de taille-pré (*taillo-prat* en patois). On taille avec cette hache le gazon des deux côtés de la rigole, et puis avec la pioche on enlève les mottes et on creuse jusqu'à la profondeur convenable.

5. Il faut de l'attention et de l'intelligence pour bien rigoler les prés. Cette partie de l'art rural est trop souvent négligée ou mal comprise.

6. Il importe de faire un nombre suffisant de rigoles et de ménager la pente de façon que l'eau coule le plus lentement possible et arrive au point le plus élevé qu'indique la hauteur de la source.

7. De distance en distance on fait des coupures (*aguayrous* en patois) pour étendre l'arrosement. Mais c'est une mauvaise pratique de les laisser long-temps au même en-

droit. Au contraire, il faut les boucher quand elles ont assez imprégné d'eau les points sur lesquels elles coulent, et en ouvrir d'autres plus loin. Un cultivateur qui parcourt au printemps ses prés, et s'occupe à bien diriger les eaux, fait de son temps un emploi aussi profitable que peu pénible.

8. Il est bon aussi de changer la place des rigoles tous les ans, du moins autant que cela peut paraître utile, pour faire jouir successivement toutes les parties du pré des avantages de l'arrosement.

9. Il est vrai que ce travail pourra paraître pénible, et il l'est réellement quand on l'exécute, à force de bras, avec les instrumens dont on a parlé plus haut. Mais il devient facile et d'une dépense presqu'insignifiante lorsqu'on se sert d'un instrument appelé *rigoleur*, auquel on applique la force des animaux de trait.

10. Le rigoleur n'est au fond qu'une charrue rovillienne, à laquelle on adapte un soc qui porte à l'angle postérieur de l'aile un tranchant perpendiculaire qui fait le pendant du coutre qui opère à gauche. Ces deux coutres font l'office de la hache (*taille-pré*), et découpent le gazon sur les deux bords par un trait plus droit, plus uni, plus net, plus régulier. Vers l'extrémité antérieure de la haie, un sabot, qui glisse sur le sol, règle l'entrure et sert à déterminer la profondeur de la rigole. Le versoir est échancré en dessous de manière à ne prendre que la tranche détachée par le soc et les deux coutres. Cette charrue, attelée d'une ou de deux paires de bœufs, suivant l'exigence des cas, fait le travail de quarante manouvriers tout au moins.

11. Lorsqu'on change la place des rigoles, on fait servir les mottes à combler les rigoles de l'année précédente, sinon on les porte dans l'endroit le plus maigre de la prairie, ou bien dans les champs où elles servent d'engrais, surtout si l'on a soin de les mettre couche par couche dans un tas de fumier, et de les y laisser quelque temps se décomposer.

12. Les rigoles sont de deux sortes. Les unes ont pour objet de répandre les eaux dans le pré; les autres servent, au contraire, à évacuer les eaux qui sont en excès ou qui sont

mauvaises. Ces dernières rigoles doivent être profondes, les autres superficielles, de manière que l'eau coule à pleins bords.

13. Il y a des eaux qui sont infécondes, il y en a qui sont nuisibles, qui font mourir les herbages et naître le jonc. Celles-ci tiennent en dissolution différentes substances délétères et notamment du sulfate de fer (1).

14. Un bon moyen de mieux utiliser les eaux et d'amender leur qualité consiste à les rassembler dans des réservoirs. Si les eaux manquent de fécondité, on met infuser dans le réservoir une certaine quantité de fumier ; si elles sont insalubres, on emploie diverses substances pour les purifier, telles que la chaux, le tan, ou simplement des feuilles de chêne, dont le principe astringent décompose le sulfate de fer.

15. Mais lorsque le pré est essentiellement marécageux, et que les eaux croupissantes ne font naître qu'un gazon aigre principalement composé de jonc ; surtout si ces eaux se couvrent d'une pellicule bleue irisée, et qu'elles déposent une poudre jaunâtre, analogue à la rouille de fer, il faut prendre le parti de saigner le terrain par des canaux souterrains, d'après les procédés indiqués plus haut au chapitre des amendemens.

16. Ensuite on écobue et on brûle le gazon, et après avoir bien ameubli le terrain par diverses cultures et notamment par des récoltes sarclées, après l'avoir copieusement fumé, on sème des graines choisies de foin et de trèfle. On régénère ainsi les prés marécageux, et on les change en prairies d'autant plus précieuses qu'il leur reste ordinairement assez de fraîcheur. On réussit encore mieux, si dans les points les plus élevés on peut conserver quelques sources pour alimenter des réservoirs qu'on a soin de remplir de fumier.

17. Nous observerons, en passant et à propos des réservoirs, qu'il y a deux manières de les construire. L'une, qui

(1) Produit du fer et de l'acide sulfurique ou vitriolique. C'est le vitriol de fer ou couperose du commerce.

est la seule usitée dans le pays, consiste à retenir les eaux par une digue formée d'un corroi en terre grasse pétrie, qu'on appelle *batudo* dans l'idiome aveyronnais. Suivant l'autre méthode, on arme la digue d'un revêtement en béton. Le béton se compose de chaux hydraulique, de sable et de gravier qu'on délaye en guise de mortier. Ce mortier fait prise dans la terre et dans l'eau. Entre le mur intérieur du réservoir et la chaussée en terre, on jette une coulée de béton de 6 à 8 pouces d'épaisseur, et lorsqu'elle est arrivée à la hauteur convenable, on a soin de recouvrir le béton d'un pied de terre pour le mettre à l'abri des chaleurs et des gelées. Quand le béton a fait prise, il prend la dureté du roc, et il est à l'abri des pinces des insectes et des ongles de la taupe. Si le fond du réservoir n'est pas imperméable, on y étend une couche de béton qu'on recouvre de terre en attendant qu'il ait fait prise, ce qui a lieu au bout d'un an.

18. Quand la disposition du terrain ne permet pas l'emploi des réservoirs, il est utile de pratiquer de distance en distance, sur la ligne des rigoles, de petites fosses qu'on remplit de fumier. On aura soin de temps en temps de remuer ce fumier, soit dans les fosses, soit dans les réservoirs.

19. Le fumier délayé avec l'eau d'arrosement fructifie dans les prés infiniment plus que lorsqu'il est employé en couverture. La chaux que l'on met dans les réservoirs ou dans les fosses des rigoles fertilise aussi les prés et fait périr les vers.

20. Après le soin de pourvoir à l'arrosement des prés, marche celui d'abattre les taupinières. On se sert pour cela de la pioche, en observant de ne pas toucher aux taupinières lorsqu'elles sont trop humides, car alors il se forme des pelotes de terre qui se durcissent et nuisent à l'action de la faux.

21. La grande culture a encore trouvé le moyen de s'emparer de cette opération par un instrument appelé *étaupinoir*. Cet instrument est assez simple. C'est un grand cadre formé par des solives assemblées à angles droits. Dans l'intérieur de ce cadre sont deux traverses obliquement disposées,

et armées chacune d'une lame de fer attachée par des boulons vissés. L'étaupinoir , tiré par des bœufs ou des chevaux, abat en peu de temps les taupinières. Si on le charge d'un poids suffisant , il coupe les protubérances et nivelle le pré. On doit avoir soin de briser et d'étendre au râteau les rognures du gazon , quand elles sont trop considérables. Faut-il détruire les taupes ? Cette question est très-controversée.

22. Des cultivateurs et des agronomes soutiennent que la taupe fait plus de bien que de mal , 1° en détruisant les vers qui épuisent la terre et émoussent le tranchant de la faux par les excrémens qu'ils élèvent parmi les herbages ; 2° en ramenant à la surface une terre émiettée qu'il suffit de répandre pour améliorer les prairies. D'autres, au contraire, prétendent que les dégâts de la taupe sont ruineux et qu'en conséquence il faut travailler à sa destruction.

23. Je soupçonne que les uns et les autres pourraient bien avoir raison et que chacun rend témoignage de ce qui se passe sous ses yeux.

24. Il est des terres compactes qui sont imperméables à l'air et à l'eau. Les taupes, dans ce cas , établissent par leurs galeries des courans utiles. Si le sous-sol est fertile , les taupinières deviennent une sorte d'engrais, et le travail de la taupe produit l'effet d'un labour. Notez que sur les terres fortes les taupes ne se trouvent guère qu'en petit nombre.

25. Mais , sur les terres légères dont le sous-sol est siliceux et infécond , et où les taupes foisonnent à l'excès, où elles ne tardent pas à cribler le terrain d'une multitude de canaux souterrains qui détournent et engloutissent les eaux, et à couvrir la surface de traces et de taupinières, on est bien forcé de leur donner la chasse, sous peine de ne pas faucher, ou de faucher très-mal.

26. Le meilleur piége pour prendre les taupes est celui d'Henri Lecourt. C'est une sorte de pince à ressort et à branches entrecroisées , recourbées à leur extrémité, et qu'on tient ouvertes au moyen d'une détente formée d'une petite plaque de tôle. Le secret , pour utiliser cet instrument,

consiste à le placer dans le passage que la taupe pratique pour aller de son gîte au lieu où elle a établi son travail. Ce passage se reconnaît en ce qu'il est horizontal et en ligne droite et d'ailleurs plus arrondi et moins étroit que les galeries, et encore en ce que la terre y est comprimée et gâchée, de façon que la voûte ne s'éboule pas. Il se trouve le plus souvent le long des murailles, des haies et des berges (*broual* en patois), et se signale à l'extérieur par un léger renflement du sol et par de petites ruptures accompagnées quelquefois de minces taupinières en forme de calotte.

27. Après avoir ouvert le passage avec la pioche, et l'avoir sondé de chaque côté avec une baguette, pour s'assurer de la direction en ligne droite qui le caractérise, on place deux piéges, un à droite et l'autre à gauche, dos à dos, en ayant soin de les assujétir avec une pierre, de peur qu'ils ne viennent à reculer au premier choc et à partir avant que la taupe soit engagée. Le printemps et l'automne sont les deux saisons les plus favorables à la destruction des taupes.

28. On doit apporter la plus grande diligence à nétoyer les prés et à réprimer les ronces qui avancent du sein des haies pour les envahir.

29. Lorsque le gazon devient rare et qu'un tapis de mousse le remplace, il faut herser, semer des graines de foin, herser en croisant et placer dessus une bonne couverture de fumier ou de terreau. Quand on fume les prés en couverture, il faut avoir soin, toutes les fois qu'il a plu, ou pendant qu'il pleut, de faire remuer le fumier avec le râteau. On observera de fumer vers la fin de l'automne, afin que l'engrais ait le temps de se dissoudre avant la fauchaison, et en même temps pour qu'il abrite le gazon contre le froid.

30. Mais, pour les prés qui occupent des terres hautes, et qui ne sont alimentés que par l'infiltration et l'écoulement des eaux pluviales, lorsqu'on s'aperçoit qu'ils vont en dépérissant, le meilleur parti à prendre est de les rajeunir par la culture. Ce n'est pas ici, comme pour les prés marécageux, le cas d'écobuer. Il faut enterrer le gazon par un bon labour, et après des récoltes bien fumées on sème des graines four-

ragères, en suivant la méthode et les procédés qui seront indiqués plus bas au chapitre des prairies artificielles.

31. Parlons à présent de la dernière opération, de celle qui doit couronner toutes les autres, c'est-à-dire, de la coupe et de la préparation du foin.

32. Pour que le foin soit substantiel et savoureux, il faut le couper avant la maturité des graines. Le moment où les prés sont en fleur est celui qu'il faut prendre pour faucher.

33. Lorsqu'on fauche immédiatement après la pluie, et pendant que le ciel est encore nébuleux, on a l'avantage que la faux coupe plus ras, et en même temps on peut espérer que l'on pourra faner avec le beau temps. Il faut éviter de faucher quand le vent marin du sud-est souffle, comme aussi lorsqu'après une longue série de beaux jours on voit paraître au sud-ouest des vapeurs blanchâtres, et un réseau pommelé qui avance.

34. Lorsqu'on fauche sous un soleil brûlant, et que la pluie survient pendant que le foin est presque sec, celui-ci est avarié peu ou prou. Lorsqu'on fauche par un temps sombre et pluvieux, les andains (en patois *reng*) peuvent rester sur le pré, à la pluie, pendant huit jours, sans que le foin soit sensiblement gâté. Il n'en est pas de même lorsque le foin a été remué ; s'il se mouille, il perd sa couleur et sa qualité.

35. Pour parer autant que possible à cet accident, on prend la précaution, après avoir remué le foin avec des fourches, et l'avoir ramassé avec des râteaux en longues meules peu épaisses, de le mettre en petits tas appelés en patois *fenayrous* et que nous nommerons des *meulons*.

36. Suivant l'usage général du pays, on ne met le foin en meulons que lorsqu'il a subi un commencement de dessiccation. Toutefois il y a des cultivateurs qui prennent le parti, lorsque la pluie est imminente, de tasser ainsi l'herbe au moment où elle vient d'être coupée. Restât-elle trois jours dans cet état, elle ne se gâte pas. On a soin d'enfoncer la main pour juger de la chaleur qui se produit et d'inspecter l'intérieur des tas pour voir, par la couleur, si l'herbe

menace de passer à la fermentation putride. Lorsqu'on a lieu de craindre ce dernier accident, on renverse le tas pour l'exposer à l'air. On profite de ces heures de répit que les temps pluvieux ne manquent guère d'accorder. Ensuite on refait les meulons. De cette façon le foin, sans rien perdre de sa qualité, se dessèche en partie par la chaleur intestine qui se produit dans le tas; et ensuite une ou deux heures de soleil suffisent pour compléter la dessiccation.

37. Cette manière de mettre à profit la chaleur que produit la fermentation peut devenir d'un grand secours quand la saison est dérangée; mais il faut être habile à saisir les moindres éclaircies pour ouvrir les tas, les secouer, les refroidir, les aérer. Du reste, la fermentation est plus utile que nuisible à la qualité du foin, tout le temps qu'elle exhale une odeur vineuse.

38. La bonne préparation du foin est un des points les plus importans de l'économie rurale.

39. Rien n'est plus dangereux que d'engranger le foin avant qu'il soit sec. C'est une faute que plusieurs commettent. Le foin humide s'échauffe dans les granges et s'enflamme quelquefois. Toujours il se détériore, perd ses qualités nutritives, et devient mal sain. Quand on est tombé dans cette faute, il faut s'efforcer de la réparer en faisant bien secouer le foin, à mesure qu'on le distribue au bétail, pour séparer la moisissure qui s'exhale en poussière fine. Cette moisissure est surtout funeste aux bêtes à laine et suffit pour leur donner la cachexie, vulgairement nommée *pourriture*.

40. On appelle *devèse* dans la langue de nos laboureurs, des terrains gazonnés qui ne sont pas assez productifs pour être fauchés et dont on fait brouter l'herbe par le bétail. Ce genre de propriété, très-estimé dans le pays, ne reçoit néanmoins aucun soin. Comme le gazon est constamment rongé, il va en se détériorant; les herbes les plus succulentes sont dévorées de préférence; les mauvaises plantes, que les animaux rebutent, montent en graine et doivent nécessairement prendre le dessus.

41. On voit presque toujours les devèses encombrées de ronces , de pruneliers, de genestrolle (genêt des teinturiers) dans le causse ; et dans le ségala , d'ajoncs , de genêts épi-neux , de fougères.

42. On doit appliquer aux pâturages ce que nous avons dit des prés maigres ; il est bon de les rajeunir en suivant une méthode qui sera développée dans la seconde partie.

CHAPITRE II.

Des Prairies artificielles.

1. L'INSUFFISANCE des prés naturels a fait sentir la nécessité de cultiver des fourrages sur les terres labourables. De toutes les conceptions des agronomes (1), celle-ci est peut-être la plus heureuse.

2. Ce n'est pas ici le lieu de considérer la culture des prairies artificielles dans ses rapports avec l'économie agricole, et de montrer comment on doit la placer, l'enchaîner, l'agencer, pour ainsi dire, dans la série des travaux de l'exploitation de la ferme ; ce point de vue appartient à la seconde partie où nous traiterons de la méthode. Contentons-nous ici de montrer les conditions de la bonne culture pour chaque espèce de plante fourragère.

3. Une condition essentielle au succès de toute prairie artificielle est de semer les graines sur un sol bien engraissé, et qui ait reçu des préparations soignées. On ne doit épargner ni les bons labours, ni les hersages, bref aucun des moyens les plus efficaces pour détruire les mauvaises herbes à racine vivace. Quant à celles qui se reproduisent annuellement par leurs semences, la chose n'est pas si facile, ni même si nécessaire, vu que le fourrage, lorsqu'il est vigoureux, parvient à les dominer et même à les étouffer. C'est là un des avantages des prairies artificielles.

4. Les labours à la bêche ou bien à la charrue perfectionnée sont les seuls qui conviennent parfaitement aux prairies artificielles. On aura soin de donner ces labours vers la fin de novembre ou en décembre au plus tard, afin

(1) Je prends ici le mot *agronome* dans toute l'étendue du sens renfermé dans son étymologie, et je l'applique non–seulement à ceux qui écrivent sur l'agriculture, mais encore à tous ceux qui étudient les lois de cet art scientifique et ne se bornent pas à l'exercer comme un métier mécaniquement circonscrit dans les prescriptions héréditaires de la routine.

qu'ils se trouvent exposés à l'action des gelées. Les gelées sont un puissant moyen de culture; elles mettent la dernière main aux préparations de la terre. Elles donnent la mort aux racines du chiendent que la charrue a découvertes. Elles brisent les mottes et divisent la terre jusqu'au fond du sillon. Quand le dégel survient, la herse mord à merveille et pulvérise facilement un terrain dont la glace a rompu l'adhérence. Si l'on observe de placer cette opération de manière à ce qu'elle soit suivie de quelques jours de soleil ou de vent du sud-est, le chiendent qui a échappé au froid périt en entier. La terre ainsi préparée, on sème le fourrage avec de l'orge ou avec de l'avoine, mais non pas en même temps, parce que les graines fourragères doivent être mises à une moindre profondeur. Après avoir recouvert le grain avec la herse ordinaire, on sème la graine fourragère, et on la recouvre avec une herse légère à dents de bois (1).

5. On doit être attentif et délicat sur le choix des graines et prendre garde qu'elles soient bien nourries et recueillies en bonne maturité, de plus, exemptes de mélange. Le trèfle et la luzerne, mais, ce me semble, plus particulièrement le trèfle, sont exposés aux ravages d'une plante parasite appelée *cuscute*. C'est une plante dont les tiges filent et enlacent les branches du trèfle, s'y accrochent par des racines ou des suçoirs d'un genre particulier, qui pompent la sève du fourrage, l'amaigrissent et finissent par le tuer. Les graines de la cuscute se mêlent souvent à celles du trèfle. Il faut alors les en séparer au moyen d'un tamis de crin.

6. Sitôt que l'on voit paraître quelques pieds de cuscute, il faut se hâter de les extirper avec un râteau. S'ils ne sont pas nombreux, on peut arrêter la contagion en étendant

---

(1) On ne peut guère semer les graines fourragères en automne, parce que les rigueurs de nos hivers épargnent rarement la prairie naissante, si ce n'est dans les vallons abrités. Mais on peut fort bien jeter ces graines sur un blé d'automne, en attendant le mois de mars pour exécuter ce semis. Afin qu'il réussisse, il faut herser le blé avec la herse à dents de fer. On sème le trèfle, et on passe une herse plus légère en croisant.

sur les portions de la prairie qui est attaquée une légère couche de paille à laquelle on met le feu. Ce moyen ne peut pas être employé lorsque la prairie est envahie en totalité ou en grande partie, parce qu'en tuant la cuscute, il tue ordinairement le trèfle.

7. Il est essentiel de ne pas laisser grainer la cuscute, parce que j'ai éprouvé que cette graine se conserve dans la terre fort long-temps, comme celle du raifort sauvage et de la moutarde. La graine est ronde et très-menue.

8. Nous dirons ici, en passant, que la cuscute a la propriété de faire entrer les vaches en chaleur. Elle peut être employée comme aphrodisiaque pour ces animaux, quand la circonstance le requiert.

9. Il est inutile de dire que le fumier en couverture produit de bons effets sur les prairies artificielles. Nous ne répéterons pas non plus ce que nous avons dit, au chapitre des engrais, des effets du plâtre, de ceux des cendres, de la chaux et des cendres de four à chaux qui sont un mélange de cendres de houille et de poussière de chaux.

10. Les fourrages que l'on cultive ordinairement et avec le plus de succès sont le trèfle rouge de Hollande, la luzerne, le sainfoin nommé dans le pays *esparcette*, et ce mélange de graines de pré-gazon que l'on nomme *fénasse*. La fénasse est principalement composée de fromental ou avoine élevée, et autres avoines vivaces, d'alopécures ou queues de renard, de dactyle pelotonné, d'ivraie vivace, raigras des Anglais. Tels sont les fourrages vivaces ou bisannuels. Parmi les fourrages semi-annuels, les plus usités et les plus productifs sont le trèfle incarnat, dit *farouch*, et les vesces.

11. On cultive aussi, pour fourrage, le maïs ; mais celui-ci n'est pas plus un fourrage que le seigle, le froment ou l'orge. C'est une céréale qu'on coupe en vert pour la nourriture des animaux. Quoi qu'il en soit, il devient alors un fourrage très-nourrissant et qui donne souvent des produits considérables ; mais il épuise les terres.

12. Si l'on considère la quantité et la qualité des produits, la luzerne tient le premier rang. Elle résiste mieux

que toute autre plante fourragère à la sécheresse : on la fauche communément trois fois par an.

13. Malheureusement elle demande une nature de terroir qui se rencontre rarement dans le département de l'Aveyron. Il faut à cette plante un bon fonds qui soit onctueux, sans être compacte et humide, et surtout profond, pour que ses racines qui plongent en pivotant puissent se développer. Les racines de la luzerne descendent dans la terre jusqu'à la profondeur de trois à quatre mètres.

14. Ce fourrage subsiste pendant douze ou quinze ans.

15. Une bonne culture pour la luzerne consiste à lui donner de temps en temps, lorsqu'elle a passé sa quatrième année, un léger labour avec un araire étroit, armé de cette espèce de soc sans ailes que nous avons appelé *gaben*. (Voir N° 5, *chap. des Labours et des Instrumens arat.*) Si on la fume en même temps, on est payé de ses soins. Comme la luzerne doit durer long-temps, sa croissance est un peu lente. Elle n'a atteint toute sa force qu'à la troisième année. On sème 40 demi-kilogrammes de graine par hectare.

16. Le sainfoin affectionne les terres légères, pourvu qu'elles ne soient point assises sur un lit de glaise ou sur un roc continu imperméable. Ses racines pivotent à une grande profondeur, comme celles de la luzerne. Sa durée est la même. Il se trouve bien de la même culture. Le fourrage qu'il donne, moins abondant, moins nutritif, est plus sain. De là est venu son nom de *sainfoin*. Il réussit de préférence sur les terrains en pente. On le cultive avec succès sur les flancs des côteaux de rougière, dans un amas de gravier ferrugineux, où l'on ne voyait auparavant d'autre végétation que quelques genevriers. Il suffit que les racines du sainfoin puissent s'insinuer dans les jointures des assises du roc disposé par couches (1).

17. La graine de sainfoin est bonne pour la nourriture

____

(1) Il ne sera pas inutile d'avertir ici que, dans le Midi, on donne le nom de *sainfoin* à la luzerne ; et que le sainfoin n'est connu que sous le nom d'*esparcette*.

des cochons. Son prix est le même que celui de l'avoine : il faut, pour semer un hectare , deux à trois hectolitres de graine.

18. Le trèfle est moins difficile sur le choix du terrain. Une bonne couche labourable de 18 à 20 centimètres lui suffit. Il faut néanmoins que la terre ait un peu de fraîcheur. Sur un terrain trop maigre , il est exposé à périr quand l'été est ardent et sec.

19. Le trèfle donne communément deux bonnes coupes et quelquefois trois. Sa durée ordinaire est de deux ans. Si le terrain est excellent et surtout si on le fume , il peut aller jusqu'à trois. Cette durée du trèfle le rend très-propre à s'accorder avec les cultures ordinaires de la ferme. Ceci sera expliqué au chapitre des assolemens. Le trèfle est dans son maximum de production au bout d'un an.

20. Le fourrage que donne le trèfle est moins succulent , moins nutritif , plus aqueux, moins sain que celui de la luzerne et du sainfoin. Il est moins propre à être préparé au sec pour être engrangé. Lorsqu'on le fane, il perd la majeure partie de ses feuilles. On obvie en partie à cet inconvénient en le laissant sécher sur place , après l'avoir mis en meule pendant qu'il est fraîchement coupé. On le tourne doucement , et on le charge sur le soir , ou le matin quand il n'y a point de rosée. Les autres fourrages dont nous avons parlé participent à cet inconvénient , mais beaucoup moins. Ils exigent cependant les mêmes précautions pour être préparés en foin.

21. La meilleure manière d'administrer le trèfle, c'est au vert. Dans cet état , il augmente le lait des vaches et des brebis. Le moment de la coupe est celui de la floraison.

22. Lorsque les animaux ruminans mangent le trèfle avec trop de gloutonnerie, ou en trop grande quantité, ils se météorisent, c'est-à-dire que leur panse se remplit de vents ou gaz qui la distendent et rendent la rumination impossible. La luzerne a le même inconvénient. Nous parlerons de cette maladie et des moyens de la prévenir et de la guérir, à l'article des bêtes à cornes.

23. Lorsque le trèfle a acquis son développement et qu'il est en pleine fleur, cet accident est assez rare. Il est, au contraire, très-commun lorsqu'on fait manger les pousses encore tendres avant la floraison.

24. On sème 32 demi-kilogrammes de graine par hectare. On ne récolte guère la graine que sur la seconde coupe, vers la fin d'août. La meilleure manière est de ramasser les têtes du trèfle à la main. Pour les dépouiller, on les fait passer sous la meule qui sert à faire l'huile, ou sous celle qui fait les gruaux d'orge et d'avoine.

25. Au reste, on peut semer les graines dans leurs enveloppes ou gousses, après qu'on a battu les têtes pour les diviser (1).

26. Le farouch ou trèfle incarnat se sème vers la fin d'août et au plus tard en septembre.

27. On le sème seul, parce que sa croissance devance celle du blé ou marche de pair avec elle.

28. On fauche le farouch quand il est en fleur, ce qui arrive ordinairement dans la première quinzaine de juin et quelquefois vers la fin de mai. Le farouch ne donne qu'une coupe, mais, par son abondance, elle équivaut aux deux coupes du trèfle ordinaire.

29. Cette plante n'exige pas comme les autres fourragères un sol préparé avec soin : on l'a vue réussir sur un chaume, sans autre préparation qu'un coup de herse ou d'extirpateur.

30. Les vesces d'hiver doivent être semées à la même époque que le farouch, sur une terre bien préparée.

31. Comme c'est une plante grimpante, on sème en même temps une petite quantité d'avoine ou de seigle, pour que leurs tiges puissent lui servir de support.

32. On cultive aussi les vesces au printemps. Les vesces de printemps sont blanches, et celles d'hiver sont noires. Celles-ci donnent des produits plus abondans.

33. On fauche quand les gousses sont pleines et qu'elles

(1) Cette méthode n'est pas la meilleure.

approchent de la maturité. Dans cet état , les vesces donnent un foin très-nourrissant, qui convient à tous les animaux et particulièrement aux bêtes à laine.

34. Quand on laisse mùrir les vesces pour graine , la paille est encore un bon fourrage , et la graine est excellente pour nourrir les pigeons.

35. On notera qu'elle nuit à la santé des poules.

36. Les pois gris, les gesces fournissent un fourrage analogue à celui des vesces, et leur culture est la même.

37. Les vesces et le farouch conviennent aux vallons dont le climat est plus tempéré , mais beaucoup moins aux terres hautes où le froid les tue assez souvent.

38. Tous les fourrages dont on vient de parler appartiennent à la famille des légumineuses. La fénasse est un composé de plantes qui sont de la famille des graminées et constituent les prés-gazons.

39. La fénasse réussit mieux sur les terres argileuses ou schisteuses du ségala , et les fourrages légumineux se plaisent de préférence sur les terrains calcaires.

40. La meilleure façon de tirer parti de la fénasse est de l'associer au trèfle.

41. Elle se cultive comme ce dernier et se sème sur un blé de printemps. Il faut pour un hectare 160 demi-kilog. de graines de fénasse et 16 demi-kilog. de graine de trèfle. Ce mélange produit un foin de bonne qualité. Les tiges de la fénasse servent à enlacer, sous le râteau, les feuilles du trèfle qui , sans cela , seraient perdues. Quand on administre ce mélange en vert, on a peu à craindre la timpanite que le trèfle seul produit sur les animaux , ainsi que nous l'avons dit plus haut.

42. La fénasse est fort bonne pour régénérer les prés naturels qu'on a pris le parti de défricher, ainsi que nous l'avons dit plus haut. On doit la préférer aux graines que l'on peut ramasser dans les granges, parce que celles-ci appartiennent aux différentes plantes qui croissent dans les prés, et que dans le nombre il s'en trouve de très-mauvaises, comme, par exemple, celle qu'on nomme *coq-crête* (*tartariège* en patois).

43. Mais lorsqu'on sème pour une prairie à demeure, il faut employer par hectare 200 demi-kilo., au lieu de 160. Il est utile aussi de mêler la graine du trèfle blanc à celle du trèfle rouge.

44. En général, quand on veut créer ou régénérer une prairie naturelle, on ne saurait trop mélanger les graines. Ainsi, il est à propos d'allier à la fénasse, outre le trèfle, la luzerne et le sainfoin. Le sol de l'Aveyron, qui varie à chaque pas, fait à chaque espèce de fourrage la part de succès qui lui revient. Je possède un pré dans lequel on avait semé du sainfoin, en 1780 : encore aujourd'hui, on voit parmi le gazon quelques pieds de sainfoin.

45. On remarquera qu'en général les prés seraient peu productifs, s'ils en étaient réduits aux herbes qu'on nomme graminées, et si plusieurs légumineuses, telles que les trèfles, les luzernes sauvages, les lothiers (en patois *gargalet*), les gesses des prés ne venaient s'allier au gazon. Les légumineuses et les graminées vivent très-bien ensemble, parce que leur manière de vivre n'est pas la même.

46. La fénasse, en sa qualité de gazon à racine vivace, n'atteint toute sa force qu'au bout de trois ans ; le trèfle, pendant les deux premières années, remplit les lacunes et supplée à l'insuffisance des gazons.

47. Nous avons dit que les fourrages se sèment indistinctement sur une orge ou sur une avoine. Nous devons avertir qu'en général il faut, autant qu'on le peut, donner la préférence à l'orge, parce que l'avoine affame un peu la prairie naissante et particulièrement la fénasse qui est composée, en grande partie, de plantes du même genre, c'est-à-dire d'avoines vivaces.

48. Quand on a semé pour une prairie naturelle, si l'on remarque que le gazon, au bout de trois ans, est clair, il faut laisser mûrir les graines de foin, afin qu'elles se répandent sur le sol pendant qu'on fauche et qu'on fane. Si l'on prend la précaution de herser, les graines germent fort bien, et si l'on donne ensuite une bonne couverture de fumier, les jeunes plantes se conservent pendant l'hiver.

Telle est la manière d'appliquer la culture des fourrages artificiels à la création ou à la régénération des prairies naturelles.

49. Faut-il faire paître les prairies artificielles ?

Nous examinerons ailleurs cette question sous le rapport économique, dans l'un des chapitres où nous traiterons de l'administration des produits. Ici, nous devons avouer que, sous le point de vue agricultural, il est bon de faucher les prairies artificielles et de les préserver de la dent des bestiaux. Cependant lorsqu'il survient une pousse tardive qu'il est impossible de faucher, il faut la livrer au parcours, en observant de ne pas souffrir que le bétail la ronge trop longtemps et trop près de la racine.

50. Le point essentiel est de ne pas faire paître les fourrages au moment où ils travaillent à repousser.

51. Quand on se décide à les abandonner à la dépaissance pendant l'hiver, il faut les mettre en défense dès le mois de janvier ou au commencement de février au plus tard. On perd infiniment à ne pas respecter le premier mouvement de la sève.

52. Ceci s'applique aussi aux prairies naturelles. On gagne à les mettre en défense de bonne heure.

53. Lorsque le sol, par son aridité, repousse les fourrages dont nous venons de parler, on peut l'utiliser et l'engraisser en y cultivant la spergule.

54. La spergule est une petite plante à tiges fines et à feuilles étroites, d'une consistance grasse et en quelque sorte charnue, qui est très-nourrissante et qui convient particulièrement aux bêtes à laine. C'est de tous les fourrages le plus pesant à volume égal ; c'est celui qui donne le lait et le beurre les plus savoureux.

55. Cette plante se plaît de préférence sur les terrains sablonneux les plus ingrats.

56. Elle ne constitue pas, à proprement parler, une prairie artificielle ; c'est un fourrage intercalaire qui peut être jeté sur le labour destiné aux blés d'hiver. Deux mois lui suffisent pour accomplir l'entier développement de sa crois-

sance. En conséquence , on peut la semer et la faucher trois fois de suite en un an sur la même terre.

57. Lorsque la spergule doit être suivie d'un blé , il faut avoir l'attention de la faucher ou de la faire paître avant la maturité des graines ; sans quoi celles-ci se répandraient en grand nombre et, venant à lever au sein du blé , lui causeraient un grand dommage.

58. Une bonne manière de faire tourner ce fourrage à l'amélioration du sol , consiste à le faire consommer sur place par portions qu'on enferme dans le parc où le bétail doit passer la nuit. On peut aussi tirer de grands avantages de la spergule en l'enterrant en vert.

59. Quand on la fauche au moment de la floraison , elle repousse et donne encore une petite coupe , ou tout au moins une bonne pâture.

60. Cette plante a le mérite de détruire le chiendent. On peut la semer en mars ou en septembre. Elle peut être associée au trèfle incarnat dit farouch , parce qu'on la fauche avant que ce dernier soit monté en tiges.

61. On sème communément de douze à vingt kilo. par hectare. Pour mon compte , j'ai pris le parti de semer 20 kilo.

62. Quelques auteurs estimés avaient indiqué aussi pour les terres maigres le raigras d'Italie , espèce d'ivraie vivace qui diffère peu du raigras anglais.

63. Mais je trouve que ce fourrage exige , au contraire, un fonds gras et substantiel. Il paraît convenir aux terres que nous nommons aubugues , mieux que les plantes qui composent le mélange appelé fénasse. Cette plante produit un gazon fin et délicat, préférable , sous ce rapport, à l'avoine élevée , au dactyle et à l'alopécure qui font la base de la fénasse ; mais ses tiges sont moins hautes.

64. Quand on veut recueillir les graines des graminées dont nous venons de parler , on porte les tiges mûres sur l'aire et on les bat comme cela se pratique pour les blés. Il en résulte que la graine est mêlée de terre , ce à quoi il faut prendre garde quand on l'achète au poids. Le foin , ainsi battu , souffre un déchet considérable et perd encore beau-

coup sous le rapport de la qualité. Je fais recueillir la graine sur le pré, en plaçant des toiles au bord des andains. On retourne les andains sur les toiles et on bat légèrement avec la fourche. On n'obtient ainsi que la graine la meilleure et la plus mûre. En observant de faucher au moment où les sommités sont blanchies et pendant que les feuilles radicales sont encore vertes, il n'y a pas trop à perdre sur la quantité et la qualité du foin. A tout prendre, cette manière de recueillir la graine me paraît mériter la préférence.

CHAPITRE III.

Des Bêtes à Cornes.

1. L'UTILITÉ des animaux domestiques se produit de plusieurs manières différentes. Ils sont utiles : 1° par l'application de leurs forces à divers travaux ; 2° par les matières premières que leur dépouille fournit aux arts industriels ; 3° par leur lait, aliment doux et salubre ; 4° par la nourriture plus succulente et plus solide que nous trouvons dans leur chair convenablement engraissée ; 5° enfin par la fertilisation que leurs déjections répandent sur nos terres.

2. Ces cinq utilités se trouvent réunies dans la seule espèce bovine. Aussi n'hésiterons-nous pas à lui assigner le premier rang parmi toutes les espèces animales qui méritent les soins de l'agriculteur.

3. Le bœuf est l'animal du labourage ; il est aussi le fondement de nos cuisines ; sa chair contient un principe aromatique particulier que l'on nomme *osmazome*, et qui a la vertu d'entretenir les forces et même de les rétablir, quand elles sont épuisées par la fatigue ou par la maladie.

4. La vache est laitière par excellence. Son lait est le plus parfait, à considérer l'ensemble de ses qualités ; c'est le plus utile, le plus usuel dans les divers besoins de l'économie domestique.

5. Tout sert dans cet animal, son cuir, ses poils, ses cornes, ses ongles et ses os.

6. Le bœuf est sobre. Il travaille sans exiger qu'on lui donne du grain. Sa nourriture se compose de végétaux qui ne sauraient servir directement aux usages de l'homme.

7. Appliquons-nous à soigner cette espèce utile : que ce soit la pensée première et dominante de l'agriculture aveyronnaise.

On serait d'autant plus inexcusable de négliger ces soins, qu'ils ne sont ni difficiles, ni multipliés, ni coûteux.

8. La vache est de toutes les femelles peut-être la moins sujette à s'avorter. Cet accident a lieu cependant quelquefois, l'orsqu'on a la barbarie de la maltraiter avec violence, et le plus souvent quand on la mène paître sur un gazon blanchi par la gelée. La gelée blanche est une cause presque infaillible d'avortement pour les vaches, comme pour les autres femelles d'animaux domestiques.

9. Les vaches sont assez souvent exposées au renversement de la matrice par l'effet d'un part laborieux. Cet accident est provoqué par la mauvaise disposition des gites dans les étables, lorsque la pente est trop rapide, de façon que le poids du fœtus tend continuellement, quand la vache est couchée, à entraîner la matrice dans le vagin, et à distendre les ligamens qui la retiennent. Lorsque le terme approche, il faut avoir soin d'accumuler la litière sur le derrière, afin de procurer à la vache couchée une pose tout au moins horizontale.

10. Quand la chute de la matrice a lieu, il faut se hâter de la réduire. On commence par la laver avec une eau acidulée par le vinaigre. Ensuite on la fait rentrer à force de bras en évitant d'y causer des déchirures. Quand on a terminé la réduction de la matrice en enfonçant le bras pour la bien dédoubler, on la maintient quelque temps avec un pessaire formé d'une serviette pliée qu'on introduit dans le vagin et qu'on a soin de contenir avec la main ; car la vache fait des efforts, attendu que la matrice produit sur elle la sensation d'un corps étranger.

On a le soin de placer l'animal sur un plan incliné de l'arrière à l'avant.

11. Alors il ne s'agit plus que de prévenir la récidive en résistant aux efforts ; on obtient ce résultat par un appareil fort simple.

On prend une corde grosse comme le doigt. Après avoir cherché le point du milieu, on l'applique sur le dos de l'animal derrière les épaules. Les deux bouts, en formant une ceinture, vont se rejoindre en-dessous de la poitrine, et après avoir été noués, on les dirige le long du ventre, on les fait passer de chaque côté du pis, en ayant soin de les rembourrer d'étoupes dans cet endroit. Lorsque les bouts de la corde ont franchi la région des mamelles, et qu'ils commencent à se relever vers les parties naturelles, on les rapproche par un nœud; puis on forme, au moyen de deux nœuds voisins l'un de l'autre, un œillet qu'on rembourre d'étoupes, et qui est destiné à englober la vulve par les côtés, en laissant l'issue libre aux urines. Les deux bouts de la corde vont se nouer en-dessus à la racine de la queue. De là ils se prolongent le long de l'épine du dos, et, après s'être engagés dans la ceinture, ils arrivent à la naissance du cou. Là un autre nœud les réunit. Ils se séparent pour enceindre le cou. On les noue encore sur le poitrail. Ils se dirigent de chaque côté du fanon entre les jambes de devant, et finalement ils vont s'attacher tous deux ensemble à la ceinture dont nous avons parlé en commençant.

12. Quand cette espèce de bandage est placée, on administre des lavemens émolliens, et on fait dans la matrice quelques injections avec du vin tiède.

Quelques-uns emploient l'huile, mais à tort; attendu que l'huile rancit tout de suite, devient ainsi irritante et tend à augmenter les efforts.

La vache, dans cet état, doit être abreuvée au blanc et soumise à un régime qui ne soit pas trop échauffant. On aura soin de bien relever la couche sur le derrière. Quand on juge que la matrice est consolidée, on détend peu à peu le bandage, et finalement on le supprime.

13. Au moment du part, on doit surveiller les vaches pour empêcher qu'elles ne dévorent leur arrière-faix, attendu qu'il paraît avéré que, dans ce cas, elles perdent le lait.

14. Lorsque l'arrière-faix ne se détache pas naturellement, il faut bien se garder de l'arracher de force; il faut y suspendre un poids d'un demi-kilog., à peu près, dont l'action continue provoque peu à peu la délivrance sans danger. On ne doit point négliger l'emploi des lavemens émolliens.

15. On est assez généralement dans l'usage de traire les vaches immédiatement après le part. Cet usage est vicieux : le premier lait a été destiné par la nature à purger cette

matière visqueuse qui occupe les intestins du fœtus , que les médecins nomment *méconium* et que nos bouviers désignent par le mot de *poix*. Il est donc utile de laisser prendre au veau quelques gorgées de ce premier lait avant de traire la vache.

16. Pendant les premiers jours , on ne laissera téter au veau naissant qu'une portion du lait de la mère , surtout si celle-ci est très-féconde. Les indigestions de lait sont souvent mortelles. Il en résulte quelquefois une infiltration laiteuse, d'autres fois une dyssenterie cruelle.

17. Dans ce dernier cas , il faut supprimer de suite l'allaitement et nourrir le veau avec quelques œufs frais. On lui donnera à jeun un demi-litre de petit-lait avec une quarantaine de gouttes d'éther sulfurique. On aura recours aux lavemens émolliens.

Une décoction de tête de mouton administrée de cette manière produit de bons effets.

18. Lorsqu'on nourrit pour la boucherie, à mesure qu'on vend un ou deux veaux, on est dans l'usage de doubler la nourriture des autres en leur faisant téter deux vaches. Pour engager une vache à adopter ainsi un nourrisson étranger , un bon moyen est de garder la queue du veau qu'on a livré au boucher et de la faire flairer à la mère pendant que le nouveau venu s'empare de la mamelle. La vache, trompée par l'odeur , rend son lait par ce mouvement interne que produit l'amour maternel et que nos vachers expriment par le mot *redré*. Lorsqu'un veau a tété pendant quelques jours une vache qui n'est pas sa mère , celle-ci reconnait par l'odorat sa propre substance dans le corps de son nourrisson , et son instinct maternel est ainsi abusé.

19. Quand on veut faire des élèves soit pour le travail , soit pour la reproduction , on n'a plus le même intérêt à engraisser les veaux. Il suffit qu'ils tètent tout le lait de leur mère. Lorsqu'ils commencent à brouter l'herbe, on peut traire le quart , d'abord , et puis la moitié du lait : enfin on peut les sevrer ou à peu près lorsqu'ils ont atteint cinq ou six mois. On leur laisse alors prendre un moment la mamelle pour ouvrir les sources du lait.

20. Il y a des vaches qui ne rendent le lait que tout autant qu'elles sont ainsi provoquées par le veau. Il y en a qu'on accoutume à donner le lait à la main sans veau. Mais il est essentiel de les y accoutumer de bonne heure , en supprimant leur premier né peu de temps après le part , ou, ce qui vaut encore mieux , en ne souffrant pas qu'elles en prennent connaissance. On les amadoue avec quelques friandises , et notamment en leur mettant dans la bouche une pincée de sel , ou en leur donnant à lécher un sachet rempli de sel qu'on a trempé dans l'eau.

21 Dans la contrée dite *Montagne*, où l'on a des vacheries pour la fabrication du fromage appelé *forme*, on ne conserve qu'un veau pour deux vaches , quelquefois pour trois ou pour quatre. Ce dernier mode est le mieux entendu , parce que de cette façon on peut tout à la fois avoir de bons élèves et une bonne quantité de fromage. En donnant au veau une mamelle de chacune de ses quatre nourrices , on lui donne sa ration entière.

22. Il faut qu'un veau tète bien pendant les trois ou quatre premiers mois , pour que sa croissance ne soit pas contrariée. Ensuite , lorsqu'il commence à brouter assez pour se passer de lait , il faut lui fournir les herbages les plus tendres et les plus nourrisans.

23. Dans la pratique commune , on ne respecte pas assez cette règle : on a la fausse économie de vouloir mettre à profit le lait et le veau , et on ne laisse à ce dernier que la quantité rigoureusement nécessaire pour l'empêcher de mourir.

Un veau qui n'a pas assez tété n'acquerra jamais tout le développement dont il avait apporté le germe à sa naissance.

24. Le bœuf , plus que tout autre animal , est soumis à l'influence de la nourriture , ainsi que l'observe Buffon.

25. Toutefois il ne suffit pas de bien nourrir ; il faut apporter la plus scrupuleuse attention dans le choix des races. L'Aveyron possède les types les plus précieux , et j'ose dire que ce pays a plus à perdre qu'à gagner dans l'introduction des races exotiques.

26. On trouve ici plusieurs races et notamment des races mélangées ; nous les réduirons toutes à trois types primitifs que nous désignerons par le nom des pays dont elles paraissent tirer leur origine. Ce sont les races d'Aubrac, d'Auvergne et du Quercy.

27. La race d'Aubrac, originaire de nos montagnes volcaniques, réunit deux qualités qui, sans être absolument opposées, se trouvent néanmoins assez rarement ensemble.

Elle possède tout à la fois le nerf et l'activité désirables pour le travail, et une grande disposition à s'engraisser.

28. Le caractère le plus distinctif de cette race consiste en ce qu'elle a les jambes fort courtes proportionnellement à la longueur et surtout à la grosseur du tronc : caractère, pour le dire en passant, qui appartient assez généralement à toutes les espèces animales de cette région, sans excepter l'espèce humaine (1).

29. La race d'Aubrac a la tête belle sans être d'une grosseur remarquable, le museau long et gros, les cornes fortes, relevées et contournées avec grace, mais d'une longueur médiocre.

Le poitrail est large, le coffre bombé, le dos écrasé et applati, les os des iles arrondis et peu saillans, les ischions écartés, et se terminant à la chute de la cuisse. Les jambes sont fortes et le pied massif. Elle se fait reconnaître aussi par les teintes suaves et veloutées du poil et par la souplesse de la peau. Si on la compare à la race suisse, on trouve que, sur une échelle moindre, elle l'égale tout au moins par la régularité des parties antérieures, mais qu'elle a la croupe moins large, et surtout la cuisse moins épaisse. Mais elle l'éclipse tout-à-fait sous le rapport de l'activité et plus encore peut-être sous le rapport de l'engraissement. On peut lui reprocher d'être un peu droite sur ses jarrets et d'avoir souvent le nerf de la queue un peu court.

---

(1) Lorsque les neiges forcent les lièvres à quitter les hautes montagnes pour se réfugier dans les basses terres, les chasseurs les reconnaissent de fort loin pour montagnards à la brièveté de leurs jambes et à leur corps trapu et ramassé.

30. Sa robe est rarement peinte d'une couleur simple et prononcée : c'est pour l'ordinaire un mélange de teintes nuancées et fondues ensemble.

Les couleurs les plus ordinaires et les plus estimées sont le fauve tirant sur le lièvre ou le blaireau, et le noir de suie ou marron avec mélange de roux et de gris ; tête de Maure, ayant le mufle entouré d'une auréole blanchâtre. Ce dernier trait est caractéristique et fort recherché.

On repousse le noir de jais, le blanc laiteux et le rouge sanguin, parce qu'ils déposent contre la pureté de la vieille race de nos montagnes.

31. Il ne faut pas toutefois attacher une importance trop superstitieuse à la couleur. On trouve dans toutes les couleurs des bœufs fort bons. On remarque cependant que les blancs sont, en général, moins vigoureux et que leur chair est moins délicate. Du reste, les mouches attestent ce dernier caractère de la couleur par la préférence qu'elles donnent aux bœufs fauves ou noirs sur les blancs.

32. Les indices tirés de la nature des poils et de la peau sont plus certains et plus essentiels. Quand le poil est rude et grossier, quand la peau est dure, épaisse et crépitante, le bœuf prend difficilement une bonne graisse.

33. Dans le choix des taureaux-étalons, on doit s'attacher moins à la taille qu'à la régularité des formes. On doit surtout avoir égard au développement de la poitrine, à la force des membres et particulièrement au volume des pieds.

34. Le taureau-étalon doit être âgé de 18 mois au moins. On observera qu'il ait l'oreille grande et velue, les cornes polies, luisantes et demi-transparentes. Quand les cornes qui arment la tête sont de bonne qualité, la corne du pied est ordinairement dure et résistante ; ce qui est un point de grande considération pour les bœufs de travail. On donnera la préférence au taureau dont la mère est abondante en lait, car, pour l'ordinaire, cette qualité se transmet plus par le mâle que par la femelle. Si dans le taureau on considère surtout l'avant-train, dans le choix des vaches, on doit s'attacher à la capacité du bassin et aux indices qui peuvent faire présumer la qualité de bonne laitière.

35. Lorsque le pis est bien développé, que les mamelles sont longues et pendantes, que les veines lactées sont très-prononcées, et que sur le point où elles se réunissent on trouve un trou dans lequel le doigt se loge facilement en pressant la peau, surtout lorsque vers le milieu de l'épine du dos, les apophyses s'écartent de manière à laisser deux intervalles distans de deux travers de doigt, on peut présumer que la vache sera féconde en lait.

36. La bonne vache doit aussi avoir tous les traits féminins, et faire remarquer, dans son ensemble et dans ses allures, ce je ne sais quoi de délicat et de gentil qui dans toutes les espèces animales distingue les femelles.

Méfiez-vous de ces vaches dont les formes vigoureuses rivalisent avec le taureau : en général, elles sont stériles en lait (1).

37. Du reste, dans le choix tant des mâles que des femelles, on cherchera à réunir les caractères dont on a parlé plus haut, caractères qui distinguent la race la plus précieuse qui existe dans le pays et peut-être en France et que nous désignons par le nom de race d'Aubrac, bien qu'elle se trouve ailleurs, et notamment sur les montagnes de moyenne hauteur du Levesou, du Pont-de-Salars et de Salles-Curan.

38. On aura soin de ne donner les génisses au taureau que lorsqu'elles auront accompli leur seconde année.

39. La race d'Auvergne est très-belle aussi et elle diffère peu de la précédente. Elle est plus haute sur jambes ; elle a la tête plus grosse, les os des îles moins arrondis, le poil moins fin, les couleurs de la robe plus dures et plus tranchées. Les bœufs de cette race sont laborieux, et les vaches bonnes laitières. Ils sont moins sobres que les précédens et moins pâteux, suivant l'expression de nos connaisseurs, c'est-à-dire moins disposés à s'engraisser (2).

(1) La vache de Virgile, qui menace de la corne, qui beugle en grattant la terre, qui a les formes et le caractère du mâle, serait bonne pour le travail, mais peu considérée dans les châlets de nos montagnes.

(2) On trouve en Auvergne tout au moins deux races : une qui, par la couleur et les formes, se rapproche de la race d'Aubrac et la surpasse en taille; une autre qui est rouge et un peu décousue dans ses proportions; c'est cette dernière qui a été importée dans le département de l'Aveyron.

40. La race du Quercy est remarquable par la hauteur et la longueur du corps. Les bœufs de cette race sont haut juchés sur jambes, d'ailleurs vifs au travail ; mais ils sont ce que l'on appelle *cornus*, ayant les os des iles et les ischions aigus et saillans. Leur qualité pour l'engraissement est très-inférieure à celle des races précédentes.

Leur couleur est le rouge sanguin.

41. Ces trois races se sont mêlées dans le pays et ont produit une multitude de variétés et de sous-variétés qui ont été encore modifiées par la nature des herbages.

42. Les herbages du causse poussent à la taille, mais un peu au dépens des proportions.

Les jambes et le tronc s'alongent pendant que le poitrail ne se développe pas en grosseur.

C'est un effet des plantes légumineuses qui abondent dans les herbages naturels du causse.

Le gazon aigre et marécageux du ségala rappetisse les races. Les bœufs élevés dans cette contrée se font reconnaître à la petitesse de leurs oreilles, à leur museau mince et, pour ainsi dire, aigu, à la vivacité de leurs mouvemens, à leur regard inquiet et mutin. Ils ont d'ailleurs le poil luisant.

43. On remarquera que ce que nous disons ici ne s'applique qu'aux éleveurs qui s'en tiennent aux ressources que leur fournit la nature ; car il y a, dans le ségala, des propriétaires qui cultivent les prairies artificielles et notamment la fénasse ; ceux-ci élèvent des bœufs qui figurent dans nos foires avec distinction.

44. Quoique le bœuf exige moins de propreté que le cheval, on ne doit pas négliger de l'étriller et de le bouchonner. Ce soin est très-utile quand les bœufs ont été exposés à la pluie.

45. On devrait aussi prendre la précaution de donner aux bœufs de travail une couverture en toile. Cet usage, établi dans la Haute-Garonne, mériterait d'être introduit dans nos contrées où le climat le rend plus nécessaire.

46. Lorsque les bœufs, pendant qu'ils sont échauffés par le travail, viennent à être pénétrés par la pluie, ils con-

tractent des maladies plus ou moins graves , et le plus souvent une sorte de lumbago que nos laboureurs appellent *es-
quinancie* , du mot patois *esquine* qui veut dire le dos.

47. On peut arrêter les progrès de cette maladie par les
procédés suivans. On fait des frictions vigoureuses avec un
bouchon de paille sur la colonne vertébrale qu'on a pris soin
d'imbiber d'eau-de-vie et de savon ; ensuite on donne à l'animal une couverture , et on place sous son ventre une bas-
sinoire dans laquelle on fait brûler des baies de genièvre.
On donne des boissons sudorifiques et toniques.

48. Si ces moyens sont insuffisans , le séton devient indispensable, et il faut faire appeler l'artiste-vétérinaire. Voici
à quel signe on reconnaît que l'intervention de celui-ci devient nécessaire. Si , en tirant légèrement le fanon , on remarque que le bœuf donne des signes de douleur , il n'y a
pas un moment à perdre. Lorsque la maladie est négligée ,
elle se termine par la paralysie des reins.

49. La tympanite produite par le trèfle et la luzerne mérite toute l'attention des cultivateurs. Il y a plusieurs
moyens de combattre cet accident, voici celui que je trouve
le plus efficace. Prenez une boule de graisse de porc grosse
comme une pomme de reinette. Pratiquez au milieu un trou
dans lequel vous verserez vingt gouttes au moins d'alcali-
volatil. Bouchez bien le trou et poussez la pelote de graisse
le plus avant possible dans l'œsophage. Si , après l'avoir
avalée , le bœuf ne se détend pas sensiblement, on réitère
le remède. En attendant, on a soin de verser de l'eau froide
sur la panse et de pousser des lavemens composés avec une
lessive de cendres de bois.

50. Si l'alcali ne parvient pas à neutraliser les gaz , on
cherche à les évacuer en donnant cent gouttes d'éther dans
un verre de vin (1).

---

(1) On ne sait pas assez combien il faut pour la vaste panse du bœuf
forcer les doses des remèdes. J'ai donné jusqu'à un petit verre à liqueur
d'alcali-volatil avec succès complet. Il est vrai que je pris la précaution
d'amortir la causticité de l'alcali en l'unissant à l'huile d'olive. Si l'alcali
eût été pur, la langue et l'œsophage auraient été brûlés.

Quand la panse a été fortement distendue, il arrive que l'animal, même après que le gonflement a cessé, ne rumine pas.

51. Voici un moyen excellent de donner du ton à la panse et de provoquer la rumination. Faites bouillir des baies de genièvre jusqu'à réduction de moitié ; versez ensuite dans cette décoction du lard fondu à la poêle et auquel on a ajouté une bouteille de vin. Quand on a administré cette boisson, on donne au bœuf deux ou trois poignées de chenevis et on lui laisse prendre quelques bouchées de foin. La rumination ne tarde pas à se rétablir.

52. Ce breuvage peut être administré avec avantage toutes les fois qu'il s'agit de ranimer les forces digestives.

53. On ne saurait croire combien le lard salé devient utile et salutaire aux bœufs dans une foule d'affections maladives. Ce moyen inventé par l'empirisme, comme la plupart des remèdes, ne doit pas être rejeté sous prétexte que les ruminans sont essentiellement herbivores. Sans doute, comme l'homme, ils ont horreur du sang et de la chair fraîche, mais les substances animales modifiées par le sel, et notamment les corps graisseux, excitent singulièrement leur appétit (1).

54. Le bœuf rumine par appétit. La panse est en quelque sorte un bissac intérieur dans lequel l'animal place ses provisions.

Si, par une cause quelconque, la rumination est suspendue, ces provisions fermentent et se putréfient. Dans cet état, la panse envoie dans la bouche des exhalaisons nauséabondes qui ôtent à l'animal le goût de ruminer. Cette position est grave. Il faut, d'une part, agir sur l'organe digestif par des toniques et des excitans, tels que le vin, le vinaigre, les infusions de sauge, de menthe poivrée, de lavande, etc., et en même temps il faut introduire dans la panse une petite quantité de matières fraîches qui flattent vivement le goût du bœuf. Tel est notamment le chenevis.

____

(1) Ce fait n'a pas échappé à la sagacité de Buffon.

La diète absolue serait mortelle, car la panse ne peut se vider que par la rumination. Il faut que les matières putréfiées soient peu à peu entraînées par les matières fraîches qu'on introduit et qui servent à masquer la mauvaise odeur des autres.

55. Le mécanisme de la rumination exige une matière onctueuse qui fasse glisser la pelote le long du conduit alimentaire. Cette matière est fournie par un des quatre estomacs que l'on nomme le bonnet, et qui sert aussi à former et à façonner la pelote. Dans le cas d'irritation et de sécheresse de cet organe, les substances graisseuses introduites dans la panse deviennent infiniment utiles (1).

56. Si, malgré tous ces soins, le gonflement continue, surtout s'il va en augmentant et que la rupture de la panse soit imminente, il faut avoir recours à la ponction. Cette opération est fort simple. On plonge un trocar dans la panse à quatre travers de doigt de la dernière fausse côte, et dans le haut, pour que le trou ne soit pas bouché par les alimens. Si l'on fait cette opération la nuit, on aura soin de ne pas trop approcher la chandelle, de peur que le gaz ne s'enflamme. L'animal ainsi opéré ne tarde pas à guérir, lorsqu'on lui donne les soins convenables.

57. On notera que la météorisation a lieu quand la plante est fortement échauffée par le soleil, surtout si on la fait brouter sur place par un vent de sud-est. Jamais je n'ai vu

(1) Le bœuf, comme tous les ruminans, a quatre estomacs, savoir : la panse, le bonnet, le feuillet et la caillette. C'est dans la panse que se rendent les alimens à mesure que l'animal les avale. Ces alimens y acquièrent une consistance pâteuse assez semblable à des épinards cuits et hachés, et qu'on désigne en patois par le mot *bouzenado*. Lorsque le bœuf éprouve le besoin de ruminer, la panse se contracte et pousse une portion de la marmelade qu'elle contient dans le bonnet. Celui-ci coupe tout juste la quantité de matière qui est nécessaire pour une bouchée ; il la façonne en s'arrondissant et il en forme une pelote. Pour faire glisser cette pelote en remontant dans l'œsophage, le bonnet l'humecte au moyen d'une liqueur gluante qui suinte de ses parois. Lorsqu'il y a irritation, chaleur, sécheresse dans cet organe, la rumination devient difficile. Il faut donc remplacer par des substances graisseuses ou huileuses la sérosité que fournit le bonnet dans l'état de santé.

cet accident se produire quand le temps est pluvieux et que le fourrage est fortement humecté.

Alors les bœufs mangent avec moins de gloutonnerie et ils pissent continuellement. Les urines sont mousseuses, ce qui prouve qu'elles entraînent les gaz à mesure qu'ils se forment dans le corps de l'animal.

58. Ainsi donc, un bon moyen de prévenir la météorisation est de tremper les rations de fourrage dans l'eau froide.

59. On combat la météorisation commençante en donnant une bouteille d'eau dans laquelle on a fait dissoudre une ou deux pincées de sel de nitre.

60. Si le bœuf est surmené, ou s'il exécute un travail pénible aux heures où le soleil est brûlant, il souffle et il ne rumine pas. Or, si l'on réfléchit sur ce que nous venons de dire à propos de la météorisation, on sentira tous les dangers d'une pareille conduite.

61. Le bœuf doit être conduit au pas : la nature ne l'a point fait pour le trot, encore moins pour le galop. Il faut qu'il puisse ruminer pendant qu'il laboure. Si l'on remarque qu'il s'échauffe et qu'il tire la langue, il faut le laisser reposer à l'ombre et lui donner une bouteille de vinaigre.

62. On évitera d'atteler les bœufs immédiatement après qu'ils ont rempli leur panse. Il faut les laisser quelque temps se coucher et commencer la rumination. Si après qu'ils ont beaucoup mangé, on les attelle à des fardeaux considérables, la panse éprouve des tiraillemens très-dangereux, qui peuvent causer l'enflure et rendre impossible ou difficile le jeu de la rumination.

63. Rien n'est plus capable d'altérer la santé des bœufs que de les faire travailler pendant les grandes chaleurs, ainsi que cela se pratique dans le causse. Ailleurs on fait en été deux attelées : une depuis l'aube jusqu'à onze heures, l'autre depuis trois heures du soir jusqu'à la nuit.

Aussi remarque-t-on que c'est particulièrement dans le causse que sévissent les fièvres charbonneuses.

64. Une bonne précaution encore contre les effets de la saison sèche et brûlante, consiste à placer dans un vase de terre des baies de genièvre avec des feuilles de sauge ou de

tanaisie et des oignons coupés menu et de les faire infuser dans de bon vinaigre. On donne de temps en temps une poignée de ces matières aux bœufs. On leur en donnera tous les jours, si le charbon s'est manifesté dans le pays.

Quoique mon objet ne soit pas de faire un traité des maladies des bœufs, j'ai cru devoir indiquer quelques-uns des moyens préservatifs ou même des moyens curatifs qu'il est urgent d'employer en attendant l'arrivée du vétérinaire.

65. Le charbon a cela de particulier qu'il ne se manifeste guère qu'au moment où il frappe le coup mortel. Cependant il envoie des signes précurseurs qui, pour être vagues, ne sont pas insaisissables pour l'observateur attentif et prévenu. Toutes les fois que vous avez lieu de craindre l'invasion de cette maladie, portez un œil attentif et scrutateur sur vos bœufs. Si vous remarquez que l'un d'eux a de légers tremblemens dans les chairs, qu'il a la corne froide, ou l'œil larmoyant, ou le mufle sec, qu'il cesse de manger, ou qu'il mange avec rage, qu'il se livre à des mouvemens brusques de gaîté ou de colère; s'il a des soubresauts, il faut se méfier. Hâtez-vous d'agir : commencez par mettre à part l'animal suspect; envoyez quérir le médecin : en attendant, mettez le bœuf à la diète. Faites-lui avaler du vinaigre avec de la sauge et de l'assa-fétida ; pratiquez des mouchetures sur diverses parties du corps; et si l'artiste tarde à venir, prenez sur vous d'enfoncer entre chair et peau dans le fanon un morceau d'ellébore (1).

66. Si l'on perd un bœuf par suite du charbon, il faut le faire traîner au lieu de la sépulture à bras d'homme, et non par un attelage quelconque.

67. On aura soin de placer le cadavre, non écorché, dans une fosse profonde, recouverte de trois à quatre pieds de terre, et armée d'épines pour empêcher les chiens ou les loups de l'ouvrir. Si la terre vient à se fendiller, ayez soin de jeter dans les fentes de la chaux vive (2).

(1) En patois *pissoco*. Cela s'appelle *mettre la plante*.

(2) J'attribue en partie la fréquence des fièvres charbonneuses dans le causse à la propriété qu'ont les terres de cette contrée de se fendre par l'effet de la chaleur; ce qui donne passage aux exhalaisons qui s'échappent des fosses où les animaux ont été enterrés.

68. Quand on ne pourra pas creuser une fosse assez profonde, on prendra le parti de brûler le cadavre. On ne saurait trop se prémunir contre la contagion.

69. En même temps, on aura soin de désinfecter les
étables au moyen du chlorure de chaux et des fumigations
guittoniennes (1). Celles-ci ne peuvent pas être employées
pendant que les animaux sont dans l'étable, du moins dans
les premiers momens du dégagement du chlore. Le surplus
des précautions à prendre regarde le vétérinaire.

70. Tels sont les soins dont l'agriculteur peut aisément
disposer pour combattre les maladies qui menacent fréquemment les bêtes à cornes. Mais il ne faut pas se dissimuler
que le meilleur moyen pour maintenir en santé le bétail,
consiste à le nourrir convenablement toute l'année et à
éviter de le faire passer brusquement d'une diète cruelle à
une surabondance de pâture substantielle. C'est ce qui arrive surtout dans le causse où les bœufs, après avoir eu
pendant six mois de maigres rations dont la paille compose
la majeure partie, arrivent tout-à-coup dans des pâturages
savoureux et très-nourrissans. Le sang, ballotté des derniers degrés d'appauvrissement jusqu'à l'excès contraire, se
gâte et prend une disposition maladive, surtout pour la
fièvre charbonneuse dont nous venons de parler.

71. Les herbivores supportent mal les jeûnes. Il faut qu'ils
soient pansés régulièrement aux mêmes heures et qu'ils reçoivent des rations égales, sinon en qualité, du moins en
volume. On aura soin de leur donner leur pâture par petites
portions, et à plusieurs reprises ; car si l'on remplit trop la
crèche, ils mangent mal, ils s'amusent à fouiller dans la
pâture pour tirer le foin et les herbes les plus succulentes.

---

(1) Prenez sel de cuisine pilé, un quart de kilo. Mêlez oxide noir de
manganèse, 3 ou 4 onces. Placez le tout dans un vase de terre. Versez un
demi-verre d'eau, remuez, puis versez de l'acide sulfurique jusqu'à ce
que le liquide menace, en se boursoufflant, de passer par-dessus les bords.
Remuez avec une baguette. Quand l'effervescence se calme, ajoutez encore
de l'acide sulfurique. On aura soin de boucher les fenêtres et les portes de
l'écurie. On évitera de respirer de trop près la vapeur.

Quand on leur donne peu à la fois, ils mangent tout ce qu'on leur présente sans hésiter.

72. La paille la plus saine pour les bêtes à cornes est celle de seigle. Ces animaux préfèrent la paille d'orge et d'avoine, mais elle leur procure à la peau une éruption accompagnée de démangeaisons, qui fait tomber le poil.

73. Le bœuf est peu délicat sur la qualité du foin et des herbages. Le foin grossier et aigre des prairies humides du ségala ne l'incommode point et paraît, au contraire, lui donner de la vigueur. Ce mauvais foin, à la vérité, ne l'engraisse pas; mais s'il en reçoit une quantité suffisante, il acquiert un embonpoint musculaire qui le met en bon état de travail.

74. L'usage du sel est très profitable aux bœufs et aux vaches, surtout en hiver où leur nourriture est composée d'un mélange de paille et de foin.

On donne, une fois par semaine, une poignée de sel, ce qui revient par an à cinq kilog. pour chaque tête de bête à cornes.

Peut-être serait-il mieux de faire dissoudre cette quantité de sel dans de l'eau et d'en arroser tous les jours leur pâture. Un bon usage serait d'ajouter à cette eau salée un levain bien aigre de farine de seigle.

75. Ceux qui veulent que les animaux soient nourris tous les jours de l'année avec une égalité parfaite, proposent une chose impraticable. D'ailleurs il y a des saisons où il faut mieux nourrir, savoir : le printemps au moment de la mue, et l'automne lorsque le temps approche où les herbages doivent être remplacés par la nourriture sèche. Il est essentiel que les bœufs soient en bon état à cette époque. C'est à quoi sert merveilleusement le maïs-fourrage.

76. Lorsque l'on juge que les bœufs sont hors de service, c'est-à-dire lorsqu'ils ont atteint l'âge de 11, 12 ou 13 ans, on les engraisse pour la boucherie. Je trouve que l'âge de dix ans est le plus convenable tant sous le rapport de l'économie que de la perfection de l'engraissement. Les vaches durent plus long-temps, surtout celles qui ne travaillent pas.

77. La connaissance de l'âge se tire des dents et des cornes. L'époque de la chute des dents de lait varie suivant les races. L'âge où les pinces tombent est communément celui de 18 mois ; mais dans la race des montagnes, cette chute n'a lieu qu'à 24 ou 26 mois, quelquefois plus tard. La seconde paire tombe six mois après, ainsi de suite, de façon qu'à trois ans ou trois ans et demi l'animal n'a plus que les coins. Ceux-ci tombent à 4 ans. Le bœuf a complétement refait sa bouche à cinq ans (1).

78. Les cornes ne tombent pas à trois ans, comme l'ont écrit quelques auteurs célèbres. Voici ce qui se passe. La corne, d'abord revêtue d'une sorte d'écorce rugueuse, terne, grisâtre, s'exfolie peu à peu et se montre à trois ans polie et luisante, de couleur noire ou blanche pour l'ordinaire. Cette corne, implantée d'une seule pièce lisse et unie sur la protubérance osseuse qui lui sert de soutien et qu'on nomme en patois *tutel*, reçoit par sa base un accroissement annulaire tous les ans. On fixe l'âge par le nombre de ces anneaux. Le premier indique quatre ans, le second cinq, ainsi de suite.

79. On commence de dompter les bœufs à trois ans ; mais ce n'est qu'à quatre qu'ils sont capables d'un travail suivi et régulier. Encore ont-ils besoin de ménagement. A cinq ans, le bœuf est dans sa force. A dix, il est à propos de l'engraisser, surtout lorsqu'il a été soumis à un labourage pénible.

80. Quand les bœufs sont de bonne race, qu'ils ont la qualité que nos connaisseurs appellent pâteuse ; si on a eu soin de les entretenir dans un état passable d'embonpoint musculaire, l'engraissement est rapide et profitable ; mais il devient très-difficile, quelquefois impossible pour ceux qu'on a laissé tomber dans le marasme. Les agriculteurs ont donc un double intérêt à bien nourrir les bœufs. 1° Bien nourris, ils font plus de travail ; 2° finalement, ils s'engraissent mieux.

(1) Suivant Buffon et Rosier, les pinces tombent à 10 mois, et les autres dents à 18, à 24, à 30 ; de façon qu'à trois ans le renouvellement de la dentition est terminé. Cela est vrai pour la race suisse et autres, mais non pour celles de nos montagnes.

81. L'art de l'engraissement fait naître des questions sur lesquelles on n'est pas d'accord et qu'il est intéressant d'examiner.

Certains engraisseurs soutiennent qu'il faut tenir les bœufs dans un état parfait d'inaction et de tranquillité. Dans quelques pays de France, on pousse la précaution jusqu'à ne pas souffrir qu'on entre dans l'étable où sont les bœufs à l'engrais. Ceux-ci reçoivent la nourriture et la boisson par des ouvertures pratiquées à travers le mur et qu'on ferme après avoir introduit les rations. On prive les bœufs de la lumière en bouchant les fenêtres. On évite de les troubler par le moindre bruit.

D'autres, au contraire, pensent qu'il faut de temps en temps faire lever les bœufs pour les engager à se vider ; car ces animaux, paresseux et lourds, qui s'appesantissent de plus en plus, retiennent leurs excrémens et leurs urines plus long-temps qu'il ne convient à leur santé, parce qu'il leur en coûte de se lever.

82. C'est dans ces vues et pour aiguiser leur appétit, qu'on juge à propos de les faire sortir et de les promener quelques instans au grand air.

Il existe, dans le pays, un engraisseur renommé qui fait labourer ses bœufs à l'engrais tous les jours pendant une heure.

Il soutient et prouve par le fait que cet exercice modéré profite ou du moins n'est pas sensiblement nuisible à l'engraissement. Les bœufs mangent davantage et digèrent mieux.

83. De ces deux méthodes, quelle est la meilleure ? c'est à l'expérience à prononcer. J'avoue que j'incline pour celle qui ne choque pas les règles de l'hygiène, pour celle qui tend à entretenir la santé et la gaîté de l'animal. Le bœuf est sujet à l'ennui et il est de ceux que l'ennui n'engraisse pas. La vue de l'homme qui le panse le réjouit. Si son retour se fait attendre après l'heure accoutumée, le bœuf s'impatiente et s'attriste. Cet animal n'est guère sujet aux passions expansives ; mais il n'en est point qui soit plus affecté des

passions tenaces et profondes. S'il perd son compagnon, il s'afflige et il ne s'engraisse pas, jusqu'à ce qu'on lui en donne un autre qui le console (1). C'est un animal sensible. On évitera de prendre avec lui des intonations aigres et brutales ; bref, on doit écarter tout ce qui peut lui causer des émotions de crainte ou de colère. Il faut que celui qui le soigne soit, dans toutes ses manières, pacifique et grave comme lui.

84. Les bœufs qui errent en liberté dans de bons pâturages gagnent à vue d'œil. Il y a plus, quand ils sont extenués par la mauvaise nourriture et par le travail, ils s'engraissent mal à la crèche, si, au préalable, leur santé n'a été rétablie par la dépaissance en plein air.

85. L'herbe est nécessaire à la santé des ruminans. La nourriture sèche et surtout la paille leur fait contracter à la longue des obstructions au foie pour lesquelles le meilleur fondant est l'herbe des prés. Les bœufs, vers la fin de l'hiver, sont souvent atteints d'une éruption dartreuse qui leur cause de vives démangeaisons. L'herbe leur procure une diarrhée critique qui dure quelque temps. Lorsqu'elle se termine, l'animal reprend du lustre et de l'embonpoint.

86. L'engraissement au foin est le plus lent et le plus coûteux. L'engraissement à l'herbe est le plus sûr et le plus économique.

87. Après avoir commencé l'engraissement par des herbages soit naturels, soit artificiels, on le termine par des racines et des substances farineuses. Parmi les racines, la meilleure est la betterave ; la plus mauvaise est la pomme de terre crue. Celle-ci occasione une diarrhée bien différente de celle dont on vient de parler, une diarrhée fétide, d'un mauvais genre. La pomme de terre cuite engraisse bien, surtout quand on la pétrit avec de la farine d'orge, d'avoine, de seigle, d'ers, etc., et qu'on en forme une pâte qu'on soumet à la fermentation du levain.

88. Un bon moyen est de varier la nourriture.

(1) Lorsque Virgile dit que le bœuf dépareillé pleure son frère mort, il ne fait pas une figure de rhétorique, comme on l'enseigne dans les colléges. Il s'exprime en poète, c'est-à-dire en peintre naïf de la nature.

On doit observer, surtout, quand on donne des racines et de la pâte, d'intercaler quelques rations de foin. Sans cette précaution, la rumination devient difficile ou impossible, et l'animal court risque de se météoriser.

89. Nos villageois sont dans l'idée qu'il faut, pour que le bœuf s'engraisse, tenir continuellement sa mangeoire remplie. C'est une erreur. Quand cet animal est rassasié, la vue et l'odeur des alimens lui causent, comme à tout le monde, un sentiment de dégoût. Il devient délicat et difficile. Il se met à fouiller dans la crèche pour choisir les brins les plus succulens : il mâche d'une dent dédaigneuse, comme le rat de la fable.

Les bœufs à l'engrais doivent être soumis à un régime réglé, recevoir des rations proportionnées à leur appétit et distribuées successivement par petites portions.

Avant de leur donner de nouveaux alimens, après qu'ils ont été rassasiés, on doit prendre garde qu'ils aient digéré ceux qu'ils ont pris auparavant. On doit s'appliquer à prévenir les indigestions. L'animal ne doit pas éprouver le sentiment de la faim, mais il est bon qu'il éprouve celui de l'appétit.

90. L'usage fréquent du sel, quelques bouteilles de vinaigre, quelques bouteilles de vin contribuent merveilleusement à accélérer et à perfectionner l'engraissement.

91. La fleur de soufre donnée de loin en loin à petites doses purge doucement et améliore l'état des poumons ; mais à haute dose, ce minéral boursouffle les chairs et donne une fausse apparence de haute graisse. C'est un artifice frauduleux que les traficans exercés reconnaissent à un certain état de rigidité dans le poil.

92. Les tourteaux de graines de colza ou de navette poussent vivement à la graisse ; mais on doit borner à dix livres par bœuf la ration journalière. A plus haute dose, cette substance devient trop échauffante.

93. A toutes ces attentions, joignez celles qu'exige la propreté, et surtout ayez soin de fournir aux bœufs une bonne litière. Les animaux gagnent beaucoup à être couchés mollement.

94. Il arrive assez souvent que les bœufs refusent avec obstination les bonnes choses qu'on leur offre, et notamment les pommes de terre cuites. Il faut vaincre cette répugnance en leur en faisant avaler de force une certaine quantité qu'on a soin de saupoudrer de sel. La rumination ne tarde pas à leur faire connaître le bon goût des alimens que la prévention de l'habitude leur faisait repousser.

95. Il est bon d'accoutumer de bonne heure les jeunes animaux à manger un peu de tout, à n'être pas d'un goût exclusif et difficile. On leur présentera tantôt une pomme de terre, tantôt un quartier de betterave, tantôt un morceau de pain. Ils prennent ainsi confiance dans la main de l'homme et ils mordent sans hésiter dans tout ce qu'elle leur présente.

96. Du reste, il y a des bœufs qui sont délicats par tempérament. C'est un grand défaut. Nos bouviers montagnards prétendent le reconnaître à des touffes de poil raide analogue aux soies de sanglier, qui rebroussent en sens inverse des autres poils et se trouvent sous la ganache.

97. L'usage le plus commun, dans le Midi, est de châtrer les taureaux par le bistournage et non par amputation. Les bœufs ainsi bistournés ont la chair moins délicate, mais ils conservent plus de vigueur pour le travail. On bistourne aussi les moutons, bien qu'on n'ait pas les mêmes motifs; l'usage est donc vicieux sous ce dernier rapport sans compensation.

Nous ne finirions jamais si nous voulions rassembler ici toutes les particularités relatives à la connaissance des bœufs, au choix des races, à leur éducation, à leur engraissement. Nous avons tâché de présenter les notions les plus essentielles.

Ce chapitre est déjà fort long, il est temps qu'il finisse.

L'art d'utiliser les vacheries, notamment par la fabrication des fromages, rentre dans l'économie de l'exploitation et appartient à la seconde partie.

CHAPITRE IV.

Des Bêtes à laine.

1. Le mouton ne sert pas l'agriculture par son travail, mais il en est le plus ferme soutien par les engrais qu'il lui fournit.

Outre cela, l'espèce ovine est directement utile par sa dépouille, par son lait et par sa chair.

Elle a cela de distinctif que ses poils, d'une nature particulière désignée par le mot de laine, s'alongent et repoussent comme l'herbe des prés, au point de fournir une rente annuelle.

2. Le mouton serait le plus précieux, le plus lucratif des animaux domestiques, s'il n'en était le plus délicat, le plus exposé à la mortalité.

La faiblesse de son tempérament exige des soins multipliés et une attention continuelle.

On doit choisir pour le troupeau des bêtes à laine le meilleur foin du domaine, non pas le plus gras, celui des bas-fonds ; mais le plus sain, qui est aussi le plus savoureux, celui qui croît sur les pentes et sur les hauteurs, bref, dans les endroits où les eaux ne séjournent pas, où les herbages ne sont pas exposés à être souillés par la vase.

3. Ce soin ne suffit pas. Le bétail à laine est plus sujet que l'espèce bovine aux obstructions du foie : il lui faut un peu de verdure dans toutes les saisons de l'année.

Suivant l'usage commun, on pourvoit à ce besoin par l'herbe flétrie qui reste dans les prés et dans les champs. Ceux-ci, pendant qu'on les laboure, fournissent encore aux moutons des racines qui, dans certaines localités, sont abondantes et salutaires.

Ces ressources, fournies par la nature, sont habituellement insuffisantes et manquent quelquefois tout-à-fait, soit par le long séjour des neiges, soit par les rigueurs du froid qui grillent l'herbe des prés.

4. La nourriture sèche exclusivement prolongée nuit surtout aux troupeaux de reproduction , parce qu'elle tarit le
lait des brebis nourrices , et qu'elle occasione aux agneaux
un empâtement qui se manifeste par le gonflement du ventre ;
état que nos bergers expriment par le mot *inbouyricat*.

5. Le cultivateur soigneux et intelligent se ménage une
ressource artificielle contre cet accident par la culture des
racines dont nous avons parlé au chapitre des récoltes intercalaires. Les pommes de terre crues, données au bétail à
raison d'un kilogramme ou seulement d'un demi-kilog. par
tête , avec une petite ration de foin , ont la propriété
d'améliorer la santé des brebis nourrices et de raviver les
sources du lait. S'il est question d'engraisser , il faut faire
cuire la pomme de terre comme on l'a prescrit pour les
bœufs. On notera que les pommes de terre, dans leur état de
crudité , lorsqu'on en fait pendant long-temps la nourriture
exclusive des bêtes à laine, occasionent une diarrhée qui
les affaiblit et les conduit peu à peu au dernier degré du
marasme. Les betteraves et les carottes n'ont point cet inconvénient; elles fournissent au bétail une nourriture déli-
cieuse et saine , qui ne rend pas nécessaire l'addition d'une
certaine quantité de fourrage sec. La carotte a de plus le
mérite d'être un bon préservatif et quelquefois un remède
contre les affections du foie qui mènent à la cachexie , vulgairement connue sous le nom de *pourriture*.

6. L'usage de faire naître les agneaux vers le solstice
d'hiver va directement contre les vues et la marche de la
nature. Il est clair que le moment le plus favorable serait
celui de la renaissance des herbes printanières. Mais ici
les cultivateurs sont assujétis aux exigences du commerce.
Comme les principaux acheteurs de nos agneaux sont les
herbagers des montagnes de l'Aveyron , de la Lozère ou des
Cévennes , et que ceux-ci achètent vers la fin de mai ou en
juin pour utiliser les pâturages d'été , il faut bien que les
agneaux soient sevrés à cette époque qui est celle des marchés , et se trouvent assez forts pour supporter le voyage et
le changement de climat.

7. Cette circonstance de la naissance des agneaux au milieu de la mauvaise saison nécessite des soins attentifs et multipliés.

8. Au moment où la brebis met bas, on l'abreuve au blanc et on ajoute au breuvage une petite poignée de sel. On la met à part pour la mieux nourrir pendant quelques jours. Si elle est chatouilleuse et qu'elle refuse de laisser téter son agneau, le berger la force à remplir ce devoir naturel. Il l'enferme ensuite dans une petite loge avec son agneau. Si elle est trop faible pour le bien nourrir, on double celui-ci en lui donnant une nourrice parmi les brebis qui ont perdu leur progéniture; ou bien si un agneau est chétif, on l'étouffe pour donner à la mère un nourrisson de belle apparence.

9. Un berger, au moment de l'agnelage, a besoin de beaucoup de sagacité, de patience et d'activité. Il faut qu'il connaisse tous les agneaux et toutes les mères, non-seulement à vue d'œil, mais encore au son de la voix.

Quand il entend les bêlemens d'un agneau que sa mère n'a pas pu retrouver ou qu'elle méconnaît, il faut qu'il aille le lui présenter. Il faut qu'il aille au secours de l'amour maternel, et qu'il le redresse quand il se fourvoie, et sache le ranimer lorsqu'il s'éteint.

10. Il y a dans cette espèce comme dans les autres quelques mères tièdes ou dénaturées, mais rarement. Quand les brebis manquent d'amour pour leurs petits, c'est une preuve qu'elles sont faibles et misérables. La misère étouffe les sentimens les plus puissans de la nature. Il faut que le cultivateur se hâte de les raviver par une raisonnable abondance. Les brebis bien nourries portent l'amour maternel jusqu'à la frénésie. On les voit attaquer avec audace des chiens qui auparavant leur inspiraient la plus vive terreur.

11. On sépare les agneaux par rang d'âge, en plusieurs divisions qu'on mène dans des pâturages particuliers avec leurs mères. On appelle ces divisions, dans la langue des bergers, des *acampadous*.

12. A mesure que les agneaux commencent à brouter, on

les sépare de leurs mères pour les conduire dans les pâturages qui leur ont été réservés.

Il est nécessaire, pour les faire marcher, de mettre à leur tête une ou deux brebis qu'on nomme *guides* et qui portent une grosse sonnette au cou.

Quand les agneaux ont mangé, on les ramène à leurs mères pour les allaiter.

13. En rentrant dans l'étable, on sépare encore les agneaux pour les faire manger à part ; cet exercice est assez pénible dans les commencemens, mais le berger entendu sait accoutumer les mères et les agneaux à se séparer au signal qu'il donne en prononçant le mot *trie*, accompagné de quelques coups de sifflet.

14. Voici le moment critique d'où dépend le succès de l'éducation. Nous sommes en janvier ou février. Le lait des mères est insuffisant pour leurs agneaux qui ont grandi, et ceux-ci ne trouvent dans la campagne qu'une pâture rare et peu substantielle.

L'agriculteur soigneux donne alors à ses agneaux un peu de provende, du son, des vesces, des gesses, des féverolles, le tout grossièrement passé sous la meule ; du gland concassé sous le maillet. Mais on observera de donner les substances farineuses d'une main avare, non pas seulement dans des vues d'économie, mais parce qu'elles conviennent peu aux ruminans, si ce n'est pour les pousser à la graisse. Les agneaux qui ont mangé trop de grain ressemblent aux enfans gâtés auxquels on donne trop de bonbons : ils dépérissent lorsqu'ils sont adultes.

15. Il est avantageux d'avoir pour les agneaux un pâturage précoce qui devance l'éruption des herbages naturels. Rien de mieux pour cela qu'un semis de graine de colza fait en août et qu'on associe à une petite quantité de seigle. Les jeunes pousses de colza sont, en mars, une ressource précieuse pour les agneaux. Je ne connais point de fourrage qui favorise autant que celui-ci leur croissance et qui vienne plus à propos, c'est-à-dire dans le moment où il faut mettre les prairies en défense.

16. Plus tard on peut les mener le soir dans des trèfles qui leur sont destinés, mais il faut avoir soin de les faire sortir de quart d'heure en quart d'heure et d'aller les promener sur une terre dépouillée pour prévenir la météorisation.

17. Lorsqu'elle se manifeste, il faut plonger l'animal dans l'eau, si on est à portée de le faire, et le traiter ensuite suivant la méthode que nous avons indiquée pour les bœufs. Il est inutile de dire que les doses de l'alkali doivent être beaucoup moindres.

18. La panse du mouton est à celle du bœuf à peu près comme un est à dix. En abreuvant de force les bêtes à laine et surtout les agneaux, il faut verser peu à la fois et par reprises, de peur de les étouffer.

19. La conduite des troupeaux demande beaucoup de précautions et une connaissance approfondie de la nature des pâturages, ainsi que des effets des saisons et de la constitution atmosphérique. Cette partie de l'art pastoral est pleine d'obscurités ; voici ce que l'observation nous montre de la manière la moins incertaine.

20. Il est avéré que les herbages qui ont été submergés et souillés par la vase sont mortels pour les bêtes à laine ; ils le sont aussi quelquefois pour les bêtes à cornes ; ils portent dans les organes digestifs de l'animal le germe de la maladie appelée *cachexie* ou *pourriture*.

21. Les regains frais des prairies grasses et même des champs fertiles en triolets et autres plantes de la même famille, très-salutaires aux autres bestiaux, donnent aussi la pourriture aux moutons.

22. En général, ces animaux redoutent une nourriture trop aqueuse ; ce qui a fait dire à Virgile : Fuyez les gras pâturages (1).

23. Mais ce qui mérite d'être remarqué, ce qui est fait pour confondre tous les faiseurs d'aphorismes et de règles générales, ces mêmes herbages frais, vigoureux, qui donnent la mort en automne, sont très-salutaires au printemps. Il faut

—————

(1) *Fugè pabula læta.*

que la sève d'août et de septembre ne soit pas de la même nature que la sève d'avril et de mai (1).

24. On notera encore que les herbages d'automne les plus gras cessent d'être délétères quand ils sont mortifiés par la gelée.

25. Faut-il, en été, mener paître le bétail à laine à la rosée ou aux ardeurs du haut jour?

Cette question, continuellement débattue, demeure encore indécise dans l'opinion contradictoire des praticiens.

Contentons-nous d'exposer ici les faits les plus incontestables.

26. Dans les mêmes localités et dans les mêmes circonstances, les uns conduisent leur troupeau à la rosée, les autres ne le font sortir que lorsque la rosée est dissipée, et ils le font rentrer avant que les pâturages soient mouillés par le serein. Il est certain que les deux méthodes obtiennent un succès à peu près égal pour l'ordinaire. Cependant il est vrai de dire que, dans certains cas, la dernière devient d'une pratique très-dangereuse. Lorsque l'été est très-sec et très-ardent, les troupeaux qui ne sortent qu'à dix heures du matin sont saisis par la chaleur. Ils ne mangent pas, ils s'agglomèrent comme un essaim ; ils tiennent la tête basse et la dérobent autant que possible aux rayons du soleil.

27. Après que les brebis ont été ainsi rôties quelque temps, elles gagnent, en tourbillonant, l'ombre d'un arbre où elles restent à chômer jusqu'à ce que le soleil baisse vers le couchant. Alors elles se décident à brouter un peu ; elles mangent plutôt par défaillance que par appétit. Mais bientôt l'ombre des montagnes s'étend sur le pâturage ; le berger doit la devancer en se retirant avec son bétail, car si celui-ci mange l'herbe humectée par le serein, sa perte est inévitable.

28. Cependant les troupeaux que l'on met à la rosée sortent à l'aube du matin et rentrent sitôt que l'air commence à s'échauffer.

____

(1) L'analyse chimique montre plus d'oxigène dans la rosée printanière. On peut supposer qu'il en est de même de la sève.

Ils ressortent au soleil couchant et broutent jusqu'à la nuit. Bien loin que ce régime les incommode, il est certain qu'ils ont plus de vivacité, plus de gaîté, plus d'embonpoint. Mais si au sortir de la fraîcheur du matin on les laisse au soleil, ils périssent.

29. On peut conclure de ces observations que ce n'est pas précisément la rosée qui incommode le bétail, mais bien le passage de la chaleur du jour à la fraîcheur du soir, ou bien de la fraîcheur du matin à la chaleur du jour.

30. Lorsque les moutons sont brûlans et qu'ils remplissent leur panse d'une herbe humide et fraîche, ils contractent cette maladie catarrhale qu'on nomme *morfondure*.

31. La morfondure est produite aussi par la survenance d'un orage au milieu des chaleurs, bref par tout ce qui est capable de supprimer la transpiration.

La morfondure, lorsqu'elle est négligée, se termine par l'hydropisie de poitrine.

L'hydropisie se manifeste par la cloche édémateuse qui se place sous la ganache et que les bergers appellent *bomadure*.

Cette cloche est également le symptôme ordinaire de la cachexie, maladie du foie qui se termine aussi par l'hydropisie.

32. Toutes les foisque la cloche se montre sous la ganache, que l'animal a la laine peu adhérente, la peau et les veines de l'œil pâles, on dit qu'il est atteint de pourriture.

33. La pourriture, telle que nos villageois ont coutume de la définir, est le produit de plusieurs causes. Tantôt elle a son principe dans la nourriture malsaine qui affecte directement les organes digestifs et le foie, tantôt dans la suppression de la transpiration par infiltration d'humidité, ce qui compromet surtout le poumon et souvent le foie par voie de conséquence, le foie étant la partie faible dans le mouton. Enfin cette maladie provient quelquefois de l'appauvrissement du sang et du dépérissement général que cause la misère et surtout le passage d'une nourriture copieuse à une nourriture maigre et insuffisante. Les eaux troubles et croupissantes produisent aussi la pourriture.

34. Il résulte de ces observations que le meilleur moyen de maintenir en santé les brebis consiste à les soumettre à un régime doux, également éloigné de toute température extrême. Comme la pourriture est accompagnée d'infiltration aqueuse, on s'imagine qu'il faut dessécher les moutons en les exposant aux ardeurs du soleil d'été. C'est une erreur grossière. Il faut que le berger défende avec soin les pâturages gras et malsains des bas-fonds, qu'il conduise son troupeau sur les terres hautes, sur les pentes, bref partout où l'eau s'écoule ou s'infiltre et ne séjourne pas. Il s'attachera à prévoir les orages et à ne pas y exposer le bétail, surtout immédiatement après la tonte. Le séjour au parc sur un terrain marécageux peut occasioner la pourriture. Enfin cette maladie triomphe de toutes les précautions, quand la saison pluvieuse et les brouillards humides se prolongent pendant long-temps, et particulièrement en été et en automne.

35. Il faut alors avoir recours à des moyens préservatifs ou curatifs. Si le catarrhe pulmonaire est commençant, on le guérit avec de la fleur de soufre que l'on donne à raison d'une ou deux cuillerées à bouche pour dix bêtes, et qu'on mêle avec du son.

36. Si la morfondure est grave, si l'on remarque que le bétail maigrit, que ses flancs se creusent et que le poil du museau a perdu ce lustre qui est le caractère le plus significatif de la santé, il est urgent d'employer des remèdes qui puissent donner du ton à l'estomac et dissiper la fièvre lente qui consume les forces vitales.

37. Voici un excipient, qui est lui-même un remède, et au moyen duquel on fait prendre aux moutons toute sorte de remèdes.

Prenez baies de genièvre, cinq ou six kilogrammes pour cent bêtes. Faites les bouillir dans cinq ou six seaux d'eau jusqu'à réduction de moitié. Ajoutez alors des plantes aromatiques, telles que sauge, menthe poivrée, lavande, absinthe, thym, angélique, tanaisie, etc., une bonne poignée pour dix bêtes.

Retirez sur-le-champ la chaudière du feu, mettez dans cette décoction dix kilogrammes de grain, soit avoine, orge ou seigle. Laissez macérer toute la nuit en prenant les précautions requises contre le verdet. Les animaux dévorent cette préparation avec avidité.

38. En conséquence, pour la morfondure, on met en décoction, avec les baies de genièvre, de la racine de grande gentiane et de la racine d'aunée (1), un à deux kilogrammes de chaque pour cent bêtes.

39. Quand on soupçonne la cachexie, on ajoute aux racines de gentiane des pousses tendres de genêt à balai et de l'écorce de saule. Puis on mêle avec ces différentes matières, au moment de les donner, environ dix onces d'aloës sucotrin en poudre. Il est bon de varier les remèdes. Ainsi au bout de quelques jours je remplace l'aloës par dix litres de vin, après y avoir fait dissoudre quatre ou cinq onces de sulfate de fer. J'ai éprouvé que ce remède est très-actif et très-avantageux. A la vérité, il opère de suite la séparation des bêtes radicalement tarées et de celles qui ne sont pas incurables. Les premières périssent presque subitement. Les autres reprennent peu à peu des forces et de l'appétit. Il ne faut donner ce remède que deux ou trois fois par semaine et le continuer pendant un mois.

Les lupins sont un excellent préservatif contre la cachexie, soit qu'on les fasse pâturer en vert, soit qu'on donne les graines ou crues, ou cuites, avec l'excipient dont nous venons de parler.

On peut en dire autant du gland.

Les bergers affirment qu'il n'y a jamais de cachexie quand la récolte du gland est abondante, ce qui malheureusement est assez rare.

40. On aide beaucoup les remèdes par une bonne nourriture, surtout si elle est composée en tout ou en partie de carottes. La carotte est elle-même un puissant remède pour les maladies du foie.

41. La cachexie n'est incurable que lorsqu'elle est montée à son dernier période. Malheureusement ce n'est qu'alors que les symptômes éclatent.

(1) En patois *ginssono* et *aussene*.

On notera qu'il n'y a aucun danger à augmenter les doses de ces racines.

On doit néanmoins la soupçonner et la combattre, toutes les fois que la constitution atmosphérique l'indique, toutes les fois qu'on sait que le troupeau est entré dans des pâturages suspects ; enfin, lorsqu'on s'aperçoit qu'il perd de sa vivacité, que la peau et les veines de l'œil pâlissent, que l'aspect de la toison a quelque chose de terne.

42. On est dans l'usage de donner du sel aux bêtes à laine, et cet usage est fort bien entendu ; mais la façon dont on le distribue ne l'est pas.

On donne le sel trop rarement et on en donne trop à la fois.

43. On mêle le sel avec des baies de genièvre : j'y fais ajouter de la suie et je donne la préférence à celle des cheminées de la cuisine, à cause du sel et des substances graisseuses qu'elle contient.

44. Une longue expérience me fait supposer que la suie préserve les brebis et leurs agneaux du tournis.

Le tournis est causé par un ver appelé *hydatide*, qui se loge dans le cerveau ou dans le cervelet et quelquefois dans la moelle épinière. La pourriture fait naître des vers du même genre dans le foie (1).

La suie est encore bonne contre la pourriture et je l'ajoute à l'excipient dont j'ai parlé plus haut. Les bêtes à laine la mangent fort bien lorsqu'elle est ainsi amalgamée.

Du reste, le tournis déclaré est incurable : on a essayé le trépan, mais presque toujours sans succès. La chair des animaux atteints du tournis peut être mangée sans inconvénient.

45. Les moutons sont sujets à la gale. Lorsqu'elle est invétérée, elle fait tomber la laine et elle ne peut être guérie qu'après la tonte.

Lorsque la gale commence à paraître, on la guérit avec une décoction de racines de varaire blanc (2). On gratte la pustule. On verse quelques gouttes de la décoction, après

---

(1) Les hydatides du foie s'appellent en patois *endolves* : celles du tournis prennent le nom de *varés*.

2) *Veratrum album*. Cette plante ne se trouve que sur nos plus hautes montagnes.

avoir fait tout au tour avec le même liquide une enceinte pour empêcher la gale de s'étendre. On doit traiter ainsi les différentes parties du corps en mettant un ou deux jours d'intervalle ; car si on les traite toutes à la fois, l'animal éprouve une salivation abondante ; il s'enfle et court risque de périr. Le varaire est un poison violent. Le berger doit le manier avec précaution et prendre garde de ne pas en empoisonner ses alimens. On le garde dans une corne de bœuf bien bouchée (1).

Après la tonte, on guérit la gale en frottant le corps de l'animal avec une poignée de tiges vertes de chanvre, et en versant sur les pustules les plus rebelles de l'huile de cade. On peut la guérir encore avec une pommade composée de suif et d'essence de térébenthine (2).

Occupons-nous à présent de la connaissance de l'âge des bêtes à laine, du choix, de la conservation et de l'amélioration des races.

46. On tire les indices de l'âge de la dentition. Les dents de lait étroites et pointues subsistent communément deux ans. A cet âge les pinces tombent ; à trois ans, la seconde paire ; à quatre ans, la troisième ; et les coins, à cinq ans (3). Les agneaux d'un à deux ans s'appellent *antenais* et *antenaises* ; en patois *bassious* et *bassives*.

---

(1) On notera ici qu'une corne est le meilleur instrument pour abreuver de force les animaux, une bouteille de verre étant sujette à être cassée dans la bouche par l'action des dents.

(2) Nous ne dirons que peu de chose de la clavelée vulgairement nommée *picote*. C'est une maladie contagieuse assez rare dans le pays, et dont le traitement est du ressort de l'artiste vétérinaire. Nous nous contenterons de dire que, dès l'instant que la clavelée se manifeste dans le troupeau, on n'a rien de mieux à faire que de pratiquer l'inoculation sur tous les animaux. Il faut les tenir ensuite chaudement et avoir soin de les abreuver au blanc avec de la farine d'orge. Lorsque la fièvre tombe et que la convalescence se déclare, il faut administrer la décoction tonique dont on a donné la formule ci-dessus, au n° 37.

(3) La marche de la dentition varie suivant la nature du climat et du sol. Il arrive souvent que la bouche est refaite à quatre ans.

47. Les vues qui doivent nous guider dans le choix et le perfectionnement des races n'ont rien d'absolu ; elles varient suivant les localités ; elles sont subordonnées à la nature des herbages d'abord , et ensuite aux relations commerciales du pays.

Les points à considérer dans cette matière sont le lainage, l'engraissement et le lait.

Il n'y a dans l'Aveyron que deux races de bêtes à laine bien caractérisées ; mais nous en comptons trois, parce que l'une d'elles a été tellement modifiée dans certaines localités , qu'elle forme deux divisions qu'il est impossible de confondre et qui sont, en effet, distinguées dans le commerce. Ces trois races sont celle dite du causse, celle du ségala et celle du Larzac.

48. La race du causse, qui se trouve principalement dans le causse de Rodez , d'Espalion et de Sévérac, est remarquable par sa taille et surtout par la longueur du corps. C'est la plus haute qui existe en France, après la Flandrine, si l'on s'en rapporte aux mesures de Daubenton.

49. Elle a été alliée vers la fin du siècle passé avec cette dernière, et elle conserve encore des vestiges de ce croisement.

50. Cette race a été établie principalement en vue du croît et de l'engraissement : or , elle est loin de la perfection sous ce rapport. Elle est un peu étiolée ; elle n'a pas le coffre assez bombé , le gigot assez fourni. Le poids moyen des brebis grasses est de 18 à 23 kilogrammes ; celui des moutons, de 25 à 33. Le produit moyen des toisons en laine lavée est à peu près d'un kilogramme.

Tout cela est peu en rapport avec la taille développée de cette race.

51. Dans le choix des béliers , on s'attachera à corriger les défauts naturels de la race du causse.

On donnera la préférence à ceux qui sont trapus, qui ont la poitrine large et le gigot charnu , la toison fourrée et longue. Les béliers doivent être préparés pour la monte par une nourriture un peu plus abondante et surtout plus succulente que de coutume. Un bélier bien nourri suffit à la monte de cinquante brebis. Dans les troupeaux nombreux, qui exigent plusieurs béliers, il est bon de les diviser en deux brigades dont une est renfermée, et qui se relèvent alternativement tous les trois jours.

Pendant la monte, il est avantageux de donner aux béliers une ration d'avoine.

On remarquera que les béliers qui ont la langue noire produisent des agneaux tachés de noir. Dans le choix des femelles, on donnera la préférence, toutes choses égales d'ailleurs, aux meilleures nourrices.

52. La laine de cette race appartient à la qualité des laines estameuses; elle est mi-frisée et mi-nerveuse. Elle est excellente pour la draperie de fatigue. Elle n'est point jarreuse.

53. La race du ségala peut être considérée comme une dégénérescence de la précédente. La laine est plus courte et plus frisée.

Le poids moyen des brebis est de dix à douze kilogrammes; celui des moutons de 14 à 18 ou 20.

Dans certains cantons, elle est tout-à-fait chétive et rabougrie.

Ces deux races sont en général sans cornes. La race du causse, outre la taille, se distingue par l'ampleur des oreilles et la grosseur du mufle.

54. La race du Larzac diffère des précédentes par la conformation et par le lainage.

C'est une race petite, dont le corps est assez bien proportionné. La laine est de la qualité des laines grasses frisées et fines. Sa finesse est du troisième ordre. Elle se rapproche des laines méridionales de l'Aude et du Roussillon. Les brebis sont bonnes laitières. Cette race a été créée principalement en vue de la production du lait, pour servir à la fabrication des fromages de Roquefort.

55. On ne conserve que les agneaux nécessaires à la reproduction; les autres sont livrés à la boucherie peu de temps après leur naissance. Pour traire les brebis, on se met au moins trois personnes à la file l'une de l'autre, sur un pas-

sage étroit. A mesure qu'une quatrième pousse les brebis , la première en rang les saisit et tiraille adroitement les mamelles pour ouvrir les sources du lait ; la brebis passe à la seconde qui la trait autant qu'elle peut ; la troisième trouve encore le moyen d'exprimer quelques gouttes de lait.

56. On tire aussi le lait des brebis qui appartiennent aux autres races , mais seulement quand les agneaux sont en état de se nourrir de l'herbe des pâturages.

Elles passent par les mains d'une seule personne qui n'exprime pas , à beaucoup près , tout le lait. Cette façon de procéder provient de ce que , pour ces dernières , le lait ne sert guère qu'aux besoins du ménage et que les agneaux sont des objets de vente.

57. Nous ne dirons qu'un mot sur la tonte. Soit qu'on se serve de forces ou de ciseaux , il faut couper ras et uni , surtout éviter de blesser l'animal. Quand on a la maladresse de le faire , il faut verser de l'huile d'olive dans la blessure pour écarter les mouches.

58. Le parcage en plein air est très-salutaire aux bêtes à laine , surtout aux agneaux.

Dans certains cas , il devient nécessaire pour extirper radicalement la maladie des pieds connue sous le nom vulgaire de *boîterie*.

59. Cette maladie est une espèce de panaris qui se loge sous le sabot , le détache et finit par en occasioner la chute.

60. On le guérit en enlevant la corne et les chairs mortes. On pare le pied proprement et on applique un caustique. Du vitriol bleu en poudre , par exemple , appliqué avec un peu de térébenthine ou d'onguent de pied , est un bon remède. On a soin d'envelopper le pied avec un chiffon ou des étoupes.

61. Mais si la contagion est enracinée dans la bergerie , les rechutes sont inévitables. Il faut alors prendre le parti d'enlever tout le fumier et de répandre sur le sol de la bergerie quelques pouces de terre sans autre litière pendant cinq ou six jours. Cet expédient m'a réussi. Notez que cette terre portée dans les champs surpasse les meilleurs fumiers.

62. Nos claies de parc sont trop basses pour mettre les brebis en sûreté contre les loups. Le parc à la Daubenton remplit assez bien cet objet. Les claies hautes de cinq pieds sont assujéties, non par des fourches en arc-boutant (1), suivant la méthode ordinaire, mais par des crosses qui sont fortement retenues par des coins de bois qu'on enfonce dans la terre à coups de maillet. Les claies sont ainsi maintenues dans la position perpendiculaire. Les crosses s'y attachent au moyen de deux chevilles.

Malheureusement cet appareil est un peu compliqué pour nos bergers.

Les chevilles se cassent ou se perdent, les coins de bois que Daubenton appelle les *clefs de la crosse*, refusent d'entrer dans un sol pierreux.

63. Un bon moyen d'écarter les loups, c'est une lanterne à quatre faces vitrées en verres barbouillés de diverses couleurs, qu'on suspend au haut d'un bâton implanté sur la cabane du berger.

64. On commet la défense des troupeaux à de gros mâtins, dont les meilleurs proviennent de la race des Pyrénées.

On ne donne aucun soin à la conservation de la bonne race des chiens de parc.

Il faut réserver les femelles les meilleures pour les mâles les plus forts, les plus courageux, les plus fidèles.

65. La nécessité de nourrir des chiens de combat est probablement cause que nous n'avons pas de chiens conducteurs, nommés *chiens de berger* ou *de Brie*.

66. Nos bergers, pour ramener la brebis qui s'écarte, lui lancent des pierres, l'atteignent quelquefois par maladresse, lui causent la rupture d'un membre ou une blessure plus grave.

Pour obtenir la perfection dans la conduite des troupeaux, l'assistance des chiens de Brie bien dressés me semble indispensable.

67. Pour dresser ces chiens, on attache une cordelette

____

(1) En patois, *gudos*.

longue de plusieurs brasses au collier. Le berger excite le chien après la brebis qui va à la maraude : si le chien fait mine de la mordre, on ramasse le bout de la corde qui traîne, et on donne une forte saccade. Ce petit manége suffit pour que cet animal docile et intelligent comprenne ce qu'on exige de lui.

68. Les chiens sont sujets à une maladie qui sévit de préférence sur les races les plus perfectionnées. On la désigne par le mot de *morve*, ou bien on l'appelle simplement *la maladie*. Elle se manifeste par un écoulement de matière muqueuse ou purulente qui sort des naseaux et des yeux. Elle se termine assez souvent par la mort, ou bien elle laisse à l'animal des convulsions analogues à cette affection de l'espèce humaine vulgairement appelée *danse de St.-Gui*. La perte de l'odorat est encore, plus d'une fois, la suite de cette maladie cruelle.

On a beaucoup varié sur le traitement. Les uns conseillent l'application du séton à la nuque, l'émétique à la dose de 3 grains ; puis un gros de jalap en poudre, délayé dans un jaune d'œuf ; finalement l'éther sulfurique, à la dose de 40 gouttes, pour prévenir les convulsions. Ce traitement a réussi quelquefois, mais il a souvent aggravé le mal et quelquefois causé instantanément la mort.

On obtient de meilleurs effets de l'huile de riccin et même de l'huile d'olive. Mais tout cela est de la médecine symptômatique ou perturbatrice.

69. Le siége de la maladie est dans une vésicule qui se forme vers l'orifice de l'anus, assez près de la racine de la queue, et qui se remplit d'un virus particulier. Si ce virus n'est pas expulsé, il passe dans la circulation, et il affecte spécialement la colonne vertébrale ; ce qui donne lieu aux convulsions. Pour prévenir la maladie, ou pour la guérir, il faut rompre cette vésicule et en exprimer le virus, ce que l'on fait aisément, en saisissant avec le pouce et l'index, qu'on enfonce, assez près de la racine de la queue, dans les fossettes des ischions, la partie supérieure du rectum qu'on comprime vivement. On fait ainsi jaillir une

liqueur brune d'une odeur horriblement fétide. On n'attend pas que la maladie éclate pour essayer cette opération sur les jeunes chiens. Si le germe du mal existe, on voit jaillir le virus. On réitère l'opération tous les trois ou quatre jours, jusqu'à ce qu'elle ne produise aucune évacuation purulente.

Il est bon de donner en même temps de l'huile d'olive avec de la fleur de soufre et du nitre.

Cette opération est douloureuse ou inquiétante pour les chiens : elle exige donc deux personnes, dont une tient la tête de l'animal, pendant que l'autre opère. Si on a affaire à un mâtin vigoureux et peu maniable, on le contient en le prenant entre deux portes.

70. Il paraît que la maladie des chiens est analogue à celle qui attaque le croupion des serins et des chardonneret , et qu'on nomme le *bouton*.

CHAPITRE V.

Des Chevaux et des Mulets.

1. Le cheval n'est guère utile que par son travail; mais son agilité, son activité, la forme de son pied solide, la durée de son service et la fermeté de son tempérament lui donnent tant d'avantage, sous ce rapport, que son prix vénal lui assigne le premier rang parmi les animaux domestiques.

Ce prix paraîtra néanmoins peu considérable, si on le compare aux frais de son éducation.

2. L'éducation des chevaux est très-casuelle. La jument est très-sujette à s'avorter (1).

Elle est sujette aussi à être saillie sans succès. C'est la moins féconde des femelles domestiques.

3. Le moment de l'accouchement est critique. Lorsqu'il approche, le palefrenier doit tenir la lampe allumée, veiller ou ne dormir, comme on dit, que d'un œil. La jument met bas quelquefois debout, et le poulain court risque de se tuer. Il faut être là pour prévenir cet accident et plusieurs autres que les circonstances indiquent.

4. Le poulain naissant est très-délicat : il faut le manier avec précaution. La purgation du méconium est ici une grande affaire.

Il faut que le poulain tète le premier lait. On a soin ensuite de traire la jument et de donner au poulain de l'huile d'olive et de l'eau fraîche jusqu'à ce qu'il soit évacué.

5. Si l'animal fait des efforts inutiles, on administre quelques lavemens avec une petite seringue.

Pendant les cinq ou six premiers jours, on continue à traire une bonne partie du lait et on se tient en garde contre l'indigestion laiteuse.

(1) On doit éviter de la laisser paître à la gelée blanche, et de la laisser boire dans les lavoirs où l'on a dissous du savon.

Du reste, ces précautions sont beaucoup plus essentielles pour les mulets et surtout pour les mules.

6. Afin que le lait soit moins abondant et moins indigeste, on nourrit la jument avec de la paille d'orge et on la laisse brouter un peu dans un endroit où le gazon est court et rare. Il est bon que cette précaution précède le part. Il faut éviter de donner trop de foin aux jumens pleines, surtout dans les derniers mois de la gestation.

7. Lorsque le poulain est bien évacué, lorsqu'on juge qu'il est à l'abri des indigestions, lorsqu'on voit qu'il mange le crottin de sa mère, on le laisse téter tout à son aise.

8. Pour traire les jumens, il faut comprimer légèrement les mamelles sans les tirailler en aucune façon, sous peine de les écorcher ; accident que produit quelquefois la maladresse et qui peut devenir très-fâcheux.

9. La meilleure nourriture pour la jument nourrice, dans l'intérêt de son nourrisson, est l'herbe du printemps. On fera en sorte, par conséquent, que la naissance des poulains coïncide avec celle des herbages. La jument porte communément onze mois et demi. La gestation de la vache est de neuf mois, celle de la brebis de cinq.

10. Lorsque le poulain commence à prendre des forces, il tète continuellement et il épuise beaucoup sa mère. Il faut donc que celle-ci soit bien nourrie elle-même.

11. On sèvre les poulains à six ou huit mois. Il convient alors de leur donner un peu de son et de l'avoine avec du foin récolté sur les terrains les plus élevés et les moins humides.

Les foins joncacés ne conviennent pas au cheval.

12. Autrefois on croyait que l'avoine était nuisible aux poulains, surtout par rapport à la vue. On est revenu de ce faux préjugé ; l'avoine est très-utile aux poulains, mais il faut éviter l'excès. Lorsqu'ils en mangent trop, ils grandissent en s'étiolant ; leur développement musculaire n'accompagne pas leur croissance. Rien ne peut remplacer l'herbe pour les poulains. Il faut que, durant la belle saison, ils puissent paître en liberté, déployer leurs jarrets et évaporer

en plein champ l'ardeur qui bouillonne dans leur jeune tempérament.

13. Il faut donner peu de foin au cheval. La paille et l'avoine doivent faire le fond de sa nourriture. La meilleure paille est celle de froment ; celle de seigle le maigrit ; celle d'avoine lui échauffe le sang.

14. Les carottes sont pour cet animal une excellente nourriture. Cette racine a même la propriété de prévenir et, dans certains cas, de guérir la pousse, espèce d'asthme qui fait que le cheval souffle et tire le flanc en respirant.

15. On réussit à guérir la pousse commençante, si on ajoute aux carottes des fleurs de genêt mêlées avec du son ou de l'avoine,

16. Le cheval est très-sujet aux coliques nerveuses. Il faut, dans ce cas, administrer des lavemens émolliens, et promener l'animal au pas, et non au grand trot, comme font quelques-uns. On lui donnera un demi-verre d'eau-de-vie dans deux verres d'huile d'olive ; on peut ajouter une vingtaine de gouttes d'éther. On agite ce mélange dans la bouteille bien bouchée au moment de le donner. Pour abreuver de force les chevaux, il faut les obliger de lever la tête en les attachant de manière que la ganache porte sur le haut du râtelier : on monte dans la crèche et on vide doucement la bouteille ou la corne dans une narine.

17. Si l'on soupçonne la rétention d'urine, on place une pincée de poivre à l'orifice du canal urinaire, et on fait avaler une décoction de racines de persil avec deux onces de sel de nitre.

Cet accident est très à craindre pour le cheval ; il faut éviter de l'interrompre lorsqu'il s'apprête à pisser. Il faut, au contraire, l'y inviter en l'arrêtant à plusieurs reprises, lorsqu'on remarque qu'il y a quelque temps qu'il n'a pas satisfait à ce besoin naturel.

18. Cette précaution est tout aussi nécessaire pour les bœufs de travail. Ceux-ci sont moins sujets à la rétention par échauffement, mais ils ont une grande disposition à la gravelle, et le séjour de l'urine dans la vessie est très-dangereux sous ce rapport.

19. Tout ce que nous avons dit des précautions à prendre contre les arrêts de transpiration au sujet des bœufs s'applique au cheval.

20. Nous ajou erons que celui-ci a plus besoin que le bœuf de l'étrille et du pansement à la main. On évitera de passer l'étrille sur le cou et sur les jambes. On nettoiera ces parties avec la brosse et l'époussette.

On doit se contenter de brosser et d'épousseter les poulains de peur de leur rayer la peau avec les dents de l'étrille.

21. Le séjour du fumier dans l'écurie est dangereux pour les chevaux. Tous les matins, on doit nettoyer l'écurie : tous les soirs, il faut donner aux chevaux une litière propre et abondante.

Rien ne délasse les animaux autant que la bonne litière, rien ne maigrit comme de coucher sur la dure.

J'insiste sur cette vérité, parce qu'elle n'est pas assez sentie.

Tels sont les moyens d'hygiène qui appartiennent à l'agriculteur ; le surplus entre dans l'art du vétérinaire.

22. Le choix des races est très-important ; mais il ne dépend point du cultivateur, du moins en ce qui concerne le mâle.

Les dépôts d'étalons sont des établissemens publics où l'on amène les jumens, et force est de se contenter des types que l'on y trouve. Mais le choix des femelles est tout entier du ressort de l'agriculteur.

23. On notera que, dans cette espèce, l'influence de la femelle est considérable, surtout sous le rapport de la taille, du tempérament et des proportions. Si l'étalon est grand et la jument petite, la production est petite aussi ou décousue. Mais un étalon de taille médiocre, d'ailleurs bien proportionné, avec une jument grande et étoffée, donne le plus souvent de bonnes productions.

24. On remarque que les poulains prennent pour l'ordinaire les jambes, la tête et l'encolure du mâle et le corps de la jument.

Il faut donc, lorsque celle-ci est forte, que l'étalon ait des membres ; car s'il a les jambes grêles, on s'expose à placer un colosse sur des jambes de héron.

Tels sont les avis que nous avons cru utile de donner aux agriculteurs au sujet de la reproduction de la race chevaline. Nous n'en dirons pas davantage sur cette matière.

25. La science du cheval forme un ordre à part qui a donné lieu à un grand nombre d'écrits qui , par parenthèse , ne sont pas tous exempts de l'esprit de système et des caprices de la mode.

Ceux qui voudront s'instruire à fond sur ce sujet intéressant liront l'excellent *Traité des Haras* par M. Huzard.

26. Quelle que soit la race du poulain , s'il est mal nourri pendant les trois premières années de son âge , sa croissance est arrêtée , et souvent même il se déforme.

La seconde année surtout est décisive.

27. Il faut caresser les poulains en leur passant légèrement la main sur les crins de l'encolure. On ne saurait croire combien on gagne par là leur amitié. Il est bon aussi de les affriander avec quelques croûtes de pain ou quelques morceaux de sucre.

Cela fait que quand on les appelle dans le pâturage , ils accourent et se laissent prendre.

28. S'il y a des chevaux d'un naturel méchant et farouche , c'est presque toujours un fruit de la première éducation. L'animal contracte l'humeur de celui qui le panse. Si on le traite avec brutalité , il devient méfiant ou brutal. Les animaux qu'on traite avec douceur dans leur enfance deviennent doux. On ne doit jamais les maltraiter sans motif , et lorsqu'ils sont en faute , on doit leur faire sentir la main du maître , mais sans les réduire au désespoir.

29. Le climat et le pâturage de l'Aveyron est , généralement parlant , favorable à l'espèce chevaline. Nos chevaux indigènes sont peut-être les plus nerveux , les plus robustes du royaume. S'ils manquent de taille , c'est parce qu'on les nourrit mal.

30. Toutefois on spécule peu sur la production des chevaux , parce que cette spéculation n'est profitable que lorsqu'elle est entreprise en grand. Or , parmi nous la division des propriétés rend cette condition très-rare.

Il faudrait pour les poulains des enclos, car il est impossible de les contenir dans des pâturages ouverts. Ces animaux pétulans échappent à la vigilance de ceux qui les gardent et se ruent à travers les récoltes.

31. L'usage le plus commun est de faire servir les poulinières à la production des mules.

Pour celles-ci on n'a pas besoin de choisir des jumens précieuses. Pourvu qu'elles aient des jambes et du flanc, qu'importe qu'elles soient abjectes et grossières par les formes, qu'elles soient borgnes ou aveugles?

D'ailleurs on trouve à se défaire des mulets à un bon prix dès l'âge de dix mois, tandis qu'on est forcé de nourrir le cheval jusqu'à l'âge de quatre ou cinq ans.

32. Toutefois cette branche de notre industrie rurale est loin de la perfection, 1° parce que les jumens ne sont pas assez fortes; 2° parce que le prix de la monte est trop faible et trop mal acquitté pour que les propriétaires des haras de baudets puissent acheter des étalons de forte race.

33. Si les jeunes chevaux sont mal nourris, il n'en est pas ainsi des jeunes mules. On leur prodigue, à l'époque du sevrage, le meilleur foin et l'avoine : ce qui prouve que les agriculteurs aveyronnais ne sont pas négligens quand le profit les encourage.

On pourrait accroître les ressources pour la nourriture des mules en leur donnant des carottes ou des pommes de terre cuites.

34. Ces dernières nourrissent fort bien aussi les chevaux, et je n'ai pas remarqué qu'elles aient l'inconvénient de les énerver, ainsi que le prétendent certaines gens.

Du reste, la faim et la paille, donnée seule, les énervent bien davantage; et lorsque la disette des fourrages survient, il faut user de toutes les ressources que l'art peut se procurer.

35. Nous ne terminerons pas ce chapitre sans exposer les indices que fournit l'inspection des dents pour arriver à la connaissance de l'âge du cheval.

Voici quelle est la marche de la dentition. Dix ou douze jours après la naissance, les deux incisives du milieu, que l'on nomme *pinces*, sortent des alvéoles. Quinze jours après, les mitoyennes paraissent, et les coins vers le quatrième mois. A six mois, les coins sont de niveau avec les mitoyennes. Ces dents sont formées de deux murailles tranchantes qui laissent un creux au milieu. A cet âge, déjà les pinces sont moins creuses que les mitoyennes, et celles-ci le sont moins que les coins. Les pinces et les mitoyennes s'usent peu-à-peu, la cavité s'efface et, à un an, on observe un col à la dent qui, d'autre part, se trouve moins large. A un an et demi, ce col de la dent est plus prononcé et les pinces sont pleines. A deux ans, les pinces ont rasé, c'est-à-dire que la cavité dont nous avons parlé a totalement disparu. A deux ans et demi ou trois ans, les pinces de lait tombent pour faire place aux pinces de cheval. Vers les quatre ans, les mitoyennes tombent aussi, et à quatre et demi ou cinq, les coins. Alors on dit que l'animal n'a plus de dents de lait, qu'il a tout mis, qu'il a refait sa bouche : il perd le nom de poulain et il prend celui de cheval.

A cinq ans et demi, les pinces de la mâchoire postérieure sont remplies, la muraille des mitoyennes commence à s'user ; la muraille interne des coins est presque égale à la muraille externe, et l'on observe une petite échancrure en dedans ; le crochet est aussi presque sorti. A six ans, les pinces sont rasées, les coins sont égaux des deux côtés et creux ; leur muraille externe est un peu usée ; les crochets sont entièrement sortis ; ils sont pointus, de forme pyramidale, arrondis en dehors, sillonnés en dedans.

A six ans et demi, les mitoyennes sont presque combles, la muraille interne des coins est un peu usée, le crochet un peu émoussé. A sept ans, les mitoyennes sont tout-à-fait rasées, et le crochet est plus usé. A sept ans et demi, les coins sont remplis et le crochet est usé d'un tiers de l'étendue des sillons qu'on y observe. A huit ans, les coins ont rasé entièrement et le crochet est arrondi. A huit ans et demi, neuf ans, les pinces de la mâchoire antérieure rasent à leur tour. A dix ans, les mitoyennes et les coins n'ont plus de sillons. A onze ou douze ans, les crochets ont entièrement rasé.

On notera que les crochets n'appartiennent habituellement qu'aux mâles et que les jumens qui en ont sont rares. On les distingue par le nom de *bréhaignes*.

A treize ans, les pinces sont moins larges, plus épaisses ; les crochets sont totalement émoussés et arrondis. A quatorze ans, les pinces sont triangulaires et plongent en avant ; elles vont en plongeant de plus en plus jusqu'à vingt ans. A vingt ans, les molaires sont usées et montrent trois racines. Puis elles tombent d'année en année jusqu'à trente ans. On remarquera que les incisives tombent les dernières.

Quelquefois les maquignons contre-marquent les chevaux, c'est-à-dire qu'ils creusent la dent avec un burin et pratiquent au fond de cette cavité artificielle un petit trou où ils déposent un peu d'encre grasse pour imiter le point noir, nommé *germe de fève*, qui se trouve naturellement au milieu de la dent lorsqu'elle n'a point encore rasé. Cette fraude est facile à reconnaître, d'abord aux traits du burin, ensuite à la disparition de la tache noire lorsqu'on la gratte avec la pointe d'un couteau ou tout autre instrument aigu.

CHAPITRE VI.

Des Cochons et de la Volaille.

Je rassemble dans ce chapitre tous les animaux que j'appelle de basse-cour et qui sont le fondement de la dépense du ménage dans nos exploitations rurales.

1. L'éducation et l'engraissement des porcs est une branche importante de notre industrie agricole, surtout dans cette vaste contrée qui porte le nom de ségala.

2. On distingue dans le département deux races de cochons bien caractérisées : la race blanche et la race noire.

3. La race blanche est grande, haute sur jambes, a le corps alongé, étroit, l'épine du dos arquée, l'oreille très-ample et tombante, les os gros, la côte serrée ; bref, toute l'organisation qui annonce un engraissement long et difficile.

Cette race est d'une voracité gourmande ; elle est rôdeuse quand on la conduit aux champs, incapable de marcher long-temps quand il s'agit de la conduire dans les marchés lointains. Son poids, lorsqu'elle est bien engraissée, s'élève communément de 180 à 200 et quelquefois à 300 kilogrammes.

4. L'espèce noire est moins haute. Son oreille est plus étroite et un peu redressée. Son corps moins long est ramassé : la poitrine est bombée et le dos large. Deux choses la distinguent surtout, savoir : 1º la docilité à se laisser conduire dans les pâturages, la patience à fouiller dans les champs et dans les bois pour saisir les racines des fougères et autres ; 2º la dureté du sabot qui lui fait soutenir de longues marches. Aussi est-elle la seule qui soit exportée dans les départemens limitrophes et jusqu'à Aix et Marseille.

5. Cette race est en général moins grande que la précédente, mais son engraissement est moins coûteux ; la chair en est plus tendre et plus délicate, les jambons plus étoffés, la graisse plus fondante. Elle obtient sur nos marchés une préférence de trois à quatre francs par quintal, ancien poids, revenant à 41 kilogrammes.

6. Du reste, cette race noire se divise en deux sous-variétés. L'une qui a ordinairement des appendices charnus sous le cou, désignée dans le pays par le nom de *race du Querci*, est la plus petite, la plus fine, la plus propre aux exportations de long cours. Son poids varie entre 100 et 150 kilog.

L'autre, qui est originaire du Périgord, est tout au moins aussi volumineuse que la race blanche sans avoir ses défauts.

7. Puis on trouve un grand nombre de métis, soit des deux races noires entr'elles, soit de la race blanche avec les noires. Ces derniers, qui sont moitié blancs, moitié noirs, sont assez estimés dans le pays.

8. On voit que la race blanche est détestable, et que sa grande taille est une apparence trompeuse, un avantage illusoire.

L'obstination de la routine la défend dans certaines localités et notamment dans le causse ; espérons qu'elle disparaîtra tôt ou tard.

9. La race noire a des qualités qu'on peut perfectionner par des croisemens bien entendus.

L'apparition dans le pays de la race anglo-chinoise fait espérer une grande amélioration.

10. Les anglo-chinois s'engraissent avec une merveilleuse facilité. Ils ne peuvent pas, à la vérité, remplacer les races du pays dans les usages de la cuisine rustique, parce que leur chair est trop fondante ; mais par des alliances conduites avec intelligence, on peut les faire servir à la création d'une race perfectionnée. Ceci sera développé dans la seconde partie, quand nous traiterons de la science de perfectionner les races, science qui a immortalisé un anglais nommé Bakwel.

11. Quand la truie pleine approche du terme, il faut la surveiller, car quelquefois, dans sa voracité brutale, elle dévore ses petits.

Elle est néanmoins en général bonne mère.

Si l'on remarque que le nombre des nourrissons est tel que la truie soit épuisée, on en supprime quelques-uns.

12. On notera que cet animal réputé immonde est incom-

modé plus qu'un autre par la malpropreté. Sa loge doit être nettoyée avec soin. Il est bon de donner aux cochons une couchette un peu élevée, formée avec des planches, et de la fournir d'une abondante litière.

13. Durant les chaleurs de l'été, il est essentiel de les faire nager dans la rivière ou dans un étang, et si l'on n'a pas ces commodités, il faut prendre le parti de les laver.

14. Nous noterons ici que l'usage des bains est très-salutaire aussi aux bœufs, aux chevaux et même aux bêtes à laine. C'est un moyen de les préserver des maladies que causent les grandes chaleurs et notamment du charbon.

Mais le cochon réclame plus qu'un autre ce moyen d'hygiène.

15. Le cochon est sujet à la ladrerie, maladie produite par des hydatides vésiculaires qui attaquent principalement la langue et les jambons, et quelquefois se répandent dans toutes les chairs. On combat ou on prévient la maladie en faisant boire aux cochons de l'urine humaine.

16. Quelques auteurs indiquent le borax comme un moyen curatif. Ceci n'a pas encore été bien vérifié par l'expérience.

17. La ladrerie est produite par la malpropreté, surtout par l'usage où sont les cochons de mettre leurs pieds chargés d'ordures dans l'auge où ils prennent leur nourriture.

Pour éviter cet inconvénient, il faut tenir bien propres les abords de l'auge.

18. Un moyen bien meilleur consiste à diviser la loge en un nombre de cellules tel que chacune contienne un ou deux cochons.

L'auge est adossée au mur extérieur. Le porc ne communique avec elle que par une échancrure ou fenêtre qu'on ouvre et qu'on ferme à volonté et à travers laquelle il peut passer la tête, mais non les pieds.

19. Ce régime cellulaire a encore l'avantage de prévenir les combats sanglans que se livrent les cochons en prenant leur repas. Il facilite beaucoup l'engraissement.

20. Les pommes de terre cuites peuvent préparer l'engraissement, mais non le perfectionner. Le lard qui provient

de ce tubercule est très-sujet à rancir. Le gland engraisse bien, mais lentement. L'engraissement le plus parfait sous le rapport de la qualité, comme le plus rapide, est celui des châtaignes sèches. Celui du maïs en approche. Ce grain donne à la chair et à la graisse beaucoup de poids.

21. Quoiqu'habituellement il soit avantageux de donner au cochon, comme aux autres animaux, les grains réduits en farine sous forme de pâte ou de bouillie, il faut quelquefois, surtout sur la fin de l'engraissement, donner le maïs ou l'orge dans leur état naturel de crudité. Cela sert à ranimer les forces digestives qu'une nourriture molle tend à énerver. On remarque en outre que les chairs deviennent plus fermes.

22. Les substances animales, la tripaille, la chair des bêtes mortes sont dévorées avec avidité par les cochons; mais l'engraissement qui en provient passe pour être mauvais et malsain. Ce préjugé fondé ou non fondé empêcherait la vente des porcs ainsi engraissés. Les tourteaux d'huile de noix donnent à la graisse du porc un caractère huileux qui la déprécie.

23. A la montagne, on nourrit et l'on engraisse des cochons avec le petit-lait des vacheries. Ces animaux sont peu estimés dans le commerce. On prétend que leur chair est mollasse.

24. Pour que l'engraissement soit avantageux, il faut que le cochon reçoive pendant toute sa vie une nourriture, non pas délicate, mais suffisante. On peut ajouter aux ressources naturelles le trèfle ou la luzerne. Les cochons mangent ces fourrages crus, mais il est mieux de les faire cuire. On doit en dire autant des feuilles du mûrier blanc. Les feuilles d'automne de cet arbre peuvent être utilisées pour les cochons et ajoutées à ce que l'on appelle leur breuvage (en patois *abiouré*).

25. Quand on mène paître les porcs dans les prés, on prend la précaution de les museler, c'est-à-dire de passer dans le grouin deux anneaux de fil de fer, pour les empêcher de fouiller et de déchirer le gazon.

13

26. Cet animal cause de grands dommages dans les récoltes, et le plus sûr est de le tenir renfermé dans la basse-cour, si ce n'est dans les pays où il y a beaucoup de bois et de terres incultes.

27. La volaille mérite des soins assidus et délicats de la part de la ménagère. La poule pondeuse est le pendant de la vache laitière. Elles sont l'une et l'autre l'emblème de la fécondité.

La chair du porc, le lait de la vache, les œufs de la poule, voilà les trois sources nourricières du ménage champêtre.

28. Quoiqu'il soit vrai que les poules, suivant l'adage commun de nos ménagères, pondent par le bec, ce qui veut dire qu'elles pondent à proportion de ce qu'elles mangent, il est certain qu'il ne sufût pas de les bien nourrir.

29. Il est essentiel que le poulailler soit propre, sinon il se remplit de puces, et alors les poules le désertent pour aller pondre çà et là, et les œufs se perdent.

30. Durant les chaleurs de l'été il faut prendre garde qu'elles aient à boire une eau salubre. Si on est obligé de leur en fournir, il faut avoir soin de la renouveler souvent, de bien nettoyer l'auge où on la met, et d'y placer du fer ou du mâchefer.

31. Le seigle nourrit mal les poules, les ers les tuent, les vesces les rendent malades. Le meilleur grain pour ces volatiles est le froment, le maïs et l'orge.

On remarque que les œufs qui proviennent des pays à seigle sont plus petits et moins bons que ceux des pays où l'on cultive le froment et l'orge.

On ne donne point de froment aux poules, mais elles profitent des grains qui tombent et qui sans elles seraient perdus.

32. La castraction des mâles est chose connue, **usuelle** et aisée; mais on ignore, dans l'Aveyron, l'art de châtrer les femelles. C'est un progrès que nous indiquons aux gourmets et aux ménagères qui spéculent sur la délicatesse de leur goût.

33. Le maïs engraisse fort bien les volailles; mais **un** moyen plus économique consiste à leur donner une pâtée

composée de pommes de terre cuites et pétries avec de la farine de maïs ou d'orge. On enferme les chapons dans une grande cage au bord de laquelle sont des ouvertures par où ils peuvent passer la tête pour aller prendre leur nourriture dans une petite auge.

34. Le soin des races exige de choisir pour la couvée les œufs des poules les plus fécondes et les plus belles, de garder pour coqs les poulets les plus vigoureux, les plus alertes. La plus belle race est celle qui est originaire de Mahon. Elle est mal vêtue comme la plupart des animaux qui naissent dans les pays chauds.

35. Pour engraisser les canards et les oies, la meilleure méthode consiste à leur donner d'abord des pommes de terre cuites. Ces animaux prennent l'habitude de venir demander à grands cris cette pitance devant la porte de la maison. Après l'avoir reçue, ils vont boire et digérer. Lorsque leur poids indique qu'ils sont en bonne chair, on les finit en les gorgeant avec du maïs. On se sert d'un entonnoir de fer-blanc ; il faut bien prendre garde qu'aucun grain ne pénètre dans la trachée-artère (1). On ne négligera pas de faire avaler du sable pour faciliter la digestion. Les foies de ces volatiles ainsi gorgés deviennent très-volumineux et d'un goût exquis. Les plus belles oies proviennent de la Haute-Garonne.

36. Pour avoir de beaux canards, on allie les femelles indigènes avec le canard d'Inde ; il en résulte des métis que l'on nomme *mulâtres* et qui sont réellement de vrais mulets incapables de se reproduire.

37. Du reste, les oies et surtout les canards ne prospèrent que tout autant qu'ils trouvent une pièce d'eau où ils puissent nager et barbotter.

38. Les dindons se distinguent des autres oiseaux de basse-cour par la qualité qu'ils ont de se laisser conduire par troupeaux dans la campagne comme les moutons. Outre qu'ils utilisent ainsi une grande quantité de graines et de fruits

(1) *Garganto* en patois.

qui seraient inutiles ou perdus, on ne saurait dire combien ils sont utiles aux récoltes en les préservant des insectes et notamment des sauterelles et des limaces.

39. Lorsque celles-ci attaquent les blés, le seul moyen d'arrêter leurs ravages et de mettre la récolte à couvert du plus complet anéantissement, est de les faire parcourir par les dindons. Pourvu qu'on ait soin de faire marcher ceux-ci continuellement, ils ne s'amusent pas à becqueter le blé naissant ; ils saisissent les limaces en passant. On les fait ainsi passer et repasser. Lorsqu'ils sont rassasiés, on les conduit sur une terre en friche, on les laisse quelque temps en repos. Leur estomac vigoureux a bientôt digéré ce premier repas. On les ramène pour en prendre un second, ainsi de suite.

40. En envoyant les dindons avant le lever du soleil sur les terres qu'on veut ensemencer, on opère d'avance la destruction des limaces, et cela vaut mieux. Les limaces qui rongent les blés sont petites et grisâtres. Lorsque le soleil commence à se faire sentir, elles se blottissent dans l'intérieur de la terre. Elles ne sortent que la nuit si le temps est beau ; lorsqu'il est pluvieux, elles travaillent nuit et jour.

41. Quand elles ont dépouillé une terre, si on la resème, elles dévorent cette seconde récolte. Si le temps est sec et la terre poudreuse, elles se tiennent cachées, comme aussi, lorsque la nuit est froide et qu'il tombe de la gelée blanche. La neige les chasse jusqu'au retour du printemps.

42. Toutes les fois que le temps est doux et humide, il faut faire partir les dindons à la pointe du jour. On recommandera à la dindonnière de les conduire de préférence dans les champs qui doivent être semés et de les arrêter surtout au bord des haies, bref dans les endroits où elle apercevra des limaces. C'est ainsi que l'agriculteur qui observe fait tourner à son profit ce qui paraissait destiné à ne lui causer que du dommage.

43. L'éducation des dindonneaux exige des soins attentifs et beaucoup de patience. Ces animaux, originaires de l'Amérique, paraissent éprouver les effets du changement de climat

pendant leur enfance. Sitôt qu'ils sont adultes, ils devien
nent très-robustes.

44. Les dindonneaux redoutent le froid et plus encore
l'humidité. Il faut les tenir dans un endroit sec. Lorsqu'ils
commencent à sortir des coffres où on les met d'abord, on
aura soin de répandre, sur le sol de l'appartement où on
les enferme, des balles de blé ou de la paille menue, pour
que l'humidité et le froid du pavé ne viennent pas à les mor-
fondre.

45. Au moment de leur naissance, on leur donne un
grain de poivre pour fortifier leur estomac. On les nourrit
avec une marmelade d'orties cuites et hachées. On y joint
quelques œufs durcis dans les premiers temps et puis du son.

46. Lorsque le temps est beau, on les met au soleil, ce
qui les fortifie. Si le temps est humide, nébuleux et froid,
il faut les tenir dedans, ce qui à la longue les rend tristes,
criards et malingres. Il faut alors ajouter du fenouil à la
pâtée d'orties et de la viande hachée menu.

47. Cette dernière précaution est surtout excellente au
moment critique où ils travaillent à pousser le rouge. On
peut leur procurer ce moyen de santé à bas prix en faisant
acheter du mou (1) de rebut dans les boucheries.

48. On aura soin de les tenir à l'abri du froid et de l'humidité, car si l'éruption du rouge est contrariée, l'animal
périt.

49. Si le temps est humide, il est à propos de faire subir
aux dindons des fumigations de baies de genièvre.

50. Si les dindons sont atteints de la diarrhée blanche ou
de la diarrhée jaune, on leur donnera de l'orge macérée
dans la décoction amère et aromatique que nous avons indiquée pour les bêtes à laine.

51. On ajoutera une ou deux bouteilles de vin dans lequel
on aura fait dissoudre de la thériaque, gros comme une
fève de marais, pour chaque dindon. Les plantes aromatiques, que l'on doit ajouter aux racines de gentiane et aux

(1) En patois *levado*.

baies de genièvre sont de préférence la sauge , le fenouil et la menthe poivrée.

52. On rendra le remède plus salutaire encore en mettant imbiber avec l'orge du mou de veau ou de mouton coupé par morceaux. On donne quelques poignées de cette préparation tous les matins à jeun jusqu'à parfaite guérison.

53. Si on a du marc de café , on peut en faire avaler aux plus malades.

54. Cette préparation est encore utile pour soutenir les forces des dindons , quand ils sont atteints de la clavelée, vulgairement appelée *picote*. On rend le remède plus héroïque en y ajoutant quelques onces de poudre cordiale , ou mieux encore un peu de quinquina , mais non sans comparer le prix de la drogue avec celui de l'animal.

55. Nous devons noter ici que la clavelée des dindons se communique quelquefois aux bêtes à laine. C'est à quoi il faut prendre garde.

56. On n'est pas dans l'usage de châtrer les dindons ; cependant cette opération rend leur chair plus tendre et plus délicate. Il est vrai que les dindonneaux sont plus difficiles à chaponner que les poulets et qu'on court risque de les tuer.

IIIe SECTION.

THÉORIE DES ASSOLEMENS.

SOMMAIRE DES CHAPITRES.

Chapitre Ier. — Règles générales de culture qui dérivent des lois de la production végétale. — Les terres proprement dites ne sont que le siége de la production. — Leur fécondité dépend de la couche végétale. — Celle-ci s'épuise par la continuité des récoltes. — Toutes les récoltes ne sont pas également épuisantes. — Il y en a qui améliorent la terre par rapport au blé. — L'alternance est une loi universelle de la nature. — La continuité de production exige, ou variété dans les cultures, ou rénovation dans la couche végétale. — Des deux systèmes généraux de culture.

Chapitre IIe. — De la jachère. — Sa définition. — Le repos de la terre n'est que relatif. — Ancienneté de la jachère. — Elle dérive d'une loi de la nature mal comprise. — Suppression des jachères ; mot impropre, source d'équivoques. — Jachère naturelle et jachère artificielle.

Chapitre IIIe. — Culture alterne et assolemens. — La continuité des mêmes récoltes constitue un état d'hostilité envers la nature. — Principe théorique de la culture alterne. — Principe pratique. — Prairies artificielles et récoltes sarclées, bases fondamentales de la culture alterne. — Alternance fausse et bâtarde. — Les assolemens ne doivent pas embrasser une durée trop longue. — Leur durée doit rouler entre 5 et 10 ans. — Assolement du Norfolk ; peut servir de modèle. — Ne doit pas être copié servilement. — La nature des terres et du climat doit servir de règle pour les assolemens. — Alternance par masses et par révolution de séries d'années.

CHAPITRE Ier.

Des Règles générales de culture qui dérivent des lois de la production végétale.

1. La matière qui fait l'objet de ce chapitre prête infiniment à l'esprit de système.

Il paraîtrait au premier coup-d'œil que je devrais donner ici un résumé de tout ce que les savans ont observé ou imaginé à cet égard ; mais comme il n'entre point dans mon plan de conduire le lecteur dans le labyrinthe des hautes spéculations de la théorie, je me contenterai d'exposer les faits.

En suivant cette marche, on est plus sûr d'atteindre le but, c'est-à-dire d'établir des règles utiles dans la pratique ; car, dans le fond, toute science réelle se réduit à l'histoire exacte et véridique des faits généraux que l'on peut déduire, sans équivoque, de l'observation et de l'expérience.

2. Dans le fait, pour que la terre soit productive, il ne suffit pas qu'elle contienne les trois élémens terreux dont nous avons parlé au chapitre des amendemens, et qui sont l'argile, la chaux et la silice. Il ne suffit pas encore que la combinaison de ces trois élémens soit la plus heureuse possible par rapport au climat. Cette combinaison n'est réellement que le métier sur lequel les récoltes doivent être fabriquées. Le métier peut être plus ou moins parfait, plus ou moins apte à l'ouvrage ; mais il ne suffit pas, il faut encore la matière première.

3. Cette matière première se trouve dans une espèce de terre que l'on nomme terre végétale, laquelle est composée des débris désorganisés de diverses substances végétales et animales (1).

---

(1) Il entre, à la vérité, un peu de terre dans la composition des végétaux ainsi que des sels alcalins, dont le plus commun est celui qu'on nomme *potasse*. Ce dernier se retrouve dans les cendres végétales et sert à

La fécondité des terres dépend de l'épaisseur et de la richesse de cette couche végétale.

C'est là que les récoltes puisent les alimens nécessaires à leur subsistance.

4. Les terres contiennent une quantité plus ou moins grande de cette substance organique qui est la base essentielle de la production ; mais il est évident que cette quantité ne saurait être infinie et que, par conséquent, si elle éprouve des soustractions continuelles, elle va en diminuant jusqu'à ce qu'enfin elle soit tout-à-fait épuisée.

5. Or toute récolte qui n'est pas consommée sur place, opère sur le fonds qui la produit une soustraction plus ou moins considérable de substance organique.

Aussi voyons-nous que les terrains, dont la couche végétale est pauvre, sont complétement épuisés par une seule récolte en grains, et se trouvent dans l'incapacité absolue d'en produire immédiatement une seconde.

Telles sont la plupart des terres du ségala.

6. On peut remédier à cet épuisement au moyen des engrais.

7. Il y a des terroirs privilégiés qui reçoivent des engrais des mains de la nature. Tels sont les fonds d'alluvion des vallées, sur lesquels arrivent des eaux chargées de la substance organique qu'elles ont ramassée dans les côteaux et notamment dans les forêts, où les feuilles, les mousses, les

donner à la lessive la qualité détersive qui la caractérise. La soude appartient à certaines espéces de plantes et elle est moins répandue dans le règne végétal. Mais le tissu des plantes se compose de substances combustibles qui sont : 1º la matiére du charbon, que l'on nomme *carbone* ; 2º la base solide du gaz inflammable, que l'on nomme *hydrogène*, c'est-à-dire générateur de l'eau, parce qu'il est l'élément caractéristique de ce liquide ; 3º la base solide de l'air vital, nommé *oxigène*, c'est-à-dire générateur des acides ; 4º la base solide de l'air méphitique nommé *azote*, c'est-à-dire anti-vital, parce que, respiré seul, il donne la mort. Ce dernier appartient plus particuliérement au règne animal, et n'entre guère dans l'organisation végétale, si ce n'est dans les graines glutineuses, et notamment dans les haricots. Ceux qui voudront s'instruire de ces matiéres peuvent lire la *Chimie agricole* de Chaptal.

cadavres des insectes, les excrémens des oiseaux forment à la longue un terreau excellent.

Ce sont des exceptions infiniment rares dans le département, et j'ose dire dans la majeure partie du royaume.

8. Posons donc en principe que toutes les fois que le fonds n'est pas fertilisé, soit par le limon des rivières, soit par l'arrosement ou l'infiltration d'une eau féconde, la continuité des récoltes l'épuise, à moins que l'art ne trouve le moyen de lui restituer exactement la substance organique dont il est annuellement dépouillé.

9. Ce principe fondé sur les plus simples notions du sens commun et sur l'expérience, nous impose, comme une règle fondamentale invariable, le soin de conduire la culture de manière à ne pas épuiser les terres.

10. Toutes les récoltes ne sont pas également épuisantes. On remarque que la production des graines épuise infiniment plus que la production herbacée des tiges et des feuilles.

Ainsi, lorsqu'une récolte est coupée, pour le plus tard, au moment de la floraison, la terre est beaucoup moins épuisée que lorsqu'on laisse nouer et mûrir les graines.

11. Les graines des blés (1) épuisent, ce me semble, plus que la plupart des autres ; et cela n'a pas droit de surprendre, si l'on fait attention que ces graines sont des produits excessifs, des créations de l'art, dont les analogues ne se trouvent pas dans la nature. Celle-ci engendre les grains avec effort, en vertu d'une émission violente que l'art excite, et par conséquent, elle s'exténue bien plus que lorsqu'elle est livrée au mouvement spontané qui règle ses productions habituelles.

Aussi l'expérience nous démontre que le redoublement des récoltes en grains tend à ruiner les terres et constitue en général un mauvais système de culture.

(1) Je me sers de ce mot *blés*, suivant l'usage du pays, pour indiquer toutes les espèces de céréales. En restreignant ce mot au froment, suivant l'usage des provinces d'outre-Loire, on appauvrit la langue ; car rien n'appauvrit une langue comme de faire descendre à l'espèce l'acception d'un mot générique.

12. Il faut donc s'imposer la règle de ne pas faire blé sur blé.

13. Les plantes ne tirent pas toute leur nourriture du sein de la terre. On a droit de présumer que certains fluides répandus dans l'atmosphère servent en partie à leur entretien. Il est avéré que cette faculté d'aspirer les substances répandues dans l'air n'appartient pas également à toutes les plantes, qu'elles n'en sont pas douées au même degré, qu'insensible dans quelques-unes, elle paraît très-marquée dans les autres. Ainsi les plantes à feuilles grasses, telles que la joubarbe et l'oseille sauvage, croissent dans des terrains très-secs et jusque sur les murailles : on peut conjecturer qu'elles tirent la substance pulpeuse qui les caractérise de l'atmosphère, et non des lieux arides où sont implantées leurs racines.

14. De cette observation on peut induire, par analogie, que les plantes à feuilles tendres, pulpeuses, épanouies, mobiles, tirent beaucoup plus de l'air que celles dont les feuilles sont sèches, étroites, membraneuses et raides.

15. Ainsi donc, dans les diverses récoltes, nous distinguerons celles qui épuisent la terre, comme étant leur seule ou leur principale nourrice, et celles qui, au contraire, pompent dans l'air des sucs qui les alimentent, et rendent à la terre autant et quelquefois plus qu'elles n'en reçoivent.

Nous distinguerons donc les cultures en deux catégories : l'une des récoltes épuisantes, l'autre des récoltes améliorantes. A cette dernière appartient le trèfle, coupé en fleur pour fourrage. Son séjour améliore les terres.

16. On doit considérer aussi la forme et la nature des racines. Il y a des plantes dont les racines s'étendent horizontalement, sans dépasser en profondeur la couche labourable, tandis qu'il y en a dont la racine pivote, s'enfonce et court, pour ainsi dire, à la poursuite des sucs nourriciers que les eaux entraînent dans les couches inférieures et dans les fentes des rochers. Telles sont la luzerne et le sainfoin. De pareilles plantes semblent destinées à ménager la couche labourable qui doit nourrir les blés et les autres récoltes à

racines traçantes, et en même temps à ramener à la surface du sol la substance végétale qui nous échappe et qui, sans elles, serait irrévocablement perdue dans les profondeurs de la terre.

17. Quoi qu'il en soit, il est établi par le fait qu'une terre qui a porté pendant quelque temps des fourrages qu'on a eu soin de faucher avant la formation des graines, se montre très-disposée à donner de belles récoltes en blé.

18. Mais si les plantes que nous venons de caractériser n'épuisent pas la terre par rapport au blé, il est certain qu'elles l'épuisent par rapport à elles-mêmes. Le trèfle surtout réussit mal quand on le cultive une seconde fois sur la même terre. Son retour, même au bout de quatre ou cinq ans, signale un succès très-inférieur à celui qu'on a obtenu la première fois qu'on a cultivé cette plante fourragère.

19. De l'ensemble de ces observations dérive la règle générale suivante : il est très-avantageux de varier les cultures.

20. Mais on observera que ce ne serait point varier les cultures que de placer à la suite l'une de l'autre des récoltes du même genre, des récoltes qui produisent les mêmes résultats à-peu-près, comme, par exemple, si l'on semait de l'avoine après un seigle ou un froment, ou bien du trèfle ou du sainfoin sur le défrichis d'une luzernière. Après les farineux il faut cultiver des fourrages ; après des objets de vente, doivent venir des récoltes destinées à la consommation du bétail de la ferme.

21. Ce besoin de la variété est une loi générale de la nature. C'est une règle d'hygiène de varier la nourriture des espèces animales, comme c'est une règle de bonne culture de varier les productions de la terre.

22. On objectera peut-être que les prés nourrissent toujours leur gazon et ne paraissent pourtant pas s'épuiser. Cette objection est plus spécieuse que solide. Il ne faut pas se laisser imposer par ce mot de gazon, comme s'il exprimait une essence homogène, invariable. Le gazon des prés est, au contraire, formé d'un mélange de plantes très-différentes entr'elles par leur contexture et leur manière de végéter.

Si l'on observe bien ce qui passe dans les prairies, on verra que les différentes familles de végétaux y dominent tour-à-tour.

Tantôt ce sont les graminées qui composent le fond de la récolte; tantôt aux avoines, aux fétuques, aux dactiles, aux paturins, aux alopécures succèdent les trèfles, les luzernes sauvages, les gesses et les lothiers; quelquefois on est étonné de voir les centauré es scabieuses, les philipendules, les lychnis, les sauges prendre le dessus. Puis tout-à-coup, ces plantes disparaissent et cèdent la place à la coq-crête que l'on nomme en patois *tartariége*. Nos villageois pensent que la coq-crête dévore les herbages. Erreur : c'est que la terre, lasse de produire du foin, incapable en même temps de rester oisive, fait croître la coq-crête, ne pouvant pas faire mieux. Lorsque l'épuisement est arrivé à son comble, la coq-crête disparaît à son tour, et un tapis de mousse lui succède.

23. Cependant on notera que cet épu isement est purement relatif, car si l'on défriche le pré dans cet état de décrépitude, on obtient de belles récoltes en blé, en pommes de terre ou autres racines, en légumes, etc. Ensuite, si l'on remet la terre en pré par un bon semis de graines four ragères, on le voit, pendant quelques années, tout resplendissant de jeunesse et de vigueur.

24. Je conviens que ceci ne s'applique pas à tous les prés, et qu'il y en a quelques-uns qui se maintiennent dans un état constant de production ; mais on remarquera que cela n'arrive que pour ceux qui reçoivent des égoûts chargés de substance organique.

Ce cas exceptionnel, bien loin de détruire la règle, la confirme; car il est évident qu'il y a ici rénovation continuelle de la couche végétale. Si le pré ne s'épuise pas, c'est parce qu'il reçoit d'un côté ce qu'il perd de l'autre; car bien que les récoltes herbacées soient infiniment moins épuisantes que les récoltes en grains, elles le sont néanmoins un peu, et si l'on y regarde de près, on reconnaîtra que les prairies qui ne sont pas arrosées ou qui le sont par une eau inféconde, vont en dépérissant.

25. Sans doute, on peut ranimer les prés de cette sorte en y répandant du fumier; mais la nécessité d'avoir recours à ce moyen artificiel atteste la pente de la nature et prouve que la terre se lasse de produire toujours la même chose.

S'il n'en était pas ainsi, la création des prés naturels serait la chose au monde la plus facile. Il suffirait de semer des graines de foin sur une terre convenablement préparée. Du moment que le semis aurait réussi, la prairie durerait toute l'éternité, suivant l'axiome, que tant que la cause subsiste l'effet doit subsister aussi. Or, l'expérience démontre le contraire. La plus belle prairie artificielle, après s'être maintenue quelques années, plus ou moins suivant les circonstances, languit et s'efface peu à peu, jusqu'à ce qu'enfin le sol reprenne son état primitif.

26. Donc la cause de la production ne subsiste pas toujours : elle est inconstante et variable.

Elle est variable, car les blés semés sur une prairie artificielle décrépite sont ordinairement très-beaux.

27. Les forêts n'échappent pas à la loi de la variété alternative de production.

Lorsqu'une essence quelconque, celle de chêne, par exemple, a long-temps occupé une terre, on remarque que les semis de la même espèce y viennent mal. Si, au contraire, on y sème des hêtres ou des pins, leur croissance est rapide et leur venue très-belle. Ce fait, que j'ai été à même d'observer, a été démontré par M. Dureau de Lamalle. Du reste, tous les jardiniers expérimentés savent que lorsqu'un arbre fruitier périt de vieillesse, il faut avoir soin de ne pas mettre son successeur dans le même trou.

28. En résumé, nous remarquerons, dans la marche de la production agricole, trois faits importans qui sont assez généraux pour mériter le nom de principes.

1º La terre est épuisée par toute récolte qui n'est pas consommée sur place, et surtout par les récoltes en grains.

2º On peut remédier, jusqu'à un certain point, à l'épuisement de la terre, en y répandant une quantité suffisante de fumier.

3º Une terre, qui paraît épuisée par rapport à certaines récoltes, est en état d'en produire d'autres. De façon que l'on peut bien mieux utiliser les forces productrices en variant les cultures, en semant alternativement des plantes différentes par leur genre, par la nature de leurs produits et par leur façon de végéter.

29. Le premier principe, du moins en ce qui concerne le blé, est avoué de tout le monde et il sert de base à la pratique commune.

30. Le second est proclamé par les routiniers avec emphase et abus. On remarquera que nous ne l'admettons qu'avec restriction. Le fumier, disons-nous, remédie jusqu'à un certain point à l'épuisement de la terre. Il ne faudrait pas conclure de nos paroles qu'à force de fumier on peut faire avec succès blé sur blé indéfiniment. Le fumier sur une terre épuisée donne beaucoup de paille et peu de grain ; et si l'on continue à fumer et à semer du blé, il arrive que les mauvaises herbes pullulent, et finalement on a un mauvais pré au lieu d'un bon champ.

31. La loi de la variété, la loi de l'alternance agit en dépit des efforts du cultivateur. La terre, lasse de fabriquer du blé, excitée par le fumier, se livre avec excès à la production herbacée. C'est ainsi que la nature se révèle aux yeux de celui qui prend la peine de l'observer sans préjugé. C'est ainsi que tout nous ramène à notre troisième principe, au principe de l'alternance.

Ce principe, soupçonné par les anciens, consacré chez les modernes par la pratique constante de certains pays, expliqué et recommandé par les maîtres de la science, est encore ignoré ou mal compris par le vulgaire des agriculteurs.

32. En conséquence, la pratique agricole se partage entre deux systèmes, dont l'un, qui est le plus généralement suivi, consiste à laisser la terre en friche toutes les fois qu'on juge qu'elle est hors d'état de produire des récoltes en grains. C'est ce que l'on appelle le système de la jachère. L'autre consiste à maintenir la terre dans un état continuel de production, en variant les cultures, conformément aux règles que nous avons établies plus haut.

Cette façon de cultiver prend le nom d'*alternat* ou de culture alterne.

Nous allons tâcher , dans les chapitres suivans , d'expliquer la nature et les effets de ces deux systèmes.

CHAPITRE II.

De la Jachère.

1. Le mot *jachère* dérive du mot latin *jacere*, qui veut dire être couché. On l'emploie pour désigner un champ qui n'est pas cultivé. C'est une comparaison, ou, pour mieux dire, c'est une figure, que les rhéteurs appellent *métaphore*, qui représente assez bien l'état de la terre lorsqu'après avoir été soulevée par la charrue, elle retombe et reprend son niveau.

Lorsque la terre est ainsi couchée, on dit qu'elle se repose. On dit d'un champ qui a donné plusieurs récoltes successives en blé qu'il est las et qu'il a besoin de repos.

2. Cette façon de parler en vaut une autre, pourvu qu'on n'y attache que les idées qu'elle peut représenter avec vérité, et qu'on ne soit pas la dupe de ce langage figuré. Car, si l'on entend par là que la terre qu'on laisse en friche demeure dans l'inaction, et qu'elle s'abstient de produire, on tombe dans l'erreur la plus étrange. Il n'y a qu'à ouvrir les yeux pour voir que la jachère se couvre de végétaux de différentes espèces. Les terrains calcaires se couvrent de trèfles, de luzernes sauvages, de mélilots, et les terrains siliceux, d'un gazon entremêlé d'oseille, de spergule sauvage, de pied d'oiseau, etc.

Si l'état de friche se prolonge, les plantes dont nous avons parlé disparaissent et sont remplacées, dans le causse, par le bouillon blanc, la sauge sclarée, les chardons, etc., et dans le ségala, par la fougère, le genêt, l'arrête-bœuf, l'ajonc, la bruyère, etc.

Ces plantes vivent quelque temps en société, mais il arrive que celle qui est la plus vivace, ou la mieux favorisée par les circonstances, prend le dessus et parvient à étouffer ou à dominer les autres.

Ces végétaux dominateurs sont, pour l'ordinaire, ceux dont les racines plongent dans le sous-sol et y trouvent une subsistance à laquelle les blés n'ont pas pu atteindre.

3. La durée de la jachère n'est pas la même partout. Dans le causse elle dure un an sur trois, d'après l'ordre de culture suivant : 1º froment , 2º orge , 3º jachère.

Dans les meilleurs fonds du ségala on ne fait qu'un seigle tous les trois ans.

Quelquefois on redouble par une avoine sur le seigle , et alors la rotation est de quatre ou cinq ans. Les mauvaises terres et les landes qu'on est dans l'usage d'écobuer donnent autant de récoltes consécutives en grains qu'elles peuvent en nourrir , après quoi on les laisse en repos pendant dix , quinze ou vingt ans. Il est difficile d'imaginer une plus mauvaise culture.

Telle est la vieille méthode routinière ; hâtons-nous de dire que dans plusieurs localités elle a été modifiée avec avantage , et que le pays est en voie de progrès.

4. Nous devons reconnaître ici deux points de fait incontestables : 1º une récolte qui succède à une longue jachère , est pour l'ordinaire riche en grains ; d'où l'on peut conclure que le repos fertilise la terre , soit que celle-ci pompe dans l'air des substances propres à l'organisation du grain , soit qu'elle profite un peu de l'engrais que le parcours du bétail éparpille.

2º La jachère n'est pas tout-à-fait improductive, puisqu'elle fournit des herbages qui aident à l'entretien des troupeaux.

Dans le causse ces herbages sont assez précieux. On y mène paître successivement les bêtes à cornes , les chevaux et les moutons.

5. Néanmoins il est vrai de dire que ce système de culture est défectueux et qu'il porte en lui-même des vices essentiels qui justifient la réprobation dont il est l'objet de la part de nos plus célèbres agronomes (1).

1º Il est clair que la jachère amoindrit la rente annuelle des terres , puisque le produit des récoltes se divise par le nombre des années qui composent la rotation. Ainsi, dans le ségala , le produit revient à un tiers de récolte par an , et dans le causse à deux tiers.

(1) Voyez notamment le Traité de M. Yvart sur l'abolition de la jachère.

2º Les herbages naturels que produit la jachère ne suf-fisent pas à la production du fumier qui serait nécessaire pour mettre les terres en bon état de culture.

Tous les praticiens expérimentés savent que les terres médiocres bien fumées égalent en production les meilleurs fonds qui ne le sont pas. Ils savent aussi que nos terres ne reçoivent point à beaucoup près tout l'engrais dont elles auraient besoin. L'insuffisance du fumier, recolté snivant la méthode ordinaire, est la grande plaie de notre agriculture. Par conséquent, si l'on trouvait le moyen d'augmenter considérablement la production en herbages sur la jachère, on poserait la base d'une grande amélioration.

3º La jachère a le defaut d'augmenter les difficultés du travail en laissant durcir la terre. Lorsque le sol est gazonné, qu'il est entrelardé de racines souples et tenaces, le labourage devient lent et pénible.

6. Dans le ségala, pour que la terre soit bien préparée, il faut qu'elle soit rompue avant l'hiver ; il faut que ce labour soit croisé dans le printemps, qu'il reçoive une troisième façon en été, et une quatrième au moment des semailles ; et tout cela, pour une seule récolte. Dans les terrains calcaires où la jachère ne dure qu'un an, on ne donne que trois raies, y compris celle qui recouvre les semences. Mais ici le système de la jachère perd le seul correctif dont il soit susceptible, lequel se trouve dans les labours précoces. La nécessité où l'on est de conserver, jusqu'à la fin du printemps, les herbages de la jachère, qui sont mis en défense pour le gros bétail, cette nécessité à laquelle il est impossible de se soustraire en suivant la méthode routinière, est cause que les terres ne peuvent être rompues que vers la fin de juin et le plus souvent en juillet. La sécheresse, à cette époque, rend les labours difficiles et imparfaits. Dailleurs, les labours tardifs sont moins efficaces que ceux qu'on exécute en hiver ou vers le commencement du printemps.

7. C'est ainsi que la jachère se contredit dans les combinaisons qu'elle entraîne. D'une part, elle exige des labours

précoces, de l'autre elle promet pour le moment où les provisions en fourrage sec doivent être épuisées, une herbe que sa rareté rend précieuse.

On se trouve dans l'alternative, ou de perdre cette herbe, ou de labourer trop tard.

On prend ce dernier parti sans hésiter, car telle est la loi de la nécessité ; nécessité qui dérive non de la nature des choses, mais du système de la jachère.

8. Pour remédier au vice des labours tardifs, il faudrait forcer les fumures ; mais tel est le malheur de l'assolement de trois ans avec jachère, qu'il exige beaucoup de fumier, et qu'il en produit peu. Ce vice est moins sensible dans les localités qui possèdent de nombreuses et riches prairies naturelles ; mais ce cas exceptionnel est rare, et il ne détruit pas l'observation que nous posons ici en thèse générale.

9. Faut-il donc abolir la jachère? Oui sans doute, répond la théorie perfectionnée. Sur quoi, des gens d'esprit, un peu trop préoccupés de l'autorité de l'usage et du temps, se scandalisent, en observant que la jachère est mentionnée par Hésiode (1), et que même son antiquité remonte bien plus haut, puisque Moïse l'a consacrée en imposant aux terres la loi du Sabbat (2).

10. Cette observation a du poids ; et nous commencerons par avouer que la jachère a son fondement dans une loi de la nature, loi qu'on a mal comprise et mal interprétée.

De ce que la continuité des mêmes cultures met la terre hors d'état de produire, on a conclu qu'elle était radicalement usée et fatiguée, qu'elle avait besoin de repos ; en conséquence, on a pris le parti de n'y rien semer à la suite du blé qu'on a jugé devoir être le dernier, et de la laisser quelque temps dormir sans culture.

11. On n'a pas vu que cette lassitude de la terre dérive de

(1) Poète qu'on croit plus ancien qu'Homère et qui nous a laissé un poème sur l'agriculture.

(2) Chez les Juifs les terres, tous les sept ans, devaient demeurer en friche.

la loi de la variété et de l'alternance dont on a parlé au chapitre précédent.

On n'a pas vu que ce mot de repos de la terre n'était qu'une façon de parler relative à la production du blé, car dans le fait la terre ne se repose jamais : la jachère est constamment occupée à produire des plantes de différente espèce, plus ou moins abondantes, plus ou moins bonnes, plus ou moins mauvaises suivant la nature du sol.

Tout travaille à la végétation ; les terres les plus arides, les rochers eux-mêmes. Ceux-ci produisent le lichen sulfureux, l'orseille, et puis des mousses, des polypodes, etc.

Si je voulais employer le langage des anciens philosophes, je dirais que la nature a horreur de l'oisiveté. La terre ne connaît point le repos absolu ; lorsqu'elle est fatiguée de certaines productions, elle se délasse en variant son travail. Telle est la loi constante de la production, telle est l'inépuisable activité de ce principe de vie organique que l'éternel moteur de toutes choses a répandu dans l'univers.

12. Quand on dit que la terre est en jachère, qu'elle se repose, on doit entendre qu'elle a cessé d'être cultivée en blé. Sous ce rapport, nous ne prétendons pas supprimer la jachère ; nous voulons seulement la rendre plus profitable, en semant, sur le blé qui la précède, des graines fourragères.

13. L'art du cultivateur consiste à s'emparer de la force productrice, à la développer, à la favoriser, à la diriger vers le but qu'il se propose. Ainsi, voyant que la jachère est disposée à produire des herbages, il cherche à rendre cette production plus abondante et plus utile. Que fait-il, lorsqu'après avoir extirpé les germes des plantes que la terre produit d'elle-même, il lui confie les semences d'une prairie artificielle ? Rien autre chose que ce que font nos ménagères, lorsqu'elles enlèvent à une poule d'Inde sa couvée, pour y substituer des œufs d'oie, ou de canne, ou de toute autre espèce qu'elles veulent multiplier.

14. Ainsi, la jachère subsiste quant à ses effets améliorans par rapport au blé. Il est clair que, tandis que la végétation

du trèfle occupe la terre , celle-ci est tout aussi couchée ,
sa jachère est tout aussi réelle que lorsqu'elle est recouverte
par la bruyère , les genêts , les fougères , les bouillons blancs ,
les bardannes et le tussilage.

15. Il est vrai qu'une moisson de fougères , de bruyères ,
d'hièbles où de genêts ne vaut pas une bonne luzernière
ou un trèfle vigoureux. La prairie artificielle fournit aux
bestiaux une nourriture plus succulente. Mais peut-on en
conclure que l'une de ces productions interrompt la jachère
et que l'autre la laisse subsister? Cette question est tout
entière du ressort de l'expérience. Or, l'expérience a prononcé en faveur des fourrages artificiels.

16. C'est dans le sens que nous venons d'indiquer qu'il
faut entendre le précepte des agronomes qui proposent la
suppression des jachères.

Cette suppression n'est pas réelle. C'est une locution qui
résume un système de culture différent de la routine, et qui
sert à exprimer que, dans ce système nouveau , la jachère a
perdu les inconvéniens dont nous avons parlé. Et comme
lorsqu'elle est enrichie d'un fourrage artificiel, elle acquiert
une valeur à peu près égale à celle qui est le fruit du labourage, on a dit : il n'y a plus de jachère, voulant exprimer
que, pendant qu'elle n'est point travaillée, la terre donne
en bestiaux ce qu'elle refuse en grains.

17. Néanmoins, pour prévenir toute équivoque et pour
ne pas effaroucher les praticiens, nous renoncerons à ce
mot de suppression de jachères. Nous distinguerons seulement deux sortes de jachère : la jachère naturelle et la
jachère artificielle.

18. Pour obtenir cette dernière avec succès et profit, il
faut se conformer aux règles de la culture alterne et des assolemens, que nous allons essayer de développer dans le chapitre suivant.

CHAPITRE III.

De la Culture alterne et des Assolemens.

1. L'agriculture est l'art de faire produire à la terre autre chose que ce qu'elle produit volontairement. Elle est donc obligée de lutter sans relâche contre le torrent de la végétation naturelle. Or, pour triompher des tendances de la nature, il n'est qu'un moyen : c'est d'agir avec les forces de la nature elle-même. Tout le secret de l'art consiste à mettre en jeu les ressorts de la production, à les détourner, à les diriger vers le but qu'on se propose. Il faut donc observer la marche de la nature et la suivre, alors même que l'on travaille à la modifier.

2. Lorsque la méthode de culture viole plus ou moins quelqu'une des lois de la production, ou s'en écarte, l'exécution devient difficile et le succès incomplet. Donc la méthode la plus parfaite est celle qui se conforme, autant que possible, aux lois de la nature ; celle qui agit dans le cadre que la nature elle-même a tracé.

3. Mais comment connaître les lois de la production végétale? Par la seule voie qui mène aux connaissances, par l'observation, par l'expérience, par les faits bien déduits, bien liés entr'eux.

4. Nous avons établi dans les chapitres précédens que la variété, que la succession alternative des productions végétales est une loi universelle de la nature. Ainsi donc, lorsque l'agriculteur fonde sa méthode sur cette loi, lorsqu'il imite autant qu'il peut la marche de la nature, en variant ses récoltes, en réglant leur succession suivant l'ordre indiqué par elle, la résistance doit être moindre et les résultats plus considérables.

5. Lorsqu'au contraire on travaille à établir la continuité des mêmes productions, on se met en guerre ouverte avec la nature. Or, la lutte est trop inégale pour être constam-

ment soutenue. Il faut qu'elle soit périodiquement suivie d'une suspension, d'une sorte de trève que l'on nomme, Jachère.

6. La culture alterne transige avec la nature et obtient un accord, moyennant des conditions que nous tâcherons d'expliquer.

C'est sous ce point de vue qu'il faut d'abord considérer les deux systèmes.

7. Essayons à présent de saisir le principe fondamental et les caractères propres de la culture alterne.

Il y a ici deux choses à considérer, savoir : la loi naturelle dont on vient de parler, c'est-à-dire la théorie ; et l'application aux besoins de l'agriculteur, c'est-à-dire la pratique. Le principe théorique se tire de la distinction établie au chapitre 1er, entre les récoltes épuisantes et les récoltes améliorantes, entre les plantes à racines qui pivotent et les plantes à racines fibreuses, qui s'étendent en tout sens dans la couche labourable. Le principe pratique réside dans la production du fumier portée aussi haut que possible. C'est là le point essentiel de la culture alterne. Son caractère propre est de marcher dans les voies d'une amélioration progressive. La culture alterne, qui épuise ou qui n'améliore pas, est une alternance fausse et bâtarde. Ainsi la méthode qui consiste à faire alterner le blé, le maïs, les légumes, les pommes de terre, le lin, le chanvre, bref à n'admettre dans l'ordre successif des récoltes que des objets de vente, une pareille méthode n'est praticable que dans les riches bassins d'alluvion, où la couche végétale se renouvelle annuellement. Encore, même dans ces localités privilégiées, peut-on dire qu'elle est imparfaite : partout ailleurs elle est radicalement vicieuse et incapable de se soutenir, du moins sans jachère. Or, l'essence du système alternant consiste à maintenir la terre dans un état continuel de production artificielle.

8. Par conséquent, nous poserons en principe que les prairies artificielles sont la base fondamentale de la culture alterne.

9. Il ne suffit pas de faire alterner les récoltes de différente nature, les blés avec les fourrages, les objets de vente avec les objets consommés dans la ferme, lesquels servent à la production du fumier : il faut aussi que l'alternance porte sur la forme des cultures. Je m'explique : il y a des récoltes que l'on sème à la volée, et qui occupent entièrement le sol par leurs tiges ou par leurs racines. Telles sont les céréales et les fourrages, etc. Il y en a qui sont disposées en lignes séparées par un intervalle vide plus ou moins considérable. Telles sont la pomme de terre, le maïs, le colza, la betterave, les légumes, etc. Ces récoltes ont cela de particulier qu'elles sont cultivées pendant leur végétation. On les sarcle, on les bine ; on laboure les intervalles qui séparent les lignes occupées par les plantes.

10. Ces cultures sarclées entrent comme un ingrédient nécessaire dans le système de la culture alterne.

11. Il faut convenir toutefois que, parmi les plantes qui appartiennent à cet ordre de culture par lignes, il y en a qui sont de leur nature très épuisantes, comme, par exemple, le colza, le maïs, la pomme de terre ; mais on doit remarquer que leur disposition est telle qu'elles n'occupent qu'une assez mince portion du sol, et que par conséquent, dans l'ensemble, elles sont bien moins épuisantes que les blés, qui couvrent toute la surface du champ. D'ailleurs les sarclages et les binages qu'elles reçoivent sont améliorans.

12. Les récoltes sarclées jouent un rôle considérable dans le système alterne, par la liaison qu'elles établissent entre les deux objets principaux de ce système, qui sont les blés et les fourrages artificiels.

Pour bien comprendre ceci, il faut noter que le succès de tout le système dépend de celui des prairies artificielles, et que celui-ci dépend de la préparation parfaite des terres, et surtout de l'anéantissement des mauvaises herbes.

13. Or, les cultures sarclées produisent ce double effet. On pourrait, il est vrai, l'obtenir par des labours réitérés sur la jachère, mais d'une façon trop dispendieuse ; au lieu que la récolte intercalaire paie, en tout ou en partie, ces

travaux. Outre cela, j'ose conjecturer que la présence de ces récoltes favorise la destruction des mauvaises herbes. La pomme de terre, par exemple, contribue beaucoup à détruire le chiendent (1).

14. Un des grands secrets de la culture alterne consiste dans l'enchaînement des opérations. Or, entre le blé d'hiver moissonné et le blé de printemps qui doit porter la prairie artificielle, il y a une lacune, à moins qu'on ne viole le principe de l'alternance, en semant de suite l'orge sur le chaume du blé d'hiver ; la récolte intercalaire remplit fort bien cette lacune. Il importe d'ailleurs que les diverses cultures se favorisent mutuellement, soit par la nature même des plantes, soit par les travaux auxquels elles donnent lieu. Ainsi les blés profitent du séjour du trèfle, et celui-ci profite des sarclages et du fumier qu'ont reçus les récoltes intercalaires. Aussi, ces dernières sont-elles nommées récoltes préparatoires. Elles font l'ouverture de la rotation dont le blé d'hiver est le dernier terme. C'est ainsi que les récoltes sarclées servent à deux fins.

15. On voit à présent comment se compose et s'enchaîne la série des récoltes qui entrent dans la culture alterne continue. Elle marche ainsi qu'il suit : 1° récoltes sarclées préparatoires ; 2° grains de printemps et graines fourragères ; 3° prairie artificielle, qui dure plus ou moins long-temps ; 4° blé d'hiver. Puis on recommence. Le temps qui s'écoule à partir de la première culture jusqu'à la dernière, est ce que l'on appelle cours de culture ou rotation. C'est le cercle que parcourent les différentes récoltes avant le retour de la première sur la même terre.

16. L'ordre des récoltes annuelles qui se succèdent et les intervalles de temps qui les séparent, exigent la division des terres labourables en autant de sections que l'on compte d'années dans le cours de la rotation. C'est ce que l'on nomme assolement (en patois *entaulat*).

---

(1) Je désigne par ce mot chiendent (en patois *tranugue*) deux plantes dont les racines se ressemblent. L'une est le chiendent véritable, l'autre, bien plus commune dans nos champs, est l'agrostis stolonifère.

17. Suivant la méthode routinière, la rotation dure trois ans, et l'assolement se divise en trois portions, dont une est occupée par la jachère, l'autre par le blé d'hiver, la troisième par l'orge ou l'avoine.

Cette rotation de trois ans ne peut pas s'appliquer à la culture alterne. On voit, par ce qui précède, que l'ensemble de ses opérations embrasse au moins quatre ans.

Ainsi les terres doivent être distribuées dans quatre soles. Cet assolement de quatre ans est de rigueur. Encore verrons-nous bientôt que cette durée est insuffisante.

L'assolement quadriennal a été mis à la mode par Arthur Young qui l'avait vu établi dans le Norfolk ainsi qu'il suit : 1° turneps, 2° orge et trèfle, 3° trèfle, 4° froment.

18. M. Pictet, de Genève, et plusieurs autres agronomes célèbres vantent beaucoup cette culture du Norfolk. Elle peut convenir à cette province anglaise que je ne connais pas, mais je trouve que l'assolement quadriennal alterne a de graves inconvéniens, du moins dans la majeure partie des pays que j'ai en vue.

19. Il arrive souvent que le trèfle ne peut être coupé que dans la première quinzaine de juin, et en supposant que toute la sole soit couverte de ce fourrage, il est déjà bien tard pour commencer les labours préparatoires destinés au blé d'hiver. Mais cet inconvénient sera bien autrement grave si l'on se décide à conserver la seconde coupe du trèfle. Et certes il est triste de la sacrifier après tant de soins dépensés pour bien établir la prairie artificielle. Il faut, dans ce cas, ajourner les labours en août et septembre. C'est ainsi qu'on procède dans le Norfolk où le terrain est sablonneux, mouvant, et où il n'est pas durci par le soleil du 44ᵉ degré. Ici, nous avons le soleil du Midi et les pluies de l'Ouest. Lorsqu'à des pluies battantes succède un soleil ardent, et cette sécheresse qui signale si souvent le solstice et se prolonge quelquefois jusqu'à la fin de l'été, nos terres se coagulent et deviennent inattaquables à la charrue.

20. Cet inconvénient se fait surtout remarquer sur les terrains marneux et sur toutes les terres qui proviennent du.

grès bigarré et du grès arkose. D'ailleurs il est prouvé par l'expérience que les blés semés sur des trèfles d'un an, rompus en été, sont en général détestables. C'est même cette circonstance qui a inspiré, dans tout le Midi, une grande prévention contre le trèfle.

En laissant durer le trèfle deux ans, on laboure avant le solstice, et le blé qui vient après ce trèfle est magnifique. C'est ce que j'atteste d'après une pratique de 40 ans.

21. Du reste, la question des assolemens est la plus ardue et la plus compliquée de toutes celles qui sont l'objet de la science agricole. Considérée sous un point de vue général, elle est insoluble, à cause des nombreuses relations qu'elle a avec le climat, la nature du sol et les diverses circonstances où se trouve placée l'exploitation rurale.

22. Posons cependant en principe que la durée de l'assolement est déterminée par celle de la prairie artificielle que l'on a choisie pour base de la rotation. Le trèfle est bisannuel : si on le prend pour base de la rotation, l'assolement doit être de cinq ans, ainsi qu'il suit : 1º pommes de terre ou toute autre récolte sarclée, 2º orge ou avoine et trèfle, 3º trèfle, 4º trèfle, 5º froment ou seigle.

23. Nous observerons ici, en passant, que, même dans les terres à seigle, le froment réussit fort bien à la suite d'un trèfle, lorsque celui-ci a lui-même obtenu du succès et qu'il a ombragé la terre.

24. Si on veut faire entrer la luzerne dans l'assolement, comme cette plante dure ordinairement quinze ans, la durée de la rotation serait de 18 ans. Il faudrait diviser les terres labourables de la ferme en 18 soles, et réduire la culture des céréales à deux, savoir une en froment et l'autre en orge ; ce qui reviendrait au neuvième des terres seulement. Une pareille culture est, généralement parlant, inadmissible. Mais on est le maître d'abréger la durée de la luzerne et de la fixer à 10, à 8, à 6 ans.

25. Ce que nous disons ici de la luzerne s'applique au sainfoin. On peut fort bien asseoir un assolement alterne sur ces deux fourrages, en abrégeant plus ou moins leur durée,

suivant les vues qu'on se propose, et suivant le profit qu'on y trouve. Ici la durée de l'assolement est une question de comptabilité.

26. Nous remarquerons toutefois que les assolemens de long cours ne peuvent être qu'un objet de convenance particulière; ils ont quelque chose qui rebute et qui doit les écarter de l'usage commun : outre qu'ils ont le défaut de trop réduire la culture des céréales, ils sont hors de proportion avec la durée de la vie humaine. Certains auteurs ont proposé des assolemens de 20 ans et même de 24. Il est triste de penser, lorsque, dans un âge mur, on entreprend un pareil cours de culture, que l'espoir d'arriver au bout de la seconde rotation repose sur une faible probabilité.

27. La durée de la rotation alterne excède les bornes des convenances pratiques, lorsqu'elle va au-delà de dix ans. C'est donc entre cinq et dix ans que nous trouvons les termes d'assolement les plus appropriés au système alterne, considéré dans la pratique usuelle.

28. Quand il s'agit de rompre un sainfoin ou une luzerne, leur âge ne fut-il que de 6 à 7 ans, il est bon d'entreprendre ce travail avant l'hiver; car, dans le fait, on est dans le cas d'un labour sur longue jachère. Ce labour est pénible à cause des racines de la prairie artificielle.

29. Il est à propos d'intercaler sur ce labour une récolte d'été en pommes de terre ou betteraves, en attendant les semailles du blé.

30. Après celui-ci, on réitère la récolte sarclée préparatoire pour le blé de printemps, qui doit recevoir de nouveau la prairie artificielle. Mais, comme la terre a joui d'un long repos, on peut immédiatement après le blé d'hiver placer un colza. Après celui-ci on laboure avant l'hiver et l'on cultive au printemps du maïs, ou des pommes de terre, ou des légumes, toujours avec sarclages rigoureux; puis le blé de printemps avec nouveau semis de luzerne ou de sainfoin.

31. Toutefois on ne peut s'empêcher de reconnaître que ces deux fourrages entrent moins commodément que le trèfle

dans un assolement alterné. Lorsqu'on prend le parti de les défricher pendant qu'ils sont dans leur force, le travail est rude ; et, d'ailleurs, est-il d'une bonne économie de détruire une prairie qui est en plein rapport, après avoir pris la peine d'engraisser, de disposer le terrain et de l'épierrer. J'aimerais mieux placer la luzerne à part et dans un ordre de spécialité supplémentaire des prés naturels. Alors on lui laisserait, ainsi qu'au sainfoin, le temps d'accomplir le cours de son existence naturelle.

32. Ainsi, en consacrant à ces prairies artificielles le cinquième ou le quart des terres de la ferme, on trouverait dans le fumier qui en serait le produit, les moyens d'établir sur le reste du domaine un assolement court et actif, en faisant alterner les récoltes sarclées avec les blés d'hiver et les blés de printemps. On pourrait intercaler de temps en temps un fourrage semi-annuel, du farouch, des vesces, de la spergule. On pourrait adopter pour certaines terres l'assolement de deux ans, fèves et blé, ou maïs et blé. On pourrait, dans une rotation de cinq ans, cultiver : 1° des féverolles sarclées, 2° blé d'hiver, 3° colza, 4° betteraves, 5° blé de printemps. On peut entremêler de mille manières les récoltes sarclées avec les céréales, on peut aussi cultiver le chanvre et le lin.

Lorsque le temps est venu de défricher la prairie artificielle, on la remplace sur une partie équivalente des terres labourables, ainsi de suite jusqu'à ce qu'elle ait fait le tour du domaine, du moins autant que la nature des choses le permet. Si on ne peut pas la remplacer partout en luzerne ou en sainfoin, on la remplace en pré-gazon, en semant un mélange de trèfle et de fenasse.

33. Cette façon d'alterner les cultures et les fourrages par masses et par séries d'années sort un peu de la marche de l'assolement régulier ; mais elle est tout-à-fait dans les principes de la culture alterne, dont les plus importans sont les sarclages et l'abondante production du fumier.

34. L'assolement du Norfolk a quelqe chose qui séduit : il marche avec cette régularité qui est une des vues les plus

chères à l'esprit humain. Il donne alternativement une récolte pour l'homme et une pour les bestiaux.

Les turneps (1) fumés, cultivés, sarclés avec soin, sont
consommés sur place par les bêtes à laine. Celles-ci, après
avoir rongé la partie que le parc enferme, passent la nuit
au même endroit, et la terre se trouve engraissée par le
crottin, par l'urine, par le suint et par les débris des raves
que les animaux ont laissés. Il est difficile d'imaginer un engrais plus puissant. S'il coûte des soins pour la production
des turneps, il ne coûte point de frais de transport et de
manutention. Après cela, le trèfle ne peut être qu'abondant ;
la terre, fortement engraissée, toujours en état de culture,
toujours mouvante, reçoit un blé semé à la herse sur un seul
labour.

35. Cet assolement, ainsi présenté par les agronomes, est
le type de la perfection : c'est un modèle à suivre. Reste à
savoir s'il est praticable en France. Je ne le pense pas, du
moins dans nos contrées méridionales. Nos étés sont trop
souvent secs, les pucerons trop abondans, et, par conséquent, la culture des raves trop casuelle.

On peut les remplacer par la pomme de terre et la betterave, ou la carotte, mais non pas avec l'avantage de la
consommation sur place. Toutefois ce serait un bon cours de
culture que le suivant : 1º pommes de terre, ou betterave,
ou carotte ; 2º orge ou avoine et trèfle ; 3º trèfle, 4º trèfle,
5º froment.

C'est ainsi que nous pouvons, non pas copier, mais imiter, en le modifiant, l'assolement du Norfolk.

36. Cet assolement, ainsi modifié, conviendrait assez aux
terres légères et fraîches de la région dite ségala. Dans le
causse c'est la luzerne sur les meilleurs fonds, et en général
le sainfoin qu'il faut prendre pour base, en se conformant
aux règles indiquées plus haut. La pomme de terre et la
carotte conviennent mieux au ségala et la betterave au
causse. Dans la rivière on doit s'attacher de préférence à la
luzerne pour fourrage ; au maïs, au colza, aux haricots,

____

(1) Ce sont nos grandes raves.

pour récoltes intercalaires. Il ne serait pas mal d'y joindre aussi la betterave, comme supplément de fourrage.

37. Encore une observation sur l'assolement du Norfolk. Le trèfle est de tous les végétaux celui qui supporte le moins un retour fréquent sur le même fonds. Au bout d'un certain nombre de rotations, la terre refuse de produire du trèfle.

Ainsi, cet assolement du Norfolk, tant vanté pour sa régularité, ne peut pas se soutenir. En conséquence, on est obligé de remplacer souvent le trèfle par le raigras ou ivraie vivace.

38. Cette observation est importante. Elle sert à nous montrer que la nature se joue de ces idées de régularité, d'uniformité, que notre esprit chérit avec passion, parce qu'il les enfante. La nature est très régulière à sa façon ; mais elle est très irrégulière à la nôtre. Renonçons au projet de l'enfermer dans des lignes tirées au cordeau. Aussi bien y a-t-il plus de peine que de profit à l'essayer.

39. Ainsi donc, il ne faut pas se rendre esclave d'un assolement quel qu'il soit. Il faut essayer les divers fourrages et s'attacher à celui qui réussit le plus souvent. Lorsqu'on s'aperçoit que la terre se lasse du trèfle seul, on associe à ce dernier la fenasse. Celle-ci dure communément en bon rapport trois ou quatre ans. Alors on a la rotation suivante : 1° pommes de terre ; 2° avoine et fenasse avec un peu de trèfle, 3° pré-gazon, 4° *idem*, 5° *idem*, 6° blé d'hiver. Ou mieux on va jusqu'à la septième année : on laboure avant l'hiver et on jette sur le labour une récolte de pommes de terre.

Ce dernier assolement est, par excellence, celui qui convient le mieux à la majeure partie des terres du ségala.

L'assolement avec trèfle seul, dont nous avons parlé plus haut, ne peut guère s'appliquer qu'à des fonds choisis ou améliorés.

Du reste, notre objet, ici, est de faire comprendre les principes des assolemens et non d'en montrer l'application aux différentes parties du département. Nous envisageons les procédés de l'art en lui-même. Nous examinerons ailleurs si la culture alterne perfectionnée est possible dans l'état actuel de notre agriculture. Nous chercherons à découvrir par quelle voie de transition on peut s'élever par degrés de la routine à la perfection. La question d'opportunité par rapport à l'état des terres, la question d'argent par rapport aux facultés des propriétaires, ces questions importantes se présenteront dans la seconde partie, où la culture alterne sera considérée dans le jeu de l'exploitation rurale.

40. Il nous suffit pour le moment d'avoir posé les bases élémentaires de la science des assolemens ; en voici le resumé :

1° L'assolement perfectionné doit embrasser toutes les terres de la ferme dans une succession alternative et continue de récoltes annuelles, différentes entr'elles par leur culture ou par leur objet, ou par les effets qu'elles produisent sur la terre. Par conséquent, on doit éviter autant que possible de placer deux récoltes épuisantes à la suite l'une de l'autre.

2° L'objet de la méthode alterne étant d'obtenir la plus grande production possible en évitant d'épuiser le sol, en travaillant au contraire à l'améliorer progressivement, ce but ne peut être atteint par le seul fait de l'alternance, lorsque celle-ci porte uniquement, ou pour la majeure partie, sur des objets de vente. Il faut que l'assolement soit disposé de manière à admettre des récoltes considérables destinées à la nourriture des bestiaux de la ferme et à la production du fumier.

3° La production extraordinaire et en quelque sorte exagérée du fumier étant le grand ressort, l'âme et la vie de tout le système, l'assolement doit être basé sur les prairies artificielles. Sa durée doit être analogue à celle de ces prairies.

Néanmoins, pour ne pas rompre la proportion qui doit exister entre les diverses cultures, il est convenable que la rotation la plus longue ne dépasse pas dix ans. Quant à la plus courte avec fourrage, elle doit être de cinq ans. L'assolement sur trèfle doit être quinquennal et non tel qu'il est dans le Norfolk , c'est-à-dire quadriennal.

4° Quand la nature du terrain provoque la culture de la luzerne et du sainfoin , la meilleure méthode consiste à les placer à part, hors de l'assolement, et d'en faire des succursales des prés naturels.

L'augmentation de fumier disponible qu'on obtient ainsi , tant par la consommation du fourrage artificiel que par la réduction des surfaces cultivées , donne le moyen de mieux engraisser les terres qui demeurent libres. Celles-ci sont soumises à une culture très active, en attendant que leur tour vienne de se reposer en face de prairie artificielle. On observera néanmoins de faire alterner les récoltes sarclées avec les céréales. Cette méthode est une sorte d'alternance , de révolution par séries.

5° Quel est le meilleur assolement?

Arthur Young a dit que c'est celui qui donne alternativement une récolte pour l'homme et une pour les bestiaux. Cette définition n'est pas exacte ; car , pourvu que le bétail tire des terres labourables la part qui doit lui revenir , peu importe qu'elle provienne des luzernières qui occupent la même terre pendant quinze ou vingt ans , ou qu'elle sorte de l'alternance annuelle des récoltes, et soit prise une année sur une terre et une année sur l'autre.

Mais elle sert à nous faire sentir que le propre du système alterne perfectionné est de partager les cultures en deux parts égales, dont une pour l'homme et l'autre pour les animaux. Ceux-ci recevant ce surcroit de nourriture en sus de celle que leur fournissent les prés naturels, produisent assez de fumier pour maintenir les terres dans un état continuel de production florissante.

En conséquence, il faut joindre , pour la consommation du bétail, la culture des racines, telles que pomme de terre, betterave ou carotte , à celle des fourrages artificiels.

Cette addition de ressources est d'autant plus essentielle que les fourrages artificiels sont quelquefois maltraités par les gelées ou par la sécheresse.

Or, un des caractères de la culture alterne est de mettre à contribution, non-seulement toutes les terres, mais aussi toutes les saisons.

Quand le printemps ne la favorise pas, elle prend sa revanche sur les récoltes d'automne.

Par une conséquence du principe de la culture alterne, on doit s'imposer la loi de ne vendre ordinairement que les grains et les bestiaux et de faire consommer par le bétail les pommes de terre et les autres racines, à moins qu'on ne trouve son compte à vendre les pommes de terre et à acheter du fumier.

6° Non-seulement il faut faire alterner les céréales avec les cultures sarclées et les fourrages, il est utile encore de faire alterner les fourrages entr'eux. Le trèfle surtout réclame ce changement. On le remplacera de temps en temps par la *fenasse*, c'est-à-dire par ce mélange de plantes de la famille des gazons que les botanistes appellent graminées.

On aura soin aussi de varier les récoltes sarclées, et si on en cultive plusieurs simultanément tous les ans, il faut éviter de les mettre toujours à la même place.

7° Engraisser et nettoyer le sol, voilà le nerf de la bonne culture. Pourvu que l'assolement remplisse ces deux conditions, il ne faut pas être trop scrupuleux adorateur des règles de la théorie, ni servile copiste des assolemens indiqués dans les livres ou pratiqués en Flandre et en Angleterre. Dans le choix d'un assolement, il faut consulter l'expérience, avoir égard au climat, à la nature du sol, à la position de la ferme, à son étendue, à son assortiment ; il faut avoir égard aussi aux demandes du commerce et à l'argent dont on peut disposer. Gardez-vous de sacrifier les convenances naturelles à des idées d'uniformité, de régularité. Sans doute il est commode, surtout pour la paresse de l'esprit, d'avoir un assolement toujours et partout le même, toujours égal dans ses distributions ; mais quand la nature résiste à cet ordre, il faut bien céder, il faut bien se résoudre à changer l'assolement. Quand les terres de la ferme sont prodigieusement variées dans leur nature productive, il serait absurde de vouloir leur imposer les mêmes productions , et de les renfermer dans le même cadre.

La terre étant inflexible , c'est à la méthode à plier. Il faut classer les terres et donner à chaque classe l'assolement qui lui convient. On a ainsi plusieurs assolemens différens dans la même ferme. Cela demande de l'entente et une attention soutenue dans la conduite de l'exploitation ; un pareil système ne marche pas tout seul : mais enfin il n'est pas impraticable , puisque voilà trente ans que je le pratique.

Vouloir tout soumettre au joug d'une méthode uniforme , c'est imiter la routine.

Le vice le plus radical de cette routine est de n'avoir qu'une méthode et d'y soumettre des terres qui sont d'une nature diamétralement opposée.

L'assolement alterne régulier est le dernier terme de la perfection spéculative. L'assolement libre est souvent le seul applicable au terrain et le seul profitable à la bourse du cultivateur.

Nous en parlerons ailleurs et nous tâcherons de le montrer dans tous ses rapports avec le mécanisme de l'exploitation rurale.

LE CULTIVATEUR

AVEYRONNAIS.

2ᵉ PARTIE.

VUES SUR LA SCIENCE DE L'EXPLOITATION RURALE.

A L'EXEMPLE des grammairiens, qui commencent par exposer les élémens du discours, et qui, après avoir traité des mots considérés dans leurs diverses modifications, montrent ensuite les rapports suivant lesquels ils se lient et se combinent, nous avons d'abord analysé, jusque dans ses premiers rudimens, l'art de la production agricole ; nous avons développé les règles et les procédés du métier, dans tous leurs détails considérés en eux-mêmes et pris à part; à présent nous allons en montrer la syntaxe dans l'ensemble des opérations, dans la concordance des diverses cultures.

L'art de faire ses affaires en agriculture, la science de conduire à bon port l'exploitation de la ferme, est bien autre chose que l'art de travailler la terre. Aussi voyons-nous assez souvent des maîtres-valets habiles échouer complétement, lorsqu'ils s'avisent de se rendre fermiers, et, par conséquent, directeurs d'une exploitation rurale.

Cette science de l'exploitation rurale a été peu connue de la plupart des agronomes. Olivier de Serres l'avait en vue, lorsqu'il ajoutait à son titre, *Théâtre d'agriculture*, les mots : *et du Ménage des champs* ; mais il n'a point réduit ses idées sur cette matière en corps de doctrine, en théorie précise, et il s'est contenté de semer dans son livre quelques préceptes généraux d'administration, et quelques aphorismes.

Je n'ai pas la prétention de créer cette science compliquée et difficile, qui se compose, non de prescriptions absolues, mais d'une multitude de rapports très-variés et quelquefois si déliés qu'ils échappent à la parole, bien que la pratique les fasse sentir. Mon objet est de mettre le lecteur sur la voie de saisir ces rapports, et cela en classant par ordre les principales circonstances qui se rencontrent dans la nature agricole des pays que je connais, en indiquant des vues, parmi lesquelles l'intelligence de chacun pourra choisir celles qui seront applicables au terrain qu'il exploite et, généralement, à la position où il se trouve.

Voilà tout ce que j'ai pu faire : d'autres saisiront ma pensée, et feront mieux.

Cette partie de mon ouvrage est précisément celle que M. Ampère nomme la *cerdoristique* (1), c'est-à-dire la science du profit. Le profit est lié à la bonne culture; mais il n'en est pas une conséquence nécessaire et forcée. On peut se ruiner, tout en cultivant fort bien, ou même à force de cultiver trop bien.

On tâchera d'expliquer d'abord la nature de l'exploitation rurale, de saisir le caractère particulier qui distingue l'industrie agricole de toute autre industrie, et de dévoiler la source de ses bénéfices.

On s'appliquera à poser les règles de la bonne gestion et de la bonne organisation de la ferme. En comparant les diverses méthodes, on montrera, dans les conséquences évidentes des faits naturels les plus incontestables, les bases de celle qu'il convient d'adopter.

Après avoir démontré que le profit, en agriculture, se trouve principalement dans l'amélioration du fonds, après avoir établi les principes généraux de la méthode améliorante, on descendra dans les particularités d'application relativement aux diverses natures de terrain et de climat.

On développera, dans tous ses détails, la marche et les propriétés de l'assolement libre préparatoire, celui de tous

______

(1) Ce mot vient du grec *cerdon*, qui veut dire gain, profit. C'est de là que le vieux français avait tiré le mot *guerdon*, qui veut dire gain ou récompense.

qui convient le mieux à des terres pauvres et à des cultivateurs qui ne sont pas riches.

Enfin, la partie administrative, sans laquelle la meilleure
agriculture n'est qu'une vaine parade, réclame à son tour
toute notre attention. On redoublera d'efforts pour bien
expliquer les règles de la discipline domestique et de la
bonne économie, enfin celles de la gestion financière et de la
comptabilité.

En exposant les élémens de la comptabilité en parties
doubles, et en montrant la façon dont on peut l'appliquer
aux diverses opérations de l'exploitation rurale, on ne prétend pas imposer à tous les agriculteurs la nécessité de la
mettre en usage. Nous exhortons néanmoins nos lecteurs à
l'étudier avec soin : cette étude servira, plus que toute autre
peut-être, à leur donner des idées d'ordre et d'économie.

En résumé, l'art de tirer parti des terres, de leurs productions, du temps, du fumier, du bétail, bref des choses et
des hommes : tel est l'objet de cette seconde partie du *Cultivateur aveyronnais*.

Ire SECTION.

PRINCIPES GÉNÉRAUX DE LA BONNE MÉTHODE OU DE L'ART DE FAIRE VALOIR LES TERRES AVEC PROFIT.

Précis des vues qui sont l'objet de cette première section.

Avant de se livrer à l'industrie agricole, il faut en étudier avec soin la nature et se faire une idée juste des caractères qui la rapprochent et de ceux qui la distinguent des autres industries.

L'exploitation rurale doit être conçue comme une manufacture ; mais cette manufacture est plus intimement liée que les autres à la nature ; elle est asservie à la marche lente des saisons, continuellement exposée aux vicissitudes météoriques et aux rigueurs du climat.

L'agriculture passe pour être la plus misérable des industries. Elle est pourtant la source primitive de toute richesse. Mais elle est disgraciée en France, par rapport à l'ordre social : elle est la moins protégée des professions industrielles, bien qu'elle achète, par une patente plus considérable, sa part dans la protection publique. Voilà ce que l'on dit. On peut répondre avec toute vérité que, si l'agriculture est la moins lucrative des professions industrielles, en revanche elle est la plus solide. Ses revenus sont moindres par rapport au capital ; mais ce capital est moins exposé. Il y a plus, son fonds va en augmentant de valeur, quand l'exploitation est conduite dans le sens de la bonne méthode.

C'est là, c'est dans l'amélioration des terres que la nature a placé la principale source des bénéfices agricoles. Donc la culture améliorante est la seule intéressante, la seule qui mérite de nous occuper.

Notre agriculture ne saurait être stationnaire. Il faut la

porter en avant pour résister au torrent qui la tire en arrière.

Il n'est donc pas aisé d'augmenter la valeur de son fonds : car tout en travaillant à améliorer, il arrive souvent qu'on ne fait que se maintenir.

La routine n'est pas améliorante; elle ne se maintient que par des réparations coûteuses. Cependant c'est dans les principes même de cette routine que nous trouverons les secrets de la méthode améliorante.

Quel est le principe vivifiant de la routine? L'assortiment des fermes en prés, pâtures, champs et bois; son succès dépend du rapport qui existe entre le pâturage et le labourage. La routine prend ce rapport dans la nature brute; le système perfectionné s'applique à le faire naître par des moyens artificiels. La routine s'obstine à demander du blé à une terre qui le produit de mauvaise grâce, et de l'herbe à un pré qui est las d'en produire : la bonne méthode travaille à rectifier l'assortiment de la ferme, et pour cela elle entre dans les vues de la nature. Au lieu de prétendre la parquer dans la spécialité de production, elle cherche à donner à ses terres le caractère de l'universalité.

La routine est contrainte et embarrassée dans sa marche, parce qu'étant dans la nécessité d'associer l'éducation des troupeaux à la culture, c'est-à-dire d'amalgamer l'état nomade et l'état agricole, son système se compose de deux principes rivaux et opposés.

Le système perfectionné tend à établir l'unité et à terminer la lutte qui existe sourdement entre la houlette et la charrue. Il donne l'empire à celle-ci, mais à charge de pourvoir à la subsistance du bétail et de réparer, par la culture des herbages artificiels et des racines, le dommage qu'elle lui cause en détruisant les herbages naturels.

La bonne méthode a deux faces. L'une regarde les lois naturelles de la production; l'autre la vente et les demandes de la consommation. La routine n'en a qu'une. Elle produit toujours les mêmes choses. Elle est nécessairement assujétie à des alternatives d'abondance ruineuse et de pénurie affligeante. La bonne méthode observe la proportion qui existe entre les trois ordres de production, savoir : le bétail, les grains et les racines ; elle part de là pour saisir l'à-propos, pour suivre les oscillations du commerce, pour faire ses propres affaires en faisant celles du public, en tenant prêtes des ressources contre la disette.

La bonne méthode observe la marche des choses et les changemens qui surviennent dans l'état général de la civilisation : elle étudie le présent et prévoit l'avenir. La routine se nourrit des souvenirs du passé. Pour que l'expérience du passé soit concluante, il faut que rien de nouveau ne soit survenu. Or, il est survenu deux choses qui ont dérangé la balance du passé : 1° les pommes de terre, 2° les routes. En détruisant les douanes naturelles de nos rochers et de nos précipices, les routes ont changé le rapport du prix vénal et des frais de la production. De ces deux causes est résulté baisse des denrées et hausse de la main-d'œuvre.

La bonne méthode ne se livre point à des lamentations inutiles ; elle s'arrange en conséquence.

La routine ne peut plus exister. Dans le fait, elle n'existe plus. Son assolement a été calculé pour la culture exclusive des céréales. Aujourd'hui on s'efforce d'y insérer la pomme de terre et les fourrages artificiels. C'est se mettre en opposition avec son propre principe, c'est protester contre son titre, c'est vouloir placer la mâture et l'artillerie de la marine moderne sur les pirogues de la guerre de Troie. Ce n'est point dans telle ou telle culture que se trouve le profit, mais dans la méthode.

La routine emploie un capital circulant considérable et ne sait pas en tirer l'intérêt. La bonne méthode ajoute quelque chose à ce capital, et l'intérêt ressort, indépendamment de la rente de la terre. Du reste, la méthode que nous proposons est sage et sobre dans l'emploi des capitaux. Elle s'attache à les produire ; elle est parcimonieuse.

Elle économise trois choses : l'argent, le fumier et le temps. Économiser, c'est employer à propos et dans des vues très-probables de bénéfice.

La routine use tous les moyens de l'organisation de la ferme dans les cultures de rotation annuelle destinées à produire la rente des terres.

La bonne méthode, par le moyen des outils accélérateurs du travail, termine rapidement ces cultures, et trouve ainsi le temps de faire exécuter, par les employés de la ferme, des travaux d'amélioration. Elle allége singulièrement le joug de la main-d'œuvre. Elle se met en état de satisfaire au précepte d'Olivier de Serres qui recommande d'être hâtif et diligent à planter.

En augmentant les moyens de nourrir le bétail, en concentrant le pâturage sur un espace moindre, la bonne méthode favorise la régénération des bois, et permet de consacrer à des semis d'arbres forestiers les terrains en pente qui, suivant la routine, sont nécessaires au parcours.

Ce n'est point dans telle ou telle production que gît le bénéfice de l'exploitation, mais dans l'ensemble des ressources que la nature a répandues dans notre pays. La multiplicité des ressources est le caractère spécial de l'agriculture aveyronnaise. La nature n'a pas voulu nous accorder la faveur de moissonner à pleine faucille, mais seulement de glaner çà et là le profit. Il n'y a donc de bonne méthode pour nous, que celle qui s'arrange pour embrasser tous les genres de production qu'indique, dans chaque localité, la nature du terrain et du climat. La routine est essentiellement exclusive par nature. C'est le rat qui n'a qu'un trou.

Tels sont les textes que nous allons développer dans les cinq chapitres suivans.

CHAPITRE Ier.

—

VUES SUR LA SCIENCE DE L'EXPLOITATION RURALE.

Idée générale de l'industrie agricole. — Comparaison de cette industrie avec l'industrie manufacturière. — Des trois méthodes d'exploitation. — Que l'agriculture ne peut se soutenir que par le progrès.

1. Pour se faire une idée juste de l'exploitation rurale, il faut la considérer comme une véritable manufacture. Les terres ne sont que des ateliers de travail établis par la nature et que l'art fait servir à la fabrication du blé et des autres denrées.

Le vulgaire croit voir quelque chose de plus dans l'agri-culture. Il est reçu dans le langage commun de la mettre à part et de la séparer des arts industriels. On désigne les produits de l'industrie agricole par les mots de *biens de la terre*.

On ne saurait dire combien ce mot, consacré par l'usage, a jeté de semences d'erreur dans l'esprit de la plupart des gens. Il faut se tenir en garde contre ces expressions fausses dans les termes, qui agissent sourdement sur l'imagination et prévalent contre le témoignage des sens.

Nos terres, livrées à elles-mêmes, ne produisent que des ronces, des chardons, des pruneliers, des fougères, des bruyères, des genêts, des ajoncs, etc.

Les blés et les légumes ne peuvent être appelés les biens de la terre, que dans le sens où l'on dirait que les tissus sont les biens de la navette, et leurs riches couleurs les biens de la cuve du teinturier.

Ce dernier rassemble les matières premières, les prépare, les dispose et cherche à mettre en jeu, par une suite de pro-cédés fondés sur l'expérience, les lois naturelles qui régis-sent les affinités chimiques. L'agriculteur rassemble aussi les matières premières, savoir : les semences, les engrais, les excitans ; il les dispose, et par un ensemble d'opérations combinées, il fait naître les circonstances les plus propres à provoquer l'action des lois qui président au développement de la production organique. Le fabricant d'alun, de javelle, s'adresse à la chimie ; l'agriculteur à la physiologie. De part et d'autre, la nature agit, mais dans les voies nouvelles que l'art à su lui tracer.

2. L'industrie agricole, comme les autres industries, procède en vertu d'une organisation de moyens. Une ferme présente l'aspect d'une usine compliquée ; elle a ses bâtimens, son train d'équipages, son assortiment d'outils, ses approvisionnemens, ses ouvriers placés par grades de hiérarchie administrative.

Par conséquent, l'exploitation rurale ne peut marcher qu'à l'aide d'un capital circulant et d'un fonds de roulement qui soient en rapport avec l'importance et l'étendue de ses opérations.

Cette vérité est bien simple : elle est néanmoins assez généralement ignorée ou mal comprise.

C'est faute d'avoir conçu l'agriculture comme une savante industrie de fabrication que l'on s'est fourvoyé, que l'on s'est précipité dans des méthodes désordonnées, que l'on a marché en sens inverse des règles que les industriels se sont imposées et qu'ils suivent avec une exactitude scrupuleuse.

3. Le but de toute industrie étant d'obtenir un bénéfice qui soit en rapport avec le capital employé, la première règle est de bien connaître le prix de revient des objets que l'on fabrique. Ce prix de revient est la boussole qui sert à diriger toutes les opérations. Or, interrogez la foule des cultivateurs ; demandez-leur ce que leur coûte le blé, ce que leur coûtent les autres denrées : à la divergence des réponses, vous jugerez qu'ils n'en savent rien. Aussi prennent-ils le parti de marcher dans les sentiers battus d'une aveugle routine.

4. On dit communément que l'agriculture est le plus misérable de tous les métiers. Un homme instruit à fond dans

la pratique de l'art agricole, ne passe pas pour posséder une industrie, pour avoir un état.

Telle est la dégradation où est tombée la plus savante des industries, celle qui est la source primitive de la richesse de toutes les autres. Doit-on en accuser la nature des choses? Ou bien, est-ce la faute des méthodes suivies par les agriculteurs? Cette question tient de trop près à l'instruction, pour qu'on ne lui accorde pas quelques instans d'un examen attentif.

On reproche à la profession agricole d'être placée sous des conditions particulières d'infortune. Par rapport à la nature, elle est assujétie, dans ses opérations, à la marche lente des saisons : de façon que la rentrée de ses avances n'arrive qu'au bout de l'an, et pour certains objets au bout de plusieurs années. Mais, ce qui est pire, elle est continuellement exposée aux vicissitudes terribles de l'atmosphère, tandis que l'industrie manufacturière travaille à huis-clos, à l'abri des orages; les opérations de celle-ci marchent avec célérité; ce qui lui donne l'avantage immense d'imprimer à son capital une circulation rapide, graces à laquelle de minces profits, souvent répétés, finissent par produire un bénéfice considérable.

Par rapport à l'ordre social, l'agriculture a le malheur de supporter des charges certaines avec des revenus incertains, d'être la plus imposée de toutes les professions et en même temps la moins protégée.

Voilà ce que l'on dit, et les gens d'esprit, les gens capables s'éloignent d'une profession qui promet beaucoup de peine, peu de profit, nulle considération.

Pour combattre ce préjugé funeste, il suffit de quelques réflexions fort simples, qui n'échappent aux yeux de la plupart qu'à cause même de leur extrême simplicité.

5. Si les profits de l'art agricole s'accumulent moins rapidement que ceux de l'industrie, en revanche il est clair que l'agriculture est plus solide : or, c'est une règle invariable, que le bénéfice est proportionné aux risques que court le capital.

L'agriculture est plus solide pour plusieurs raisons évidentes, mais particulièrement en ce que ses produits sont à l'abri des caprices de la fantaisie et de la mode. Celle-ci exerce la tyrannie la plus fantasque sur les produits des manufactures, les élève un moment pour les abaisser tout-à-coup et les mettre au rebut.

Les agriculteurs sont à l'abri des variations bizarres du goût des consommateurs. Le froment, le bœuf, le mouton, les poulardes, les oies, les canards bien engraissés, les vins potables seront toujours à la mode, et ne disparaîtront jamais du marché.

6. Mais voici la grande compensation que la nature a ménagée en faveur de l'industrie agricole. Cette compensation dérive des circonstances mêmes que le vulgaire regarde comme la source de son malheur : l'industrie manufacturière est infiniment plus exposée au suicide involontaire qui résulte d'un excès de fabrication. Aussi voyons-nous qu'elle est périodiquement bouleversée par des secousses violentes.

L'agriculture tend de toutes ses forces vers le même écueil. Si la nature la laissait faire, elle se ruinerait à force de produire. Mais, travaillant en société avec cette sage et bonne nature, elle ne peut point se rendre maîtresse absolue de la production : les mauvaises années la contiennent dans des limites qu'une aveugle cupidité s'efforce de franchir. Si une bonne année produit un encombrement ruineux, une mauvaise arrive et rétablit l'équilibre.

Cette vue est très-importante, et nous prouverons plus loin que l'alternative des bonnes et des mauvaises années est très utile au cultivateur qui sait en tirer parti. Terminons le parallèle.

7. L'industrie manufacturière est, généralement parlant, plus lucrative, et elle mène plus rapidement à la fortune ; mais j'ose dire que sa prééminence sous ce rapport n'est pas aussi considérable qu'on l'imagine communément.

Il faut considérer que les usines qui servent de base à ses opérations représentent des capitaux à fonds perdu, des valeurs qui vont en se détériorant d'année en année ; on peut en dire autant, il est vrai, des bâtimens ruraux ; mais les terres, qui représentent le fonds principal de l'agriculture, les terres, entre les mains d'un homme qui entend son métier, bien loin de perdre de leur valeur, reçoivent au contraire une augmentation graduelle.

Voilà le point de vue sous lequel l'agriculture peut soutenir la comparaison avec quelque égalité. L'industrie manufacturière étale ses profits au grand jour. Elle capitalise d'une façon ostensible ; l'industrie agricole immobilise ses profits ; elle entasse peu à peu ses valeurs dans le sein de la terre ; elle capitalise en dedans, s'il est permis de parler ainsi.

8. Toutefois ce serait une grande erreur de croire que cette faculté d'accroître progressivement la valeur des terres est inhérente à leur culture et qu'il suffit, pour améliorer les champs, de les travailler. Non, ce privilége naturel de l'industrie agricole ne lui appartient que lorsqu'elle mérite ce nom, lorsqu'elle est une industrie dans toute la force du terme, lorsqu'elle sait allier les principes qui dérivent des lois de la nature avec les règles d'une gestion vigilante, exacte et bien coordonnée dans son ensemble et dans ses détails.

Ceci demande des explications développées ; les voici :

9. Il y a trois manières de diriger l'exploitation des terres. L'une consiste à forcer la production autant que possible et à tirer de la terre, en objets de vente, au-delà de ce qu'on lui rend en engrais ; c'est la culture épuisante.

C'est celle que suivent la plupart des fermiers, nonobstant les clauses prohibitives des baux. La seconde méthode consiste à proportionner les engrais aux productions, à ménager les terres par ces intervalles de jachères que l'usage a consacrés, à cultiver, comme on dit, en bon père de famille. Mais en se bornant à des objets de vente, à des substances d'une nature identique ou analogue, on force la terre à rendre à peu près tous les sucs qu'elle a tirés de l'atmosphère, ou qu'elle a reçus par le fumier. C'est la culture stationnaire ; c'est celle que pratiquent les propriétaires qui dirigent eux-mêmes leurs exploitations et qui ont acquis la réputation d'être bons cultivateurs suivant la routine.

La troisième méthode d'exploitation s'impose la loi de ne jamais user de toutes les forces productrices de la terre et du fumier qu'on lui a donné ; au contraire, de rendre les champs au repos immédiatement après une bonne récolte en grains, alors même qu'on a lieu de supposer qu'ils sont encore en état d'en produire une seconde. Bref, tout le secret de cette méthode gît à rendre en fumier au-delà de ce qu'on reçoit en grains ou autres objets de vente. En suivant cette marche, les engrais laissent toujours un résidu : la couche végétale s'enrichit peu à peu, ou se forme là où elle n'existait pas ; telle est la culture améliorante, culture fort simple dans son principe, mais très-difficile dans l'application.

En effet, quoi de plus simple à concevoir qu'une méthode qui se réduit à fumer beaucoup et à semer peu ? Qu'on se figure un ouvrier qui gagne trente sous par jour et n'en dépense que vingt : voilà tout le secret. Le fumier est la vraie richesse du cultivateur. C'est la monnaie de la fécondité des terres. Si l'on fait des économies sur les engrais que l'on confie à celles-ci, on capitalise en sucs nourriciers ; on laisse au fond du sillon un reliquat annuel qui grossit peu à peu. Le champ devient un jardin.

10. Mais cette méthode expectante, qui fait des avances continuelles et ajourne les rentrées, peut-elle s'accorder avec les besoins actuels des cultivateurs ? Le profit est lointain et la nécessité est urgente.

C'est ici qu'il faut de l'art, des soins et des combinaisons ; il s'agit de concilier les sacrifices que commande le progrès, avec l'exigence quotidienne des affaires et des besoins de la vie. Il faut trouver une méthode qui puisse fonder le mieux dans l'avenir, sans immoler le bien du présent ; une méthode qui laisse au cultivateur tout son revenu, alors même qu'elle ménage la force productrice, qui est la source de ce revenu.

11. Cette méthode n'est pas introuvable, bien qu'elle paraisse contradictoire ; elle a sa racine dans cette admirable loi de l'alternance dont nous avons expliqué les effets dans la 3e section de la 1re partie. On peut, en vertu de cette loi, prolonger la jachère avec profit, en lui faisant produire des fourrages précieux.

12. Ici se présentent des objections graves : la culture alterne emploie une mise de fonds considérable et, par conséquent, elle est impraticable dans un pays où l'agriculture n'a point de capitaux disponibles. Le succès de cette culture est à peu près impossible sur des terres pauvres.

13. La culture alterne ne peut marcher qu'à l'aide d'une immense quantité de fumier, et la production de ce fumier par les fourrages suppose déjà l'amélioration qu'elle est destinée à faire naître. Le cercle vicieux est évident; il faut des fourrages pour avoir du fumier, il faut du fumier pour avoir des fourrages. Quand on a franchi ce premier pas, le cercle vicieux devient une circulation heureuse ; mais pour le franchir, il faut des dépenses énormes. Dans le Norfolk, on a trouvé de la marne, et on a été assez riche pour l'arracher des entrailles de la terre et pour la répandre à la surface du sol. Ici nous n'avons ni marne ni argent.

14. La culture alterne demande une main-d'œuvre considérable. Comment la trouver aujourd'hui que les populations s'éloignent de la culture et se précipitent dans les villes, vers les professions privilégiées ? D'ailleurs qu'arriverait-il si toutes les terres de la France étaient simultanément mises en état de production florissante ? La consommation, si souvent saturée, si habituellement dédaigneuse, manquerait aux trois quarts des denrées. L'avilissement des prix serait à son comble, et une crise terrible plongerait l'agriculture dans la plus affreuse misère.

N'a-t-on pas calculé que, si toute l'Angleterre était cultivée comme le Norfolk, ses produits suffiraient aux besoins d'une population de 70 millions d'hommes ?

Ces objections sont solides, et nous avons cru devoir les exposer dans toute leur sincérité : la réponse est facile.

15. Le principe de l'alternance est flexible et variable dans son application. Sans doute, on ne peut pas l'appliquer en commençant, dans toute la profusion de ses conséquences , et établir sur nos terres ingrates une rotation active, pareille à celles que l'on admire dans les fertiles plaines de la Flandre. L'assolement régulier avec abolition complète de la jachère naturelle, est un point de perfection vers lequel il faut s'élever par degrés. On s'exposerait à des revers accablans , si on entreprenait d'assujétir nos terres à cette culture perfectionnée , avant de les avoir préparées par une méthode mesurée , prudente , économique. Entre la routine et le système flamand ou anglais , il y a une lacune et , pour ainsi dire , un vaste désert qu'il faut traverser en tâtonnant et par des opérations échelonnées. Tel est l'objet de la méthode que nous appelons préparatoire ou de transition. Nous l'expliquerons amplement dans la suite : pour le moment , il nous suffit d'observer que la culture améliorante est la seule qui mérite de nous occuper , la seule intéressante, j'ose dire , la seule vraiment profitable.

16. La culture épuisante est un acte de sauvage ; elle coupe l'arbre pour avoir le fruit ; elle dévore le sein de sa nourrice : c'est en quelque sorte un sacrilége.

17. La culture stationnaire serait assez raisonnable ; mais, à proprement parler , elle est impossible. L'immobilité n'appartient pas aux choses de ce monde : il faut se porter en avant , si on ne veut pas reculer. Car il y a dans la nature une tendance qui mine sourdement les ouvrages de l'homme, un courant qui repousse les travaux du laboureur et les porte en arrière , suivant l'expression d'un auteur ancien (1). *Le peu de soins , le temps , tout fait qu'on dégénère,* a dit le fabuliste. Les terres se dégradent lorsque la force humaine ne s'évertue pas annuellement pour les améliorer. Le système stationnaire tombe dans la décadence et se trouve as-

(1) . . . . *Nam omnia fatis*
In pejus ruere et retrò sublapsa referri.

       Virgile. *(Géorgiq.)*

sujéti de temps en temps à reprendre sa position par des réparations coûteuses.

18. La méthode améliorante dépense moins pour avancer
que l'autre pour se maintenir. Tel est le texte que nous avons
à développer dans les chapitres suivans. Mais auparavant il
convient de jeter un coup-d'œil sur l'état actuel de notre
agriculture, de bien étudier les principes du système appelé
routine et de mettre à découvert les ressorts qui le font
mouvoir.

CHAPITRE II.

—

Caractère de l'agriculture aveyronnaise. — Composition et assortiment des fermes. — La spécialité dans l'emploi des terres est le principe de la routine. — L'universalité est le principe de la méthode perfectionnée.

1. En embrassant d'un coup-d'œil général les terres de l'Aveyron et celles des pays analogues, tels que la Lozère, le Cantal, le ci-devant Limousin, le Nivernais, etc., en faisant abstraction des lambeaux étroits de terrain d'alluvion qui occupent le fond des vallées, on peut partir de ce point de fait établi plus haut, que les terres ne sont que des ateliers de travail et que le fumier est la matière première que met en œuvre l'industrie agricole. Il suit de là que la richesse du cultivateur se mesure sur la quantité du fumier dont il dispose, et non sur l'étendue des terres qu'il laboure.

2. La valeur d'une ferme dépend, non pas seulement de la valeur des différentes natures de propriété qui la composent, considérées à part une à une ; mais de leur assortiment, de la proportion plus ou moins convenable qui existe entre les prés, les champs et les pâturages.

Cela est si vrai que je connais une ferme dont le revenu a augmenté par cela seul que le propriétaire a été forcé de vendre une portion de ses terres labourables : ce qu'il a fait en conservant les prés et les pâturages permanens appelés *devèzes*. Le domaine ainsi réduit s'est trouvé placé sous de meilleures conditions de culture, le rapport des frais aux produits s'est amélioré. Or, c'est ce rapport qu'il faut considérer.

Posons donc comme principe fondamental de notre agriculture, que le revenu provient, non pas des prés, comme le croient la plupart des gens ; non pas des champs, comme le pensent quelques autres ; mais de la proportion qui existe entre ces deux natures de propriété. Ce principe est fécond en conséquences, comme on le verra plus loin ; en attendant, il faut tâcher de le bien concevoir ; car de cette conception dépend la connaissance approfondie que l'on peut acquérir touchant la science de l'exploitation rurale.

Lorsqu'un domaine possède des prairies en quantité suffisante pour saturer de fumier ses terres labourables, celles-ci acquièrent à la longue une fertilité qui les distingue des terrains du voisinage, bien que ces derniers soient quelquefois naturellement meilleurs.

3. Les prés ne suffisent pas pour nourrir le bétail de la ferme. Ce bétail se compose des bœufs de travail nécessaires à l'exploitation, des vaches laitières, d'un troupeau de bêtes à laine, de quelques jumens poulinières destinées à la production des mules, et qui servent en outre, dans le causse, à battre les blés. Pour nourrir tout cela pendant que les prés sont en défense et lorsque les provisions du grenier à foin sont épuisées, il faut ce que l'on appelle des devèzes, c'est-à-dire des terrains gazonnés qui ne sont au fond que de mauvais prés, qui fournissent assez d'herbe pour la dépaissance, pas assez pour la faux. Ajoutez à cela les bois nécessaires au feu de la cuisine et au charronnage des instrumens aratoires, des chars, des tombereaux, etc., ainsi que du bois de charpente pour la reconstruction ou la réparation des bâtimens ruraux en cas de nécessité, et vous aurez une idée générale des pièces qui composent l'assortiment d'une ferme.

Telles sont les bases du système d'exploitation usité, lequel procède suivant les règles de l'assolement triennal avec jachère.

On voit que ces bases sont prises dans des spécialités qui dérivent de la nature. L'art n'entre pour rien dans l'assortiment de la ferme : il se borne à opérer sur le canevas que la nature elle-même a tracé.

4. Ce principe de la spécialité est le caractère de la routine. Ce qui est pré bon ou mauvais, doit éternellement rester en face de pré, les devèzes sont également inamovibles. Ce qui s'appelle champ doit à jamais être labouré et semé en blé de

trois en trois ans. Autrefois cette idée dominait si fort tous les esprits qu'un propriétaire qui eût osé défricher un pré ou une devèze, aurait passé pour un prodigue ou pour un fou. Le terrain gazonné inspirait une sorte de respect; on eût dit que c'était chose sacrée. Ce préjugé n'a pas droit de surprendre; il est une conséquence rigoureuse du principe fondamental de l'assolement de trois ans avec jachère. Toucher aux prés et aux pâtures, c'était désorganiser la ferme, c'était enrayer la marche de l'exploitation.

En effet, la culture des terres qui ne sont pas fertiles par elles-mêmes, qui ne sont pas engraissées naturellement par des circonstances particulières; cette agriculture peut être considérée comme une machine dont le pâturage est le moteur.

5. Cette machine est compliquée, parce qu'elle se compose de deux élémens, à la fois opposés et nécessaires, savoir : l'art pastoral et le labourage.

Pour bien comprendre ceci, remontons à l'origine de l'art agricole et des sociétés humaines.

Si l'on applique la règle établie si judicieusement par Buffon, si l'on juge du passé par ce que nous montre le présent dans les contrées appelées sauvages, la chasse et la pêche ont été la première industrie de l'homme, celle qui constitue le premier degré de l'état social.

Il est un peu triste de penser que l'homme est naturellement porté à devenir animal de proie, mais rien n'est plus vrai.

De l'état de chasseur à celui de berger il n'y a qu'un pas : la chasse est journalière, il est rare que le gibier se présente à point nommé ; d'ailleurs, la chasse tend sans cesse à tarir la source de ses produits, en ce qu'elle extermine les animaux sans distinction d'âge ni de sexe : il est donc tout simple que les hommes apprennent à apprivoiser et à élever des animaux qu'ils puissent à tout moment trouver sous la main pour se nourrir.

L'état de pasteur nomade a été le second degré de la société. Enfin, les progrès de la population ont fait sentir la nécessité d'emprunter un surcroît de ressources au règne végétal, et l'homme est devenu laboureur. Auparavant les armes et les troupeaux composaient toute sa propriété : par la culture il s'est approprié la terre elle-même. Quoiqu'on acquière des richesses nouvelles, on ne renonce pas pour cela aux richesses précédemment acquises. Ici, la routine et l'intérêt s'accordaient pour la conservation des troupeaux. On s'est donc efforcé d'associer l'art pastoral et l'industrie agricole.

Ces deux industries se contrarient et semblent faites pour s'exclure mutuellement. L'agriculture exige impérieusement la propriété privée, le partage de la propriété commune. Le dieu Terme est sa divinité tutélaire (1). Le pasteur ne voudrait point de bornes : « Allez, disait Abraham à son » neveu ; conduisez vos troupeaux, vous avez devant vous » toute la terre. »

Le gazon, trésor du berger, est l'ennemi que le laboureur s'efforce de détruire. Pour les accorder, on n'a rien trouvé de mieux que d'assigner à chacun son domaine ; ainsi les terres ont été divisées en champs et en pâturages.

6. Ainsi le système ancien, vulgairement qualifié de routine, s'est formé de lui-même ; il est sorti, pour ainsi dire, des mains de la nature.

Il serait à la fois absurde et dangereux de le considérer comme le produit d'un préjugé aveugle, ou d'une imagination capricieuse. Ce système a ses motifs dans la nature même des choses : il est conséquent et bien lié dans toutes ses parties.

Le bétail fournit le fumier sans lequel le labourage serait stérile. De son côté, le labourage s'arrête avec respect sur les limites du domaine qui appartient au bétail : il accroît encore ce domaine en subissant la loi de la jachère.

7. On remarquera que, dans ce système, la jachère a deux motifs également impérieux Commandée d'abord par l'impossibilité de cultiver les blés constamment sur la même terre, elle est en outre indispensable pour la nourriture du bétail.

(1) Les Romains donnaient ce nom à la divinité qui, suivant eux, présidait au bornage des champs.

Il ne faut donc pas s'étonner que ce système ait traversé les siècles et qu'il résiste encore aujourd'hui avec opiniâtreté aux efforts de l'esprit d'innovation qui caractérise l'époque où nous sommes entrés depuis environ un siècle. Le sentiment de ceux qui ne lui accordent d'autre appui que le stupide entêtement de l'usage et de la coutume, est inadmissible. Avouons franchement qu'il a été conçu avec des vues très-justes et très-sensées.

8. Cet aveu ne doit pas tirer à conséquence contre les méthodes nouvelles que nous proposons de substituer aux anciennes. Notre méthode, bien loin d'être subversive du principe antique, en est un développement naturel, développement inspiré par le progrès des connaissances et nécessité par l'état nouveau de la civilisation. Voilà encore un texte qui sera expliqué dans la suite. Contentons-nous de remarquer pour le moment que, le caractère de la routine etant de ranger les fonds de terre en catégories, avec affectation spéciale, irrévocable à la même culture, à la même production, le caractère distinctif du système perfectionné est de s'affranchir du joug de la spécialité et de travailler à donner à tous les fonds de terre sans distinction la propriété de remplir alternativement l'emploi de pré et celui de champ ; de façon que l'universalité de production sert de base à ce système, sauf les exceptions où la répugnance de la nature est trop prononcée, ou bien lorsque la destination naturelle est tellement évidente qu'il y aurait à perdre plutôt qu'à gagner dans le changement. C'est ainsi que les prairies de bas-fonds, grasses, fraîches, arrosables, qui sont en bon et plein rapport, doivent être conservées intactes ; car il n'est permis à l'art d'agir que lorsqu'il a l'espoir d'imprimer une meilleure direction à la nature.

9. En résumé, nous dirons que le système de la routine est bien conçu dans son principe, mais insuffisant dans ses moyens ; qu'il n'arrive à son but que très-imparfaitement. En associant l'éducation des bestiaux à la culture des terres, en fondant celle-ci sur la production du fumier, il est entré dans la bonne voie, et il a fort bien compris la nature du

pays. Mais, en bornant ses moyens aux herbages naturels, il a méconnu les ressources de l'art, et surtout en assignant aux terres l'uniformité de production, il a violé la loi de la variété et il s'est mis en opposition avec le vœu de la nature.

10. Si les prés naturels étaient assez nombreux ou assez fertiles pour fournir tout le fumier que réclament les terres labourables, celles-ci seraient assez productives pour indemniser le cultivateur et lui faire retrouver, avec le prix de son travail et de son industrie, l'intérêt de ses capitaux. Alors nous réclamerions le maintien de la routine ; car il y a toujours au moins du tracas et de la peine à changer. Mais, en général, la proportion convenable entre les terres et les herbages n'existe pas. Or, le produit net dépend de cette proportion ; il faut donc s'efforcer de l'établir par des moyens artificiels. Tel est le but de la méthode que l'on se propose de développer dans la suite de ce Traité élémentaire. Cette méthode, bien loin de produire un bouleversement dangereux, vient se greffer sur le système établi, pour le fortifier, pour le redresser et le ramener à son principe, lorsqu'il s'en écarte. En un mot, elle entre dans les vues de la routine mieux que la routine elle-même.

CHAPITRE III.

De la Méthode agricole en général. — Principes de la bonne Méthode. — L'assolement ancien n'est bon que pour le blé. — Il résiste aux améliorations. — Erreur dangereuse presque générale.

Avant d'aller plus loin, expliquons ce mot de méthode qui revient si souvent dans les écrits des agronomes et dans nos leçons.

1. On entend par méthode une manière d'agir, de procéder, de se conduire suivant un certain ordre. Que voyons-nous dans la façon d'aller de l'ancienne exploitation? D'abord une jachère que l'on fait paître par bandes et qui nourrit avant tout les bœufs de travail, puis les vaches et les jumens, puis les brebis. L'herbe dévorée, on laboure pour le blé d'hiver. Après la récolte de celui-ci, on laboure pour l'orge de mars, puis on revient à la jachère. Cet ordre, cette marche invariable, ce cercle parcouru exactement pas à pas, constitue ce que nous appelons l'ancienne méthode ou la méthode de l'assolement triennal, ainsi nommé parce qu'il divise les terres en trois sections, et les parcourt toutes dans l'espace de trois ans, par les mêmes cultures successives.

2. Il ne suffit pas d'agir méthodiquement, il faut que la méthode suivant laquelle on agit soit bonne. Une méthode est bonne, lorsque l'ordre qui la constitue est fondé sur des motifs bien raisonnés, bien calculés; sur des rapports puisés dans l'observation de la nature, d'une part; et de l'autre, dans les règles de l'économie industrielle. Montrons l'application de ceci par un exemple. Dans la méthode du Norfolk, nous trouvons l'ordre suivant : 1° turneps fumés, sarclés, binés et consommés sur place; 2° orge et trèfle; 3° trèfle; 4° froment. Cherchons les motifs de cet ordre adopté dans la succession des cultures : car nos villageois demanderaient peut-être pourquoi on n'a pas procédé ainsi

qu'il suit : 1° turneps consommés sur place comme la *fruchive du causse* : 2° froment ; 3° orge et trèfle ; 4° trèfle.

Pour bien comprendre ces motifs, il faut commencer par se faire une idée générale de la nature des terres de cette province anglaise, afin de bien saisir l'esprit dans lequel a été conçu l'assolement dont il s'agit. Le Norfolk était, dans son état naturel, assez semblable aux plus mauvais cantons de notre ségala : il était bien plus infertile encore, si l'on en juge par le loyer des terres tel qu'on le trouve mentionné dans les voyages d'Arthur Young. Le sol en est léger et sablonneux.

3. Ceux qui ont conçu le projet de rendre un pareil terrain aussi productif que les plus fertiles de l'Europe ont vu (ce qui saute aux yeux) que, pour arriver à cette fin, il fallait se procurer une immense quantité de fumier. Trouvant de maigres ressources pour cet objet dans les herbages naturels, ils ont basé leur entreprise sur les fourrages artificiels. Ceux-ci n'offrent qu'une ressource insuffisante et précaire lorsqu'ils marchent seuls : il a fallu, pour compléter le plan de la nouvelle manière de faire valoir les terres, associer les racines au trèfle ; mais pourquoi les raves plutôt que les pommes de terre ? Parce que celles-ci ne peuvent pas être consommées sur place, qu'elles exigent des frais d'extraction, de transport, de manutention, de distribution à la crèche. Les turneps sont mangés sur place par bandes et le terrain est en même temps parqué. La raison d'économie est immense : on épargne ainsi le transport du fumier.

4. Voyons à présent pourquoi le froment ne se place pas à la suite de la récolte sarclée et parquée : pour plusieurs raisons très-considérables. Premièrement, comme le trèfle est le fondement de toute la machine, il importe d'en assurer le succès en le plaçant sur un terrain bien engraissé, bien nettoyé, parfaitement ameubli. Or, la culture des turneps, qui précède, accomplit toutes ces conditions : les opérations que cette culture exige sont donc en rapport avec celle du trèfle. En second lieu, si l'on plaçait l'orge à la suite du froment, on violerait le grand principe de l'alter-

nance, suivant lequel on ne doit pas faire grains sur grains : la méthode serait épuisante. Le trèfle réussirait mal ou moins bien ; l'amélioration que l'on cherche serait entravée dans son progrès. Troisièmement, si le froment suivait les turneps, la consommation de ceux-ci tomberait dans une saison où le bétail trouve assez à paître et notamment sur les tréflières, à mesure qu'on les laboure, au lieu que c'est en hiver que les turneps sont livrés au bétail, et c'est en hiver que celui-ci trouve, dans les racines, une ressource précieuse et salutaire. Enfin il est prouvé par l'expérience que le trèfle, lorsqu'il est beau et vigoureux, dispose la terre à produire du froment. Ce n'est même qu'à l'aide du trèfle que le froment peut réussir sur des fonds siliceux ou schisteux, d'une nature identique ou analogue à ceux du Norfolk. Il est donc très-douteux qu'on eût de beaux fromens, si on les plaçait ailleurs que sur le trèfle.

5. On voit que l'assolement alterne que nous venons d'analyser a été combiné d'après des raisons puisées dans la nature des choses, et que l'ordre qu'il établit entre les cultures n'a rien d'arbitraire ; que cet ordre a l'immense avantage de lier les opérations et de produire une circulation admirable, au moyen de laquelle chaque récolte trouve des avantages dans la succession de celle qui la précède, et les transmet à celle qui la suit.

6. A présent, si nous examinons cet assolement sous le rapport de la vente, nous remarquerons que l'orge, denrée assez vile en France, est très-précieuse en Angleterre, à cause de la fabrication de la bière. L'orge est plus productive que le froment, de façon que la récolte de ce grain printannier égale en valeur celle du blé d'hiver. Ajoutez que les Anglais sont grands mangeurs de viande et que, par conséquent, les bestiaux, sur lesquels l'assolement du Norfolk appuie principalement sa spéculation, trouvent dans ce pays un débit plus assuré et plus avantageux qu'ailleurs.

7. Il est inutile de dire que, dans le choix des plantes que l'on cultive, on doit se déterminer d'après le climat et d'après la

nature du sol. Si dans le Norfolk on a choisi les turneps, c'est qu'indépendamment des raisons ci-dessus exposées, on a vu que cette racine convient à un sol léger et à un climat où les ardeurs de l'été sont souvent tempérées par les pluies.

8. C'est ainsi qu'il faut étudier les méthodes que l'on est tenté de prendre pour modèle ; lorsqu'on a bien analysé les motifs que ces méthodes puisent dans les circonstances locales, on cherche à s'assurer que l'on se trouve dans des circonstances semblables. Il faut surtout avoir égard aux demandes de la consommation ; c'est ainsi qu'en Flandre on a choisi, pour récoltes intercalaires, d'abord le colza dont les produits sont demandés par la consommation des grandes villes qui abondent dans ces contrées, et par celle de Paris ; et ensuite le lin pour les fabriques de dentelles et de batiste des environs ; la garance, etc. Les Flamands doivent être considérés comme les créateurs de la bonne méthode. Leur culture est admirable. Toutefois on peut lui reprocher de trop donner aux objets de vente. Aussi ne peut-elle se soutenir qu'à l'aide des gadoues et des engrais de toute espèce que lui fournissent les villes populeuses de la contrée, villes dont la population est accrue par de nombreuses garnisons. Ainsi la méthode flamande perd le caractère distinctif de l'agriculture et elle tombe dans l'horticulture, elle ne porte pas en elle-même le ressort de sa vie et de ses mouvemens. Son existence est le fruit d'une cause extérieure accidentelle : c'est une bonne fortune de localité.

9. Etudions l'agriculture flamande, étudions l'agriculture du Norfolk ; mais gardons-nous d'une imitation servile. Appliquons-nous à nous approprier les parties de chacune qui conviennent à notre position, à notre climat, à notre sol. Tirons-en surtout ce qui convient à tous les pays, la science de la bonne méthode, la science de disposer les cultures de façon à ce qu'elles se soutiennent mutuellement, la science d'économiser les frais de culture relativement aux produits par l'enchaînement des travaux et par une attention adroite et soutenue à les faire servir à deux fins.

Ce dernier point est un des secrets les plus importans de l'entente de l'exploitation rurale.

10. N'oublions pas surtout qu'il n'y a pour nous de bonne méthode que celle qui se fonde sur la production du fumier, par conséquent sur les prairies artificielles et autres objets de consommation pour le bétail. Mais gardons-nous de tomber dans l'erreur où tombe le commun des agriculteurs, celle de croire que les prairies artificielles et les récoltes sarclées peuvent entrer dans l'assolement de trois ans.

11. Cet assolement, qui fait le fond du système ancien, a été combiné pour la culture exclusive des céréales. Sous ce rapport, il accomplit assez bien la condition première de toute organisation industrielle, qui consiste à proportionner les moyens d'action à l'effet que l'on veut produire. Ces moyens d'action sont l'araire, les bœufs et le bouvier ; rien de plus. C'est avec cet équipage qu'il a traversé les siècles.

De nos jours on a voulu l'enrichir des productions de la culture perfectionnée ; on a cru que ces productions étaient la substance même de la perfection : on a rejeté la méthode nouvelle dont on n'avait pas une idée bien nette, et tout en conservant le système ancien, on a cru pouvoir y faire entrer des cultures pour lesquelles il n'avait pas été conçu, et auxquelles il répugne invinciblement.

12. Cette espèce de transaction entre la science et les préjugés produit un système bâtard, qui a les inconvéniens des deux, sans avoir les avantages d'aucun. Il tend à compromettre l'existence de l'agriculture au lieu de l'améliorer.

En effet, lorsqu'on veut faire entrer dans le cadre de nos exploitations rurales les récoltes sarclées sans adopter la méthode appropriée à cette culture, il arrive que la proportion entre la fin et les moyens est rompue ; les récoltes sarclées ne peuvent se placer commodément que dans un assolement alterne, dont le propre est d'admettre les céréales dans une moindre proportion ; et leur culture ne peut être avantageuse qu'à l'aide d'un excès de population qui rende la main-d'œuvre abondante et à bas prix, ou bien au moyen des instrumens perfectionnés qui en tiennent lieu.

13. Ce point une fois établi, on voit clairement quelle a été l'erreur fondamentale des propriétaires, lorsqu'ils ont cru pouvoir placer avec avantage la pomme de terre sur la jachère de l'assolement triennal. L'insertion de cette culture nouvelle dans l'antique organisation de nos exploitations agraires a produit une superfétation monstrueuse, à rompu l'équilibre des forces et des résistances, altéré l'unité d'action, et dénaturé le système au lieu de l'améliorer. Les moyens naturels à ce système se trouvant insuffisans pour une culture qui ne lui était pas appropriée, il a fallu avoir recours à ceux de la culture jardinière : en généralisant la culture à bras dans un pays dont la population était loin d'excéder les besoins de l'agriculture, on a élevé le prix de la main-d'œuvre, en même temps que l'on tendait à faire baisser celui des denrées. Cette façon de cultiver les racines et autres récoltes sarclées dans l'assolement triennal peut avoir quelques avantages pour les consommateurs, mais elle est ruineuse pour le producteur agricole.

14. On remarquera qu'en plaçant la pomme de terre sur le labour destiné au blé d'hiver, l'extraction de cette racine concourt avec les semailles, avec les vendanges; bref, elle arrive dans un moment où la main-d'œuvre est absorbée par une infinité de travaux. On remarquera encore que les blés qui succèdent immédiatement à ce tubercule sont pour l'ordinaire moins beaux que les autres, soit à cause qu'on est forcé de les semer trop tard, soit par l'effet épuisant de cette racine farineuse.

15. Il est difficile de dire pourquoi les blés de mars qui succèdent aux pommes de terre sont au contraire fort beaux : serait-ce à cause de l'action des gelées sur le labour que l'on place entre ces deux cultures? Serait-il vrai, comme le disent quelques savans, que les plantes laissent dans la terre une matière excrémentitielle qui nuit aux récoltes subséquentes; et que cette matière se détruit dans un certain intervalle de temps, surtout quand les labours l'exposent à l'action des météores? On serait tenté de le croire; mais qu'importe ici la cause? Contentons-nous d'observer l'effet.

Or, l'effet est constant, et cela nous suffit pour nous guider dans la pratique.

16. Si les récoltes sarclées entrent avec difficulté dans l'assolement triennal, les prairies artificielles s'y trouvent tout-à-fait déplacées. Voyons ce qui se passe lorsqu'on essaie de faire entrer le trèfle dans cet assolement routinier. Après la moisson du froment, on laboure en hiver et on sème le trèfle en mars avec l'orge. Si le trèfle réussit, ce ne peut être que dans des terrains excessivement amateurs de cette plante ; car il arrive après que le froment a épuisé le sol en partie, et il trouve des préparations très-mesquines. Quoi qu'il en soit, l'éteule de l'orge qui porte ce fourrage naissant doit être mise en défense au lieu d'être livrée au parcours suivant l'usage ; on viole ainsi une des conditions essentielles de l'assolement de trois ans.

Comme cet assolement emblave les deux tiers des terres, la dépaissance des éteules suffit à peine au bétail nécessaire. Cet inconvénient ne se fait pas sentir dans la division en quatre ou cinq soles ; mais dans le système ancien, il est fort grave, à moins qu'on ne se contente de semer une quantité minime de trèfle. Or, les fourrages doivent être cultivés en grand, si l'on veut que leur effet soit appréciable. Une petite augmentation de fourrage se perd dans la masse de l'exploitation. Ce n'est pour le bétail qu'une ribotte passagère. Il ne se trouve pas, à la fin de l'année, un centime de plus dans le tiroir du propriétaire. Cultiver ainsi le trèfle, c'est le cultiver par ton, et pour avoir le plaisir de dire : et moi aussi, je suis un homme progressif.

17. Lorsque le trèfle est en fleur, on le fauche : nous sommes alors en juin. On se trouve dans l'alternative ou de renoncer à la seconde coupe, ou de labourer bien tard, c'est-à-dire à l'époque où le Norfolk laboure ses tréflières ; mais quelle différence ! Dans le Norfolk, le trèfle succède à une récolte sarclée qui a pulvérisé et nettoyé le sol comme celui d'une planche de renoncules ; et d'ailleurs on a, dans le Norfolk, une grande charrue à versoir qui enterre le gazon : puis on herse. Ici on déchire grossièrement un terrain en-

durci avec un mauvais araire. Le froment qui arrive sur ce labour tardif et imparfait est détestable. Comment ne le serait-il pas ? Cependant les propriétaires qui agissent ainsi publient hautement que le trèfle est l'ennemi du froment.

18. Concluons que l'agriculture, comme tout art, toute science, toute industrie, puise ses principaux élémens de succès dans la méthode. Concluons aussi que c'est violer les règles de la bonne méthode que de vouloir plier à des innovations un système qui a été conçu pour l'immobilité. L'assolement triennal est inflexible, suivant l'expression de M. Mathieu de Dombasle. La culture, suivant cet assolement, est stationnaire. Si l'on veut entrer dans les voies de la culture améliorante, il faut nécessairement adopter un assolement différent, un assolement dont la durée ne soit pas moindre de quatre ou cinq ans.

19. Si l'on croit avoir de bonnes raisons pour garder l'assolement ancien, il faut le conserver dans sa simplicité native, faire du blé et rien de plus, renoncer à la pomme de terre et aux autres cultures sarclées, ainsi qu'aux prairies artificielles.

20. Concluons encore que les succès obtenus dans la production deviennent négatifs dans la balance des comptes, lorsque la méthode est vicieuse et qu'elle implique contradiction entre la fin et les moyens ; car la bonne méthode a deux faces : une qui regarde la force productrice de la nature et l'autre qui regarde la vente et le profit. Cette dernière est la plus essentielle. C'est au fond de la caisse qu'il faut chercher la pierre de touche de la bonne méthode. La pire agriculture est celle qui ruine l'agriculteur. C'est moins la quantité des objets produits que le prix de la vente qu'il faut considérer.

21. Tels sont les élémens de la bonne méthode ; telle est sa vertu et son efficacité : c'est d'elle que l'exploitation rurale tire sa principale énergie. Nous avons fait de grands efforts pour exposer ces vérités de manière à frapper toutes les intelligences. Y aurons-nous réussi ? c'est fort douteux. Les jeunes gens sans préjugés nous comprendront aisément ; les

autres, non. Il en est des nouvelles méthodes agricoles comme des nouveaux poids et des nouvelles mesures. Les gens familiarisés dès l'enfance avec les pieds, les pouces, les lignes, tombent dans une singulière illusion qui leur représente ces mesures arbitraires comme quelque chose de réel, comme quelque chose d'existant par lui-même. Le mètre fait sur eux l'effet d'une abstraction, et au lieu de le rapporter à l'étendue réelle, ils le rapportent à la mesure ancienne. Il en est de même de la méthode agricole routinière. On l'a reçue sans examen, on l'a suivie machinalement, et l'esprit a contracté l'habitude de la considérer comme quelque chose de fixe, de naturel, d'immuable. Quand on adopte des cultures nouvelles, on les rapporte à l'assolement ancien. On ne voit pas que cet assolement n'est rien autre chose qu'une méthode particulière inventée et organisée pour un but, et que lorsqu'on change de but, il faut changer de route ; car il n'est pas vrai, comme dit le proverbe, que tous chemins mènent à Rome, du moins sans détours, sans surcroît de fatigue et de dépense.

22. L'erreur que nous signalons dans ce chapitre a été générale, non pas seulement dans notre pays, mais dans presque toute la France ; on n'a vu que les objets matériels de l'agriculture, et parce que certaines productions figuraient avec éclat dans les pays de culture perfectionnée, on a cru que le succès était inhérent à la nature même de ces productions. Ainsi on s'est passionné tour-à-tour pour les turneps, pour les pommes de terre, pour le trèfle, pour le sainfoin, pour certaines races étrangères de bœufs, de moutons, de chevaux : on a importé tout cela, quelquefois à grands frais ; mais on a laissé la méthode. Qu'est-il arrivé ? des revers éclatans ont souvent répandu le découragement et éteint le goût des améliorations. On n'a pas vu qu'en agriculture comme dans tout le reste, il ne suffit pas qu'une chose soit bonne en elle-même, il faut qu'elle soit bien placée.

CHAPITRE IV.

La conclusion du passé au présent est fausse toutes les fois qu'il est survenu des circonstances nouvelles. — L'assolement triennal a perdu la propriété essentielle qui était le principe de son existence. — Influence de la pomme de terre. — Proportion remarquable, base de la spéculation agricole. — Règles de cette spéculation. — Diligence avisée, constance opiniâtre, économie sévère. — L'agriculteur doit se considérer comme immortel. — La régénération des bois est la grande affaire de notre industrie agricole.

1. Tous les hommes en général, et les agriculteurs plus que les autres hommes, sont naturellement portés à juger que les moyens qui ont réussi autrefois doivent réussir encore aujourd'hui, et que les meilleures méthodes sont celles que la pratique constante des siècles a consacrées. Cette règle, tirée de l'expérience antique, est, généralement parlant, non-seulement la plus sûre, mais encore la plus facile à appliquer. Toutefois elle n'est pas infaillible. Avant de conclure du passé au présent, il faut considérer attentivement si les circonstances sont exactement les mêmes ; car, en matière d'industrie, toutes les fois qu'il survient quelque chose de nouveau qui change, qui dénature la proportion entre les frais de production et la valeur vénale des objets produits, la méthode qui était profitable auparavant peut devenir ruineuse.

Ainsi donc, avant de prononcer hautement, comme le fait le vulgaire, que l'assolement de trois ans est le meilleur parce qu'il est le plus ancien, voyons s'il se trouve aujourd'hui dans des circonstances pareilles, et s'il est possible qu'il obtienne les mêmes résultats. Tâchons de découvrir la propriété essentielle de cet assolement, celle qui a été le principe de sa longue existence.

2. Si l'on consulte l'histoire de tous les temps dans ses rapports avec la subsistance publique, on verra que l'assolement triennal simple, exclusivement consacré aux grains, a l'in-

convénient de subir, dans ses productions, des vicissitudes et des variations considérables ; de façon que tout peuple dont l'existence repose sur cet assolement, est nécessairement en butte au retour périodique d'une famine désolante ou d'une abondance ruineuse.

Or, cet inconvénient si grave, sous les rapports généraux et politiques, n'en était pas moins le principe vivifiant de notre ancien système agraire. Cette propriété essentielle de l'assolement triennal a servi à le maintenir, et c'est à l'aide de ce ressort qu'il a traversé les siècles.

En effet, on observera que, l'agriculture ayant à soutenir l'effort constant et combiné de la masse des consommateurs ; n'opposant à cette action qu'une résistance inerte, il est démontré qu'elle doit succomber par l'avilissement de ses denrées, à moins que, par intervalle, une réaction violente ne vienne rétablir l'équilibre. Tels ont été jusqu'ici les effets de la disette sur l'économie rurale.

3. D'ailleurs entre l'extrême disette et l'extrême abondance, la production et la valeur vénale des grains parcourait habituellement les degrés d'une échelle assez étendue. Les prix subissaient les variations de l'atmosphère et ils se mettaient en rapport avec les mouvemens de la production. Cette fluctuation dans la valeur des denrées donnait prise au jeu du commerce et présentait des chances aux spéculateurs.

Aujourd'hui le prix des grains se trouve resserré dans des limites étroites ; à peine un léger mouvement d'ascension lui fait-il franchir le zéro du nouveau thermomètre que cet essor est comprimé par une main de fer. Le blé a été mis hors du droit commun du commerce, et cette denrée ne donne aucune prise à la spéculation. Or, depuis qu'il n'y a plus de spéculateurs, depuis que les greniers du cultivateur se trouvent en contact avec le consommateur sans autre intermédiaire que la mouture et la boulangerie, ou tout au plus quelques regrattiers, ces greniers ne se vident que lentement et en détail. Le vendeur subit durement la loi de la nécessité, tandis que les besoins de l'agriculture exigeraient des ventes certaines, promptes, par masses et suffisamment avantageuses par rapport au prix de revient.

4. On notera que le prix des céréales a baissé de 30 pour cent comparativement aux mercuriales de l'Empire, et de 20 pour cent comparativement à celles qui ont servi de base aux évaluations cadastrales. Telle est la dépression qu'a subie le blé dans sa valeur nominale. Mais si l'on cherche qu'est devenue sa valeur réelle, comparativement aux autres denrées et au prix du travail, comparativemeut au prix du fer et du sel, deux objets que l'on peut considérer comme des instrumens de culture, on trouvera que les grains sont placés sous le joug d'une inégalité accablante, inouie dans l'histoire des temps passés.

Un auteur a remarqué que depuis Charlemagne jusqu'à Louis XIV, le prix moyen du blé n'a pas sensiblement varié par rapport aux objets manufacturés et par rapport au prix du travail. Ainsi, dit-il, un sétier de blé a toujours représenté à peu près la valeur de trois paires de souliers ; aujourd'hui une paire de souliers forts à double semelle, empeigne de vache, ferrés, tels qu'il les faut à un cultivateur, coûte autant que le sétier de blé, ancienne mesure (1).

5. On peut voir déjà pourquoi un système d'assolement qui n'est bon que pour la culture des grains, ne se trouve plus aujourd'hui en rapport avec les circonstances. Mais, comme nous avons reconnu que le propre de cet assolement est de ramener, après un période d'abondance plus ou moins long, une disette qui rétablit pour un temps les proportions, c'est ici le cas de démontrer que l'ancien système a perdu sans retour cette propriété essentielle, qui était, dans le vrai, le grand ressort de toute la machine et le principe de sa longue existence.

Les agronomes les plus instruits ont posé en principe que

(1) Notre ancien sétier représente à peu près les deux tiers d'un hectolitre. Le prix moyen de l'hectolitre de blé, frais de transport compensés, revient à 13 ou 14 francs. Une paire de souliers de fatigue coûte neuf ou dix francs.

la culture en grand du *solanum tuberosum* que nous nommons vulgairement *pomme de terre*, rendait impossible le retour de la famine. Pour concevoir toute la puissance de cette plante américaine que l'Europe n'a réellement adoptée que de nos jours, il faut savoir que M. Vauquelin, chimiste renommé pour l'exactitude et la précision de ses analyses, a trouvé que, sur une même étendue de terrain, une récolte de pommes de terre donne cinq fois autant de substance alimentaire que la meilleure récolte en grains. Qu'on juge, d'après cela, si la routine peut se maintenir en présence d'un pareil antagoniste et lutter contre cette nouvelle corne d'abondance d'autant plus invincible qu'elle est souterraine.

6. Je ne sais si je m'abuse, mais il me semble que la pomme de terre doit avoir aujourd'hui sur le système agraire une influence analogue à celle qu'exerça autrefois la poudre à canon sur le système militaire des nations. L'invention des armes à feu a produit de grands changemens dans les manœuvres, dans les évolutions, dans la tactique. L'introduction des nouvelles cultures met les agriculteurs dans la nécessité de modifier, de refondre leur système d'exploitation.

Nous avons démontré dans le chapitre précédent que l'assolement triennal ne peut pas admettre la pomme de terre sans devenir ruineux ; nous venons de démontrer que cet assolement ne peut pas subsister dans sa simplicité primitive, attendu que les grains sont tombés dans l'avilissement et que le prix des salaires s'est élevé au triple de ce qu'il était. En voilà assez pour faire sentir qu'un système d'agriculture peut avoir été bon dans un temps et néanmoins être impraticable dans un autre ; nous n'ajouterons plus qu'un mot : lorsque tout marche autour de nous, ne pas avancer, c'est reculer, a dit feu Pictet, de Genève.

7. Qu'on prenne garde toutefois que ce ne serait pas avancer vers la fortune, que de se lancer impétueusement dans la carrière des améliorations et de s'efforcer, par toutes sortes de moyens, d'accroître les productions de la terre. Parmi ces moyens, il faut rejeter ceux qui sont trop dispendieux, et parmi les productions, il faut s'attacher à mul-

tiplier, non pas celles qui surabondent, comme font la plupart des cultivateurs, mais bien celles qui manquent sur le marché.

8. Tel est le grand secret de la science des spéculations agricoles, science inconnue parmi nous, dont nous allons tâcher de montrer le principe dans une proportion très remarquable que la nature a établie entre les diverses productions, sous le rapport de la puissance alimentaire.

Pour bien comprendre ce que nous avons à dire sur ce sujet, il faut d'abord considérer que les objets offerts à l'industrie du cultivateur se renferment dans deux classes principales ; l'une comprend les comestibles, et l'autre les matières employées dans les arts et les manufactures, telles que les substances propres aux tissus, à la teinture, aux diverses constructions, etc. On voit que cette classification présente déjà un cadre assez large et assez varié à la spéculation agricole.

Pour le moment, je ne m'occuperai pas de cette dernière classe et je me bornerai à considérer l'industrie agraire sous le rapport de la production des comestibles.

Ceux-ci constituent, dans le fait, l'objet le plus considérable et le plus important de la production et de la consommation.

9. Les différentes substances alimentaires peuvent être distribuées sous trois ordres de classification relativement à leur influence sur l'état de l'agriculture et sur celui de la société en général.

Le premier comprend les animaux qui fournissent, pour la nourriture de l'homme, la viande et le laitage.

Je range dans le second les céréales et toutes les graines farineuses ou huileuses, ainsi que tous les fruits bons à manger.

Le troisième se compose des racines succulentes, plus ou moins riches en substance nutritive.

10. Ces trois ordres de culture successivement introduits partagent l'histoire de l'économie rurale en trois époques, qu'il importe de remarquer, à cause de l'influence que cha-

cun d'eux a exercé sur le sort de la propriété , sur la population , sur les arts industriels , sur le commerce et généralement sur tout ce qui appartient à la statistique de la société.

11. Nous sommes parvenus à la troisième époque , c'est-à-
dire à celle où les racines , cultivées en grand , partagent
avec les produits des pâturages et ceux des céréales le soin
de fournir à la subsistance publique ; en sorte que le domaine
de l'art a été accru , et que les trois ordres de substances
alimentaires dont nous venons de parler offrent une vaste
carrière aux spéculations de l'agriculteur.

12. Mais la science de combiner adroitement ces différentes cultures de manière à ce qu'elles ne viennent pas à
s'entrechoquer et à se nuire soit dans la marche des opérations , soit dans le débit , cette science importante n'est pas
encore bien connue. C'est précisément celle que nous cherchons.

Remontons encore aux principes. Le principe de la bonne
méthode est renfermé dans ce mot de Vanière : Songez ,
dit-il , dans vos spéculations agricoles , non pas tant à la
quantité , mais au prix.

C'est une bien grande illusion qui fascine l'esprit des cultivateurs , que de vouloir à toute force faire marcher ensemble la quantité et le prix , ou pour mieux dire de croire
que l'on peut compenser le prix par la quantité , sans
songer qu'à mesure que la production surabonde , la valeur
vénale décroît dans une proportion plus forte et finit par
l'avilissement le plus complet.

13. La bonne méthode consiste à étendre ou resserrer ,
suivant l'exigence des cas , le cercle des productions , de
manière à le mettre en rapport avec les demandes du
commerce , bien entendu que ce mouvement s'opérera sans
qu'on perde rien de ses revenus , et qu'en diminuant ses
produits d'un côté , on saura se ménager ailleurs des com-
pensations.

La solution de ce problème dépend de la combinaison des
trois ordres de culture dont on vient de parler , et du rapport qui existe entre leurs produits respectifs.

14. Il résulte des observations et des calculs des agronomes, que la proportion entre la quantité de substance alimentaire fournie par chacun des ordres de culture est à
peu près celle d'un à cinq ; de façon qu'un hectare cultivé
en grains donne à l'homme cinq fois plus de matière nutritive
que s'il était cultivé en fourrages, et cinq fois moins qu'une
pareille étendue plantée en pommes de terre : en d'autres
termes, une contenance de terre qui suffira pour alimenter un
homme au moyen de la viande, du lait, du beurre et du
fromage, qui sont le produit de la dépaissance, en nourrira
cinq si elle est labourée et semée en blé ; mais si c'est en
pommes de terre, elle en nourrira vingt-cinq.

15. Cette proportion remarquable est la base de la bonne
méthode, elle met entre les mains du cultivateur une
échelle très-étendue au moyen de laquelle il peut graduer
les productions de sa terre, diminuer ou augmenter à
volonté les ressources alimentaires et subvenir tour à tour
aux divers besoins de la consommation. Il peut, en parcou-
rant habilement les degrés de cette échelle, prévoir et saisir
l'à-propos, verser les tubercules sur le marché quand la
disette des grains s'y fait sentir, et lorsque l'abondance
revient se retourner sans hésitation vers les fourrages artificiels et les bestiaux. Par là on parviendrait à se maintenir
dans un juste milieu entre la disette et l'extrême abondance.

Cette méthode paraît fort simple dans la théorie, mais
lorsqu'on en vient à l'application, il n'est pas si facile de
la comprendre.

16. Il faut considérer d'abord que, dans la dispensation
des circonstances atmosphériques, la nature procède par
séries d'années plus ou moins favorables, plus ou moins
funestes à la production des grains. Cette observation est
constante et fort ancienne, car les vaches grasses et les
vaches maigres de Joseph sont l'histoire allégorique des vicissitudes de la nature. Il paraît seulement, d'après le récit de
la Bible, que l'abondance et la disette marchent en Egypte
par périodes alternatives de sept ans ; en France, ces mêmes
périodes sont le plus souvent de trois ans : telle est l'opi-

nion de Rozier, et il remarque à ce sujet que de cette observation dérive l'usage de réserver de trois en trois ans la résiliation facultative des baux à ferme.

17. On doit considérer encore que les années sèches sont celles qui amènent ordinairement le bon marché des grains. La sécheresse excessive peut maltraiter une portion des terres du département; mais elle est favorable aux vallées substantielles de la Garonne, du Tarn et du Lot. Leurs produits avilissent les nôtres par la concurrence. Pendant la sécheresse, tout nous manque à la fois, parce que nos grains ne se vendent pas ou se vendent mal, et que nos bestiaux exténués par la famine éprouvent le même sort. C'est contre cette infortune de notre position que la méthode que je propose s'efforce de lutter.

Suivant cette méthode, on fait en sorte d'avoir, pendant la période de sécheresse, la plus grande étendue possible en prairies artificielles, afin de compenser ce qui manque alors dans les prés naturels. Les fourrages artificiels étant plus précoces profitent mieux de la fraîcheur que laisse l'hiver. D'ailleurs la terre sur laquelle ils végètent, étant moins tassée, s'imbibe avec plus de facilité des pluies légères qui surviennent. C'est ainsi qu'on se ménage des ressources contre la sécheresse. Ces ressources deviennent très-profitables dans des momens où le fourrage est fort cher et le bétail à bon marché. En pareil cas, celui qui a su se procurer des fourrages et des racines peut faire de bonnes affaires en achetant du bétail. Mais sitôt qu'on juge que la période pluvieuse va revenir, on défriche une portion des prairies et des pâtures artificielles. Les récoltes que l'on tire de ces défrichemens sont plus abondantes que les autres, et elles arrivent à propos sur le marché au moment où il est dégarni; car les pluies prolongées sont funestes aux pays bas et fertiles dont on a parlé plus haut, et elles relèvent le prix du blé. Cependant les bestiaux ne se ressentent pas de cette soustraction, parce que la saison favorable au fourrage leur fait trouver les mêmes ressources sur une moindre étendue. C'est ainsi que les pâtures artificielles deviennent

de véritables greniers d'abondance, lesquels, en attendant
de s'ouvrir, payent une rente en fourrages. Il n'est pas
inutile d'avertir que, lorsque le blé a un bon cours, il faut
se bien munir de prudence et de prévoyance contre l'ardeur
du profit et ne pas pousser trop loin les défrichemens. Du
reste, on a une ressource temporaire dans les fourrages
semi-annuels, tels que le farouch, les vesces, la spergule, etc.

18. On observera encore de ne pas proportionner le bétail
d'inventaire, le bétail destiné à la reproduction, aux ressources artificielles, et de faire servir celles-ci à des spéculations à court terme, sur l'engraissement par exemple. Par
là on se rend maitre du moment pour défricher ses prairies
artificielles.

19. Il est clair que ces reviremens ne peuvent cadrer
qu'avec un assolement libre, indéfini dans sa durée, inégal
dans la distribution des soles et des cultures. Nous avons
parlé de cet assolement au chapitre de la culture alterne :
nous en reparlerons amplement quand nous en serons à la
méthode améliorante préparatoire ; nous nous contenterons
de dire ici que cet assolement est très-avantageux quand on
sait le manier avec adresse. Il n'a d'autre inconvénient que
d'obliger l'agriculteur à faire tous les ans son plan de campagne.

20. Ce qui précède peut donner une idée de la manière
dont il faut diriger l'exploitation de la ferme pour faire ses
affaires par l'agriculture, mais il est sous-entendu que notre
agriculteur exécutera dans leur ensemble les conseils qu'on
lui a donnés dans les chapitres précédens. Il s'attachera à
bien labourer, à bien engraisser ses terres. Il respectera la
loi de l'alternance et il ne négligera rien pour améliorer
son fonds ; c'est là, c'est dans l'augmentation de la valeur
de son bien que l'agriculteur trouvera le prix de son travail
et de son industrie.

21. L'amélioration des terres est le fondement de toute
spéculation agricole : quelques personnes s'imaginent qu'il
est aisé de faire fortune en cultivant des objets de luxe ou
en élevant des animaux précieux.

C'est ainsi qu'on a introduit dans quelques-unes de nos

exploitations des animaux de race étrangère , mais sans profit , ou plutôt avec perte.

La raison de ces mécomptes est facile à apercevoir. On a voulu améliorer les bestiaux avant d'avoir amélioré les pâturages. C'était faire marcher la fin avant les moyens , c'était vouloir faire passer la charrette avant les bœufs, comme dit le proverbe.

22. Ce n'est point par des entreprises vastes et brillantes , ce n'est point en risquant des capitaux considérables , que l'on peut faire fortune dans notre agriculture , mais bien par une diligence avisée , par une attention soutenue à mettre en jeu , à combiner toutes les ressources que présente ici la nature agricole. Ces ressources sont nombreuses , et bien que chacune, prise à part , puisse paraître peu considérable , leur collection forme un total qui n'est pas à dédaigner. Cette multiplicité d'objets , qui embrasse toutes les diverses cultures et les diverses espèces d'animaux domestiques , est cause que notre exploitation est infiniment plus compliquée , plus savante, plus difficile , plus sujette à revers que celle des plaines fertiles , que celle des pays de culture simple , où l'on ne s'occupe guères que des céréales. Ici , pour mériter le titre de bon agriculteur , il ne suffit pas d'entendre la culture des terres , il faut être encore ce que l'on appelle en patois *cabaliste* (1), c'est-à-dire soigneux et connaisseur en fait de bestiaux.

23. On trouve parfois des gens instruits , mais qui n'ont pas approfondi la nature de notre industrie agricole , bonnes têtes au demeurant , lesquels rebutés par cette multiplicité de soins , par les dégoûts et les revers qui marchent quelquefois à leur suite , forment le projet de simplifier l'exploitation en rapprochant la culture de l'unité autant que possible. Cette vue est superficielle , fausse et fille de la paresse d'esprit.

Sans doute, il faut simplifier le système des travaux en les ramenant autant que possible à l'unité d'action , c'est-à-

---

(1) Nos laboureurs désignent les bestiaux en général par le mot *cabal* ou *caval*.

dire à l'emploi des instrumens mus par les animaux ; mais il faut au contraire varier les produits , les multiplier afin de ne pas tomber dans l'inconvénient du rat qui n'a qu'un trou.

24. Il ne faut rien dédaigner , pas même les porcs, animaux désagréables et dévastateurs. Il y a des années où c'est de ce côté que vient le profit. Il faut savoir spéculer suivant les circonstances. Quand le fourrage est rare, les grains communément sont à vil prix. Alors on spécule avec avantage sur l'engraissement. On métamorphose en viande de porc , de bœuf ou de mouton , les denrées qu'on ne trouve pas à vendre sous leur forme naturelle.

25. L'agriculteur aveyronnais est obligé de quêter le profit , comme l'abeille quête son miel, non dans une seule espèce de fleurs , mais dans toutes.

26. Tel est parmi nous le caractère de l'exploitation rurale : elle demande , plus qu'ailleurs , la main et l'œil du maître. Le système des fermages, tel qu'il est pratiqué , cause des dégradations ou du moins interdit toute espèce d'amélioration. Le système de l'exploitation à mi-fruits, si usité dans la Haute-Garonne , système vicieux en lui-même, est ici tout-à-fait misérable , tout-à-fait ruineux. La moindre réflexion suffit pour faire sentir que les intérêts du maître et ceux du colon partiaire sont souvent en opposition , que leurs vues ne peuvent pas être les mêmes. L'un a intérêt à améliorer, l'autre à épuiser ; l'un à spéculer dans l'avenir, l'autre à vivre au jour le jour ; l'un à soigner, à vivifier la poule aux œufs d'or, l'autre à l'éventrer.

27. L'exploitation par régie, par valets à gages sous la surveillance et la direction du maître, est celle que commande ici la nature des choses ; aussi est-elle la plus usitée. Elle le serait encore davantage si l'on trouvait , dans le pays, des régisseurs instruits et capables ; car il est bien des cas où le propriétaire a besoin de cet intermédiaire. C'est principalement dans l'espoir de former de bons régisseurs que nous avons pris la plume. C'est dans cette vue que nous nous condamnons à descendre dans tous les détails de la science de l'exploitation rurale.

28. Le grand vice de nos exploitations routinières provient de l'esprit d'imitation. On s'est efforcé d'imiter la méthode des pays fertiles, et on donne trop à la culture des grains. On se plaint néanmoins généralement que cette culture ne donne point de profit. Rien n'est plus certain. Il est clair que nos blés, qui ne rendent que cinq fois la semence, ne peuvent pas soutenir la concurrence sur le marché contre ceux des contrées fertiles qui nous avoisinent, dont le produit est de dix à quinze pour un. Cette concurrence était moins accablante autrefois, parce que les transports se faisaient à dos de mulet. La nature, en nous environnant de précipices et de rochers, avait formé des douanes naturelles que les routes récemment ouvertes ont fait disparaître. Aujourd'hui le thermomètre du prix des blés a sa cuvette dans le bassin de la Garonne. Voilà ce qu'il faut bien voir pour comprendre, tout à la fois, qu'il est nécessaire de changer, et dans quel sens il faut changer nos exploitations rurales.

Le prix moyen du froment, qui était à 18 ou 19 fr. l'hectolitre, étant tombé à 15 ou 16, il se trouve que cette culture est en perte de 40 ou 50 fr. par hectare, lorsque cette contenance ne donne que douze hectolitres. Or, tel est le produit commun suivant la routine. Mais si l'on parvient à obtenir un produit de 15 hectolitres, on a un petit bénéfice, la rente des terres prélevée. Il faut donc arriver à ce taux de production ou renoncer à la culture du blé.

Pour avoir ces trois hectolitres qui manquent dans la balance de nos comptes, il n'y a qu'un moyen, réduire les surfaces cultivées et rendre l'action des engrais plus efficace en la concentrant, pendant qu'on travaille d'un autre côté à augmenter la production de ces derniers par tous les procédés indiqués ci-dessus.

Mais jusqu'à quel point faut-il réduire la culture du blé ? Il n'y a point ici de règle fixe; cette réduction dépend de la fertilité des terres et de la quantité de fumier dont on peut disposer. On réduira jusqu'à ce qu'on aura atteint la production de 15 ou 16 hectolitres par hectare.

29. Mais n'oublions pas que c'est dans les bestiaux que la nature a placé le fondement de notre prospérité agricole, ou, pour parler plus exactement, le principe de notre existence.

Appliquons-nous à rendre cette branche de notre industrie rurale plus productive, plus profitable, moins casuelle, en spéculant bien moins sur le nombre des animaux que sur leur bon entretien et sur l'ensemble des moyens propres à les maintenir en santé florissante, de façon à ce qu'ils soient habituellement préparés pour la vente.

30. En résumé, la spéculation agricole doit être conçue dans des vues d'économie, de réduction de dépense, d'une part; et de l'autre, d'amélioration lente, graduelle, conduite pas à pas avec la constance opiniâtre du bœuf qui gravit nos montagnes.

31. Le chef d'exploitation rurale doit faire son plan général avec soin, d'après les circonstances où il se trouve placé; il doit s'appliquer surtout à démêler le but principal vers lequel il convient de diriger les efforts de l'industrie. Ce but doit être déterminé par la nature du sol, d'une part, et de l'autre, par les relations commerciales. C'est ainsi que, dans le Larzac, où se trouve la fameuse fabrique de fromage de Roquefort, tous les ressorts doivent être tendus vers la production du lait de brebis; ailleurs la vacherie est l'objet principal; ailleurs l'engraissement des moutons et, dans certaines localités, celui des porcs.

Si votre fonds est gras, substantiel, riche en herbages, il faut spéculer sur les bêtes à cornes. Si au contraire votre ferme est entrecoupée de côteaux, si vos pâturages sont maigres et sains, le troupeau des bêtes à laine devient le centre vers lequel toutes les opérations doivent se diriger.

Règle générale, partout où l'on a un troupeau de bêtes à laine, il faut conduire la culture de façon à ne pas l'incommoder. Les troupeaux de brebis portières exigent plus d'égards que les troupeaux d'engraissement et de revente. Si on les met trop à l'étroit, ils courent risque de se gâter.

32. Ce serait errer lourdement que de considérer les

différentes branches de notre industrie agraire une à une et
prises à part ; il faut les voir dans l'ensemble. C'est dans la
combinaison de toutes les ressources naturelles au pays que
se trouve le profit. Ainsi, sous prétexte que les bestiaux
sont la source de nos revenus, n'allez pas renoncer à la culture du blé ; ce serait ôter à vos troupeaux une bonne partie
de leur valeur, toute celle qui se trouve dans la production
du fumier. Or, c'est la culture qui donne du prix au fumier.
Une erreur plus grande encore serait de sacrifier les troupeaux pour étendre la culture du blé ; le profit se trouve
dans le rapport bien calculé entre la culture des grains et
la production du fumier.

33. Une erreur très-commune et très-préjudiciable consiste
à ne voir dans l'agriculture que le produit des récoltes annuelles. Ainsi envisagée, l'agriculture est sans contredit la
plus misérable des industries. Pourvu que les cultures annuelles puissent subvenir aux charges de la propriété, à
l'entretien de la famille, et déposer une petite somme, un
dixième de la rente par exemple, à la caisse particulière des
améliorations, si le propriétaire suit avec intelligence les
principes de la culture améliorante, la fertilité des terres
va en augmentant ; cette amélioration fait la boule de neige ;
avec elle augmente le revenu, et au bout de plusieurs années, le bénéfice industriel éclate et se montre dans la valeur
vénale de la ferme.

34. Mais il ne faut pas se borner à la fertilisation qui résulte des engrais et des amendemens. Il y a cent moyens
d'augmenter la valeur d'une ferme, par les clôtures, par la
réparation des chemins de service, par la distribution des
eaux, et surtout par les plantations.

35. Les clôtures et les arbres forestiers sont deux choses
qui marchent ensemble. Plantez des haies vives ; ayez soin
d'insérer tous les ans, dans l'intérieur de ces haies, quelques
glands que vous recouvrirez légèrement avec la binette ;
laissez les ronces s'étendre un peu sur les bordures de la
haie : le sacrifice ne sera pas grand et il sera bien payé ; vous
verrez s'élever un rideau magnifique de chênes vigoureux,

18

qui abritera vos récoltes contre les vents, et mûrira lentement des bois de charpente que leur rareté doit rendre un
jour très-précieux.

36. Sur ce terrain en pente qu'on ne saurait labourer sans
l'exposer à être entraîné par les eaux, plantons des chàtai-
gniers. Aujourd'hui le sol vaut à peine 200 fr. l'hectare;
quand les arbres seront en plein rapport, il en vaudra 1,000
ou 1,200. Chaque père de famille devrait avoir une pépinière
de châtaigniers : il faut éviter d'y semer des châtaignes pro-
venues de la greffe. Pour avoir de beaux arbres, on doit
faire choix des fruits du châtaignier sauvage.

37. Dans les précipices arides, semez des genêts et des
glands ou des graines de hêtre. Le hêtre est utile pour le
charronnage rustique, la graine donne une assez bonne
huile; le hêtre est l'olivier du Nord. Cette graine est bonne
pour les porcs et surtout pour les dindons. Voulez-vous que
vos précipices se couvrent de bois? faites respecter les
ronces. La ronce est le berceau armé des arbres et surtout
du chêne. La ronce accroche et retient les feuilles que le
vent disperse, et par là elle donne naissance à une couche
de terre végétale. Sur ces sommets lugubres et nus, allons
placer, aux pieds des bruyères, des graines de pin. Le jeune
plant croîtra à l'abri des bruyères qui l'abriteront contre
les gelées. Puis, pendant quinze ou vingt ans, les pins vé-
géteront en arrondissant en boule leurs rameaux. Parvenus
à cet âge, leur flèche s'élance tout-à-coup, et à quarante
ans ce sont de grands arbres. La reproduction des arbres forestiers est devenue aujourd'hui la partie la plus lucrative
de l'agriculture.

38. Il est vrai qu'en parlant ainsi, je considère l'agriculteur dans la continuité des générations, car le profit des
semis forestiers n'est guères que pour la postérité. Mais malheur à l'homme des champs qui n'entrera pas dans cette
vue! Il faut que l'agriculteur se considère comme immortel
et qu'il agisse en conséquence.

Aussi ce n'est pas sans dessein qu'Olivier de Serres désigne
le cultivateur par le mot de *père de famille*, voulant faire

entendre que, dans ce métier, on ne fait rien qui vaille si l'on ne sort des limites de l'individualité, si on ne spécule, si on ne plante pour ses descendans.

Dira-t-on qu'aujourd'hui ce sentiment n'est plus de saison, que nos lois, que nos mœurs, que le jeu de l'état social, que tout conspire à resserrer l'âme dans le positif de l'égoïsme, à étouffer cette illusion du cœur qui nous montre une perpétuité d'existence dans la continuité de la famille? Je réponds qu'ayant à exposer les principes de la bonne exploitation rurale, j'entre dans l'esprit de la chose, je dis ce qui doit être : chacun en prendra ce qu'il voudra et ce qu'il pourra.

39. Si l'on a des rivages, il est utile de garnir le bord avec ces petits saules que les botanistes appellent *salix arenaria*, et que nous nommons en patois *vélisse*. Cet arbuste forme un rempart invincible contre les envahissemens des eaux. Derrière on plante le saule commun, et un peu plus loin des peupliers. Ceux qui sont impatiens de jouir préfèrent le peuplier d'Italie. Disons à ce sujet que, sur les bords du Pô, lorsqu'il naît une fille dans une maison rurale, on plante un nombre de peupliers en rapport avec sa dot ; soit 20,000 fr., on plante 1,000 peupliers ; à vingt ans, on marie la fille et on vend les peupliers à raison de 20 fr. la pièce.

Oh! combien de choses nous négligeons qui feraient notre fortune ou celle de nos enfans ! Et puis on crie que le métier ne vaut rien. C'est notre insouciance qui gâte le métier ; car, croyez-moi, en bonnes mains, il en vaut un autre.

40. On ne doit pas négliger la plantation des arbres fruitiers. Dans certaines localités, notamment dans nos vallons, ces arbres sont un objet de revenu assez important, surtout les amandiers. A Millau, leur produit représente à peu près le montant de la contribution foncière. On a lieu de s'étonner que cet arbre ne soit pas cultivé dans les autres localités où le terrain et le climat sont analogues.

41. Mais je n'aime pas à voir les arbres fruitiers croître dans l'intérieur des champs, où ils entravent la charrue et affament les récoltes. Il faut les reléguer sur les bordures, ou bien leur consacrer un terrain à part et planter ce que l'on appelle un *verger*.

42. J'en dirai tout autant des mûriers blancs, arbres précieux, dont la feuille nourrit les vers à soie. On peut élever les mûriers en plein vent, ou en buisson, ou en taillis, ou encore en haie ou palissade.

Cette dernière méthode est peut-être la plus profitable. On dispose des mûriers nains par rangées convenablement espacées. On cultive dans les intervalles des légumes, afin d'utiliser le terrain, en faisant profiter les arbres de la culture. Pour disposer le terrain à la plantation, on lui donne un labour profond avec une bonne charrue rovillienne, à la suite de laquelle on fait marcher un araire à deux oreilles sur le fond de la raie. On fume et on amende avec la chaux. Les fosses destinées à recevoir le plant doivent rester ouvertes pendant un ou deux mois au moins. Après avoir recouvert les racines de trois ou quatre pouces de terre, répandez un litre à peu près de cendres végétales d'écobuage. Ces cendres agissent, non-seulement comme engrais, mais aussi comme un préservatif contre les insectes qui attaquent les racines.

43. La saison la plus convenable pour planter les arbres est au mois de décembre. Quand on plante en février ou en mars, il arrive souvent que la sécheresse fait périr le plant.

Le mûrier exige des soins, de la culture et du fumier.

44. En admettant les arbres sur les bordures des champs et des prés, nous ferons une exception pour le noyer, vu que c'est un arbre dévorateur. Son ombrage est nuisible aux plantes et même aux animaux, surtout aux bêtes à laine qui s'y agglomèrent pendant les ardeurs de l'été. Il est à propos de reléguer le noyer dans les côteaux incultes. L'ormeau a des racines traçantes qui nuisent aussi aux récoltes, mais moins. Cet arbre, ainsi que le frêne, se recommande par son utilité dans le charronnage.

45. L'acacia ou robinier, faux acacia, a été vanté longtemps outre mesure, et aujourd'hui il est trop dédaigné. C'est un arbre utile, qui croît très-vite. Sa feuille est un excellent fourrage; son bois vaut mieux que celui d'ormeau pour les jantes et les moyeux des roues. On peut l'entremêler avec l'aubépine pour former des haies de clôture.

46. Nous appliquerons aux arbres ce que nous avons dit des autres cultures, savoir : que la diversité des terroirs et des aspects, tout nous engage à cultiver, à essayer, du moins, les différentes espèces qui sont connues dans le pays.

47. La régénération des bois est aujourd'hui la grande affaire de l'industrie rurale.

Il ne faut pas se dissimuler qu'une pareille entreprise est difficile dans un pays de bestiaux. Pour conserver les semis forestiers, il faut nécessairement les garantir par de bonnes clôtures ; il faut se résigner à perdre ainsi une portion de pâturage souvent très-utile aux bêtes à laine.

48. Un tel sacrifice peut être pénible dans le système de la routine, où l'on n'a, pour nourrir les troupeaux, que les herbes adventices. Mais, lorsqu'on a su créer des pâtures artificielles, on est en état d'abandonner un mauvais côteau où le bétail quêtait péniblement quelques brins d'herbe rare et grossière, et d'y jeter les germes de la seule amélioration qui puisse convenir aux terrains dont la pente est rapide.

49. On voit combien, dans notre système, tout se tient, combien les diverses cultures se prêtent un secours mutuel. La routine épuise les terres et dévore les bois. Le système perfectionné, le système de nourrissage par les moyens artificiels, tend à tout régénérer, même les bois, en donnant les moyens de consacrer à ceux-ci une portion du terrain qui servait auparavant au parcours des bêtes à laine.

CHAPITRE V.

Organisation de la ferme suivant la routine. — *Id.* suivant la méthode perfectionnée. — Cette organisation fait corps avec l'immeuble. — L'art consiste à en tirer le meilleur parti possible. — Le fumier et le temps sont les seules propriétés réelles du cultivateur. — La bonne exploitation du fumier est dans l'alternance, — Et du temps, dans les instrumens accélérateurs du travail. — Les deux systèmes jugés par le calcul. — La culture alterne et les instrumens perfectionnés se prêtent des secours mutuels.

1. Une ferme, avons-nous dit, est une usine qui ne peut être mise en jeu qu'à l'aide d'une organisation en matériel et en personnel. Voyons d'abord comment se compose cette organisation suivant la routine, et pour rendre ceci plus sensible, prenons pour exemple une ferme à cinq attelages et à cinq charrues, ce qui suppose à-peu-près 60 ou 80 hectares de terres labourables (1).

Le personnel se compose ainsi qu'il suit : un chef d'attelages que nous nommons *bouriayré* ou maître-valet. Ses fonctions sont très-importantes. Sous le rapport de l'administration, il est le lieutenant du maître; c'est par lui que les ordres sont transmis. Il fait office de piqueur auprès des autres employés de la ferme. Sous le rapport des travaux, il est spécialement chargé de semer et de tracer les raies d'écoulement, comme aussi de construire les gerbiers. Il est aussi chargé de la construction des outils et instrumens en bois qui servent à l'exploitation, tels qu'araires, chars, tombereaux, claies de parc, cabanes des bergers, bref de tout le charronnage rustique, sauf les roues, qui restent dans le domaine des charrons de profession, et les jougs, qui sont façonnés par des ouvriers spéciaux appelés *jouatiers*. Le maître-valet est tenu de se fournir les outils de son métier, tels que haches, tarières, planes, etc. Il emploie au

(1) Le nombre des attelages par rapport à la contenance varie suivant la nature du terrain et suivant la circonscription des fermes. Dans le causse, cinq attelages supposent 60 hect.; dans le ségala, 80.

mobilier rural les heures de la matinée et de la soirée qui précèdent ou qui suivent l'attelée.

Après le maître-valet, vient le maître-bouvier, que l'on nomme en patois *batier*, c'est-à-dire celui qui est chargé du pansement et de la garde des bœufs de travail. Pendant la belle saison, tout le temps que les bœufs passent la nuit dans les pâturages, le bouvier couche avec eux en plein air. Le troisième employé avec titre de spécialité est le fournier, sur qui roule le soin de pétrir et de cuire le pain des domestiques. Il est aidé dans cet emploi par une servante. Puis deux valets de charrue, en patois *boueyrat*, complètent le nombre des laboureurs qui est de cinq. Telle est l'organisation du personnel par rapport à la culture.

2. Les employés de la bergerie sont : 1º le berger en chef, dit *majoral;* 2º un aide berger, dit *pastrou*, et un petit garçon, appelé *ragas*. Ces trois individus sont employés à la garde du troupeau des brebis portières. Pendant l'été, lorsque les agneaux ont été vendus, le *majoral* et le *ragas* gardent le troupeau des mères, et le pâtre travaille avec les autres domestiques, sauf qu'étant obligé de passer la nuit au parc avec le *majoral*, il se retire une heure plus tôt le soir et arrive une heure plus tard le matin. La bonne conduite du troupeau exige un quatrième employé, nommé *bassivier*, auquel on confie la garde des antenaises, *bassives* en patois, c'est-à-dire des agnelles destinées à remplacer les brebis hors d'âge, que l'on réforme tous les ans. Ces antenaises doivent être gardées à part jusqu'à ce qu'elles soient en état d'être livrées au bélier, ce qui a lieu pour l'ordinaire lorsqu'elles ont atteint l'âge de 18 à 20 mois. Il serait mieux d'attendre celui de trente mois pour les soumettre à la monte. Je puis affirmer, d'après l'expérience, que cette précaution sert merveilleusement à fortifier la race, et qu'elle est avantageuse sous tous les rapports.

3. Il faut un vacher pour la garde des vaches et il faudrait aussi un autre berger ou bergère pour les jumens, si l'on n'était dans l'usage de mener paître pêle-mêle ces deux

espèces d'animaux , du moins dans les fermes qui n'excèdent pas l'étendue de celle que nous avons supposée pour exemple.

4. Le service du ménage exige, 1° une ménagère; 2° une servante de ferme , qui aide à traire les brebis dans la saison , qui porte les repas dans les champs aux travailleurs , qui aide à la fabrication du pain, et qui va travailler dans les prés et dans les champs quand l'occasion le requiert; 3° une gardeuse de cochons , qui sert aussi quelquefois pour les dindons. Quelquefois on a par-dessus le marché une petite dindonnière. Tel est l'effectif nécessaire des employés engagés pour toute l'année.

On a, outre cela, deux employés pour l'été, lesquels, sous le nom de *solatiers* , s'engagent, à dater du 25 juin jusqu'au 1er novembre, et sont destinés à aider à la rentrée de la récolte et au battage des grains. Tel est le personnel nécessaire à l'exploitation d'une ferme de cinq paires de labourage (1).

5. Le mobilier rural se compose d'abord des jougs qui sont façonnés en bois de hêtre , ou d'ormeau , ou de frêne , et coûtent 1 fr. 50 c. de façon. Ils ne peuvent guères servir qu'à une seule paire de bœufs, à cause de l'extrême variété qui se trouve dans la courbure des cornes. Sur le milieu du joug qui joint les deux bœufs, est implantée une pièce de fer à deux branches formant crochet , qui porte le nom de *méjane.* Sur les deux branches de la *méjane* , sont accrochés deux espèces d'anneaux ovales , formés d'un rameau de chêne tordu et replié sur lui-même, et qui portent le nom de *redonde.* Le joug est attaché aux cornes et au front de l'attelage avec des lanières de cuir de bœuf préparé au suif, appelées *juilles.* Les deux *redondes* servent, celle de devant au tirage, celle de derrière au recul. Pour cet effet, la pointe du timon s'amincit en laissant à 12 ou 15 pouces de son extrémité un bourrelet, sur lequel appuie la *redonde*

____

(1) A mesure que l'étendue de la ferme excède cette proportion, on augmente le nombre des valets de charrue, dits *boueyrats.*

Comme ceux-ci coûtent beaucoup moins que les employés spéciaux , une grande ferme obt'ent une économie relative sur les salaires.

postérieure quand l'attelage recule. On attelle au moyen d'une goupille de fer à tête de clou, appelée *cavillou*, et dans certains pays avec une clé de bois large de deux travers de doigt, dont la tête porte sur le joug, pendant que le bout opposé porte sur l'anneau appelé *redonde*. Cette dernière disposition est évidemment vicieuse. Le joug tient ferme et l'anneau fléchit; l'action du tirage s'exerce obliquement; l'attelage se trouve pris dans une position contrainte qui l'oblige de porter le nez au vent et de retirer les cornes en arrière. Si la voiture vient à verser, le timon est souvent rompu et les bœufs reçoivent une secousse affreuse. Cette façon d'atteler est usitée dans le causse, et l'autre dans le ségala. Aussi remarque-t-on que les bœufs du causse sont sujets à une maladie appelée *mal cup*, qui est une sorte d'encéphalocèle ou hernie du cerveau. Lorsqu'on se sert de la goupille en fer dont la tête n'est point proéminente, le joug peut jouer librement sur le timon, et le tirage s'opère suivant la direction naturelle des forces de l'attelage.

6. Les agronomes, à commencer par Olivier de Serres, ont discuté la question de savoir s'il ne serait pas mieux de faire tirer les bœufs au collier, par les épaules, comme les chevaux. Les expériences qu'on a faites à ce sujet ont laissé la question indécise. Il paraît qu'attelés par la tête, les bœufs ont plus de force ou plus d'impétuosité et d'adresse; mais il paraît aussi que lorsqu'ils labourent au collier, ils sont moins fatigués le soir. Je le croirais volontiers; mais le collier a l'inconvénient d'exiger un reculoir et d'être beaucoup plus dispendieux. D'ailleurs, dans un pays montueux, les bœufs attelés au joug ont l'avantage de déplacer le centre de gravité à propos, en haussant la tête dans les descentes, en rasant la terre avec le museau quand il faut monter. L'usage du joug est en harmonie avec la nature du pays. Cependant il faut avouer qu'il a un grave inconvénient, celui d'exiger la parité des forces dans les deux bœufs qu'il joint ensemble. Si l'un d'eux a une grande supériorité, il pousse le joug en avant et il fait subir à son compagnon une résistance accompagnée de secousses, qui vient s'ajou-

ter à celle du fardeau. Aussi voit-on ce dernier dépérir et finalement succomber.

Les bœufs de force pareille, sentant tour-à-tour les secousses qu'ils se donnent l'un à l'autre, prennent quelquefois de l'humeur, et ils se mettent à lutter de l'épaule contre le timon. Ils usent ainsi leurs forces, ils s'épuisent et leur santé est compromise.

7. On pourrait remédier à ces inconvéniens au moyen d'un joug brisé, c'est-à-dire composé de deux têtières jointes ensemble au moyen d'une chaîne. Il est clair que, par ce moyen, les forces des deux bœufs seraient isolées et ne pourraient pas s'entrechoquer. Aux deux côtés de chaque têtière, sont deux crochets ou deux anneaux auxquels s'attachent des traits. Ceux-ci tirent la charrue par l'intermédiaire d'une balance. La balance mérite bien son nom, car elle sert à pondérer les forces et à les mettre en équilibre. Si un bœuf est plus fort que son pareil, on croise les traits de manière à ce que l'un des traits du plus fort s'attache au palonnier du plus faible, et réciproquement. Cette façon d'atteler peut causer quelqu'embarras ; mais il est bon de l'essayer et de la soumettre au jugement de l'expérience. En général, on ne saurait trop ménager les forces et la santé des bœufs de travail : on a un double intérêt de les maintenir en bon état ; en premier lieu, par rapport au travail, et en second lieu, par rapport à l'engraissement. Telles sont les observations qui nous ont été suggérées par la façon dont on attelle les bœufs dans le pays. Nous ajouterons que le joug est placé sur le cou des animaux et que les lanières appelées *juilles* viennent ceindre le front par des plis redoublés et que c'est sur ce lien assez étroit que se porte l'effort du tirage. Aussi arrive-t-il que la peau du front est entamée. On peut remédier à cet accident au moyen d'un coussinet rembourré. Dans certains pays, on le prévient en construisant le joug de manière à ce que la partie concave de la têtière s'applique sur le front, et reçoit l'effort du tirage.

8. Le surplus du mobilier rural, sauf l'araire (1), est à-peu-près ce qu'il doit être, eu égard au pays : nous nous abstiendrons d'en donner l'état détaillé et la description. Il suffit, pour l'objet qu'on se propose ici, de dire que ce mobilier nécessaire à l'exploitation, en y comprenant, non–seulement les araires, les voitures avec leurs essieux en fer et leurs roues ferrées, leurs cordes, les jougs et les *juilles*, les *méjanes*, les pioches, les hoyaux à deux dents, *bigos* en patois, et les fourches à trois pour le fumier, les fourches à deux dents, également en fer, pour les gerbes et le foin ; le tout en nombre égal à celui des attelages ; plus une ou deux haches à couper le bois, une hache taille-pré, deux scies, savoir : une scie de menuisier et une grande scie à deux mains (*touradouyro* en patois), les coins de fer pour fendre le bois, enfin les chaînes et les licous pour attacher les animaux, les crèches, les râteliers, les claies de parc, les cabanes des bergers ; non–seulement tous ces objets nécessaires à la culture, mais encore les ustensiles de ménage, les marmites, les chaudières, les seaux, les jattes, etc., les sacs, les toiles, les draps de lit, les couvertures, etc., les paniers, les corbeilles, etc.; il suffit de dire que tout cela revient à-peu-près à une somme de trois cents francs pour chaque attelage.

Ainsi pour la ferme, qu'on suppose ici de cinq attelages en service réglé, le mobilier rural doit être évalué 1,500 fr. C'est là ce qu'il coûte dans le système de la routine. Lorsqu'on veut faire usage des instrumens perfectionnés, il faut ajouter à cette mise de fonds. Nous donnerons plus bas l'état du surcroît de dépense qu'exige l'introduction de ces instrumens.

9. Faisons auparavant le compte de toutes les sommes qu'exige la mise en valeur d'une ferme, de toutes les avances que doit supporter le propriétaire ou le fermier lorsqu'il commence l'exploitation d'une ferme nue et dégarnie de tous ses accessoires. Nous supposerons les bâtimens en bon état.

---

(1) Voyez ce qu'on a dit de l'araire et de ses imperfections au chapitre Ier de la Ire partie.

Cette mise de fonds se compose, 1º du prix d'achat des bestiaux ; 2º de celui du mobilier rural ; 3º des grains nécessaires aux semences et à la nourriture des valets ; 4º de celui des autres objets qui entrent dans la dépense du ménage ; 5º du montant des salaires ; 6º de celui de la main-d'œuvre nécessaire pour compléter les travaux ; 7º de l'entretien des bâtimens ; 8º des contributions.

En supposant un domaine passablement assorti en prés et pâturages, ayant 25 hectares de pré, 8 hectares de pâturage gazonné et, comme ci-dessus, 80 hectares de terres labourables, 10 hectares de terres vaines, appelées *fraus* dans l'idiôme de nos laboureurs, on peut fixer ainsi qu'il suit le compte du bétail nécessaire :

1º 5 paires de bœufs à 460 fr.	2,300 fr.
2º 20 vaches à 140 fr. pièce	2,800
3º Un taureau pour la monte	100
4º 5 jumens poulinières à 300 fr.	1,500
5º 300 brebis à 15 fr.	4,500
6º 5 béliers à 30 fr.	150
7º 3 cochons gras à 120 fr.	360
8º 4 truies portières et 5 pourceaux	400
Total pour les bestiaux	12,110

En grains.

1º 67 hectolitres froment à 16 fr.	1,072
2º 214 hectolitres orge à 11 fr.	2,354
3º 14 hectolitres avoine	112
Total pour les grains	3,538
Mobilier rural comme ci-dessus	1,500

Salaires en argent des employés de la ferme.

1º Maître-valet	216
2º Bouvier	140
A reporter	356

	Report....................	356 fr.
3° Fournier............................		132
4° Les deux valets de charrue..............		189
5° Berger majoral.....................		20
6° 2ᵉ berger.........................		15
7° Ragas...........................		12
8° Vacher..........................		24
9° Ménagère........................		80
10° Servante........................		45
11° Bergère........................		20
12° Solatiers au nombre de deux..............		144
Total.......................		1,028

10. Outre leur salaire en argent, les valets de ferme reçoivent la faculté de mettre dans le troupeau un nombre
convenu de brebis. Cela s'appelle des *hivernes*. Le salaire des
bergers est principalement composé d'hivernes. Le berger en
chef en a 18 ou 20, ou davantage, suivant l'importance du
troupeau. Son second en a de 12 à 15. Le ragas en a une ou
deux. Les autres domestiques en ont aussi, les uns une, les
autres deux ou davantage, suivant leur grade dans la ferme.
Le maître-valet en a quelquefois jusqu'à neuf ou dix. Une
hiverne est évaluée communément six francs. Le domestique
profite de l'agneau et de la toison; le maître, du fumier et
du lait. Ce marché paraît avantageux à toutes parties; car
si la brebis ne périt pas, et qu'elle ait du succès, le valet
en tire pour la toison et l'agneau de douze à quinze francs. Cependant le maître ne paye réellement que six francs, parce
que les frais de garde et d'entretien d'une brebis reviennent
à neuf francs ou à-peu-près, et que le fumier et le lait peuvent compter pour trois. On notera que les frais de garde
restent les mêmes malgré l'admission de 20, 30 ou 40 brebis
que les valets mettent dans le troupeau. Le valet subit les
chances de perte et de profit qui marchent à la suite de
l'éducation des bêtes à laine. Tout cela est séduisant; néanmoins il est vrai de dire que cette façon de payer les domestiques donne naissance à une foule d'abus : nous en parlerons
ailleurs.

11. Ajoutons aux avances du propriétaire :

1º Les contributions........................ 600 fr.
2º Vin, sel, etc., entretien des bâtimens....... 300
3º Main-d'œuvre pour la récolte, etc.......... 1,000

      Total............................. 1,900

Récapitulons.

1º Bestiaux 12,110
2º Grains 3,538
3º Mobilier rural........................ 1,500
4º Salaires.............................. 1,028
5º Main-d'œuvre, contributions, vin, sel, etc. 1,900

      Total des avances................... 20,076

Voilà à peu près ce que doit débourser, avant de percevoir la première récolte, celui qui entre dans une ferme désorganisée et réduite aux immeubles, c'est-à-dire aux terres et aux bâtimens.

La ferme dont il s'agit ici contient en somme cent vingt-trois hectares; donc le capital circulant, nécessaire pour la mettre en valeur, étant de vingt mille fr. ou à-peu-près, ce capital revient à 163 fr. environ par hectare.

12. Cela ne suffit pas pour que l'exploitation marche avec fruit, il faut encore un fonds de roulement afin de parer à mille cas imprévus et de se mettre en état d'attendre la vente des denrées. Dans l'hypothèse actuelle, ce fonds devrait être de quatre mille francs au moins, pour donner à l'exploitation une marche aisée et régulière. Ainsi on serait bien près de la vérité en portant à 200 fr. par hectare le capital nécessaire pour donner une marche avantageuse à l'exploitation des terres de l'Aveyron, en suivant le système de la routine.

13. Aussi, dans la plupart des baux à ferme, le propriétaire est-il obligé de remettre au fermier, en inventaire, pour être rendue à la fin du bail, la majeure partie de ce capital, savoir : les bestiaux, les grains et autres provisions de bouche et le mobilier rural. Il arrive souvent que le fermier, pour se procurer les fonds de roulement, vend

une partie des bestiaux qui figurent sur l'inventaire , espérant de les remplacer plus tard , au moyen de la reproduction ; il fait par là une opération détestable , puisqu'il affaiblit les forces de l'exploitation.

14. La valeur vénale de l'hectare , compensation faite de celle des prés , des champs , des pâtures , des bois , peut être portée à mille francs pour un domaine de causse tel que celui que nous avons en vue. La rente, au taux de trois pour cent, est de trente francs. Ainsi , pour 123 hectares, cela revient à 3,690 fr. Le capital circulant, y compris le fonds de roulement , se porte , avons-nous dit , au cinquième à-peu-près de la valeur de l'immeuble ; soit 24,000 fr. , dont l'intérêt à 5 pour 0 0 est 1,200 francs. Pour que l'exploitation fût sans perte, il faudrait retrouver cette somme de 1,200 fr. en sus de la rente de 3,600 fr. Or , c'est ce qui n'arrive pas en suivant le système de la routine. Le domaine que nous avons en vue , exploité à la façon du pays , avec les instrumens ordinaires et suivant l'assolement triennal , entre les mains d'un homme actif et entendu , pourrait rapporter tout au plus 4,000 fr. La routine est donc en perte réelle de 800 fr. par an.

Ce résultat n'est pas aperçu , parce que , dans la transmission des héritages , les fermes pour l'ordinaire arrivent tout organisées et que le capital circulant se confond avec l'immeuble ; mais il n'est pas moins vrai que ce capital existe , et qu'en remontant à l'origine de l'exploitation , on trouve qu'il se compose de toutes les avances mentionnées plus haut.

15. Nous avons supposé les bâtimens en bon état. Cette supposition ne saurait s'appliquer à la masse des fermes aveyronnaises : en général , on peut mettre en ligne de compte une somme considérable pour réparation ou reconstruction des bâtimens ruraux. En ajoutant , pour cet objet , au capital ci-dessus une somme de 12,000 fr. , c'est-à-dire de 97 fr. par hectare ou à-peu-près , on se rapprocherait beaucoup de la réalité.

16. L'agriculture fondée sur le bétail a l'inconvénient d'exiger pour les bâtimens une première mise de fonds con-

sidérable. Si l'on faisait entrer en ligne de compte l'intérêt des sommes qu'ont coûté primitivement les bâtimens, on trouverait que le revenu qui appartient réellement à la terre se réduit à rien ou à peu de chose.

Il faudrait, pour les bâtimens du domaine que nous analysons, une somme de cinquante à soixante mille francs ; soit cinquante mille. L'intérêt à 5 pour 0 0 de cette somme, joint à celui du capital circulant, figurerait au débit annuel de l'exploitation pour 3,700 fr. Que serait-ce si l'on pouvait faire le compte de toutes les dépenses qui ont été primitivement nécessaires pour mettre les terres en état d'être cultivées? Ce chapitre comprendrait non-seulement les frais de clôture, mais encore ceux qui ont été employés à nettoyer le terrain et quelquefois à le dessécher, à l'aplanir, etc.

Il est clair que, dans le département de l'Aveyron, le revenu territorial considéré, déduction faite des intérêts du capital primitif qui a servi à mettre les terres en état d'exploitation, est nul.

17. Voilà ce qu'il importe de savoir pour être à même de comprendre la nature, de bien saisir le caractère de notre exploitation rurale. Dans tout pays où les terres ne sont productives qu'à l'aide du fumier, les dispositions relatives à la production de cet engrais occasionent l'emploi d'un capital considérable, dont les intérêts à 5 pour 0 0 représentent à-peu-près toute la rente des terres. Aussi un savant agronome a-t-il dit que, dans l'estimation des terres, on ne comprendra jamais toute la différence qui existe entre celles qui sont en bon rapport sans fumier, et celles qui ne peuvent être cultivées qu'au moyen de cet engrais.

18. En réfléchissant sur ce qui précède, nous voyons clairement que le fumier et le temps sont les véritables sources de nos revenus, et que, dans le fait, il est vrai de dire que ce sont les seules propriétés réelles de l'agriculteur.

19. L'art consiste à tirer le meilleur parti possible de ces deux élémens de notre richesse. Le système de la routine peut être appelé système de dilapidation du temps et du fumier.

20. Le système de la culture alterne, au contraire, a pour résultat de tirer d'une quantité de fumier donnée le plus grand revenu possible, sans épuiser les terres. Nous ne parlons pas ici de l'avantage qu'a cette culture d'augmenter la production de cet engrais : nous en avons assez parlé ailleurs. On se borne à considérer que, lorsqu'on suit la pente de la nature, en variant les récoltes, on obtient d'une quantité égale de fumier des produits plus considérables que lorsqu'on la contrarie par la continuité d'une même espèce de culture.

21. Le temps est encore plus précieux. Un auteur célèbre a dit que le travail est le principe de toute richesse. Or, le travail se mesure dans ses résultats par rapport au temps dépensé. La richesse croît en raison du travail qui s'exécute dans un temps donné. Le secret d'utiliser le temps dépend de la perfection des instrumens qu'on emploie.

22. Ainsi, en résumé, l'alternance et les instrumens accélérateurs du travail sont les deux pivots sur lesquels l'agriculteur doit établir son plan d'exploitation. Ce plan, d'ailleurs doit être relatif aux circonstances, ainsi qu'on l'a dit plus haut, ainsi qu'on l'expliquera plus en détail dans la suite.

23. L'acquisition des instrumens perfectionnés ajoute à la dépense que cause la composition du mobilier rural une mise de fonds dont voici le compte :

1° 5 charrues à bâtis, en fonte, à 65 fr..........	325 f.
2° 2 herses à dents de fer.......................	96
3° Une herse légère, à dents de bois.............	18
4° Une houe à cheval............................	45
5° Une charrue à butter.........................	60
6° Un rayonneur à cinq pieds....................	72
7° 2 semoirs...................................	80
8° Etaupinoir..................................	36
9° Une charrue à rigoler les prés...............	60
10° Un extirpateur à cinq pieds.................	100
Total...................	892

Ainsi le capital que représente le mobilier rural et qui est

19

de 1,500 fr. , suivant la routine , reçoit une augmentation de 892 fr. Accordons le compte rond de 2,400 fr. Ce sera , pour les instrumens, 900 fr. en sus , qui nous doivent un intérêt annuel de 45 fr. Il faut ajouter les frais d'entretien et de renouvellement.

Ces frais sont très-variables , suivant la nature du sol. Sur un terrain calcaire ou marneux , la charrue en fonte peut durer vingt ou vingt-cinq ans. Sur un terrain gréseux , elle dure cinq ou six ans. Etablissons le compte d'après cette dernière base , la moins favorable de toutes.

Lorsque la charrue est hors de service , il reste en fonte ou en fer battu une valeur de dix ou douze fr. , soit dix fr. ; la perte est de 55 , ce qui revient par an à 11 fr. Pour aiguiser , rebattre , renouveler le soc et autres réparations accidentelles, il faut 16 ou 18 fr. ; soit 18 fr. : soit en tout 30 fr. par an.

L'araire indigène figure au compte du forgeron pour 15 fr. par an. Le renouvellement fréquent du sep en bois , appelé *dental* , occasionne une dépense qu'on ne peut pas mettre au-dessous de 12 fr. Cela fait 27 fr. L'entretien de la charrue excéderait donc de trois francs celui de l'araire indigène. Mais comme les seps de l'araire sont fabriqués avec le bois du domaine et le temps du maître-valet , les propriétaires comptent cette dépense pour rien. Telle est trop souvent leur habitude de ne faire attention qu'aux dépenses qui entament la bourse. Cette disposition d'esprit a été cause de la ruine de plusieurs. Transigeons avec le préjugé , et accordons un surcroît de dépense à raison de 6 fr. par an , pour l'entretien ou le renouvellement de la charrue. Pour 5 charrues, cela fait trente francs.

La houe à cheval et le buttoir, qui ne travaillent que pendant quelques semaines au printemps, peuvent durer à-peu-près vingt ans , moyennant qu'on renouvelle deux fois les pieds et le soc. Soit 10 fr. par an. Pour les herses, 20 fr. ; pour l'extirpateur, 15 fr. ; pour les semoirs, 3 fr. par an , excèdent les besoins réels ; mais il faut prévoir les accidens. Enfin 3 francs encore pour l'étaupinoir, et pour le rayonheur 15 fr. ; plus 6 fr. pour la charrue à rigoler. Cela nous donne un total de 92 fr. qui, ajoutés aux 45 qui représentent l'intérêt du prix d'achat, produisent en augmentation de dépense annuelle un total de cent trente-sept fr.

24. Voyons à présent en quoi consiste le bénéfice qui résulte, dans le cours de l'année, de l'emploi des instrumens accélérateurs du travail.

Pour se faire une idée juste du produit en travail que procurent ces instrumens, il ne suffit pas d'examiner la manière d'agir de chacun d'eux en particulier ; il faut les considérer dans leur ensemble, formant un système d'opérations qui se lient comme celles des différentes pièces d'une mécanique à filature.

25. La charrue est la base fondamentale de tout le système. C'est elle qui ouvre et prépare les voies à tous les autres instrumens ; de telle sorte que son importance s'accroît de celle de ces derniers, et qu'il lui revient une part sur l'économie de temps qu'ils procurent.

26. J'ai deux manières de me rendre compte de l'effet de mes instrumens : l'une par l'observation analytique du travail qu'ils effectuent sur un espace donné, sur un hectare, par exemple ; l'autre par la considération en masse du résultat de l'exploitation. C'est sous ce dernier point de vue qu'il faut surtout envisager le système des outils perfectionnés.

27. Pour bien comprendre ceci, il faut considérer deux choses. 1° Les récoltes sarclées et les fourrages artificiels sont devenus aujourd'hui des objets de première nécessité. L'araire est insuffisant pour les préparations qu'exigent ces cultures, et il impose la nécessité d'avoir recours à la bêche et à la houe du pionnier. Or, les progrès de l'industrie manufacturière, en enlevant à l'agriculture le peu de bras qui lui restaient dans le pays, rendent l'emploi de la main-d'œuvre très-borné, très-cher et souvent même impossible.

C'est donc sous le rapport des cultures jardinières de la pomme de terre, du colza, du maïs, du chanvre, etc., que la charrue perfectionnée avec l'assortiment complet des autres instrumens qui marchent à sa suite, obtient un triomphe immense, évident, incontestable. Ce serait méconnaitre les avantages de ce système d'instrumens, que de ne les considérer que par rapport à la culture des céréales. Toutefois, sous ce dernier point de vue, le bénéfice serait encore assez considérable, comme nous le montrerons bientôt.

28. En second lieu, avant de faire usage de la comptabilité, on observera qu'elle se présente sous deux points de vue différens. Premièrement, elle a pour objet de tenir note des frais et des produits, de balancer les uns par les autres et d'enregistrer les pertes et les bénéfices. Sous ce rapport, la comptabilité n'a qu'un résultat purement financier. Mais elle peut servir aussi à comparer exactement entr'elles les diverses opérations, à recueillir et classer les rapports qui mettent l'agriculteur en état de prononcer quelles sont les mauvaises méthodes, quelles sont les bonnes, quelles sont les meilleures ; et alors la comptabilité devient un trésor de connaissances, une école d'agriculture.

Celui qui se contenterait de prendre les balances des comptes particuliers, et de les mettre en parallèle dans le résumé général appelé *profits* et *pertes* (1), agirait en homme d'affaires ; il acquerrait la connaissance exacte de sa situation ; il verrait si son capital augmente ou s'il diminue. Mais, pour tirer de la comptabilité toutes les lumières propres à éclairer la pratique de l'art, il ne faut pas s'arrêter à ce procédé trivial et, pour ainsi dire, mécanique. Il faut étudier la comptabilité dans ses détails et dans son ensemble ; il faut chercher à multiplier les objets de comparaison, et s'appliquer à bien saisir tous les points de vue dont les divers comptes sont susceptibles. Il faut se ressouvenir que, quoique toutes les dépenses, pour la régularité et la clarté des comptes, soient ramenées à l'expression uniforme de la valeur monétaire, et soient ainsi confondues dans une évaluation en argent, il importe d'établir entre

(1) Voyez plus loin le chapitre de la comptabilité.

elles une distinction qui dérive de la nature même des choses; il faut distinguer les dépenses qui sont soldées en valeurs réelles qui sortent de la ferme , et celles qui , au contraire , vont figurer en bénéfice dans les autres comptes de cette même ferme.

29. Pour bien comprendre cette distinction , il faut considérer que , lorsqu'on a organisé en personnel et en matériel le service d'une ferme d'après la nécessité rigoureuse constatée par l'usage immémorial , la dépense que cette organisation occasionne figure au passif pour une somme fixe à peu près invariable , et que l'actif se compose de tous les travaux productifs qui en résultent.

Cette organisation peut être envisagée comme faisant corps avec le domaine , comme s'identifiant avec la terre qu'elle est destinée à mettre en valeur.

Ce chapitre , qui comprend les salaires des domestiques , l'achat et l'entretien du mobilier rural et des animaux de trait, est le premier au budget agricole et peut être classé sous le titre de *dépenses fixes*. Son actif , quoique variable , peut être ramené à une valeur fixe par l'appréciation d'une récolte moyenne.

30. Si cette organisation , dont nous venons de parler , pouvait suffire à toutes les opérations , la balance de son actif et de son passif serait l'expression fidèle du revenu de l'exploitation. Mais il n'en est pas ainsi , et le fermier se trouve forcé de demander un supplément de travail à la main-d'œuvre étrangère. Ce supplément est plus ou moins considérable , suivant les circonstances , et il rentre dans le chapitre des dépenses variables.

Or , ce chapitre des dépenses variables réclame toute l'attention de l'agriculteur. Il est clair que , si on pouvait le supprimer , ou du moins le réduire en grande partie , on se ménagerait un grand bénéfice , le seul bénéfice certain que l'on puisse trouver dans cette terre de doute et d'incertitude.

31. Tout le monde rêve une augmentation de récolte , mais cette augmentation est sujette à bien des mécomptes; tandis que toute atténuation de dépense constitue un profit clair et

net que l'on s'assure infailliblement d'avance , bien entendu
que cette économie pourra s'opérer sans préjudicier en rien
aux produits ordinaires.

Ainsi donc, tout moyen qui (compensation faite de l'augmentation de dépense qui lui est propre) tend à tirer de l'organisation de la ferme une plus grande somme de travail ,
doit être regardé comme une source de profits.

32. Cela posé , je prends pour unité de comparaison l'organisation ordinaire et domestique de la ferme en personnel
et matériel. Tout produit en travail qui dérive de cette organisation , je le considère comme un actif, et tout supplément de travail demandé à la main-d'œuvre étrangère ,
comme un passif. Voilà le point de vue sous lequel il faut
établir la comparaison des deux systèmes , en ayant soin de
prendre , pour exprimer la valeur du travail, celle des récoltes qui en proviennent.

D'après ces données , il sera aisé de saisir dans toute leur
étendue les avantages que procurent les instrumens perfectionnés par rapport aux moyens de la routine.

En n'ayant égard qu'à la culture du blé, je trouve, en con-
sultant mon journal d'assolement, que la charrue rovillienne
gagne à-peu-près une journée sur trois comparativement à
l'araire triangulaire. Celui-ci , lorsqu'il attaque une jachère,
n'agit que très-imparfaitement. Si le terrain est gazonné , il
n'ouvre pas une véritable raie ; il va becquetant ça et là ,
laissant à chaque pas des chevets ou places intactes et projetant d'intervalle en intervalle de grosses mottes et des éclats
de gazon. Ce premier labour s'exprime par le mot *reilla* ,
qui sert à faire entendre que la terre n'a été entamée que de
la pointe du soc. Il faut donc qu'une seconde raie et ensuite
une troisième complètent peu à peu le travail et mettent le
labour en état d'être semé. Une seule raie de la charrue à
versoir , hersée, vaut sans doute les trois raies de l'araire ;
mais comme il devient nécessaire d'en donner deux , afin de
bien détruire les mauvaises herbes, je réduis l'économie à une
raie , et je compense les hersages avec l'avantage qui appartient à la charrue, d'ouvrir un sillon plus large et de mettre

un peu moins de temps à chaque raie. Ainsi , dans la ferme que nous avons prise pour exemple , la charrue et la herse gagneraient sur l'araire au moins 120 journées de labour.

33. Ce n'est pas tout : dans un domaine de causse, composé en tout ou en partie de terre forte , dite aubugue, il est impossible, sur les terres de cette qualité , de cultiver les blés de mars avec l'araire. On est forcé d'avoir recours à la bêche et d'abandonner aux pionniers la moitié de la récolte. Supposons que la moitié de l'assolement soit dans le cas d'être ainsi livré à la bêche. La part des colons partiaires sera, une année compensant l'autre, de 140 hectolitres d'orge , qui, à dix francs, constituent un tribut de 1,400 fr. payé à la main-d'œuvre étrangère.

En labourant avec la charrue rovillienne mes aubugues avant le gros hiver , en donnant ensuite deux coups de herse avant de semer , et un troisième pour recouvrir la semence, la terre est mieux préparée qu'elle ne l'est communément par les bécheurs. Ce travail revient à huit ou neuf attelées de dix heures pour un hectare : cela fait 90 heures, soit 100 heures en tenant compte du temps nécessaire pour semer et ouvrir les raies d'écoulement. A 24 centimes par heure pour les deux bœufs et 12 centimes pour le conducteur , le travail revient à 36 fr. Ajoutons douze francs pour la moitié de la semence que le colon partiaire aurait fournie ; plus pour la moisson , nourriture comprise, 16 fr. ; en tout 64. Le produit en orge d'un hectare peut être évalué à 20 hectolitres qui , à raison de dix fr. , valent 200 fr. A déduire , 64 fr. , plus 100 fr. pour le produit de la colonie partiaire : reste en bénéfice industriel , 36 fr. par hectare. Mais on remarquera que , dans la dépense ainsi calculée , il n'y a de réel que les 28 francs attribués à la moisson et à la semence , puisque vos attelages gagnent le surplus. Ainsi le profit réel par rapport à la routine est de 72 fr. pour un hectare.

34. Considérons à présent la charrue avec son accompagnement, c'est-à-dire avec l'assortiment complet des instrumens accélérateurs, agissant dans le système de la culture jardinière appliquée en grand aux terres labou-

rables. Voici, pour les pommes de terre, l'état comparatif des frais et des produits , suivant la méthode ordinaire et suivant la méthode perfectionnée. Je suppose que le propriétaire a tout fourni pour la plantation des pommes de terre, labours, fumier, tubercules, et qu'il charge des manouvriers du binage et de l'extraction moyennant le tiers de la récolte : tel est l'usage le plus commun. Lorsque le colon partiaire fournit la moitié du fumier et de la semence, on lui accorde la moitié du produit. Je compte trois raies de l'araire, plantation comprise, et je trouve, d'après mes observations, que, pour un hectare, ce travail exige à-peu-près 168 heures d'attelée, avec les raies d'écoulement.

En faisant la distribution des frais d'entretien des outils, je trouve que pour l'araire ils reviennent à 20 centimes par journée de dix heures, et pour l'ensemble des instrumens perfectionnés, à 3o centimes, y compris l'intérêt du prix d'achat. Je suppose 28 tombereaux de fumier du poids de 8 quintaux métriques, que j'évalue à 5 fr. le tombereau, frais de transport et de dispersion sur le terrain compris.

Je suppose un produit de 36 tombereaux du poids de 5 quintaux métriques, et j'accorde un prix moyen de dix francs par tombereau, frais de transport au marché déduits.

Cela posé , voici le compte :

Pommes de terre à l'araire et à la houe à bras, pour un hectare.

1° Labour, 168 heures à 36 centimes........	60 f. 48 c.
2° Usure des araires........................	3 36
3° Fumier, 28 tombereaux..................	140 »
4° Tubercules plantés , 3 tombereaux........	30 »
5° Transport.............................	12 96
6° Rente de la terre pour six mois..........	8 » (1)
Total du débit......................	254 80

(1) On suppose ici des terres de la nature dite ségala : c'est, en effet, sur des terres pareilles que la culture des pommes de terre a pris la plus grande extension.

Au crédit du compte, le propriétaire trouve les deux tiers de la récotte, savoir : 24 tombereaux, lesquels valent en magasin deux cent quarante francs.

Doit...................................... 254 fr. 80 c.
Avoir.................................... 240   »
                                          ————————————
                          Perte... 14   80

On remarquera que les frais de sarclage et d'extraction sont compensés avec douze tombereaux de pommes de terre qui valent 120 fr., ce qui porte le total de la dépense, pour un hectare, à 374 fr. 80 c. Il faut convenir que ce n'est point là le type d'une culture économique.

En vérité, c'est une terrible chose que l'analyse, et les routiniers, pour la paix de leur âme, font sagement de ne pas en user. Pour vous, mon cher lecteur, vous qui, je l'espère, ferez tous vos efforts pour vous familiariser avec les procédés de la bonne comptabilité, certainement le compte que je mets sous vos yeux deviendra, de votre part, le sujet d'une méditation sérieuse. Vous y verrez une preuve de plus de cette vérité, que rien n'est moins économe que la lésine.

35. Vous comprendrez que, dans toute espèce d'industrie, il importe de faire d'avance, avec exactitude, franchement, la part de la dépense, et que le bon secret consiste à se racheter courageusement, par une somme ronde, de cette fourmilière de menus frais qui nous *sangsuent* imperceptiblement et finissent par nous faire tomber d'inanition, sans qu'on puisse dire, parmi tant de piqûres, quelle est celle qui a donné le coup de grâce. Mon compte explique assez bien un fait généralement avoué, un fait qui se reproduit souvent dans les conversations des cultivateurs ; il explique pourquoi la pomme de terre, qui a fait la fortune des consommateurs, a plutôt appauvri qu'enrichi les propriétaires. Voyons le compte de la charrue rovillienne.

1° 3 labours, 120 heures, à 36 cent....... 43 fr. 26 c.
2° Hersages, 15 heures, 2 chevaux....... 7 80
3° Main-d'œuvre pour la plantation...... 9 »
4° Fumier............................. 140 »
5° 3 Tombereaux de tubercules plantés.... 30 »
6° Sarclage et battage, 20 heures d'un cheval, à 20 c., et 12 c. pour le conducteur......................... 6 40
7° Finir le sarclage à la main, 4 journées d'homme à 1 fr. 25 c............... 15 »
8° Extraction, 1 fr. par tombereau...... 36 »
9° Transport, 36 heures (1)............. 12 96
10° Usure des instrumens................. 4 95
11° Rente de la terre.................... 8 »
                                        ————————
              Total des frais.......... 303 37
Avoir pour 36 tombereaux.............. 360 »
                                        ————————
              Bénéfice par hectare....... 56 63

J'ai supposé une terre difficile et une saison contrariante : car, en général, un hectare peut être sarclé et butté dans douze ou quinze heures. Nous avons trouvé au compte de l'araire indigène que le sarclage et l'extraction payent à la main-d'œuvre une somme effective de 120 fr. Ici, à l'exception de l'usure des outils, de l'extraction, de la plantation à la main et des quatre journées pour perfectionner le sarclage, c'est-à-dire à l'exception de la somme de 54 fr. 95 c., toute la dépense reste dans la ferme et se retrouve au crédit des autres comptes.

36. Appliquons aux deux comptes la règle que nous avons posée plus haut et voyons ce qui revient en bénéfice à l'organisation de la ferme de part et d'autre. Au compte de l'araire et de la houe à bras, nous trouvons que toute la

(1) Pour être rigoureusement exact, on devrait porter une somme moindre pour le transport, parce qu'il arrive pour l'ordinaire que le domicile des colons partiaires est plus éloigné que le logis du maître.

valeur du travail et du fumier produits par la ferme est re-
présentée par un avoir de 240 fr. Nous trouvons en même
temps que la dépense totale s'est élevée à 374 fr. 80 c. En
balançant les deux sommes, il reste 134 fr. 80 c., qui sortent
de la sphère de l'organisation de la ferme.

Au compte de la houe à cheval, nous trouvons un avoir
de 360 fr., dont il faut déduire les 54 fr. 95 c. qui appartiennent à la main-d'œuvre. Il reste 305 fr. 5 c. qui appartiennent à l'organisation de la ferme, et qui se retrouvent au
crédit des comptes valets, bœufs, chevaux, etc. Il est clair
que le travail de vos domestiques et de vos animaux de trait
est représenté par une plus grande masse de produits.

A présent, sur ces bases établissons la comparaison des
deux systèmes. Suivant le système ancien, l'organisation de
la ferme est en perte pour une somme de 134 fr. 80 c.; et
suivant le système des outils perfectionnés, cette organisation est en bénéfice pour 305 fr. 5 c. D'où il suit, que de la
perte au gain, la différence est exprimée par le chiffre
439 fr. 85 c.

Ceci est incontestable, puisqu'on suppose que l'exploitation est montée de part et d'autre sur le même pied, et que
l'inventaire des forces agissantes, y compris les salaires,
figure pour une somme pareille, sauf la valeur des outils
perfectionnés, dont on porte en compte l'usure à un taux
qui exprime cette différence.

37. Pour la culture du maïs et des légumes, après avoir,
à l'aide de la charrue, de la herse, de l'extirpateur, disposé
le terrain comme un carré de jardin, et cela dans dix fois
moins de temps que si on faisait usage de la bêche, de la
pioche et du râteau, on prend le rayonneur, et dans cinq
ou six heures, on couvre un hectare de rigoles également
espacées et toutes prêtes à recevoir la semence que le semoir
répand dans l'espace de huit ou dix heures. Il faudrait au
moins vingt jours à un ouvrier diligent pour exécuter la
même opération.

38. La charrue à rigoler fait dans un jour le travail de
trente hommes. L'étaupinoir, tiré par des bœufs, renverse

les taupinières fraîches et rogne celles que le temps a dur-
cies : il nivelle la surface des prés et facilite ainsi l'action
de la faux.

Enfin, il est vrai de dire que la combinaison de ces instrumens ne laisse à la main de l'homme que le soin peu laborieux de mettre à toutes les cultures le sceau de la perfection.

39. Quand on fait usage de ces instrumens, on a le choix
ou de réduire le nombre des attelages et des domestiques,
ou, ce qui vaut encore mieux, d'utiliser le temps gagné
sur les cultures par des réparations et des améliorations.
C'est ainsi qu'on peut employer ses domestiques à des
plantations, à des fossés de dessèchement dans le ségala, et
dans le causse, à désobstruer les champs des pierres qui
en rendent la culture difficile et imparfaite. Et, à ce sujet,
nous devons avouer que ces pierres, dans plusieurs localités
de la région appelée causse, opposent un obstacle insurmontable aux instrumens perfectionnés. Il faut donc, en
commençant, se borner à faire usage de ceux-ci sur les
parties du domaine qui sont susceptibles de les recevoir,
et faire servir l'économie de temps qu'on en retire à épierrer
peu-à-peu les autres champs. De cette façon, la charrue
perfectionnée fait tous les ans de nouvelles conquêtes et doit
finir à la longue par envahir toute la ferme ou, du moins,
la majeure partie.

40. Dans le fait, les avantages que peuvent procurer les
instrumens accélérateurs sont bien moins applicables au
causse qu'aux autres parties du département. A la vérité,
ces outils agissent merveilleusement sur les terres marneuses,
dites aubugues, et sur les terres argilo-gréseuses, dites rougières, ainsi que sur le calcaire substantiel de ces enfonce-
mens du plateau que nos laboureurs appellent *combes;* mais
le surplus du causse a beaucoup à faire avant d'arriver à la
culture perfectionnée.

En supposant que la ferme prise plus haut pour exemple soit mi-partie composée de terres fortes et de calcaire
oolitique pierreux, on peut estimer la plus value en travail

produite par le système des instrumens accélérateurs , ainsi qu'il suit , après avoir retranché au moins un quart sur les résultats indiqués ci-dessus, et cela pour parer aux accidens, aux fautes , aux difficultés de l'apprentissage :

1° Sur le labourage ordinaire................ 150 fr.
2° Gagné sur la bêche pour les blés de mars.... 700
3° Sur les sarclages......................... 300
4° Travaux des prés : charrue à rigoler , étau-
     pinoir 100
                       Total................ 1,250

41. Si ce domaine était dans le ségala , on pourrait porter cette somme à 16 ou 1,800 fr. , et dans la *rivière* à plus de trois mille francs. On notera que le ségala ne cultive point ses mars à la bêche et qu'il n'y a rien à gagner de ce côté. En second lieu , l'usure des outils est grave dans ce dernier pays et presque imperceptible dans le causse. Sans ces deux circonstances , le profit, dans le ségala , s'élèverait à une somme bien plus considérable.

42. Dans la *rivière* , au contraire, on fait un usage immodéré de la bêche. Il est difficile de dire jusqu'où se porterait l'économie de temps obtenue par les instrumens perfectionnés.

43. Jusqu'ici nous avons supposé que la culture par les instrumens perfectionnés donne, comparativement à la culture ordinaire, des récoltes exactement pareilles. Cette supposition est démentie par le fait. Les instrumens perfectionnés opèrent tout à la fois une grande diminution sur la main-d'œuvre , et une augmentation considérable sur les récoltes en tout genre. Leur influence est surtout remarquable sur les récoltes intercalaires en colza , pommes de terre , maïs , etc. Sur le blé , cette augmentation est encore évidente.

44. Mais je dois avertir que la première fois que l'on introduit la charrue dans un terrain qui n'a reçu que l'araire, on ramène à la surface une terre vierge qui a profité des égouts du fumier , et que l'abondance de cette première récolte ne doit pas servir de base pour les prévisions de l'avenir.

45. Enfin, les instrumens perfectionnés peuvent seuls fournir les moyens d'entrer dans un assolement raisonné qui ait pour résultat de faire alterner les récoltes, d'engraisser copieusement et de nettoyer la terre.

46. Et, à ce sujet, nous ferons une remarque importante. A mesure qu'on perfectionne le labourage, on se met dans la nécessité de mieux fumer les terres. Ceci pourra choquer l'opinion de ceux qui pensent que l'on fume à coups de charrue ; mais une réflexion bien simple suffit pour réfuter cette opinion. Lorsque le labour est grossier et imparfait, la récolte étend mal ses racines et ne pompe qu'à demi les sucs nourriciers.

Le bon labourage, au contraire, met en jeu toutes les forces productrices : la récolte est mieux nourrie, plus nombreuse, plus vigoureuse ; il faut nécessairement que la terre soit plus épuisée. Le commun des cultivateurs dit : Voilà une terre qui vient de donner une récolte brillante ; donc elle est en état d'en donner une seconde. Il est difficile d'imaginer une conséquence plus fausse. C'est comme si on disait : Voilà un cheval qui vient de faire une course longue et rapide ; donc il est en état de recommencer. Lorsque le cheval travaille plus que de coutume, vous augmentez la ration d'avoine. Il faut augmenter la ration de fumier lorsque vous forcez la terre à produire davantage.

47. Ainsi donc, il est vrai de dire que, lorsqu'on veut établir la culture alterne, on a besoin des instrumens perfectionnés ; et que lorsqu'on veut faire usage de ces instrumens, on a besoin d'une augmentation dans la production du fumier, qui ne peut se trouver que dans la culture alterne. Ces deux grands moyens s'appellent et se soutiennent mutuellement. Tant il est vrai qu'en agriculture, on ne peut pas innover à demi ; tant il est vrai qu'on se trouve dans la nécessité d'opter entre la routine pure et simple et le système perfectionné, pris tout entier dans ses principes constitutifs. Car ce système est si bien lié qu'il est impossible d'en tirer pièce sans que le tout ne suive.

48. En résumant ce qui précède, on voit que la routine

emploie un capital considérable et qu'elle n'a pas la puissance de reproduire les intérêts de ce capital. En ajoutant à ce capital, par l'acquisition des instrumens perfectionnés, une somme assez médiocre, une somme qui revient à-peu-près à 200 fr. pour chaque paire de bœufs, on se met en état d'obtenir, 1° une réduction considérable sur les frais de culture, 2° une augmentation sur les produits, et finalement une balance en bénéfice qui fait ressortir la rente de la terre avec les intérêts du capital circulant à un taux raisonnable.

49. Mais il ne suffit pas d'acheter les instrumens perfectionnés, il faut deux choses. Il faut, de la part des domestiques, qu'ils soient bien dirigés ; et de la part du maître, que leur emploi soit prescrit avec intelligence.

La bonne méthode pour tirer parti des instrumens perfectionnés consiste à les faire servir, dans le sens de l'alternance, à la culture combinée des prairies artificielles et des récoltes intercalaires, dont le propre est d'augmenter la production du fumier.

Pour cela il est nécessaire de faire choix d'un assolement qui puisse s'adapter à ces cultures que repousse l'assolement de trois ans.

50. L'assolement le plus parfait est celui de cinq ou six ans avec abolition complète des jachères ; mais comme il est impossible d'atteindre cette perfection tout d'un coup, ainsi qu'on le démontrera ailleurs, il faut se contenter d'un assolement imparfait, qui puisse servir de base et en quelque sorte de piédestal à la méthode perfectionnée. L'assolement de quatre ans mixte, c'est-à-dire en partie avec jachère naturelle, et en partie avec jachère artificielle, peut être considéré comme un cadre dans lequel viendront plus tard se ranger toutes les améliorations. C'est par là que l'on peut commencer.

51. En supposant que l'on veuille adopter ce plan, voici l'état des avances nécessaires à l'organisation de la ferme :

1° 3 paires de bœufs, à 460 fr............... 1,380 fr.
2° 2 chevaux de trait, à 500 fr. chacun...... 1,000
                                              ⸺⸺⸺
        A reporter............ 2,380

	Report..............	2,380 fr.
3° 4 jumens communes pour dépiquer.......		1,200
4° Le surplus du bétail comme ci-dessus.....		8,610
5° Salaires.........		998
6° Mobilier rural , 4 charrues , etc..........		2,335
7° Froment pour semer , 54 hectol..........		864
8° Orge , 190 hectol. à 11 fr................		2,090
9° Avoine , 20 hectol. à 8 fr...............		160
10° Graines fourragères.....................		200
11° Pommes de terre pour planter...........		60
12° Graines de betterave et autres...........		24
13° Main-d'œuvre pour la récolte , etc.......		800
14° Vin , sel , etc. ; contributions............		900
15° Harnais pour les chevaux...............		240
16° Un tarare pour vanner le blé...........		100

Total........................ 20,961 fr.

En substituant l'assolement de quatre ans à celui de trois , on réduit la culture des grains à raison de treize hectares ; ce qui produit des économies sur les attelages et sur les semences.

Mais comme les chevaux sont plus propres aux hersages et aux sarclages , il est bon de remplacer deux paires de bœufs par une paire de chevaux. Ceux-ci demeurent chargés des transports au marché , ce qui soulage infiniment les bœufs, dont le pied s'accommode mal des grandes routes et du pavé des villes. On met aussi ces chevaux au labourage toutes les fois que l'occasion le requiert.

On aurait dû , ce semble , porter en moins le salaire entier d'un valet de charrue , mais il faut considérer qu'un charretier coûte plus cher qu'un simple conducteur de bœufs.

52. En considérant les deux comptes, on voit que l'augmentation produite dans le capital par l'introduction des instrumens perfectionnés dans l'assolement quadriennal est bien peu considérable. Il est vrai que , supprimant quatre bœufs de travail , on devrait les remplacer par cinq ou six vaches. Mais , comme dans le système usité on a la manie

d'entretenir un nombre trop considérable de bestiaux, on doit supposer qu'un agriculteur imbu des bons principes attendra, pour remplir cette lacune, d'avoir augmenté les moyens de nourrissage par les prairies artificielles qu'il se hâte de semer.

Il n'y perdra rien. Son bétail, mieux nourri, compensera le nombre par les produits. En attendant, il pourra élever dans la ferme les animaux qui lui manquent à fur et mesure que ses fourrages augmenteront.

53. Nous avons omis de part et d'autre l'article du fumier, lequel tient une place considérable dans l'inventaire de la ferme. Il est clair qu'en entrant dans une ferme absolument dépouillée de tous effets mobiliers et réduite aux terres et aux bâtimens, il faut bien se résoudre à acheter au moins une partie du fumier. On peut avoir recours aussi aux verdures et semer pour cet objet du sarrasin, ou de la spergule, ou des lupins. Tout cela augmente le capital d'une somme qu'il n'est pas aisé d'apprécier et que nous portons pour mémoire.

Du reste, cette omission, étant la même des deux côtés, ne change rien au rapport qui existe entre les deux systèmes. Nous voulions montrer comment on peut entrer dans les voies de la perfection sans exposer des sommes considérables : notre objet est rempli. On voit qu'en adoptant un assolement autre que celui de trois ans, et dont la durée soit au moins de quatre ans, on fait des économies qui atténuent beaucoup le surcroît de dépense que cause l'achat des instrumens perfectionnés et des graines fourragères.

54. Avant de finir ce chapitre, nous reviendrons sur ce que nous avons dit plus haut, n° 49, au sujet des instrumens perfectionnés. Le secret d'en tirer bon parti est d'étudier et de saisir les *saisons* qui leur conviennent. J'entends ici par saisons l'état de la terre, conformément au langage de nos laboureurs. La herse, par exemple, exige une attention toute particulière. Si la terre est endurcie par la sécheresse, les dents de cet instrument déplacent les mottes sans les diviser. Il faut être alerte à saisir l'occasion d'une ondée qui survient ; nous en dirons autant de la houe à cheval.

Les travaux agricoles ne peuvent pas être réglés d'avance,

comme ceux d'une manufacture qui travaille à huis-clos. Il faut s'arranger de façon à être toujours prêt à saisir le moment favorable.

IIe SECTION.

CULTURE AMÉLIORANTE. — MÉTHODE PRÉPARATOIRE OU DE
TRANSITION.

Précis des vues exposées dans cette section.

Les agronomes qui ont traité de la culture perfectionnée
ont supposé que ce système pouvait succéder à la routine
sans intermédiaire. Ils ont parlé de l'abolition des jachères
comme d'une chose simple et facile, qui ne trouve d'obstacle
sérieux que celui que lui opposent l'entêtement et les préjugés des cultivateurs.

Ils n'ont pas vu qu'il faut commencer par préparer les
terres. Ils se sont trompés et ils ont trompé bien des gens.

Il faut donc placer entre la routine et l'assolement régulier une méthode transitoire. Cette méthode doit être assez
flexible pour se plier aux accidens si variés qui signalent la
nature agricole du pays.

Je ne dirai pas que j'en sois l'inventeur. Elle est née entre
mes mains ; elle est fille de la pratique et de l'expérience.

C'est la pratique qui m'a appris que, pour arriver à l'abolition de la jachère naturelle, il fallait commencer par
l'agrandir. Ainsi ma méthode, en commençant, tourne le
dos au but qu'elle veut atteindre.

Les agronomes, comme les géomètres, font abstraction
des frottemens. Leurs écrits sont utiles, lorsqu'on sait les
appliquer. Le plus fâcheux de ces frottemens, que néglige la
théorie, est le défaut d'argent. Cherchons donc une manière
d'améliorer à bon marché.

Cette méthode parcimonieuse est la seule qui soit à la
portée du commun des agriculteurs. Elle augmentera leur
aisance, s'ils se décident à la mettre en pratique telle qu'on
va la développer. Du moins est-il certain qu'elle ne les
expose point à des pertes considérables.

Mais si elle convient aux pauvres, les riches ne doivent pas la dédaigner. S'ils trouvent sa marche trop lente et trop timide, ils peuvent accélérer les progrès de l'amélioration en exécutant à force d'argent ce que les autres exécutent à force de temps.

La méthode préparatoire est fort simple dans son principe ; mais dans l'application elle embrasse une infinité de détails. Il était impossible de la suivre dans toutes les ramifications de ces détails. On s'est efforcé de marquer les points principaux, et de mettre le lecteur sur la voie de saisir toutes les nuances.

Il y a quatre moyens principaux de fertiliser les fonds de terre : 1º les engrais, 2º les amendemens, 3º l'irrigation, 4º le séjour des plantes améliorantes, que l'on peut considérer comme des suçoirs propres à pomper les fluides répandus dans l'atmosphère. Ce dernier moyen est le plus économique. Son action est lente, considérée en elle-même ; elle devient active, parce que, les plantes dont il s'agit étant de bons fourrages, il résulte de leur consommation un surcroît dans la production du fumier. Les amendemens sont plus ou moins coûteux. Un bon système d'irrigation exige quelquefois des frais, et quelquefois il n'exige que des soins et de l'intelligence.

En général, il faut user avec précaution des moyens qui entraînent des dépenses considérables. Le fond de la méthode parcimonieuse repose sur les prairies artificielles de long cours : sur la fénasse, dans le ségala et la rougière, ainsi que dans la partie cultivable des montagnes ; sur le sainfoin, dans le causse ; sur la luzerne, dans les vallons.

Les vues du ségala doivent se tourner principalement vers la régénération des prés naturels ; du causse, vers l'épierrement et le défoncement des terres ; de la montagne, vers le perfectionnement des fromages, soit en améliorant les procédés de la fabrication, soit en établissant des caves plus fraîches ; du Larzac, vers la culture des racines, et notamment de la carotte. Pour toutes ces montagnes la régénération des bois mérite la plus sérieuse attention.

Toutefois il faut se garder de croire que le profit réside uniquement dans ces divers objets ou dans tout autre ; il est le fruit de la méthode, de l'art de mettre chaque chose à sa place, de bien lier les opérations, de coordonner tous les détails avec l'ensemble.

C'est dans cet esprit qu'a été écrite cette seconde section ; c'est dans cet esprit que le lecteur doit l'étudier.

CHAPITRE Ier.

Régles générales pour tous les plans d'amélioration. — Qu'il faut tendre
à la perfection. — En quoi consiste cette perfection ? — Il est impossible
de l'atteindre directement. — Nécessité d'une méthode de transition. —
Conditions fondamentales de cette méthode prises dans les faits naturels et dans la position financière du pays. — Premier pas et premier
écu. — La routine place la perfection dans la création des prairies
naturelles. — Cette création est toujours coûteuse , ordinairement impossible. — Un bon pré est la meilleure , un mauvais pré est la plus
mauvaise pièce du domaine. — Les prairies artificielles proprement
dites ne peuvent être profitables que sur des terres bonnes ou améliorées.
— Les pâtures ou *devèzes* artificielles sont la base de l'amélioration pour
les mauvaises terres. — Leur séjour fertilise ces terres. — Elles augmentent le produit net en donnant le moyen de procéder par voie de
défrichement.

1. Après avoir posé les principes de la bonne gestion agricole , nous allons l'envisager sous un point de vue tout
nouveau. Jusqu'ici on s'est borné à indiquer la méthode qu'il
faut suivre pour faire fructifier les capitaux qu'exige l'exploitation des terres ; et quoique cette méthode soit puisée
dans les principes de la culture améliorante , on ne peut pas
dire qu'elle ait une tendance spéciale et bien prononcée
vers la perfection.

Or , maintenant c'est de cette perfection que nous allons
nous occuper.

Commençons par la bien définir ; voyons en quoi consiste
la perfection agricole ; posons nettement le but ; puis nous
mesurerons l'espace et les obstacles qui nous en séparent ;
enfin nous tâcherons de découvrir la marche qu'il faut tenir,
les détours qu'il faut prendre pour y arriver.

La perfection de l'exploitation rurale consiste à mettre
toutes les terres dans un état de production continue , avec
amélioration progressive. L'abolition des jachères naturelles
par un assolement régulier est donc le but que l'on doit se
proposer.

Et, à ce sujet, nous dirons qu'en agriculture, comme dans tous les arts, quels qu'ils soient, il importe d'avoir un but déterminé ; il importe, surtout lorsqu'on veut sortir des routes battues, de se graver dans l'esprit une image précise de la perfection à laquelle on aspire, de se faire un type d'après lequel on puisse régler sa marche et coordonner la suite de ses opérations.

Après avoir fixé le but de l'entreprise, il s'agit d'en apprécier les difficultés avec exactitude. Ces difficultés sont de deux sortes : les unes dérivent de la nature des choses, les autres de la position financière de l'agriculteur.

2. Il est certain que le système perfectionné avec suppression complète de la jachère repose sur un capital beaucoup plus considérable que celui qui sert de base à la routine. Prenons pour exemple l'assolement du Norfolk. Il est évident que, dans un domaine où l'on élève aujourd'hui 300 bêtes à laine et une cinquantaine de bœufs, de vaches ou de jumens, il faudrait tripler ou quadrupler ce nombre pour utiliser les fourrages et les racines que produirait annuellement la moitié des terres labourables. Ajoutez au prix d'achat de ces bestiaux celui d'un mobilier rural plus considérable, et surtout celui des bâtimens qu'il faudrait construire ; car l'usage où l'on est dans le Norfolk, de faire parquer les troupeaux pendant toute l'année, est impraticable dans nos contrées. Nos bêtes à laine ne résisteraient pas à l'inclémence de la mauvaise saison, et la plupart de nos terres seraient dégradées par le piétinement, si le parcage avait lieu pendant qu'elles sont saturées d'eau.

D'ailleurs, peut-on dire que l'usage de faire consommer le foin au milieu des pluies et des neiges, en plein champ, dans des râteliers ambulans, soit un modèle à suivre ? Non sans doute ; et Arthur-Young, tout prévenu qu'il est en faveur des usages anglais, blâme celui-ci et conseille à ses compatriotes d'avoir, à l'exemple des Français, des étables et des granges pour mettre à couvert les bestiaux et les fourrages.

Ainsi donc , on ne peut pas entreprendre l'abolition des jachères sans tomber dans la malheureuse nécessité de bâtir. A considérer l'ensemble du département , on peut dire que le capital nécessaire à la fondation de ce système s'élèverait à quinze ou seize fois la valeur de la rente : ainsi, pour une ferme de trois mille francs de rente, il faudrait une première mise de fonds de 45 à 50 mille francs.

3. Une pareille dépense excède visiblement les facultés pécuniaires des propriétaires ruraux. Toutefois ce n'est point là que gît le fond essentiel de la difficulté.

En effet, si, après avoir donné à la terre les 45 mille francs, on avait l'espoir d'être remboursé avec usure, on trouverait dans le crédit les secours nécessaires, et l'agriculture, comme l'industrie, serait en état de puiser dans les coffres des capitalistes. Malheureusement l'espoir dont nous parlons pourrait être mis au rang de ces beaux rêves que l'on nomme vulgairement des châteaux en Espagne. Nos terres ne sont point en état de soutenir la rotation alterne continue de l'assolement du Norfolk. Ainsi, après avoir organisé la ferme sur le pied de cet assolement, après avoir semé un quart des terres en trèfle, un quart en racines, et les deux autres quarts en grains, on verrait s'écrouler tout l'édifice par suite de la maigreur des récoltes : le bétail, dont l'existence aurait été calculée d'après le produit présumé du trèfle, après avoir rongé les faibles pousses d'une récolte avortée, périrait de misère, ou deviendrait pour le propriétaire un vaste gouffre d'argent.

4. Quelque certaine, quelque importante que soit la loi de l'alternance, il ne faut pas lui attribuer une vertu magique qu'elle n'a pas.

Elle sert à régler l'emploi des forces productrices, à économiser, à distribuer la substance organique ; mais elle n'a pas le don de la créer par enchantement là où elle n'existe pas. Sans doute elle tend à améliorer : elle agit dans ce sens, mais avec des vues qui ne sont pas les nôtres ; son action est lente, imperceptible ; sa rotation naturelle embrasse une durée indéfinie, qui échappe à nos observations. Ce serait une grande erreur de croire que l'assolement du Norfolk, en lui-même, n'est point épuisant, et qu'il est en état de se maintenir par la seule vertu de l'alternance.

Il est bien moins épuisant que l'assolement triennal, mais il l'est néanmoins encore beaucoup ; et ce qui le prouve, c'est qu'il ne se soutient que par l'emploi d'une grande masse de fumier.

Il produit des montagnes de fourrage pour avoir des montagnes de fumier ; celles-ci se reproduisent encore en fourrage. Graces à cette circulation, l'assolement cesse d'être épuisant, il devient, au contraire, améliorant, parce que la production est avantageusement balancée par la consommation du bétail.

5. Lorsque cette circulation existe, on conçoit qu'elle peut se maintenir indéfiniment ; mais, lorsqu'il s'agit de la créer, on trouve le cercle vicieux dont on a parlé plus haut (1).

Pour faire produire à la jachère des herbages abondans, des herbages autres que ceux qu'elle produit naturellement, il ne suffit pas de semer, il faut engraisser la terre. Il y a plus : il faut mettre en défense le semis, et par conséquent restreindre le pâturage, de façon qu'au moment même où des cultures nouvelles viennent redoubler l'emploi du fumier, ces mêmes cultures commencent par diminuer la production de cet engrais.

Supposons qu'on veuille passer brusquement de l'assolement ordinaire à celui du Norfolk.

Si l'on commence par le commencement, c'est-à-dire par la récolte sarclée, le quart des terres de la ferme, savoir : les onze douzièmes de la jachère seront labourés, fumés et semés en turneps. Cependant, les deux tiers des terres sont occupés par les deux récoltes pendantes : par celle du blé d'hiver et par celle du blé de printemps. Que devient le troupeau pendant qu'il est ainsi privé de la totalité du pâtu-

---

(1) Il faut des fourrages pour avoir du fumier, et il faut du fumier pour avoir des fourrages.

rage qu'il trouvait auparavant sur la jachère? Je dis la totalité, parce qu'après avoir semé les turneps, il faut labourer le surplus des terres libres pour le froment.

Après la moisson, le bétail trouvera une ressource dans les éteules; mais il faudra en labourer une partie pour compléter la sole du froment. Si l'on suppose cent hectares de terres arables, il en restera cinquante pour le troupeau. Après les semailles du blé d'hiver, l'orge et le trèfle succèdent aux turneps. Ensuite, sur les cinquante hectares qui restent incultes, la récolte préparatoire en prend vingt-cinq. Voilà le troupeau réduit à 25 hectares de pâturage pendant le printemps; cette ressource est bientôt anéantie par le labour destiné au froment.

Après la moisson, l'éteule du froment peut seule être livrée au parcours, attendu que celle de l'orge porte un trèfle naissant qui doit être mis en défense sous peine de le voir disparaître. Lorsque le troisième printemps arrive, l'embarras est à son comble : toutes les terres labourables sont occupées. La première sole porte un trèfle qu'il faut défendre en attendant de le faucher; la seconde, une orge et un trèfle naissant; la troisième un froment; la quatrième est labourée pour les turneps.

En voilà assez pour faire sentir que le passage de la culture ordinaire à la culture alterne, avec abolition des jachères, est une opération grave, hérissée de difficultés, et qu'alors même que la nature du sol s'y prêterait, elle doit occasionner des dépenses considérables, ou, ce qui revient au même, des pertes sur les revenus.

On remarquera encore qu'en commençant, si on donne le fumier de la ferme aux turneps, il n'en reste pas assez pour le froment, et que l'on se trouve dans l'alternative, ou de renoncer à cette récolte, ou d'acheter du fumier, chose qui n'est possible qu'au voisinage des villes.

6. Concluons que l'assolement régulier avec suppression complète de la jachère naturelle, ne pouvant pas être fondu d'un seul jet, on ne peut y arriver que par gradations et à l'aide d'une méthode transitoire.

7. Concluons surtout qu'avant de demander à nos terres une production alterne continue, il faut commencer par leur en donner la capacité : il f aut les préparer, il fau en quelque sorte faire leur éducation.

Nous insistons sur cette vérité, parce qu'elle a échappé à des agronomes, très-remarquables d'ailleurs, que leur position n'avait pas mis à même d'étudier les ressorts de l'exploitation rurale dans les pays pauvres.

Au ton dont ils parlent de la suppression des jachères, aux vives apostrophes qu'ils fulminent contre l'ignorance et l'obstination des agriculteurs qui refusent d'exécuter cette opération, on voit bien qu'ils la regardent comme une chose tout unie, comme un simple changement de décoration, qui n'attend que le coup de sifflet du maître.

8. Ils se trompent : la suppression des jachères est une entreprise majeure qui veut du temps et des soins ; c'est le point culminant de la perfection : il s'agit de trouver une méthode au moyen de laquelle on puisse y arriver peu-à-peu, et en quelque sorte par échelons. Il faut que cette méthode soit économique, parcimonieuse même, sans quoi son usage serait infiniment restreint, dans le pays que nous avons principalement en vue. Le grand nombre des propriétaires fonciers manquent d'argent, et ceux qui n'en manquent pas sont imbus de l'idée que la terre est un créancier infidèle qui ne rend ni en intérêts ni en principal l'argent qu'on lui prête.

Ce préjugé sans doute est mal fondé. L'industrie agricole, aussi bien que toute autre, fait fructifier les capitaux lorsque leur emploi est calculé avec sagacité, mesuré avec sagesse et dirigé avec intelligence, d'après les règles de la bonne méthode.

Quoi qu'il en soit, tâchons de trouver une façon d'améliorer à bon marché et de faire, pour ainsi dire, quelque chose avec rien.

9. Mais avant d'exposer les faits naturels qui servent de base à cette méthode que j'appelle préparatoire, avant d'entrer dans les détails de son application aux différentes

natures de terre, il est bon de poser quelques règles de conduite propres à diriger les commençans dans la carrière des innovations.

Je m'adresse donc à mon jeune lecteur que je suppose animé de la noble ambition d'améliorer l'héritage de ses pères, et je lui dis : Gardez-vous d'un enthousiasme irréfléchi pour les nouveautés et d'un injuste dédain pour les usages établis. Ne touchez à ceux-ci que dans les points qui sont évidemment vicieux. Par conséquent, avant de les juger, commencez par les connaître. Consultez l'expérience des vieux laboureurs, et appliquez-vous à démêler dans leurs discours ce qu'ils ont appris dans la pratique du métier, dans l'observation de la nature, et ce qu'ils récitent d'après les traditions et les préjugés de la routine. Mais, si vous voulez tirer quelques fruits de ces conversations, n'allez pas faire un pédantesque étalage de vos connaissances théoriques. N'affichez point la prétention de tout changer, de peur d'encourir le reproche de croire en savoir plus que les autres. Cachez votre science si vous voulez profiter de celle de vos interlocuteurs. Proposez souvent des objections avec le ton du doute et de l'ignorance modeste : c'est le grand secret de s'instruire, de réveiller les esprits les plus engourdis et de faire jaillir leurs idées.

10. Souvenez-vous que les règles générales posées dans les livres doivent être modifiées de mille manières pour se plier aux particularités qui dérivent des diverses circonstances locales.

Commencez donc par bien étudier la ferme que vous devez exploiter ; sachez en saisir le fort et le faible ; appliquez-vous surtout à découvrir la condition fondamentale de sa prospérité.

11. Procédez ensuite à l'estimation de votre ferme, article par article, non pas en expert qui cherche la valeur vénale des différentes natures de propriété, mais en agriculteur qui prend en considération les rapports des pièces entr'elles, ainsi que les distances, les difficultés des chemins, celles du labourage, les effets des herbages sur la santé des animaux,

enfin la commodité ou l'incommodité des débouchés pour la vente des denrées. Quand vous aurez recueilli toutes ces notions, dressez-en par écrit un état exact et circonstancié. Ceci n'est pas inutile; car pour se rendre parfaitement maître de sa pensée il faut l'écrire.

Alors vous fixerez la rente de la ferme d'après les procédés de la routine. Vous consulterez pour cet objet les baux à ferme, si vous en avez, sinon, vous la déduirez de la valeur vénale au taux du pays.

12. Cette rente est une dette dont le propriétaire qui exploite est grevé envers son capital. C'est le loyer que lui payerait un fermier. Il faut qu'il sache le faire ressortir de sa gestion, ou qu'il abdique le métier. La rente doit être prélevée avant d'inscrire un centime au chapitre des bénéfices. Cette considération est très-importante, en ce qu'elle sert à dissiper un préjugé trop commun, suivant lequel on établit une grande différence entre la position du propriétaire et celle du fermier. On admet que ce dernier a plus besoin de vigilance, d'activité et de savoir faire. Le propriétaire qui exploite se rend fermier de son propre fonds. Il faut qu'il s'accoutume à regarder la rente comme un dépôt sacré qui lui a été transmis. C'est elle qui a fait subsister la famille d'une façon plus ou moins aisée; il faut bien se garder de la compromettre dans des entreprises téméraires.

Cherchez par une analyse précise à découvrir les élémens dont la rente de la ferme se compose.

Supposons une ferme de trois mille francs de rente avec soixante hectares de terres labourables. Suivant l'assolement routinier, vingt hectares sont semés en froment et rendent annuellement, semence déduite, dix hectolitres par hectare, ce qui revient à 200. Au prix de 16 fr. l'hectolitre, l'article du froment fait 3,200 fr. A déduire, un dixième pour les cas fortuits, reste 2,880 fr. Il faut donc chercher sur les produits de la sole printannière et sur ceux du pâturage, d'abord les 120 fr. qui manquent pour compléter la rente, ensuite la nourriture des valets, les autres frais de culture et les contributions. Si tout cela se trouve dans les produits de l'orge et du bétail, votre rente demeure fixée à 3,000 fr. ; sinon, il faut la réduire et conclure que les baux antérieurs ou l'estimation sont exagérés.

Si la rente est réellement de 3,000 fr., suivant la routine, posez comme un point fixe qu'il vous faut 200 hectolitres de froment pour la vente.

13. Mais, si vous considérez que sur vingt hectares, en supposant que le parc en parcoure quatre, terme moyen, les seize qui restent à fumer ne le sont qu'à raison de vingt ou vingt-quatre milliers, vous jugerez qu'en augmentant les doses de cet engrais, on doit obtenir un produit semblable sur un espace moindre. Ainsi, en réduisant la culture du blé d'hiver à 15 hectares, dont quatre engraissés par le parc, les 384 milliers de fumier, répartis sur onze au lieu de seize hectares, donnent pour chacun trente-quatre milliers. Une pareille fumure doit porter le produit à 13 hectolitres au lieu de 10, surtout si vous donnez un labour plus parfait. Vous aurez donc le droit d'espérer 195 hectolitres ; mais, n'en eussiez-vous que 180, la rente se retrouverait, parce que le déficit de la récolte serait comblé par l'économie obtenue sur les frais de culture et par la plus value des bêtes à laine. Celles-ci, ayant profité du surcroît de pâturage qui résulte du retranchement opéré sur les deux soles destinées aux blés d'hiver et de printemps, doivent donner nécessairement des toisons plus belles, des agneaux plus nombreux et mieux nourris. Il est vrai que, pour entrer dans les voies de l'amélioration, on est forcé d'ébrécher un peu le parcours de la jachère : vous faites choix de deux hectares que vous préparez pour une récolte sarclée.

14. Pour fumer celle-ci sans toucher au fumier qui appartient au froment, vous avez deux moyens qu'il est bon de combiner ensemble.

D'une part, on peut augmenter la litière en transportant dans la bergerie les feuilles des arbres, les joncs qui croissent dans les marécages, des fougères, des hièbles, de la terre que l'on place sous la litière. On peut aussi emprunter au froment une portion de son fumier, et lui donner en échange des verdures de sarrasin, ou de lupins, ou de spergule. On se procure ainsi les moyens de fumer la récolte intercalaire à raison de quarante milliers par hectare (1). Une pareille fumure donne le droit de semer à la suite de la récolte sarclée une prairie artificielle avec espoir de succès. C'est ainsi que l'on peut, sans rien risquer et sans rien perdre, franchir le premier pas et sortir du cercle vicieux. En ajoutant à la culture ordinaire des récoltes en racines, en maïs, en colza et en même temps des fourrages artificiels, vous obtenez nécessairement quelques bénéfices en sus de la rente ordinaire. Faites servir ces bénéfices à fonder votre petite caisse de l'extraordinaire, pour être affectée au service des améliorations.

En voilà assez pour faire comprendre comment on se procure ce premier écu de cinq francs qui, suivant un auteur célèbre, coûte plus à gagner que le second million.

15. Tâchons à présent de faire bien concevoir les idées premières de notre méthode améliorante parcimonieuse. On les a puisées dans l'observation des conditions essentielles que la nature a imposées au système agraire du pays.

Nous avons considéré qu'en agriculture, comme en politique, il est des bases naturelles particulières à chaque pays, qu'il faut étudier avec soin et dont il est dangereux de s'écarter. Ce sont des points fixes, auxquels il faut nécessairement rapporter tous les plans d'amélioration. Hors de cette ligne fondamentale donnée par la nature, on ne bâtit rien de solide.

Voyons donc quelle est la condition nécessaire et primitive de notre système agricole.

Considérées en général et dans leur ensemble, les terres du département de l'Aveyron ne sont point productives par elles-mêmes ; prises isolément, ce ne sont point des terres à blé ; la nature ne les a point faites propres à recevoir une culture directe et immédiate ; pour les soumettre aux lois de la production agricole, il a fallu avoir recours à une

____

(1) Par millier il faut entendre mille demi-kilogrammes.

combinaison. De là est dérivée la nécessité de restreindre la culture sur quelques portions choisies parmi les moins réfractaires au travail, et d'y faire refluer les germes de fertilité qui se trouvaient disséminés sur le reste du territoire. C'est ainsi que la culture qui s'exerce directement sur un champ repose indirectement sur les prés, sur les pâtures, sur les jachères, bref sur tout ce qui sert à alimenter les animaux producteurs de l'engrais. On voit, d'après cela, que restriction de culture est la loi fondamentale du système agraire de l'Aveyron.

16. Cette loi, que la nature rendait obligatoire, a été reçue en principe ; mais on ne l'a pas suivie exactement dans toute l'étendue de ses conséquences. Au contraire, une cupidité mal entendue a inspiré aux cultivateurs le dessein de s'y soustraire autant que possible, en étendant la culture des grains au-delà des limites tracées par la nature.

De là est venu l'usage de l'assolement triennal, qu'une imitation malencontreuse a emprunté à la pratique des pays fertiles.

En conséquence, le premier pas de notre méthode améliorante consiste à rétrécir l'enceinte de l'assolement labourable.

Il est clair qu'en procédant ainsi, elle devient fidèle au principe fondamental, elle replace le système agraire sur sa base ferme et immuable. Que si l'on demande jusqu'à quel point il convient de restreindre la culture des grains, nous répondrons que cette mesure doit être déterminée sur les degrés d'infertilité de chaque terre, et sur la quantité d'engrais dont on peut disposer. Voyez, tâtonnez, comptez bien surtout : la balance des profits et des pertes décidera la question.

17. Nous nous contenterons de placer ici une remarque importante, que nous recommandons à l'attention de nos lecteurs. Notre territoire est si varié, les terres de la même ferme présentent si souvent des disparates frappantes, qu'il est impossible de les assujétir toutes au même assolement sans leur faire violence.

Il faut donc commencer par faire une bonne classification des terres de la ferme. On attribue ensuite à chaque classe l'assolement qui paraît lui convenir. Cette façon de procéder est l'âme de la méthode améliorante préparatoire.

Nous la développerons quand nous en serons aux détails d'application pour les différentes régions qui divisent la nature agricole du pays.

On peut, en commençant, assujétir les bons fonds à l'assolement de 4 ans avec jachère naturelle, en ayant soin de choisir les meilleures terres ou les plus voisines de la maison pour servir à l'établissement d'un petit assolement alterne perfectionné, que l'on place au sein du domaine, comme un point d'attraction qui doit tôt ou tard englober tout le reste. Pour ce qui est des mauvaises terres, on leur applique un assolement proportionné à leurs forces, un assolement de 6, de 7, de 10 ans.

18. Les hommes imbus des préjugés de la routine ont toujours la tentation de changer en prairie naturelle permanente les mauvais champs qu'un excès d'humidité rend peu propres à la production des céréales. Cette vue est fausse. L'humidité est une des conditions de la prairie naturelle; mais elle n'est pas la seule. Il faut que l'eau soit chargée de substance organique. Or, en général, les eaux de notre pays montueux, surtout dans le ségala, sont infécondes, ou même viciées par des dissolutions métalliques. La création d'un pré naturel permanent est une œuvre du premier ordre, qui coûte infiniment et qui ne réussit presque jamais. On ne se figure pas combien il faut de peines et de soins pour créer la pièce glorieuse du domaine, a dit Olivier de Serres. Et, à ce sujet, nous observerons que réellement un bon pré est la première nature de fonds, mais qu'un mauvais pré en est la plus mauvaise. J'irai jusqu'à oser dire qu'en fait de prairies, on peut appliquer le mot fameux du poète : *Il n'est point de degrés du médiocre au pire.* Ainsi donc, bien loin d'augmenter le nombre des prés mauvais ou médiocres, il faut prendre le parti de défricher ceux qui existent

21

dans cette catégorie , afin de les soumettre à l'alternance des fourrages artificiels et des autres cultures.

19. L'établissement d'une prairie artificielle bien vigoureuse , bien fourrée , bien homogène , n'est pas encore une chose très-facile sur la majeure partie des terres du département.

Il faut amender, nettoyer, défoncer, surtout engraisser copieusement. Ce que voyant, j'allais me rebuter, lorsque revenant à la règle que j'ai indiquée plus haut, c'est-à-dire à la loi fondamentale donnée par la nature du pays, je me fis la question suivante : Quelle est , au dire de nos anciens et de nos prud'hommes, la meilleure nature de propriété dans le département, la plus solide , la moins casuelle ? et je vis que, tout compté, c'était celle qu'on appelle vulgairement une *montagne*. Or, qu'est-ce qu'une montagne ? une pâture ou *devèze* de bonne qualité.

En conséquence , je résolus de créer sur les terres les moins propres à la culture du blé , des espèces de montagnes artificielles. Ensuite , examinant attentivement le principe de l'homogénéité, que certains auteurs nous donnent comme un point de la plus haute importance , je fermai les livres, et jetant les yeux autour de moi , je vis que la nature ne pensait pas comme ces auteurs. Je compris que ces idées d'unité, d'uniformité, de pureté, peuvent fort bien être analogues aux vues particulières de l'esprit humain, mais qu'elles ne sont point entrées dans le dessein de celui qui a tracé le plan général de la création. Rien de moins homogène qu'une prairie naturelle. A l'ombre des graminées de haute stature , croissent les humbles triolets, les gesses, les lotiers et autres herbes de mince apparence, mais dont le mérite n'échappe pas aux yeux de l'observateur. Ce mélange compose pour les animaux la nourriture la plus appétissante et la plus salutaire ; car tout est lié, non par la loi de l'homogénéité, mais par celle des rapports. La nature prodigue les contrastes , elle les aime avec passion : il y a quelque chose de sinistre et d'antiphysique à la contrarier sur ce point, sans nécessité et par une sorte d'opposition systématique ; elle a horreur de la monotonie , et les efforts que l'on ferait pour l'établir dans l'univers seraient **un** crime de lèse-nature.

20. Mais , dira-t-on , l'objet de l'art est de lutter contre la nature. Sans doute ; mais il faut la prendre de biais et la contredire le moins possible. En conséquence , jugeant que le terrain de mon pays est varié plus que tout autre , je résolus de lui donner un mélange de graines de différentes espèces , dans l'espoir qu'alléché par celles qui seraient de son goût , il ferait à chacune sa part , ou bien que toutes s'établiraient en société , l'une vivant de ce que l'autre dédaigne ou ne peut atteindre. Cet expédient a réussi passablement. Un mélange de graines de foin , appelé fénasse , joint à quelques livres de graine de trèfle, ou de luzerne, ou de sainfoin, semé sur un blé de mars , donne une fort bonne devèze qui peut être conservée pendant six ou sept ans.

On pourrait ajouter à ce mélange des graines de chicorée amère. Cette plante donne un fourrage d'excellente qualité, qui influe de la façon la plus heureuse sur la santé des animaux.

J'ai cultivé quelque temps la chicorée , je dois avouer que je l'ai abandonnée ou plutôt qu'elle m'a abandonné. Il devient souvent très-difficile de recueillir les graines. Les fleurs mûrissent une à une , et les graines sont dévorées par les oiseaux au fur et mesure qu'elles se forment. Il faudrait les cueillir à la main et être attentif à saisir l'instant précis. Or , un soin aussi minutieux ne peut guère cadrer avec le courant des travaux d'une exploitation rurale. Toutefois , j'engage mes lecteurs à essayer cette culture, à laquelle je suis loin d'avoir renoncé sans retour.

21. Ces pâtures artificielles sont le fondement de la méthode améliorante préparatoire. Leur séjour change peu-à-peu la nature des terres , et leur fait prendre cette qualité que nos villageois expriment par le mot terre *pradal*, terre de prairie. J'ose dire que c'est , de tous les moyens , le plus sûr et le plus économique pour conduire les terres de qualité inférieure à la capacité de recevoir avec succès une rotation perfectionnée , plus active et plus riche.

22. Cette façon d'améliorer est lente. Avec des capitaux dépensés à propos, on la rendrait plus rapide. Lorsqu'on ne veut rien dépenser, il faut compenser l'argent par le temps. Sans argent l'amélioration ne fait que ramper ; l'argent lui donne des ailes.

Nous conseillerons donc à notre lecteur, non pas de risquer de grandes sommes, mais, dût-il se condamner à la plus stricte économie, de se mettre en état d'user des moyens indiqués au chapitre des amendemens, tels que les fossés couverts et la chaux, etc.

23. Les pâtures artificielles, abstraction faite de leur vertu fertilisante, ont des qualités particulières qui deviennent inappréciables dans certaines circonstances : voici ce que l'expérience m'a appris à cet égard.

Premièrement la fénasse est très-précoce ; ce que l'on doit attribuer, non-seulement à la nature des plantes qui composent ce mélange, mais encore à l'état de la terre qui, se trouvant remuée depuis peu, reçoit en plus grande abondance les rayons du soleil et l'influence des vents tièdes du midi ; de façon que lorsque l'année a été pauvre en fourrages, et que la provision du foin tire à sa fin, une pâture artificielle devient une ressource du plus grand prix. En second lieu, il y a des cas où l'on trouve plus de profit à faire pâturer sur place qu'à faucher. C'est ce qui arrive quand le printemps est sec. Alors les feuilles radicales poussent et repoussent continuellement, au lieu que les tuyaux, exténués par la sécheresse, se développent à peine. Or, dans ce cas, les animaux tirent de la dépaissance dix fois plus de nourriture que la faux ne pourrait leur en procurer. D'après ces considérations, je suis d'avis qu'il est avantageux de cultiver le trèfle, la luzerne, le sainfoin, pour être fauchés et donnés à la crèche, en vert ou autrement, en restreignant cette culture sur quelques portions de terre choisies, bien amendées et situées au voisinage de la maison, et que l'on doit s'appliquer à multiplier les pâtures artificielles.

D'ailleurs, pour l'ordinaire, les semis pour pâture artificielle prennent le caractère de prairie en commençant, et peuvent être fauchés les deux premières années de leur existence.

24. Nous terminerons ce chapitre en faisant remarquer que notre méthode procure au cultivateur l'avantage de procéder par défrichement. Or, tout le monde sait qu'une terre neuve, surtout lorsqu'elle a été long-temps gazonnée, élève ses produits, bien que mauvaise par sa nature, presqu'au niveau des terrains naturellement fertiles.

En résumé, on voit que la méthode que nous proposons est fondée sur les faits naturels les plus incontestables. Elle a l'avantage d'être très-économique. Sa marche vers la perfection est lente, mais sûre. Chemin faisant, elle procure au cultivateur une augmentation progressive de revenu qu'il peut faire servir à perfectionner les terres par des amendemens, et à donner ainsi aux progrès de l'amélioration une impulsion plus vive et plus puissante.

CHAPITRE IIe.

Application de la méthode améliorante à la région dite ségala. — Coup-d'œil sur la nature des terres de cette région, qui est la plus vaste et la plus pauvre. — Le Norfolk et la Campine étaient plus stériles que le ségala. — Vouloir et savoir attendre. — Ce n'est point par l'amélioration des prés qu'il faut commencer, mais bien par celle des pacages et des mauvaises terres. — Le ségala exige beaucoup de fumier, et ses herbages en produisent peu. — Pâtures artificielles basées sur l'écobuage, à condition de combiner les cendres avec le fumier. — Assolement libre. — Tableau figuré de cet assolement. — Comment il faut s'y prendre pour régénérer les prés marécageux. — Opportunité de cette opération. — La fénasse, les fossés couverts et la chaux sont les trois pivots de l'amélioration dans le ségala.

1. On voit que notre méthode améliorante est basée, dans ses principes, sur des idées bien simples, sur des vérités bien triviales.

Cette circonstance, qui paraîtrait devoir abréger notre travail et le rendre facile, nous impose, au contraire, la nécessité d'entrer dans tous les développemens, de descendre dans tous les détails, et de redoubler d'efforts pour atteindre ce degré de clarté qui pénètre toutes les intelligences.

Les vues les plus simples sont celles que les hommes comprennent le moins, et leur simplicité même est cause qu'il est très-difficile de les expliquer.

Ainsi donc, pour rendre plus sensibles les règles que nous avons indiquées dans le chapitre précédent, nous allons tâcher d'en montrer l'application sur le terrain et de mettre, pour ainsi dire, la méthode en action.

Commençons par le ségala; nous verrons ensuite comment les mêmes opérations doivent être conduites dans le causse.

Mais il convient, auparavant, de jeter un coup-d'œil sur la nature des terres de cette région, qui est tout à la fois la plus étendue et la plus pauvre.

2. La base des terres du ségala est ou le grès, dit *arkose* (1), ou le granit; mais, le plus souvent, le gneis (2) , et le micaschiste ou le phyllade (3). Le tout amalgamé avec diverses proportions d'argile et des rognons de quartz. Considérées en elles-mêmes, abstraction faite de tout moyen artificiel de fertilisation, les terres du ségala sont, généralement parlant, stériles, c'est-à-dire qu'elles ne peuvent produire des céréales que tout autant qu'elles sont engraissées. Les plantes qu'elles produisent naturellement sont la fougère, le genêt à balai, le genêt épineux, l'ajonc, la bruyère et quelques graminées qui forment ça et là une pelouse grossière, aigre, peu nourrissante. Bien que les parties constituantes du sol aient entr'elles fort peu d'adhérence, et qu'elles ne possèdent pas autant que les terres calcaires et marneuses la propriété d'aspirer l'humidité de l'air, le terrain du ségala, sauf quelques exceptions, a de la fraîcheur, et il est même entrelardé de portions humides, plus ou moins marécageuses : dans certains endroits la terre devient noire et participe de la nature des tourbes.

Cette propriété dans un terrain qui par lui-même paraît peu propre à retenir l'humidité, doit être attribuée au voisinage de la couche glaiseuse ; tandis que la croûte calcaire a été déposée sur un banc de pierrailles ou de galets, au travers duquel les eaux pluviales s'échappent avec facilité.

Pour caractériser le terrain du ségala d'un seul trait, on peut dire qu'il est, en général, pauvre en substance végétative, frais ou humide, quoique léger, et qu'il est d'un travail facile. Cette dernière qualité est la seule qui le distingue dans l'état actuel des choses ; mais on conçoit combien l'art, éclairé par les principes de la bonne méthode, pourrait tirer parti de la propriété qu'il a de résister assez bien à la sécheresse, tout en corrigeant l'excès d'humidité là où il se fait sentir.

3. Nous ne trouverons pas ici, comme sur les terres à froment, vulgairement désignées sous le nom de causse, un assolement uniforme et régulièrement périodique. Certaines

(1) En patois *brézier*. — (2) En patois *fréjal*. — (3) En patois *tioulas*.

terres sont soumises à la division ternaire ; mais elles ne sont ensemencées qu'une fois dans le cours de la rotation de trois ans. Ailleurs on place une avoine à la suite du seigle, et on donne à la terre deux ans de repos. Il y a des champs sur lesquels on laisse croître les genêts jusqu'à ce qu'ils aient acquis un développement considérable, après quoi on les arrache pour les vendre ou communément pour les brûler sur place. Je connais des cantons où l'on est dans l'usage de faucher les genêts, au lieu de les arracher ; de façon qu'après les avoir brûlés, on introduit la charrue à travers les racines, et on fait promener les bœufs sur la pointe des tronçons que la flamme a durcis. Une pareille méthode se retrouve encore dans un certain canton de l'Irlande, au rapport d'Arthur Young, qui cite ce fait comme étant le prototype de la bêtise.

4. Les landes couvertes de bruyères, de genêts épineux ou d'ajoncs sont écobuées de loin en loin ; elles donnent d'abord une assez bonne récolte en seigle, et ensuite on y jette de l'avoine jusqu'à ce que le sol, épuisé, refuse le service. Il apparaît alors dans la plus triste nudité jusqu'à ce qu'il reprenne par degrés ses vêtemens primitifs et sa parure sauvage.

5. Les prés du ségala sont en général de mauvaise qualité. Les eaux qui les arrosent sont pour l'ordinaire infécondes, ou insalubres, ou mal distribuées. La plupart de ces prairies sont marécageuses. La pelouse en est rude, le foin court, grossier, mêlé de joncs.

Tel est le pays qu'il s'agit d'améliorer, d'élever jusqu'à l'assolement perfectionné, de placer au rang des plus fertiles de l'Europe.

La chose est difficile, mais elle n'est pas impossible. Pour y réussir, il faut deux choses : vouloir et savoir attendre. Le Norfolk et la Campine étaient autrefois ce qu'est aujourd'hui le ségala ; je me trompe, ils étaient d'un cran plus bas. Les voilà montés au sommet de la perfection. Sans doute ces deux pays ont éprouvé l'influence féconde des grands capitaux, en même temps que celle de la bonne méthode.

De ces deux leviers, le dernier est le seul qui soit à notre disposition. Il produira encore de grands effets, si nous savons en user avec persistance, avec sagesse, avec économie.

Mais n'oublions pas que l'essence de la méthode consiste à procéder par ordre, à concevoir un plan d'opérations qui puissent se lier et se soutenir mutuellement.

6. Par où faut-il commencer? Par améliorer les prés en les couvrant de fumier, répondra la routine. Laissons-la parler : Les prés du ségala sont humides. Ils ne craignent pas la sécheresse : au contraire, ils sont trop froids. Le fumier les réchauffe, il change la nature du gazon, il augmente tout à la fois la quantité et la qualité du foin. —Voilà ce que dit la routine, et en parlant ainsi, elle se trompe et se contredit. Elle se contredit, car elle a pour principe d'étendre le plus possible la culture du blé, et par conséquent de lui donner tout le fumier ; et elle se trompe lourdement lorsqu'elle croit que le fumier seul peut améliorer avec profit les prés marécageux. Fumer les prés de cette nature, c'est faire la médecine symptomatique. Le mal est pallié momentanément, mais la cause subsiste. Au bout de deux ans les traces du fumier disparaissent. Rien de moins économique que cette manière d'employer son fumier. Pour régénérer les prés du ségala, il faut d'abord les saigner par des fossés couverts, et après avoir évacué les eaux croupissantes ou ferrugineuses, il faut s'emparer des sources pures et former des réservoirs. Puis on écobue et on brûle le mauvais gazon. On amende avec la chaux, on fume, on cultive avec soin, enfin on sème de bonnes graines de foin, après avoir obtenu quatre récoltes qui payent amplement les frais.

En ayant soin de mettre tous les ans dans les réservoirs d'arrosement quelques tombereaux de fumier et de la chaux, on entretient avec profit le pré dans l'état où l'a mis la culture.

7. Mais, avant de tenter cette grande opération, il faut remplacer d'avance le pré par une bonne prairie artificielle. Ce n'est qu'après être entré solidement dans le système des fourrages artificiels que l'on peut entreprendre la régéné-

ration des prés naturels par le défrichement. En agissant autrement, on désorganise l'exploitation.

Ce n'est donc point par les prés que doit commencer l'amélioration, mais bien par les mauvaises terres, par les landes incultes qui servent de pâturage.

C'est ainsi que j'ai procédé ; j'ai porté mes premières vues d'amélioration sur les plus mauvaises terres, et aujourd'hui ces mauvaises terres sont pour le moins aussi bonnes que les autres.

Cette marche pourra paraître étrange ; mais remarquez, je vous prie, combien elle est conséquente aux principes qui ont été posés au chapitre précédent. En établissant les pâtures artificielles sur les mauvaises terres, je fortifiais, en le rétrécissant, l'assolement destiné aux objets de vente, l'assolement auquel je demandais la rente de la ferme. Il est assez visible qu'en ne cultivant que les meilleurs fonds, en les fumant plus que de coutume, on doit obtenir de plus belles récoltes avec moins de frais. Cependant mes gazons artificiels mettaient en assez bon rapport des terres qui auparavant influaient à peine sur le revenu du domaine. Quand le moment a été venu de défricher ces pâtures, j'en ai tiré des récoltes dont la valeur était supérieure à celle du fonds. A mesure que j'obtenais des bénéfices, je les faisais servir à perfectionner ces mauvaises terres par des fossés couverts et autres amendemens. Et remarquez que les germes de fertilité que je faisais éclore sur ces mauvaises terres refluaient en fumier sur les autres.

8. Après ce préliminaire, il est temps de s'enfoncer dans les détails et de montrer la méthode dans le jeu de l'exploitation de la ferme. Prenons pour exemple une ferme composée ainsi qu'il suit :

1° Terres labourables........................	80 hect.	0 ar.
2° Chènevières............................	»	50
3° Pâtures gazonnées......................	10	»
4° Prés...................................	20	»
5° Landes incultes........................	17	»
Total........	127	50

En supposant que ce domaine représente la qualité commune du ségala, les vingt hectares de prés donneront un produit moyen de trois cents quintaux métriques de foin. Ce foin, en partie mêlé de jonc, d'ailleurs peu nourrissant, équivaut à peine à 250 quintaux métriques de bon foin de causse ou de vallon.

Les devèzes ou pâtures gazonnées sont revêtues d'une bourre grossière, rude, grisâtre pendant les trois quarts de l'année, et qui ne commence à reverdir que vers le solstice d'été, lorsque les grandes chaleurs parviennent à ranimer cette végétation froide et languissante. Ce gazon, usé par la dépaissance et le piétinement, est entremêlé ou plutôt encombré de ronces, de genêts, d'ajoncs, de pruneliers.

Les landes couvertes de bruyères et d'ajoncs et de quelques genêts servent de nourriture ou plutôt de promenade aux bêtes à laine. Celles-ci trouvent leur meilleure dépaissance dans les champs en jachère.

Si le domaine est soumis à l'assolement ternaire, et qu'on ne jette qu'une récolte de seigle tous les trois ans, le labourage annuel sera de 26 hectares environ, et la jachère de 52 à 53. Il faut prendre garde que cette jachère est la principale ressource des bêtes à laine, et qu'à vrai dire, elle est le soutien du troupeau.

On voit au premier coup-d'œil qu'un pareil système d'exploitation pèche par la base, c'est-à-dire par le défaut de proportion entre le pâturage et le labourage. Outre que les moyens de nourriture ne sauraient fournir la quantité de fumier nécessaire à la culture de 26 hectares de ségala, il faut considérer que les prés et les devèzes ou savanes de ce terroir conviennent plus aux bêtes à cornes qu'aux moutons et aux chevaux.

Or, le fumier de ces deux dernières espèces est nécessaire pour ranimer les terres froides du ségala ; celui des bœufs et des vaches n'y produit que très-peu d'effet. En un mot, tel est le malheur du ségala : ses terres demandent beaucoup de fumier, et ses herbages en produisent peu.

9. Il s'agit d'améliorer ce domaine. Le propriétaire est,

comme tous les autres , sans argent. C'est un point qu'il ne faut pas perdre de vue. Après avoir acquitté les trois contributions directes et les centimes additionnels , supporté une part exorbitante des impôts de consommation ; après avoir été toute l'année rongé par les maraudeurs et par les mendians , après avoir essuyé un procès inique , sortant des mains des avoués , des experts et des huissiers , il joint , comme on dit , les deux bouts par un miracle d'économie. Le ségala , en général , n'a aucun engrais minéral à sa portée , ni marne , ni chaux , ni plâtre (1).

Dans un tel état de choses , il faut avoir recours au seul moyen offert par la nature.

Les landes du ségala se couvrent de fougères , de genêts , d'ajoncs , de bruyères et d'une bourre grossière dont les racines forment un tissu épais et serré. Tout cela peut fertiliser le sol , soit qu'on le brûle , soit qu'on l'enterre. Cette dernière façon est la plus solide , mais l'autre est la plus expéditive comme la plus vive dans son action , notamment sur des terres froides et acides. Tout bien considéré , marchant terre à terre , et voulant , pour m'élever à ce qui doit être , m'appuyer sur ce qui est , j'ai pris le parti de violer sans scrupule les principes de certains agronomes estimables , et de m'ouvrir le chemin de la méthode par une voie empyrique ; c'est-à-dire que j'ai fait de l'écobuage , non le pivot , mais le point de départ de ma méthode améliorante.

10. L'écobuage est indispensable dans les terrains marécageux. S'il devient funeste dans le ségala , c'est parce qu'on redouble les récoltes en grains sans fumier. Son usage , répété pendant la durée des siècles , a appauvri surtout les terrains quartzeux , leur a fait perdre toute adhérence , et les a rendus mobiles aux coups de vent , divisibles aux moindres atteintes de la gelée. Mais , lorsqu'on donne une bonne fumure et une récolte sarclée après le seigle , le

(1) On peut se procurer la chaux et le plâtre avec de l'argent ; mais on suppose que le propriétaire n'en a pas. On montrera plus loin comment il peut s'en procurer assez pour employer ces moyens puissans d'amélioration.

fumier se combine avec les cendres et forme une sorte de savon qui engraisse les terres. Alors l'écobuage peut devenir le principe d'une amélioration importante. Voici comment il faut procéder.

11. D'abord, ainsi qu'on l'a dit au chapitre précédent, on commence par distribuer les terres dans différentes classes, suivant leur nature et leurs degrés de bonté, afin de pouvoir imposer à chacune de ces classes l'assolement et l'espèce de culture qui lui convient. Plus j'ai étudié nos terres à seigle, plus je me suis pénétré de cette idée, qu'il y aurait de la folie à vouloir les assujétir toutes à un assolement uniforme et régulier. Par exemple, les terres noires cristallisables sur lesquelles les blés d'hiver périssent habituellement doivent être affectées à des récoltes de printemps et d'été, qui leur conviennent par excellence.

On fait choix des meilleurs fonds, des plus sains, des plus propres au labourage, pour en former en quelque sorte le corps de l'exploitation, le théâtre des opérations réguliè-res, et pour y établir provisoirement l'assolement de quatre ans avec jachère naturelle. Ensuite, vu que les chène-vières se trouvent parfaitement disposées et même engrais-sées et travaillées avec luxe, il faut les choisir pour le pre-mier établissement d'une prairie artificielle; en même temps, on s'occupe à préparer un des meilleurs coins de terre pour y former une chènevière nouvelle qu'on engraisse copieu-sement.

Les anciennes chènevières semées en orge ou en trémois avec graine de trèfle donneront d'abord une ample récolte de grains, qui sera suivie d'un fourrage vigoureux : ce fourrage servira à nourrir les bœufs au vert et à la crèche, dans la saison où l'on a coutume de les conduire sur les devèzes. Ce premier mouvement donne de la latitude aux autres bestiaux. Les vaches prennent la devèze des bœufs : les brebis prennent celle des vaches.

12. C'est ici qu'il faut voir comme tout s'enchaîne en agri-culture. Auparavant, on était dans la nécessité de faire brouter l'herbe naissante des prés jusques au mois de mai,

quelquefois plus tard encore; aujourd'hui, par le seul effet de la disposition que nous venons d'indiquer, on se trouve en état de mettre les prés en défense beaucoup plus tôt. Il en résulte, pour l'année suivante, une plus grande quantité de foin, et par conséquent de fumier. On fera servir cet excédant à multiplier les chènevières qui doivent recevoir alternativement le chanvre et le trèfle. C'est ainsi que la méthode améliorante vient se greffer tout naturellement sur la routine.

Alors le moment arrive de donner de l'essor à l'amélioration. Deux hectares pris sur les pacages des brebis sont écobués. Après la première récolte, on fume et on laboure avant l'hiver. Le printemps suivant, on plante des pommes de terre qu'il faut avoir soin de biner et de sarcler rigoureusement. Aux pommes de terre succède une avoine de printemps avec un mélange de graines de foin et de trèfle, à raison de 140 demi-kil. de fénasse, et 12 demi-kil. de trèfle par hectare.

On fauche la récolte de la première année ; ensuite on a une devèze artificielle sur laquelle on mène paître successivement les vaches et les moutons ou les agneaux.

Cependant deux autres hectares de bruyères ont été écobués; on les prépare et on les sème de la même manière, jusqu'à ce qu'enfin la totalité des landes incultes ait été ainsi convertie en pâture artificielle. Alors on défriche la première parcelle, et on recommence la rotation qui dure dix ans.

13. Les devèzes grasses qui étaient destinées aux bœufs et aux vaches sont également défrichées, nettoyées et semées en fénasse et trèfle, mais avec cette différence qu'ici le fourrage peut être fauché pendant deux ou trois ans, pour être converti en foin.

Il est inutile d'avertir que cette opération ne doit être pratiquée que tout autant que l'on est sûr de trouver dans les récoltes de la précédente une dépaissance suffisante pour le gros bétail.

14. Les avantages de cette méthode sont évidens. Cette combinaison des prairies et des pâtures artificielles produit

une double amélioration relative à la qualité plus encore
qu'à la quantité des ressources alimentaires que l'on se procure par ce moyen. La masse du fumier s'accroît d'année
en année et fait, pour ainsi dire, la boule de neige. Ce n'est
pas tout : la présence seule du gazon artificiel améliore les
terres du ségala ; on dirait que, sous cette parure étrangère,
leur naturel sauvage et rétif s'apprivoise peu-à-peu et se
civilise. Cette métamorphose des terres, toute surprenante,
toute inexplicable qu'elle paraît, n'en est pas moins un fait sur
lequel l'expérience ne me laisse aucun doute. Serait-ce que
les racines du trèfle déposent dans le sein de la terre une
sorte de transpiration ou de matière excrémentitielle propre
à la fertiliser? Ou bien, les débris des diverses plantes fourragères, dont le sol est jonché quand on fauche, forme-
raient-ils une couche d'humus, fort mince à la vérité, mais
très-active? Ou bien encore, lorsqu'on fait consommer le
fourrage sur place, l'abondance du pâturage serait-elle cause
que, le parcours s'exerçant sur un espace resserré, le dépôt
des matières fécales est assez considérable pour équivaloir
jusqu'à un certain point aux effets du parc?

Toutes ces causes agissent ensemble probablement. Quoi
qu'il en soit, les pâtures artificielles que j'ai établies sur des
terres de la dernière classe ont tellement changé la nature
de ces terres dans l'espace de dix ans, que l'opinion des cultivateurs les classe aujourd'hui parmi les bonnes du pays.

15. Ici se présente une objection. A mesure que l'on travaille au défrichement des pacages naturels et à l'établissement des prairies et des pâtures artificielles, le parcours des
bêtes à laine se rétrécit de manière à compromettre leur
subsistance ou leur santé : et cela à cause qu'il faut défendre
contre la dent du bétail les semis de fourrage pendant tout
au moins un an, sous peine de les voir disparaître avant
même qu'on soit indemnisé du prix qu'ont coûté les graines.

Une pareille difficulté est embarrassante dans les commencemens, à moins qu'on ne prenne bien ses mesures. On
sent qu'elle doit être remplacée un jour par une plus grande
aisance, lorsqu'on sera parvenu à établir des herbages arti-

ficiels pour les vaches , pour les jumens , pour les brebis. En attendant , il faut combiner les diverses opérations du labourage de manière à ce que , lorsque le troupeau éprouve des pertes d'un côté, il soit indemnisé de l'autre; et pour cela, il faut procéder d'après un assolement libre qu'on élargit et qu'on rétrécit suivant l'exigence des cas. Cet assolement dont on a parlé ailleurs , s'adapte commodément à la méthode préparatoire. Nous tâcherons plus loin d'en faire connaître la marche et les propriétés.

16. Ainsi donc , lorsque les pâtures permanentes appelées devèzes se trouvent en état de culture de manière à gêner le parcours , il faut résister à la tentation de cumuler les produits de ces défrichemens avec ceux de l'entier assolement régulier. Au contraire , il faut retrancher de cet assolement une portion des terres qualifiées labourables, un sixième , par exemple , un cinquième , un quart , suivant l'exigence des cas.

Soit opéré un pareil retranchement , à concurrence de vingt hectares, sur les 80 du domaine pris pour exemple. Il en restera soixante qui , divisés par 4, nous donneront une sole annuelle de 15 hectares. Sur ces 60 hectares , 4 ont déjà été suffisamment améliorés pour recevoir une rotation complète avec trèfle sans jachère.

Les vingt hectares de terre labourable retranchés de l'assolement régulier donneront une grande aisance au troupeau. On pourra les reprendre à propos et les défricher par cinquième ou sixième , pour y opérer, suivant la méthode exposée plus haut, un semis de fénasse, mêlé de trèfle , qui sera fauché tout le temps qu'il pourra l'être avec avantage , et ensuite on le livrera au parcours.

Ainsi , peu-à-peu, on entrera dans l'abondance des fourrages , et l'on se procurera des pâtures artificielles pour toutes les espèces de bestiaux.

Les terres que l'on retranche de l'assolement régulier pour leur faire subir une longue jachère , d'abord naturelle , puis artificielle, sont les moins propres à la culture du blé, c'est-à-dire les plus humides , par conséquent les plus propres à la production des herbages.

17. Quand on est parvenu à leur donner un bon gazon, le mieux est de ne pas se prescrire une rotation précise, et de subordonner, au contraire, la durée des pâtures artificielles aux circonstances, ainsi qu'on l'a indiqué plus haut.

Voici comment je conçois, dans l'application, cette méthode suivant laquelle on cultive plus ou moins de blé, suivant les besoins de la consommation.

Dans le domaine supposé que nous avons pris pour exemple, on a commencé par défricher les landes incultes qui servent de pâture aux moutons, et on les a converties en pacages artificiels pour le gros bétail.

Les devèzes qui servaient à ce dernier ont été changées en prés-gazon, pour être fauchées tout le temps que la chose sera profitable. Quatre hectares des meilleurs fonds, choisis au voisinage de la maison, ont été consacrés à la rotation alterne continue avec trèfle. Supposons que dix hectares sur les vingt retranchés de l'assolement régulier ont été défrichés et semés en trèfle et fénasse, et que cette opération a été exécutée à trois époques différentes, en sorte qu'ils soient divisés en trois pièces de fourrage d'un âge plus ou moins avancé, contenant un peu plus de trois hectares chacune.

En récapitulant nous trouverons :

1º Landes en pâture artificielle............ 17 hec. » ar.
2º Devèzes.... id. 10   »
3º Champs en gazon artificiel.............. 10   »
4º Trèfle................................. 1   »

Total.................... 38

En tout trente-huit hectares, revenant à-peu-près à 152 séterées, ancienne mesure, en face de prairie ou de pâture artificielle. Si l'on ajoute vingt hectares de pré naturel, on trouve pour la nourriture du bétail, tant pour la crèche que pour la dépaissance, cinquante-huit hectares en bonne production ; plus la jachère naturelle de dix hectares de champs retranchés de l'assolement ordinaire. Or, nous n'avons laissé dans l'assolement régulier que 60 hectares qui donnent par t une sole annuelle de quinze. On voit combien cette culture est puissante en moyens de fertilisation , combien elle repose sur une base large , combien les terres cultivées en grains doivent s'améliorer et donner des produits considérables relativement à la semence et au travail. Si le blé n'a pas de débit , on peut rester dans cette situation pendant deux ou trois ans; puis , quand on pressent que la chance va tourner , on se met à défricher d'abord les dix hectares de champ qui restent dans la seconde classe ; on défriche ensuite, successivement , les pâtures artificielles , que l'on remplace aux dépens de ces mêmes champs ; on peut même étendre les défrichemens et prolonger la culture des terres neuves , pourvu qu'on ait eu l'attention de les remplacer aux dépens de celles qui ont travaillé dans l'assolement régulier de quatre ans , et de convertir en prairie ou pâture artificielle une portion équivalente prise sur la section des soixante hectares de choix. Ainsi , tous les champs passent successivement , du moins tous ceux qui ne sont pas trop secs , par cette filière que je regarde comme le prototype de l'amélioration parcimonieuse. Et certes , la méthode proposée mérite bien cette épithète , car elle n'exige guère , à la rigueur , d'autre dépense extraordinaire que celle de l'achat ou de la cueillette des graines fourragères , et celle de quelques épierremens que l'on exécute aux jours perdus de la saison morte. Or , il est évident qu'elle est féconde en bénéfices qui se montrent, soit dans les revenus , soit dans la valeur capitale du fonds.

18. Il ne faut pas s'imaginer néanmoins que les semis de fourrage soient toujours également heureux. Cependant je crois pouvoir affirmer que c'est de toutes les cultures celle qui est le plus rarement en perte. Il suffit d'obtenir un pacage passable pour être indemnisé.

19. Mais il ne faut pas oublier ce que nous avons dit plus haut des avantages considérables que l'on trouve à rendre à la terre, par l'emploi de la chaux et des fossés couverts , au moins une portion des bénéfices qu'on en tire en sus de la rente.

La chaux peut paraître un amendement coûteux , vu le transport ; mais , vu ses effets merveilleux sur les terres du ségala , et principalement sur les terres noires tourbeuses , il ne l'est que pour ceux qui ne sont pas en état d'en faire les avances.

20. Quand vous aurez suivi ma méthode pendant quelques années, vous obtiendrez assez d'aisance pour la perfectionner à l'aide de la chaux. Je me souviens que, dans ma jeunesse, j'ai défriché une mauvaise lande de trois hectares, en partie submergée.

J'en tirai 1,400 fr. de produit net par la culture que je viens d'exposer. Je lui rendis 1,200 fr. en fossés couverts ou en fumier acheté. Le fourrage égala les meilleurs prés. On estimait cette terre deux cents francs l'hectare. Aujourd'hui je la vendrais à raison de 1,200 fr. même contenance.

21. Lorsqu'on est parvenu à établir des prairies et des pâtures artificielles en rapport plus que suffisant pour le bétail de la ferme, au lieu d'augmenter le nombre des animaux, il faut songer à l'amélioration des prés naturels. En les défrichant suivant la méthode indiquée plus haut (1), après les avoir saignés convenablement, on en tire des récoltes brillantes, qui augmentent les fonds de la caisse des améliorations.

22. La régénération des prés, dans le ségala, est le grand but intermédiaire qu'il faut se proposer. Quand on y aura réussi, on sera bien près de la perfection. Mais, encore une fois, avant de tenter cette grande opération, il faut avoir pris ses mesures pour retrouver dans les champs le foin et le pacage dont on se prive momentanément en défrichant un pré.

Lorsque ce premier pré a été rajeuni, on passe au second, puis au troisième, etc., jusqu'à ce qu'enfin tous aient dépouillé le jonc et la bourre grossière, pour revêtir le fromental, l'alopécurus, le dactyle, les pâturins, le trèfle rouge et le trèfle blanc.

23. Est-il nécessaire à présent de faire remarquer à mon lecteur combien la méthode que je propose est liée dans toutes ses parties, combien ses opérations réagissent les unes sur les autres, combien cette méthode embrasse fortement dans toutes ses conséquences le principe fondamental de la nature

______

(1) Voyez le Chap. *des prés naturels*, 1re Partie, nos 15 et 16.

agricole du pays? Mais je saisis cette considération pour avertir ceux qui voudront la mettre en pratique, qu'il est dangereux ou peu profitable de la scinder, ou d'intervertir l'ordre des opérations ; attendu que le profit ne se trouve pas dans telle ou telle opération partielle, mais dans l'ensemble.

24. Il importe aussi d'avertir mon lecteur que, dans la marche qu'on vient de tracer, on est parti de la supposition qu'il s'agissait d'opérer sur le plateau du ségala, dans des localités où les pentes ne sont pas trop escarpées, et où les terres sont, ou schisteuses, ou tourbeuses et plus ou moins humides. En parlant du défrichement des pâtures, il n'est pas venu dans notre pensée de conseiller ce défrichement sur les terrains dont la pente est rapide. Nous n'avons pas prétendu non plus que l'on puisse semer de la fénasse et du trèfle sur les graviers qui manquent de fraîcheur. Le lecteur qui aura saisi l'ensemble de nos principes sentira que nous avons voulu lui offrir un exemple propre à lui montrer les vues essentielles de la méthode, et non un modèle qu'il faille copier servilement.

On ne doit pas oublier ce que nous avons dit de la nécessité de ranger les terres dans différentes classes, afin de donner à chacune la culture qui lui convient le mieux. Ainsi il y a des champs fort bons pour le seigle, et qui repoussent toute autre culture, notamment celle de la fénasse et du trèfle. Il faut prendre le parti de leur demander ce qu'ils donnent volontiers en les assujétissant à l'assolement biennal, en y semant du seigle d'une année entre autre. Cette mesure est d'autant plus convenable, que les terres de cette nature ne produisent naturellement sur la jachère qu'un pâturage rare et maigre. En cultivant les fourrages sur les autres champs, on se donne le moyen de bien fumer ceux qui sont condamnés à soutenir cet assolement de deux ans. On peut aussi avoir recours aux verdures. Les lupins réussissent fort bien sur les graviers ; la spergule sauvage y croît naturellement. On peut donc y cultiver cette plante, soit pour fourrage, soit pour être enfouie en vert.

25. Outre la nature des terres, il faut prendre aussi en grande considération la situation respective des pièces qui

composent la ferme, leur contenance, leur inclinaison, leur exposition ; il faut avoir égard aux distances et aux divers accidens de terrain qui rendent les transports difficiles.

Ainsi toutes choses égales d'ailleurs, on cultivera de préférence dans l'assolement le plus actif, les plaines voisines de la maison, et l'on établira les pâtures sur les pentes et sur les pièces les plus éloignées.

26. Ces anomalies, cette diversité de circonstances et de cultures ne peuvent être coordonnées avec la méthode que par l'assolement libre.

En conséquence, on est obligé de faire tous les ans son plan de campagne et de faire entrer dans ses calculs les moyens de nourriture pour le bétail pendant toutes les saisons de l'année et notamment au printemps, époque où les récoltes tiennent le plus de place.

27. Il faut encore avoir l'attention de ne pas interrompre la circulation du troupeau dans les différentes pâtures, circonstance qui oblige plus d'une fois de modifier l'assolement.

28. Supposons à présent 80 hectares de terres labourables, et en pâtures, 28.

La contenance des terres labourables et des pâtures susceptibles d'être défrichées est distribuée en pièces de grandeur inégale, partie dans la plaine, partie dans les ondulations du sol et sur des pentes modérées.

		hect.	ares
Champ nº 1	....	12	»
nº 2	....	8	»
nº 3	....	9	»
nº 4	....	9	40
nº 5	....	10	»
nº 6	....	4	»
nº 7	....	5	»
nº 8	....	4	60
nº 9	....	1	50
nº 10	....	1	»
nº 11	....	»	27
nº 12	....	8	50
nº 13	....	6	73
	Total......	80	»

Pâtures susceptibles de défrichement.

Pâture A	5 hect.	» ares.
B	4	»
C	1	25
D	2	»
E	3	75
Total.........	16	»

. Le surplus des pâtures occupe des pentes qu'il n'est pas convenable de défricher.

D'après le système de la routine, les terres labourables sont divisées en trois soles, ainsi qu'on va le voir :

1° Les n⁰ˢ 1, 5, 6 .... 26 hect. » ares.
2° Les n⁰ˢ 2, 3, 7, 8 26   60
3° Les n⁰ˢ 4, 9, 10, 11, 12, 13 27   40

Outre les terres ainsi assolées pour la culture du seigle, le domaine possède deux chènevières qui donnent ensemble une contenance de 75 ares.

Voici, année par année, la marche de l'assolement libre, destiné à faire subir aux terres les diverses périodes de la culture améliorante, suivant la méthode dont on vient d'exposer les principes.

1ʳᵉ Année. — Les 75 ares de chènevière sont semés en blé de printemps et en trèfle.

Pour les remplacer, je prends le n° 11, que je prépare par trois labours de la charrue rovillienne, et une puissante fumure que la charrue enterre. Après avoir hersé, je place en couverture le crottin des poulaillers et les balayures, ou, pour mieux dire, les raclures de la bergerie ; et comme les Flamands disent que pour semer lin et chanvre il faut lasser la herse, je promène cet instrument à diverses reprises, avant de semer et de m'en servir pour recouvrir la semence. C'est ainsi que j'établis ma nouvelle chènevière.

Le n° 10 est cultivé en récoltes sarclées.

2ᵉ Année. — Le trèfle semé l'année précédente sert à nourrir les bœufs à la crèche, en attendant de faucher les prés. La pâture B, appelée *devèze des vaches*, est livrée à l'écobuage après avoir fourni un surcroît de parcours aux brebis en mars et avril.

Le n° 10 , qui a reçu une culture préparatoire soignée , avec fumure de 60 milliers par hectare , est semé en luzerne , et le n° 11 en trèfle.

Partie du n° 9 est cultivée en chanvre , et partie en pommes de terre ou légumes.

La pâture A , dite *devèze des bœufs*, est livrée aux vaches.

3e Année. — L'assolement en blé d'hiver , qui échoit cette année , a cédé au petit assolement alterne continu les n°s 9 , 10 et 11 , c'est-à-dire 2 hectares 77 ares.

Cette réduction serait peu sensible ; mais comme la devèze des vaches a été défrichée , les brebis qui étaient en possession de succéder aux vaches pendant les derniers mois de l'automne et pendant tout l'hiver , éprouvent une soustraction dans leur domaine qu'il est essentiel de remplacer. En conséquence , le n° 13 est retranché de l'assolement pour demeurer en friche jusqu'à nouvel ordre. Je le remplace par le n° 6 , qui se trouve ainsi appelé à produire au bout de deux ans , au lieu de trois.

Ce choix n'est pas arbitraire. Le n° 13 est éloigné de la maison. Il est peu fertile en blé , et il a une grande disposition à se gazonner. Le n° 6 , au contraire , est d'un travail facile , il est peu productif en herbes adventices , et il donne de bonnes récoltes en seigle quand il est bien fumé.

Or, l'assolement étant réduit de quatre hectares , je me trouve en état de le fumer plus qu'à l'ordinaire. Je prends d'ailleurs le parti de jeter sur le labour des lupins pour être enfouis , et de la spergule pour être consommée sur place et être parquée.

Le n° 9 est semé en trèfle.

4e Année. — La pâture B , défrichée et cultivée en seigle les années précédentes , est plantée en pommes de terre avec bonne fumure , pour recevoir ensuite un semis de graines fourragères en fénasse et trèfle. La pâture E est écobuée et semée en seigle. L'assolement ordinaire ne se compose plus que du n° 1 et du n° 5. Ce dernier est abandonné au parcours et remplacé par le n° 3 , qui sort ainsi de la seconde sole. Les tréflières des deux premières années sont défrichées et semées en froment.

5ᵉ Année. — Le fourrage artificiel de la devèze B est fauché , partie pour être donnée en vert , partie pour être convertie en foin. Il faut faire servir ce surcroît de ressources , non à augmenter le nombre des bestiaux , mais à défendre les prés au 1ᵉʳ mars. C'est ainsi que l'on se prépare pour l'avenir une augmentation considérable en foin et que l'on pose la base de l'amélioration.

On écobue les deux devèzes C et D.

La seconde sole , qui a perdu le n° 3 , perd encore le n° 8 , qui doit rester en friche pour la dépaissance des bêtes à laine. Il ne lui reste que 13 hectares ; on lui accole le n° 6 , qui se trouve soumis à l'assolement biennal , avec fourrage intercalaire en spergule.

L'assolement ordinaire se trouve ainsi réduit de 7 hectares. On voit toute la puissance fertilisante de cette méthode. L'écobuage des landes incultes a donné une grande quantité de paille pour la litière ; les prairies artificielles consommées à la crèche , en vert ou en foin , ont produit une augmentation notable en fumier , et la réduction de l'assolement a concentré ce fumier sur un espace moindre.

6ᵉ Année. — La pâture E reçoit la culture sarclée préparatoire , pour être semée en fourrage le printemps suivant.

La 3ᵉ sole , réduite au n° 4 et au n° 12 , perd encore ce dernier qui demeure en friche pour le parcours. On le remplace par le n° 1 , qui se trouve ainsi assujéti momentanément à la rotation de deux ans avec lupins et spergule.

7ᵉ Année. — Les pâtures C, D reçoivent la récolte sarclée préparatoire, pour être semés ensuite en graines de pré-gazon mélangé de trèfle.

L'assolement se compose du n° 6 , du n° 5 et du n° 13 , qui se repose depuis 5 ans. On a droit de compter sur de bonnes récoltes , lorsqu'on opère ainsi sur des terres neuves.

8ᵉ Année. — La pâture E donne sa première récolte de

foin. La pâture B est livrée à la dépaissance des vaches et prend rang de pâture artificielle.

On écobue la grande devèze des bœufs.

Le champ n° 1 est livré au parcours.

9e Année. — Le champ n° 13 est planté en pommes de terre et se dispose à recevoir, le   printemps suivant, les graines fourragères.

10e Année. — On fauche les trois devèzes E, C, D. L'autre sert à la dépaissance du gros bétail. La pâture A reçoit la récolte sarclée préparatoire. Le champ n° 13 est semé en fourrage.

11e Année. — Je compose mon assolement du n° 5 , lequel , étant resté quelque temps en friche , est entré ensuite dans la rotation de deux ans ; du n° 6 , qui appartient à la même rotation, et du n° 12, lequel est   en friche depuis 4 ans. Cela fait 22 hectares et 1/2. Le n°   8 , défriché la 9e année , après 4 ans de repos, reçoit la   récolte sarclée et puis les graines fourragères. On fauche le champ n° 13. La pâture E est livrée à la dépaissance du gros bétail. La pâture B est livrée aux agneaux.

12e Année. — On défriche la pâture B. On redouble un blé d'hiver sur le n° 12 , et enfin le n° 3 complète l'assolement. La pâture E sert pour les agneaux ; les pâtures C, D pour les bêtes à cornes : on fauche la pâture A.

Ne trouvant pas commode de préparer encore un champ pour semis de fourrage , attendu que les deux grandes devèzes sont soustraites au parcours et qu'il importe de ne pas gêner le troupeau , je prends le parti de violer les principes et de procéder par exception. J'établis donc mes récoltes sarclées sur le défrichis de la pâture B, qui doit être semée en blé d'hiver , et je redouble par une récolte de céréales sur l'éteule du n° 12 , qui a joui d'un long repos.

Cette manière de procéder a des avantages que la comptabilité fait ressortir d'une manière saillante. D'abord , il en résulte une grande économie sur les labours, puisque l'éteule est semée sur une seule raie , très-facile , et que le labour des défrichemens est payé et nettoyé par les pommes de terre et autres récoltes intercalaires ; et de plus le fumier se concentre encore sur un espace moindre et précisément sur des terres dont l'amélioration commencée mérite de recevoir un vigoureux stimulant.

13ᵉ Année. — On défriche les champs nᵒ 1 et nᵒ 4 , qui se reposent depuis long-temps.

On jette un second blé d'hiver avec bonne fumure sur la pâture B , et cela sans scrupule, vu qu'elle a été si long-temps fertilisée par la présence du fourrage et par le parcours ; vu encore que la précédente récolte a été bien fumée. Le nᵒ 5 est soumis à la récolte sarclée préparatoire pour fourrage. Le bétail n'est pas toutefois déshérité. La fénasse du champ nᵒ 13 sert de pâture pour les bêtes à cornes, et les trois devèzes C, D, E, pour les bêtes à laine.

14ᵉ Année. — Le nᵒ 12 reçoit la culture préparatoire pour fourrage. On défriche les pâtures C, D, E. La pâture A est livrée au parcours du gros bétail , et la vieille fénasse du champ nᵒ 13 sert pour les bêtes à laine.

L'assolement en terres labourables est réduit au nᵒ 2 et au nᵒ 6, qu'on a laissé reposer après plusieurs années de rotation biennale. Cela ne fait que 12 hectares pris sur l'assolement ordinaire et 6 sur l'extraordinaire , c'est-à-dire sur le dé-frichement des pâtures dites devèzes ; en tout 18. L'assolement de l'année précédente était de 25 hect. 40 ares. Cette inégalité dans les soles est inévitable et constitue l'essence de mon as-solement libre. Elle dérive de la nécessité de laisser un pâtu-rage de printemps qui puisse faire subsister le bétail.

Récapitulons , et nous verrons les motifs de cette disposi-tion. Le nᵒ 1 et le nᵒ 4 , ainsi que la pâture B portent la ré-colte semée l'automne dernier ; le nᵒ 5 , un blé de mars et fénasse naissante ; le nᵒ 8 , une fénasse à faucher ; le nᵒ 12 est en culture préparatoire ; les nᵒˢ 9 , 10 et 11 sont occupés par la rotation alterne continue : il ne reste pour le parcours que le nᵒ 7 et le nᵒ 3.

15ᵉ Année. — Le nᵒ 13 devrait être défriché ; mais un projet important m'occupe depuis quelques années et le moment est venu de l'exécuter. Il s'agit de refondre , pour l'améliorer, un mauvais pré qui contient de 6 à 7 hectares. Ce pré est marécageux et ne donne que cent quintaux de mauvais foin. Les prés de cette nature ne peuvent être améliorés que par des fossés couverts et par l'écobuage. Au moyen de ces deux opérations, on a droit d'espérer de bonnes récoltes, qui payent les frais de la réparation et laissent même du profit.

Mais dans une position telle que je l'imagine, dans un domaine dont les prés sont peu productifs, une pareille entreprise mérite d'être mûrement réfléchie et calculée avec soin. Il faut prendre en considération non-seulement le foin, mais encore le pacage d'été que fournit le pré qu'il est question de défricher. Il faut prévoir une, ou deux, ou trois de ces années de sécheresse devenues si communes depuis le commencement du siècle.

En conséquence, il ne faut pas se borner à remplacer exactement le pré naturel par une étendue égale en prairie artificielle; il faut, au contraire, viser à doubler, à tripler les ressources supplémentaires.

Je me décide à convertir en pré-gazon le champ n° 1, dont la contenance est de 12 hectares. Je le mets en culture préparatoire. Je fume plus que de coutume. Déjà ce champ avait été privilégié sous ce rapport, l'année précédente. Le n° 12 porte un blé de mars avec fourrage naissant. Mon assolement ordinaire se compose du n° 7 et du n° 3, et je redouble le blé d'hiver sur les trois pâtures défrichées l'année précédente. Le n° 13 reste aux agneaux. Les vaches ont la fénasse de la pâture A. Les fénasses n°ˢ 8 et 5 sont fauchées.

16ᵉ Année. — Le pré doit être écobué en mai. Jusques-là il fournit un pacage extraordinaire aux bêtes à laine. On peut donc sans inconvénient rompre la fénasse du champ n° 13. On complète l'assolement avec le n° 6. Le n° 2 est en culture préparatoire pour fourrage; le n° 1 porte blé de mars et fénasse naissante; le n° 5, fénasse à sa 2ᵉ année. La fénasse n° 8 sert de pacage pour les vaches, et la pâture A pour les agneaux.

17ᵉ Année. — Le pré porte un blé sur écobuage; mais voici tout ce qui le remplace.

Le n° 1 à sa première coupe, le n° 12 à sa deuxième ; le tout en bonne production, sur une contenance de 20 hectares, et les n°s 9, 10 et 11, qu'on a mis en trèfle par un changement dans l'ordre des cultures, sont placés en réserve pour donner le vert à la crèche aux bœufs et aux vaches ; de sorte que toutes les fénasses peuvent être préparées en foin, si mieux on n'aime faire paître le n° 5 et préparer au sec une partie du trèfle. Le n° 8 est livré aux agneaux.

Leurs mères ont trouvé un reconfort excellent dans le blé du pré écobué, qu'on leur a fait brouter en hiver.

On défriche la devèze A. On redouble sur l'éteule n° 13 et sur celle du pré, et on complète l'assolement avec le n° 4. Cet assolement est de 28 hectares. Il compense la faiblesse de ceux qui, les années précédentes, ont été au-dessous de 20 ; d'autant plus que, portant sur des terres qui ont joui d'un long repos sous l'influence fertilisante du fourrage artificiel, on a lieu de compter sur des produits supérieurs à ceux que donne la routine.

18ᵉ Année. — La fénasse n° 2 vient s'ajouter à celle du n° 12. Le n° 1 passe à l'emploi de pâture artificielle pour les vaches. Le n° 8 reste aux bêtes à laine. Le trèfle, après avoir fourni le vert aux bœufs et avoir été brouté par les agneaux, est rompu pour blé d'hiver. Les pâtures C, D, E, préparées l'année précédente, portent une fénasse naissante. L'assolement se compose du n° 5, qu'on défriche ; du n° 3, du n° 7, de la devèze A, sur laquelle on redouble. Le numéro 13 demeure en friche pour le parcours.

19ᵉ Année. — Le pré est préparé par des récoltes sarclées pour recevoir un semis de graines à raison de 100 kil. de fénasse et de 10 kil. de trèfle par hectare. La pâture B, ayant été abandonnée au parcours des bêtes à laine, est reprise pour faire partie de l'assolement. Le n° 8 est défriché ; le n° 1 passe aux agneaux ; le n° 12 forme une excellente pâture pour le gros bétail ; le n° 2 et les pâtures C, D, E sont fauchés ; le n° 13 et le n° 6 complètent l'assolement pour le blé d'hiver.

20ᵉ Année. — Le n° 5 est mis en récolte sarclée de maïs pour graine. Comme ce champ a donné un fourrage vigoureux, on peut croire qu'il est avancé dans l'amélioration ; on lui prodigue des soins. Le blé précédent a été sarclé.

La récolte intercalaire doit l'être avec une attention minutieuse. Si l'on parvient à détruire entièrement le raifort sauvage, ce champ prendra le premier rang dans la culture perfectionnée avec suppression des jachères. On l'amende avec la chaux pendant l'hiver, puis il reçoit un semis de trémois avec trèfle. Le pré ayant été régénéré, la fénasse n° 1 est défrichée ; on complète l'assolement avec les n°s 3 et 7 et la pâture A, qui est restée en jachère. Les brebis et les agneaux trouvent une abondante nourriture sur le n° 12. Le n° 2 sert pour les vaches. Les pâtures C, D, E sont fauchées, partie pour être donnée en vert aux bœufs, partie pour être préparée en foin.

Ce tableau peut donner une idée de l'assolement libre qui convient à la méthode préparatoire basée sur les prairies et les pâtures artificielles.

29. On remarquera qu'alors même qu'on défriche une pâture qui a duré six ans ou davantage, on fume convenablement.

Moyennant cette précaution, on croit pouvoir, sans inconvénient, placer un second blé d'hiver sur le chaume du premier ; mais à condition de bien fumer encore. On donne aussi une bonne fumure à la récolte sarclée. On sent que cette façon de procéder ne porte point atteinte au principe suivant lequel on ne doit pas faire blé sur blé.

La terre, dans le cours de cette rotation, ne donne que trois récoltes de céréales et une récolte sarclée dans l'espace de dix ans.

30. Passons à présent à un autre point qui demande des explications : je veux parler de la dépaissance des blés d'hiver par les bêtes à laine. Cette pratique n'est pas de celles que l'on puisse admettre dans l'usage habituel ; au contraire, elle constitue une exception.

Lorsqu'on procède par défrichement, suivant ma méthode, sur de mauvaises terres, surtout sur des terres gélives, il faut semer à bonne heure. Si l'automne est favorable, les moyens fertilisans dont on vient de parler développent une végétation très-vigoureuse.

Il y a, dans ce cas, un triple avantage à faire brouter les seigles : 1° les feuilles radicales sont destinées à périr sous les neiges et à nuire, en se pourrissant, à l'œil de la plante ; 2° si cette végétation ne périt pas, elle affame la racine, et la plante, au printemps, fait mal son tuyau ; 3° l'éruption de l'épi se fait à bonne heure, et les gelées blanches d'avril risquent d'anéantir la récolte.

En faisant paître le seigle en herbe, vous parez à ces inconvéniens, et votre troupeau rajeunit son sang au milieu d'une saison qui tend à l'appauvrir.

En résumant cette question délicate en peu de mots, nous dirons : 1° qu'il ne faut faire manger les blés que lorsqu'ils sont précoces et très-vigoureux ; 2° que cette opération convient surtout aux mauvaises terres et aux localités exposées à la gelée blanche du printemps ; 3° qu'il faut faire paître les blés dans le courant de décembre ou de janvier au plus tard ; 4° qu'il faut éviter de conduire le troupeau dans les blés quand la terre est trop humide ; 5° que le moment où la terre gèle et dégèle est le plus opportun, parce qu'alors le piétinement raffermit les racines du blé ; 6° enfin qu'il ne faut pas souffrir que le bétail ronge trop long-temps la récolte, et qu'il faut savoir le retirer avant que toute la verdure ait disparu.

31. Encore une remarque. Elle a pour objet l'écobuage. Ce procédé ne convient au ségala que dans son état sauvage.

Si le fourrage réussit, encore que les bruyères et les genêts épineux reparaissent çà et là, il ne faut pas écobuer, il faut labourer et fumer. Si, au contraire, le fourrage manque, et que les bruyères s'emparent du terrain, il faut réitérer l'écobuage et fumer les pommes de terre vigoureusement. On réussit la seconde fois, si on ne réussit pas la première. Celui qui se rebute pour un échec n'est pas digne du nom de cultivateur.

32. Observons, en passant, que les agriculteurs, si opiniâtres à justifier la routine de ses nombreux mécomptes,

s'empressent de condamner toute méthode nouvelle lorsque le succès ne répond pas entièrement à leurs espérances.

Ceci ne vaut rien pour nous, disent-ils; l'expérience a prononcé.

Ils ne savent pas qu'en agriculture, il est infiniment difficile de constater le jugement de l'expérience d'une façon décisive.

Il faut plusieurs années et des essais répétés pour acquérir le droit de proclamer l'autorité de l'expérience.

Il faut s'assurer, d'abord, qu'aucune des conditions du succès n'a été négligée.

Il faut avoir égard à la constitution atmosphérique de l'année; il faut savoir juger si cette constitution appartient à la température moyenne, ou bien si elle forme une exception par rapport au climat ordinaire.

Il faut avoir soin de comparer les résultats que l'on obtient avec ceux qu'obtiennent les cultivateurs qui sont restés fidèles à la routine; bien entendu que, dans cette comparaison, on tiendra compte de part et d'autre de la nature des terres.

Enfin, il faut se mettre dans l'esprit que les fonds qui paraissent les plus rebelles s'apprivoisent peu-à-peu, lorsqu'on s'obstine à suivre avec exactitude la méthode que nous venons d'expliquer, et qu'ils finissent par adopter les cultures qu'ils ont paru d'abord rejeter.

Je dois dire, à ce sujet, que de tous mes champs celui qui me donne les plus beaux produits en fourrage artificiel, a été autrefois déclaré absolument réfractaire à ce genre de production.

Il faut tâter le terrain de plus d'une manière avant de prononcer un jugement définitif.

33. En finissant ce chapitre, je le résume ainsi qu'il suit : Le ségala n'est misérable que parce que ceux qui l'ont cultivé jusqu'ici ont méconnu le vœu de la nature. Celle-ci a voulu faire du ségala un vaste pacage; et c'est dans ces vues qu'elle a fait naître les bruyères dont la mission est de former ce terreau précieux si recherché des fleuristes. A

force d'écobuer et de faire blé sur blé , on a dissipé cette couche végétale qui était l'ouvrage des siècles. La méthode que je propose est une imitation de la marche de la nature , imitation appropriée aux besoins actuels des cultivateurs.

Elle tend à refaire la couche végétale qu'on a si impru-demment détruite par le fer et le feu.

Les près-gazon que nous appelons fénasse , les fossés couverts et la chaux sont les trois pivots de l'amélioration du ségala.

En combinant ces trois moyens d'après la marche métho-dique indiquée ci-dessus , le succès est infaillible. Le ségala a de la terre et de l'eau ; le labourage y est facile : que lui manque-t-il? La méthode et l'aisance. Nous avons tâché de lui enseigner l'une et de lui montrer comment on peut con-quérir l'autre.

CHAPITRE IIIᵉ.

Application de la méthode préparatoire au causse. — Caractères divers des terres de cette région. — Les terres fortes, dites aubugues et rougières, admettent la méthode sans difficulté. — Le causse proprement dit ne peut arriver à l'assolement perfectionné qu'à condition de nettoyer le sol des pierres dont il est encombré. — Défoncement du causse, opération gigantesque, ouvrage des siècles; — Chaque génération devrait s'en imposer une partie; — Cette opération mériterait d'être encouragée. — Le sainfoin est le principe de l'amélioration dans le causse. — Des terres d'alluvion dites *rivière*. — La culture de la luzerne y augmenterait les revenus. — Elle donnerait le moyen de fumer les vignes.

1. La méthode que nous avons indiquée pour le ségala s'applique au causse dans ses vues fondamentales, mais avec des modifications de détail qui dérivent de la nature des terres de cette région. Ainsi qu'on l'a dit plus haut (1), le causse, c'est-à-dire cette portion du territoire où l'on cultive le froment, se divise en causse proprement dit (calcaire oolitique), et en terres fortes.

Le causse proprement dit, que l'on nomme aussi *causser-gue*, présente quatre qualités distinctes : le causse commun dit *peyrefic*, c'est-à-dire pierre fichée, ainsi désigné parce qu'il repose sur un banc de pierres placées debout à côté les unes des autres, comme dans une voûte ; le causse *tioulasenq*, c'est-à-dire schisteux, qui repose sur un pavé de dalles dont l'inclinaison varie suivant la conformation du sol; le causse substantiel et profond, qui se rencontre çà et là dans les bas-fonds et dans ces sortes d'entonnoirs, appelés *combes* en patois, que présente le plateau calcaire ; cette qualité, qui est la plus rare, prend quelquefois le caractère limagneux : je la nomme *loam*, d'un mot anglais qui désigne un fonds qui tient le milieu entre les terres fortes et les terres

(1) Voir l'*Introduction*, § Iᵉʳ.

maigres; enfin le causse bâtard où la chaux est plus ou moins altérée par la magnésie.

2. Les terres fortes se divisent d'abord en aubugue et en rougière. L'aubugue, terre argilo-calcaire qui appartient au lias, se subdivise en aubugue proprement dite, en limagne et en limagne bâtarde.

Comme ces dénominations vulgaires ne sont pas très-bien définies dans la langue des laboureurs, nous allons essayer d'y attacher des idées précises. J'entends par aubugue une terre marneuse, blanche, qui se délite fort bien à l'air humide et par les gelées, et qui, par conséquent, ne peut pas être considérée comme une terre forte dans toute l'acception du mot. J'entends par limagne une terre analogue à la précédente, mais plus argileuse, moins prompte à se déliter, et qui, ayant été submergée, ou qui, étant plus voisine de la roche primitive, a pris une couleur brune ou noirâtre. La limagne bâtarde contient peu de calcaire, une assez forte proportion d'argile avec de la magnésie; on y voit communément des galets de quartz.

Au-dessous de l'aubugue, on trouve communément une sorte de feuilletage lamelleux, que je considère comme un rudiment de pétrification. Ce sous-sol prend le nom de *cran* lorsqu'il présente une surface unie, et qu'il forme une masse compacte, peu avancée dans la pétrification; et de *terre de deniers*, lorsqu'il se détache par fragmens qui rappellent l'idée d'une pièce de monnaie.

3. La rougière colorée en rouge dur par un oxide de fer repose sur le grès bigarré. Elle est moins calcaire que l'aubugue, et quoiqu'elle contienne assez de silice pour ronger le fer des instrumens aratoires, elle est d'un travail plus pénible, d'une préparation plus difficile. Son argile avec la silice et l'oxide de fer forme un mortier qui se durcit pendant les chaleurs, de façon que les mottes ne se délitent pas en poussière, comme celles de l'aubugue. Du reste, on voit des rougières argilo-calcaires, on en voit où le caractère gréseux domine; enfin on en trouve dans le fond des vallons qui ont pris la qualité de terre d'alluvion. On observera

que la couleur rouge ne suffit pas pour caractériser la rougière, car cette même couleur se retrouve encore dans le causse proprement dit, mais avec une nuance plus vive et plus sanguine. Le rouge de la rougière est dur et un peu sombre.

4. Ces terres, si différentes entre elles, sont assujéties au même assolement et à la même culture. C'est l'assolement de trois ans, ainsi qu'il suit : 1º jachère, 2º froment, 3º orge, ou le plus souvent mixture d'orge et d'avoine. Cette dernière récolte est la base de la richesse du causse, parce qu'elle sert à la nourriture des employés de la ferme, soit directement sous forme de pain, soit indirectement par l'engraissement des porcs et l'entretien de la volaille, qui fournissent à la consommation du ménage. Ainsi, on a le moyen de vendre tout le froment.

Si mon lecteur a réfléchi sur ce qui a été dit dans les chapitres précédens, il voit déjà combien la routine est absurde lorsqu'elle s'efforce de plier sous le joug d'un système uniforme des terres que la nature a faites si différentes, des terres qui ne se ressemblent qu'en ce qu'elles ont la propriété de produire du froment.

Que dirait-on d'un fondeur de cuillers d'étain qui voudrait appliquer ses procédés à la fonte du bronze et du fer? Tels sont les cultivateurs du causse de l'Aveyron. Que les terres soient fortes ou légères, ils donnent leurs deux raies préparatoires et la raie des semailles avec leur araire, et ils sèment partout une orge à la suite du froment. Or, les terres fortes n'aiment pas l'orge.

5. On voit que la méthode améliorante indiquée pour le ségala ne s'applique pas au causse proprement dit. Cette qualité de terre est foncièrement bonne ; on éprouve moins le besoin d'enrichir la couche végétale que celui de l'approfondir, de la débarrasser, de la faire surgir du milieu des pierres où elle est ensevelie. Le causse, comme le ségala, est plein de terres incultes. Mais ces terres donnent un pâturage excellent en qualité et qui n'est rare que parce que la couche superficielle qui le produit porte sur un amas de pierres

qui laisse passer l'eau comme un crible. Si ces terres sont incultes, c'est parce que la charrue ne peut pas y mordre. Parmi celles qu'on cultive, il en est plusieurs que le soc ne fait qu'effleurer. Des terrains pareils repoussent les instrumens perfectionnés. Pour améliorer les causses maigres, il faudrait commencer par les défoncer. Le défoncement du causse est une opération gigantesque qui effraie l'imagination. Cependant on ne peut s'empêcher de penser que, si, depuis que le causse es habité, chaque génération s'était imposé la loi de défoncer un hectare, que dis-je? un demi, un quart d'hectare, aujourd'hui cette contrée tiendrait un rang distingué parmi les meilleurs fonds du royaume. Un causse pareil au nôtre a été souvent défoncé dans les environs de Montpellier. J'ose penser que, dans bien des cas, cette opération serait profitable. Mais, dira-t-on, ce serait acheter son propre fonds. Quand cela serait rigoureusement vrai, l'opération serait bonne, puisque ce serait une manière d'acquérir sans payer les droits de mutation, et sans surcroît de contributions et de travail, que dis-je? avec diminution de travail annuel.

Les propriétaires qui ont de l'argent sont avides d'acheter les terres de leurs voisins qui sont à vendre. Quant à moi, si j'étais dans ce cas, j'aimerais mieux m'approfondir que de m'étendre (1).

6. Quoi qu'il en soit, le causse n'est pas, comme l'imaginent certaines gens, réfractaire à toute espèce d'amélioration. Il admet fort bien les prairies artificielles. On peut cultiver la luzerne sur les loams, et le sainfoin dans le causse commun et dans le causse maigre.

Le sainfoin est le fourrage qui convient au causse proprement dit, considéré dans son ensemble.

(1) Si, durant les siècles passés, on eût attaché un privilége honorifique ou une indulgence au défoncement du causse, le causse serait défoncé. Puisque le budget de l'état alloue une somme pour encouragemens à l'agriculture, on ne saurait en faire un meilleur usage qu'en proposant des prix pour les cultivateurs qui auraient opéré, dans une proportion indiquée, des défoncemens bien faits sur le causse pierreux.

Le trèfle réussit dans quelques portions des champs les moins secs. Il vient aussi sur les aubugues qui ne sont pas trop compactes.

Celles-ci se prêtent fort bien aux diverses opérations de la méthode préparatoire. Ce sont des terres qu'il faut attaquer avec tout l'arsenal des instrumens perfectionnés, afin de leur faire aspirer les fluides répandus dans l'atmosphère. On peut y cultiver des récoltes sarclées à la houe à cheval, et y établir des prés artificiels en fénasse et trèfle. Toutefois nous observerons que l'ivraie d'Italie paraît convenir particulièrement à nos aubugues.

7. Lorsque les devèzes appartiennent à cette qualité de terre, il faut les rajeunir par les procédés indiqués au chapitre précédent. Les prairies maigres non arrosables doivent être rompues pour être, après deux récoltes de blé et une récolte sarclée, semées en sainfoin ou luzerne.

8. Quant à l'assolement, il convient de le varier suivant les principes de l'assolement libre, avec alternance par séries. Ainsi, après avoir mis en sainfoin une partie des causses maigres, on peut avoir assez de fumier pour imposer aux autres l'assolement de deux ans, froment et seigle, avec jachère naturelle intercalée. On peut donner aux aubugues le même assolement de deux ans, ainsi cultivé ; savoir : féverolles sarclées et froment ; puis quatre ans de jachère artificielle en pré-gazon. Les bons causses resteront, en attendant, sous l'assolement de 4 ans, avec jachère naturelle. A mesure qu'on les épierrera, on pourra y établir un assolement régulier, avec récoltes sarclées et trèfle. On notera que, dans le causse, on ne peut pas faire paître les trèfles en automne par les bêtes à laine, à cause que, pour l'ordinaire, elles y contractent la pourriture. On notera aussi que les raves, le colza et la betterave réussissent de préférence sur les bons fonds de causse. La carotte peut être cultivée facilement sur les causses légers.

9. Pour peu que le causse augmente ses moyens de nourrissage par les racines et par les fourrages artificiels, sa situation se trouvera singulièrement améliorée. Cette

contrée est pauvre en prairies naturelles. En conséquence , elle est dans la nécessité de faire consommer par le bétail toute la paille de ses récoltes, et il n'en reste pas pour la litière. La maigreur des bestiaux du causse, en hiver, a passé en proverbe. L'excellence des herbages que la belle saison fait éclore pousse brusquement à la graisse les animaux décharnés. Ces vicissitudes continuelles engendrent des fièvres charbonneuses et autres épizooties qui ravagent les étables du causse.

10. Les fourrages artificiels et les racines fourniront les moyens d'échapper à ce terrible inconvénient.

Quand on aura du sainfoin à donner aux animaux, on leur fera manger moins de paille, on leur donnera de la litière , ils se porteront mieux , on aura plus de fumier, et le fumier sera meilleur. Comme le seigle donne plus de paille que les autres grains , on trouvera un moyen d'augmenter la litière en cultivant le seigle sur les causses maigres, où l'orge est souvent brûlée par la sécheresse , ainsi que sur les défrichemens des devèzes et des mauvais prés. En mettant successivement les causses en sainfoin , et les aubugues en pré-gazon, on se donnera les moyens de procéder par défrichement et d'entrer ainsi dans l'idée fondamentale de la méthode améliorante expliquée au chapitre précédent.

11. On notera que les fourrages légumineux, qui ne prospèrent dans le ségala que sur les terres améliorées et fortement engraissées , viennent avec facilité sur les terres du causse. Le ségala est plus favorable aux prés-gazon.

12. Tout ce que nous avons dit du ségala s'applique à la rougière , sauf que celle-ci est infiniment plus propre à la production des fourrages artificiels. Elle demande, comme l'aubugue , des labours soignés , des hersages répétés. Ces deux sortes de terre ont besoin de la grande herse à quatre colliers.

Les bas-fonds de rougière arriveront bien vite à la perfection par le moyen de la chaux et des prés-gazon artificiels. Les côteaux de cette qualité , qui ne produisent naturellement que des genevriers, reçoivent le sainfoin avec succès.

Les racines de cette plante fourragère s'insinuent dans les interstices du grès bigarré, qui se trouve disposé par couches. Il n'en est pas ainsi sur les causses schisteux, qui sont assis sur un pavé de dalles. Cette qualité peut être fécondée par les lupins enfouis en vert. On peut y cultiver du farouch, des vesces, des pois gris et même le trèfle là où le sol a assez de profondeur.

13. Nous avertirons ici ceux qui voudront cultiver les fourrages artificiels dans le causse, que sur les terres de cette qualité l'emploi du plâtre rend le succès à-peu-près certain.

14. Quoique les sarclages ne soient pas aussi indispensables dans le causse que dans le ségala, on ne peut pas se dissimuler que la culture directe des fourrages, sans l'intermédiaire d'une récolte sarclée, ne produit pas ordinairement tous les résultats qu'on a droit d'en attendre. Ainsi donc nous croyons devoir recommander cette partie importante de la méthode.

On objectera que les pierres s'opposent à l'action de la houe à cheval. Nous répondons, d'abord, que cet inconvénient n'est pas insurmontable partout ; en second lieu, que l'on peut sarcler assez bien le causse commun avec le soc du buttoir après avoir ôté les versoirs. On les replace ensuite quand il est question de butter.

J'ai cultivé de cette manière, sur le causse, des pommes de terre avec la houe à cheval de M. Yvart, qui n'est autre chose qu'un soc large de buttoir séparé des oreilles. Celles-ci étant retenues par des charnières vissées, il est facile de les enlever et de les remettre en place.

15. Quant à la charrue perfectionnée, il est certain qu'on ne peut l'employer avec avantage que dans les champs qui ont au moins cinq ou six pouces de terre labourable et sur lesquels le cailloutage n'est pas trop abondant. Sur les causses maigres, où la surface est couverte de pierres, où l'intérieur est parsemé de crochets, l'araire indigène fait à-peu-près tout ce qu'il est possible de faire, un mauvais labour ; la charrue ne ferait guères mieux, et courrait risque de se

briser. C'est sur les terres d'aubugue , de rougière et de ségala que la nature a placé le triomphe de la charrue perfectionnée.

Voilà à-peu-près tout ce que nous avions à dire sur le
causse : il est sans doute inutile de figurer ici, comme nous
l'avons fait pour le ségala , un tableau d'assolement. Le
lecteur intelligent nous dispensera de ce travail , et il verra
bien qu'après avoir établi les règles générales dans les chapitres précédens , il suffisait d'indiquer les exceptions et les
modifications.

16. Nous n'ajouterons plus qu'une observation qui porte
sur le défrichement des pâtures appelées *devèzes*. Cette opération ne peut guère être tentée que sur celles dont le fonds
appartient à la terre forte ; car lorsque le gazon repose sur
un sous-sol pierreux , le défrichement deviendrait nuisible :
le mieux en pareil cas est de laisser les choses dans l'état où
les a mises la nature. Sauf cette exception , je ne connais rien
de plus inepte que le respect presque religieux de la routine
envers un gazon usé par la dépaissance continuelle. Car il
faut remarquer que les animaux mangent les herbes qui
leur conviennent et que les autres montent en graine et
tendent , par conséquent , à dominer.

Il faut écobuer ces devèzes qu'ont envahies la genestrolle,
les ronces , les pruneliers , etc. , afin de les rajeunir par la
culture, par le fumier , par les sarclages et par des semis de
bonnes graines fourragères.

17. Du reste , on notera que c'est le seul cas où l'écobuage
soit applicable au causse.

18. Quittons cette contrée singulière où la routine se retranche derrière les pierres et les rochers , et jetons un coup-
d'œil sur cette section de notre territoire , malheureusement
trop rétrécie , qui comprend les fonds d'alluvion désignés
vulgairement par le mot de *rivière*.

Il est clair que sur ce terrain privilégié la méthode améliorante préparatoire serait tout au moins inutile. Là où la
nature a entassé les germes de la fertilité , l'art ne doit s'appliquer qu'à leur faire porter tous les fruits dont ils sont
susceptibles. Toutefois , il faut prendre garde que cette fer-

tilité n'est pas inépuisable. A mesure que les côteaux circonvoisins se décharnent, l'alluvion annuelle devient moins riche. Une culture qui porte constamment sur des objets de vente, sans fumier ou avec peu de fumier, doit à la longue épuiser les terres. Si la *rivière* se maintient, elle le doit à ses cultures intercalaires qu'elle sarcle avec soin. Nous lui conseillerons de reposer successivement ses terres par la luzerne, ou même par le trèfle, ou encore par la fénasse. En obtenant ainsi du fumier pour ses maïs, ses chanvres, ses lins et ses légumes, elle en augmentera les produits. Et en semant son blé sans fumier sur le défrichis des fourrages, la *rivière* obtiendra, non pas plus de paille, mais plus de grain. Car on remarquera que, suivant la culture actuelle, le produit en grain n'est pas proportionné à l'abondance de la paille; circonstance qui atteste les effets d'une culture épuisante.

19. Si j'avais à cultiver des terres de cette nature, pendant qu'un quart serait en face de luzernière, je soumettrais le surplus à l'assolement le plus actif en récoltes sarclées et blé, en observant toutefois de varier les récoltes intercalaires. Ainsi, le maïs, ayant été cultivé sur un champ, le serait l'année suivante sur un autre : le chanvre le remplacerait; et celui-ci serait remplacé, à son tour, par les pommes de terre, ou les légumes, ou les betteraves, ou les melons. Je jetterais de temps en temps un trèfle pour reposer la terre. Ensuite, quand le temps serait venu de défricher la luzernière, je la remplacerais sur un autre quart des terres. Ainsi le fourrage à long cours occuperait successivement toutes les terres. L'excédant en fumier que l'on se procurerait par cette méthode servirait à fumer les vignes qui tapissent les côteaux environnans.

20. Ce serait ici le cas de parler de l'amélioration des vignes, puisque nous examinons la contrée qu'elles habitent; mais nous avons trouvé plus convenable de consacrer à cette culture un article à part, qui formera un appendice à la suite de notre Traité élémentaire d'agriculture.

Nous ne répéterons pas ici ce que nous avons dit ailleurs des avantages immenses que la *rivière* pourrait tirer de l'emploi des instrumens perfectionnés.

CHAPITRE IV.

Idée générale des montagnes d'Aubrac et de l'industrie agricole de ces
montagnes. — La montagne est menacée de périr faute de bois. — Division de la montagne en deux régions. — La région cultivable est dans
des conditions analogues au ségala. — Plateau d'Aubrac. — Pelouse éter-
nelle qui ne doit pas être défrichée. — Marécages dangereux. — Faut-
il les dessécher ? — Fromageries. — Dans quel sens elles doivent être
perfectionnées. — Alliance du causse et de la montagne indiquée par la
nature.—Comment on peut la rendre plus profitable.—Perfectionnement
des races du bétail. — Des montagnes secondaires. — Du Larzac.— De la
fromagerie de Roquefort. — Du Levesou. — Résumé général de la méthode préparatoire.

1. Après avoir passé en revue les trois premières sections
de la carte agronomique du pays, savoir : le ségala , le causse
et le vallon ou *rivière*, nous allons nous occuper de la
quatrième , de celle qui porte le nom de *montagne*.

On appelle ainsi , par excellence , les montagnes qui dominent ici toutes les autres et qui portent de gras pâturages,
propres à alimenter les vacheries dont le lait donne lieu
à la fabrication des fromages connus dans le commerce
sous le nom de *formes*. Ces montagnes sont aussi appelées
Montagnes d'Aubrac , du nom d'une ancienne abbaye ,
fondée par Saint-Louis , pour servir de gîte aux voyageurs
et aux pèlerins. On a lieu de croire qu'à l'époque de cette
fondation , la contrée n'était guère qu'une vaste forêt ; car
le mot Aubrac dérive du mot patois *aubre*, qui signifie arbre.

On lit dans une vieille charte que c'était un lieu ombragé,
plein de forêts , plein d'horreur et de vaste solitude (1). Les
choses sont bien changées. La fureur d'étendre les pâturages a
suscité contre les arbres une guerre si acharnée , qu'il ne reste
dans ces montagnes que la forêt royale et quelques bouquets
de bois communaux. Sans ces deux ressources qui vont en
s'atténuant d'année en année , le pays périrait faute de bois

(1) *Locus umbrosus , silvestris , horroris plenus et vastæ solitudinis.*

et redeviendrait désert par un excès tout opposé à son premier état.

2. Ainsi donc, les premières vues d'amélioration, dans ces montagnes, doivent se tourner vers la régénération des bois. Le plateau d'Aubrac est surmonté par des mamelons et des crètes dont le pâturage est moins précieux que celui de ce plateau. On leur donnerait une grande valeur en y établissant des semis de pins, de sapins ou de mélèzes.

Ces rideaux formeraient des abris dont l'influence se ferait sentir dans les régions adjacentes, dans ce qu'on appelle les *montagnes basses*, où se trouvent des champs cultivés en seigle.

3. Nous ne dirons rien de la partie cultivable ; tout ce que nous avons dit du ségala s'applique à cette moyenne région des montagnes. On y voit de mauvaises pâtures qui pourraient bien être converties en pâtures artificielles pour les vaches.

Quant à ces belles pelouses qui forment le couronnement des montagnes volcaniques d'Aubrac à une hauteur de douze ou quinze cents mètres au-dessus du niveau de la mer, il y aurait de l'extravagance à les défricher. Ces pâturages reçoivent la seule amélioration dont ils soient susceptibles par le parcage des nombreux troupeaux qu'ils alimentent. Et, à ce sujet, nous observerons que des défrichemens inconsidérés ont eu lieu sur ces montagnes et ont anéanti sans retour, ou du moins pour long-temps, un gazon qui s'était formé à l'abri des forêts et sous l'influence fertilisante de leurs feuilles et de leurs débris. C'est ainsi que partout l'aveugle routine dissipe les trésors de la terre si lentement amassés par les siècles.

4. Posons ici comme une règle générale, règle sans exception, que, toutes les fois qu'on défriche une pièce de gazon, il faut s'imposer la condition de la régénérer par des semis de graines fourragères et par le fumier.

Un grand homme a dit : Pâturage et labourage sont les deux mamelles de la France. Pour nos pays montueux, pour l'Aveyron et pour tous les territoires qui lui ressemblent peu ou prou, le pâturage est la mamelle principale, la mamelle primitive ; c'est la source où puise le labourage.

Celui-ci prend le premier rang dans les vallées fertiles sur les fonds d'alluvion ; partout ailleurs la culture est dépendante et subordonnée ; le pâturage tient la corne d'abondance.

5. Le magnifique plateau d'Aubrac est parsemé çà et là de marécages et même de tremblans dangereux , capables d'engloutir les hommes et les animaux. C'est dans ces mauvais pas que le loup a l'art d'attirer les vaches. La nuit , pendant que celles-ci entourent le parc où sont renfermés leurs veaux, le loup s'approche et fait mine de franchir les claies.

Les vaches , excitées par l'amour maternel , poussent des beuglemens terribles , s'appellent , se forment en escadron et fondent sur l'ennemi avec l'impétuosité d'une charge de cavalerie.

L'animal cauteleux se laisse suivre de près ; il traverse ou tourne le marécage , et puis disparaît. Les vaches alarmées sur le sort de leurs petits s'en retournent à toutes jambes. Si quelqu'une tombe dans le bourbier , le loup la saisit aux mamelles , la tue et la dévore tout à son aise.

Ce serait donc une grande amélioration pour ces montagnes que de dessécher les points marécageux par des tranchées souterraines.

Dira-t-on que cette opération est impossible ? Non. On dira qu'elle est impraticable dans un pays situé loin des villages, dans un pays qui n'est habitable que pendant quatre mois , et qui n'est habité alors que par les pâtres nécessaires à la garde des troupeaux. Nous répondrons qu'il y a une foule d'entreprises qui passent pour impraticables , uniquement parce que personne n'a eu l'idée ou le courage de les essayer. Combien d'opérations qu'un préjugé vulgaire mettait au rang des impossibilités , et qui cependant ont été exécutées, non-seulement avec profit , mais avec facilité.

Nous n'avons garde de prononcer qu'il en soit ainsi du desséchement des marais répandus sur la surface des montagnes. Nous n'affirmons rien. C'est une œuvre qui se montre entourée de difficultés. Il faut les étudier, les analyser ; il faut sonder ces marécages par des essais ; il faut surtout bien établir la comparaison des frais et des avantages, faire son devis avec précision. Si par hasard il se trouve que l'opération soit profitable, elle cessera de paraître impossible.

6. Les fromageries des montagnes d'Aubrac sont considérées comme la branche la plus précieuse de l'industrie rurale du département. Elles méritent au fond leur réputation ; mais je pense, néanmoins, que celle-ci est un peu exagérée, et qu'elle tient moins à la quotité du profit qu'à la facilité de la vente. C'est de tous les produits du territoire le seul dont la vente soit assurée et prompte à suivre immédiatement la fabrication. Quiconque a des *formes*, a de l'argent comptant. Voilà où réside surtout l'avantage spécial de ce genre d'industrie.

Il faut avouer, outre cela, que la production et la manipulation des laitages exige peu de main-d'œuvre.

Il faut pour une vacherie un chef de châlet appelé *cantalès*, un petit garçon pour les veaux, et des pâtres pour les vaches : cela revient à un homme pour vingt vaches. Pour un troupeau de cent vaches, la totalité des salaires s'élève à 400 fr. : le cantalès gagne 108 fr., le védélier 52, les pâtres 80 fr. chacun. Il n'en est pas ici comme dans les exploitations de culture, où le payement des salaires et de toute la main-d'œuvre échoit avant que le grain soit emmagasiné et souvent fort long-temps avant la vente. Les salaires des employés des fromageries sont payés à la fin de la campagne avec les produits de la récolte. Ils ne constituent pas une avance qui vienne s'ajouter au capital circulant. Celui-ci se compose des claies de parc, des gerles (espèces de seaux en bois pour traire les vaches), des comportes, des cuves, des jattes, des pressoirs, des tables et des moules pour le fromage ; le tout pour une somme de 480 à 494 fr., ou à-peu-près. Il faut ajouter pour la nourriture des employés, en seigle ou en lard salé, une somme de 140 fr. Cela revient à un peu plus de six francs pour chaque vache. Le surplus de la nourriture est pris sur le lait des vaches.

On sent qu'à mesure que les troupeaux sont nombreux, cette proportion diminue.

Un védélier, par exemple, garde tout aussi bien 60 veaux que 50 ou 55.

Ajoutez à cette première mise de fonds les frais de construction du châlet, appelé *mazuc*, pour une somme de mille ou douze cents francs.

Autrefois ces mazucs étaient de mauvaises huttes, construites avec des piquets tressés par des rameaux de chêne, couvertes et revêtues par des pièces de gazon. Aujourd'hui ce sont des maisonnettes qui ont une longueur de 10 mètres sur 6 de large, une hauteur de cinq mètres divisée par un plancher, ce qui fournit un rez-de-chaussée et un grenier. Derrière et adossée au terrier, se trouve la cave pour les fromages avec longueur égale et 3 mètres de large; le tout recouvert en ardoise. A part, et tout auprès du châlet, se trouve une petite loge à cochons.

M. Girou a calculé que la journée des employés de la fromagerie, déduction faite des frais annuels, et de l'intérêt de la première mise de fonds en bâtimens ou mobilier, ainsi que de la rente des terres, produit un bénéfice de 4 francs 45 c. On ne peut pas dire que son compte soit exagéré; car il fixe le produit moyen en lait à 3 kilo. 20 par jour. Cette moyenne est prise sur les vaches et sur les montagnes les plus mauvaises. Les vaches de bonne race, bien nourries, donnent un produit journalier de 9 à 10 kilogrammes.

7. Ceci nous porte à conclure que les vues d'amélioration, dans les montagnes d'Aubrac, doivent porter principalement sur le perfectionnement de la race bovine. Cette contrée possède des types excellens : il s'agit de les soigner et de les mettre à profit pour la propagation. La race des montagnes dégénère, parce qu'on a la manie commune d'outrepasser les moyens de nourrissage par le nombre des animaux. On charge trop les montagnes. On fixe le nombre des vaches sans égard aux circonstances variables qu'amène chaque année. Il arrive souvent que les vaches souffrent la faim; il arrive rarement qu'elles soient convenablement nourries.

8. L'attention de bien nourrir est la base indispensable du perfectionnement des bestiaux; mais elle ne suffit pas.

Il faut aussi apporter une grande sagacité dans le choix des types destinés à propager l'espèce.

Ce choix doit avoir pour objet, non-seulement les mâles étalons, mais encore les femelles. Il se fait dans la génération un partage entre l'influence des deux sexes. Il faut étudier quelles sont les qualités que le mâle transmet ordinairement et quelles sont celles que transmet la femelle.

Les efforts que l'on fait pour l'amélioration des races sont habituellement infructueux, parce qu'on agit sans méthode, parce qu'on apporte dans cette opération des vues décousues et vagues.

9. Lorsqu'on entreprend d'améliorer ses bestiaux par le croisement des races, il faut se rendre un compte précis du but que l'on se propose.

Que voulez-vous? Perfectionner votre bétail? Vous voulez lui donner toutes les qualités possibles? Mais, prenez garde, il y en a qui s'excluent. Ainsi, par exemple, dans les moutons, la taille, la disposition à s'engraisser, la longueur et la finesse des toisons sont des qualités qui ne se réunissent guères dans les mêmes races.

Pour les chevaux, il est clair que le même individu ne peut pas être tout à la fois cheval de carrosse, cheval de charrette, cheval de guerre, cheval de chasse, cheval fringant de promenade : il faut opter. De même, dans la race bovine, si vous avez en vue la production du fromage, la qualité laitière doit passer avant tout. Mais, direz-vous, le fromage ne constitue qu'une partie du revenu de nos montagnes : nous spéculons aussi sur l'élève des bœufs de travail. Or, il arrive assez souvent que les vaches bonnes laitières sont les moins fortes, les moins propres à faire race pour le travail et l'engraissement.

Cela est vrai jusqu'à un certain point. Toutefois, j'ose dire que la qualité laitière et la bonne conformation ne sont pas des qualités exclusives l'une de l'autre. Au contraire, l'abondance du lait est une conséquence de la santé, et celle-ci d'une bonne conformation et de la vigueur des organes.

S'il arrive que les vaches, qui sont des fontaines de lait,

sont déformées, décousues; si elles sont ce que l'on appelle *cornues*, c'est que les pauvres bêtes sont mal nourries, c'est qu'on les a soumises à la gestation dans un âge trop tendre, qu'on a abusé de leur fécondité, qu'on les a épuisées sans miséricorde, qu'on a ainsi porté le trouble dans le travail de leur croissance. J'ai vu des vaches bien nourries, qui étaient tout à la fois des laitières parfaites et des modèles de conformation. Quand une vache se fond en lait, il faut la mieux nourrir que les autres. Nous appliquerons à ces animaux ce que nous avons dit des terres. Lorsque celles-ci donnent des récoltes extraordinaires en grains, on doit redoubler les fumures. Il faut redoubler les bottes de foin à la vache, à proportion du lait qu'elle donne.

On fait tout le contraire. Aussi qu'arrive-t-il? Le bon champ et la bonne vache s'épuisent.

10. Quoi qu'il en soit, il existe dans nos montagnes des types qui réunissent les deux qualités, celle d'une conformation heureuse et celle de donner une bonne production en lait. C'est sur ces types qu'il faut baser le perfectionnement de la race bovine. Nos montagnes n'ont pas besoin d'avoir recours à des races étrangères. Celle qu'elles possèdent ne demande, pour atteindre la perfection, que d'être mieux soignée et mieux nourrie; mieux soignée, surtout dans le choix des types de la reproduction, et dans la nourriture des veaux. Il faut laisser à ceux-ci un peu plus de lait, dut-on avoir moins de fromage; ou bien, diminuer le nombre des élèves (1).

11. Dans ce que l'on appelle un bon *appatronage*, il ne faut pas considérer le mâle et la femelle, chacun à part soi, il faut regarder dans quels rapports ils sont entre eux. Si le

(1) Ce n'est pas au moment de la naissance que l'on peut se fixer sur le choix des taureaux destinés à la reproduction.

Il arrive souvent que les plus belles races produisent des veaux de mince apparence.

C'est à l'âge de trois mois que l'on peut juger du mérite des veaux. Un veau qui est fort à trois mois le sera à trois ans; et s'il l'est à trois ans, il le sera à six.

mâle est d'une grandeur disproportionnée par rapport à la femelle, la production sera décousue.

Cette observation est importante plus encore pour les chevaux que pour la race bovine. Une petite jument reçoit d'un grand cheval un germe qu'elle ne peut pas développer dans toutes ses proportions. C'est par les femelles qu'il faut viser à la taille ; et pour l'étalon, il faut s'attacher à la régularité des formes et surtout à la bonté des jambes et des yeux ; car ce sont les qualités que le père transmet le plus souvent.

Nous plaçons ici ces réflexions, parce que la montagne base principalement sa fortune sur le bétail de toute espèce et qu'elle n'est ni impropre ni étrangère à l'éducation des chevaux.

12. Dans les croisemens, il faut chercher à corriger un défaut par l'excès contraire. C'est ainsi qu'en Angleterre on a créé des races parfaites, en prenant des types méprisables, considérés isolément, mais dont les défauts opposés, en se tempérant l'un l'autre, tendaient à faire naître d'excellentes qualités.

13. Sans doute, pour perfectionner nos bestiaux, il se présente une voie plus courte, plus simple, plus séduisante : c'est l'importation des belles races étrangères. Mais elle est trop coûteuse pour entrer dans la méthode que nous enseignons, dont le caractère est d'être aussi parcimonieuse que possible. Elle est problématique, et l'expérience du passé ne l'encourage pas.

En effet, toutes les entreprises d'amélioration du bétail par les races exotiques ont échoué dans notre pays. Les béliers flamands, seuls, ont laissé des traces appréciables de leur introduction dans nos troupeaux.

Et, à ce sujet, nous observerons que les types de la race flandrine avaient été choisis d'après des vues fausses ou superficielles, et qu'un pareil croisement devait produire dans nos troupeaux une amélioration plus apparente que réelle. En effet, la race flandrine, sur une plus grande échelle, possède les mêmes qualités et les mêmes imperfections que notre race du causse. Le lainage est d'une qualité très-analogue. La disposition à l'engraissement est moindre peut-être. Son alliance avec nos brebis a élevé la taille, et il est vrai de dire qu'elle a fait tout ce qu'elle pouvait faire.

Or, dans les animaux destinés à l'engraissement, on perd à augmenter le volume du corps toutes les fois que la voracité augmente dans une proportion qui excède les ressources que fournit le pâturage.

Si l'on se décide à introduire des animaux de race étrangère, que ce soit seulement en vue de les faire servir au croisement.

L'art de diriger le croisement vers le but qu'on se propose exige une grande attention et un tact particulier dans le choix des types de la reproduction. Pour nos bêtes à laine de la race du causse, on peut désirer des types capables de leur donner des toisons plus fourrées et plus longues, ainsi que des gigots plus étoffés. Par-dessus tout, il faut s'attacher à produire dans les races ce tempérament que nos engraisseurs expriment par le mot de *pâteux*, voulant dire que leur chair met à profit la nourriture, qu'elle vient et se gonfle comme la pâte qui fermente dans la huche.

Ce que nous disons ici des bêtes à laine s'applique à plus forte raison aux porcs, dont tout le mérite réside dans la faculté de s'engraisser. Au lieu de chercher des types gigantesques, comme on le fait pour l'ordinaire, il faut s'attacher à créer une race qui puisse s'engraisser au meilleur marché possible. On y réussira probablement en donnant le verrat anglo-chinois à la truie de la petite race noire dite du Quercy (1).

Parmi les métis qui proviendront de cette alliance, on choisira les plus beaux pour les croiser avec la race du Périgord.

Le cochon anglo-chinois s'engraisse à très-bon marché. Il faut tâcher de lui dérober cette qualité tout en corrigeant

(1) Les cochons de cette race sont nommés en patois *margaridats*, à cause des appendices qu'ils portent au cou et que nos villageois désignent par le mot *margarido*.

ses défauts, qui consistent en ce qu'il est trop petit et qu'il n'a pas assez de jambon.

14. Outre ses pâturages, la montagne possède de nombreuses prairies. Aussi spécule-t-elle, non-seulement sur l'élève, mais encore sur l'engraissement des bœufs. Elle engraisse aussi des moutons qu'elle achète dans les contrées circonvoisines ; car le climat lui interdit l'éducation de ces animaux délicats. Elle élève aussi un petit nombre de chevaux : leurs qualités font regretter qu'elle n'en élève pas davantage.

15. La richesse de la montagne ne dérive pas seulement de l'abondance de ses herbages, mais encore de sa position. Il se trouve que c'est à ses pieds que s'étend la zone calcaire dont nous avons parlé sous le nom de causse. Cette contrée si riche en herbages de printemps, si brûlée, si aride en été, envoie ses nombreux troupeaux de bêtes à laine passer cette dernière saison sur la montagne.

Ils y apportent le tribut annuel de leur engrais et de l'argent de leurs maîtres. La montagne reçoit aussi des vacheries qui appartiennent au causse. Les grands propriétaires de ce pays ne croient avoir bien assorti leurs domaines que lorsqu'ils y ont ajouté une montagne.

Cette alliance de la montagne et du causse est fort bien entendue : elle est toutefois sujette à deux inconvéniens. Le causse a peu de foin, et quoique sa paille soit de bonne qualité, les vaches qui en sont nourries arrivent sur la montagne dans un état piteux de maigreur. En conséquence, elles ont fort peu de lait.

Le causse ne tirera parti de cette spéculation que lorsqu'il se décidera à cultiver le sainfoin.

En second lieu, les vaches et leur lait et les fromages demeurent à la discrétion du cantalès. Or, il faut savoir que nos montagnards ont conservé quelque chose du caractère primitif et du droit des gens des sauvages. Ils ressemblent un peu aux montagnards écossais, toujours disposés à trancher les questions de droit avec le bâton de drouiller, braves gens au demeurant. Mais, suivant les maximes reçues de toute antiquité dans le pays, ce n'est pas voler que de prélever une portion congrue sur les denrées du maître. Celui-ci a lieu d'être content lorsque le cantalès lui fait sa part suivant l'usage. Il doit bien se garder de murmurer, et surtout de porter un œil scrutateur sur les secrets du châlet. Un cantalès est un ministre sans responsabilité. Telle est la position du maître envers son cantalès, qu'on nomme aussi *beurronier* (1).

16. On lui donne ce nom parce qu'outre le fromage, il fait aussi du beurre. Il tire celui-ci du petit-lait après avoir fabriqué le fromage avec du lait non écrémé. Le produit moyen d'une vache est de 62 kil. de fromage et de 3 kil. de beurre. On fait servir le petit-lait à nourrir un certain nombre de cochons.

17. La bonne qualité des fromages dépend de trois conditions, savoir : la propreté, l'exacte séparation du petit-lait, enfin la distribution convenable du sel dans le caillé, appelé *tome*.

La manipulation de nos *formes* n'accomplit pas entièrement les deux dernières conditions.

Aussi remarque-t-on que, quoique égales ou supérieures en qualité aux *formes* de Hollande lorsqu'elles sont récentes, elles ne se conservent pas aussi bien. Les Hollandais s'escriment davantage à exprimer leur petit-lait. Outre cela, leur méthode de salage est plus parfaite. On dit qu'ils mettent la tome dans une eau salée ; ensuite ils frottent pendant plusieurs jours le fromage avec du sel bien pulvérisé. Il serait bon d'essayer ce procédé. Nos cantalès se contentent de concasser assez grossièrement le sel qu'ils mélangent ensuite avec la tome (2). Nous conseillerons l'usage du moulin à moudre

(1) Un moyen de prévenir ou d'atténuer les fraudes serait d'adopter l'usage, assez commun en Suisse, qui consiste à établir la fabrication du fromage dans un châlet central, où les vacheries d'une certaine circonscription vont tous les jours déposer leur lait. Cet usage aurait du moins l'avantage d'économiser les frais et d'apporter plus de perfection dans la fabrication du fromage.

Ces établissemens, formés par l'association des propriétaires, portent le nom de *fruiterie*. Chacun tient compte courant du lait qu'il y dépose et à la fin de la campagne chacun retire la part de fromage qui lui revient.

(2) C'est le nom que l'on donne au caillé quand on l'a séparé du petit-lait et qu'il commence à prendre une sorte de consistance onctueuse.

le sel, petit engin fort commode, composé d'une meule qu'une manivelle fait mouvoir, et qui réduit le sel en farine superfine.

Ce moulin me semble un accessoire indispensable de nos fromageries.

18. Mais il ne faut pas se dissimuler que la bonne conservation des *formes* de Hollande provient surtout du soin que l'on prend de les placer dans des caves fraîches.

Les caves de nos montagnes sont souvent des étouffoirs. C'est ainsi que l'on parvient à faire des fromages médiocres avec des laitages excellens, avec des laitages qui ne le cèdent en qualité qu'à ceux des Alpes suisses.

Frappés de l'analogie qui existe entre les herbages de ces dernières montagnes et ceux de nos montagnes volcaniques, nous avions conseillé, dans un Mémoire inséré dans la *Feuille villageoise de l'Aveyron*, de donner aux fromages d'Aubrac une meilleure conservation, en les préparant à la façon de Gruyère. Nos vues ont été approuvées par des propriétaires intelligens; mais comme cette espèce de fromage exige la cuisson, la rareté du combustible a paru un obstacle invincible.

19. Puisque nous voilà sur le terrain des montagnes et des fromageries, il convient de dire un mot de la montagne calcaire du Larzac et des terres adjacentes qui alimentent la célèbre fromagerie de Roquefort, laquelle opère sur le lait de chèvre et de brebis.

Ici la fabrication du fromage constitue une industrie spéciale, qui se sépare de l'industrie agricole. Les cultivateurs ne s'occupent que de la première manipulation du lait. Après l'avoir fait cailler au moyen d'une présure tirée de l'estomac des veaux et principalement de celui des agneaux et des chevreaux qui n'ont encore reçu d'autre nourriture que le lait de leur mère (1), ils pressent le caillé, le mettent égoutter dans des moules persillés de plusieurs trous, que

(1) Les estomacs de ces jeunes animaux (appelés *présous*) ne sont estimés bons que lorsqu'on y trouve ce que l'on appelle des graines de présure, c'est-à-dire les grumeaux du lait caillé.

l'on nomme *fayssèle* , jusqu'à ce qu'il ait pris la consistance de ce que l'on nomme fromage gras (en patois *encalat* ou *péral*). Alors ils vendent ces fromages gras aux propriétaires des caves de Roquefort.

Les fromages de ce nom doivent leur qualité supérieure à l'excellence des laitages de cette contrée calcaire , à l'influence des caves et à une manipulation soignée. Il n'entre point dans notre sujet de décrire les procédés de cette manipulation. Nous nous contenterons de dire qu'elle consiste surtout à racler la moisissure qui se forme à la surface des fromages gras. Ces raclures sont enfermées dans de grands pots de terre avec de l'eau-de-vie et des épiceries ; on donne à cette drogue le nom de *rhubarbe* , parce qu'elle en prend la couleur. Cette rhubarbe , en fermentant , acquiert un goût piquant et fort , qui fait qu'elle est très-recherchée par les hommes de peine , auxquels il faut un ragoût âcre , caustique , pour exciter l'appétit et corriger les défaillances d'estomac qu'occasionne le travail durant les chaleurs de l'été (1).

20. Les caves de Roquefort présentent un phénomène assez remarquable en ce que leur température est au-dessous de celle des autres souterrains ; elle ne s'élève guère qu'à 5 degrés au-dessus de la congélation ; elle tombe encore plus bas, dit-on , durant les grandes chaleurs. Il paraît que ces caves ont été formées par la chute d'une portion de la montagne calcaire du Larzac, qui , après s'être détachée , s'est renversée sur le côté. En s'écroulant ainsi , elle a formé des cavernes , et c'est là que se trouvent les caves. La roche calcaire , en pliant sous le faix et sous l'effort de la secousse, a été crevassée dans tout le diamètre de la montage ; ce qui produit des soupiraux qui viennent déboucher dans les caves. L'air introduit dans ces conduits souterrains à une grande

(1) Si Horace eût moissonné seulement deux heures sur le causse de l'Aveyron , où les pierres reflétent les rayons du soleil , où les fontaines sont rares , où l'on boit une eau tiède apportée de loin dans des tonneaux, il n'eût point écrit sa diatribe ridicule contre l'ail et contre les entrailles des moissonneurs. Il faut à ces gens-là de l'ail , de l'oignon , du fromage alcalescent , quelque chose qui stimule les parois du palais et de l'estomac.

profondeur , parcourt un espace de plusieurs kilomètres ; il rencontre probablement des bassins remplis d'eau sur lesquels il opère une évaporation qui redouble sa fraîcheur; de façon qu'à son entrée dans les caves , il est glacial. C'est à cette circonstance que les fromages de Roquefort, lesquels appartiennent au genre des fromages gras , genre tout différent de celui des formes , c'est à la fraîcheur des caves qu'ils doivent cette fermentation lente et modérée qui prévient l'alcalescence et leur donne le goût exquis, parfumé qui les caractérise.

21. Quoi qu'il en soit, la fabrique de Roquefort donne lieu à un commerce considérable , et répand dans la contrée circonvoisine une aisance particulière qui la vivifie. Aussi l'agriculture , dans la région de Roquefort , est-elle plus avancée que dans le reste du causse.

On y cultive en grand les fourrages artificiels , et particulièrement le sainfoin. Les carrières de plâtre qui signalent cette contrée , favorisent singulièrement la culture des fourrages.

Néanmoins, on est forcé d'avouer que dans cette culture les habitans du Larzac déploient plus d'activité que de méthode. Ils négligent trop les récoltes sarclées. Ils oublient ou ils ignorent que la culture des racines est la succursale obligée des fourrages.

22. La racine qui convient particulièrement à cette contrée est la carotte. La carotte ne peut qu'être profitable sur un sol léger , naturellement fertile , mais sec. La carotte est de toutes les récoltes intercalaires la plus capable de braver la sécheresse.

Elle entretient la santé des brebis, qui sont , dans le pays de Roquefort, plus encore qu'ailleurs , la pierre angulaire de l'édifice agricole ; elle augmente la quantité et la qualité du lait, double avantage que le sainfoin ne procure qu'à demi.

23. Le plateau du Larzac est dépouillé d'arbres. On pourrait y planter des frênes et des robiniers (faux acacia) , arbres utiles pour le charronnage , et dont le feuillage offre un supplément de nourriture aux troupeaux.

24. En face du Larzac, sur la rive droite du Tarn, s'élève le massif du Levesou, montagne de gneiss et de mica-schiste; contrée lugubre et nue où règne la bruyère. Ce que nous avons dit de la nécessité des semis forestiers s'applique plus particulièrement à cette contrée et à toutes les autres montagnes du second ordre qui lui ressemblent. A Aubrac, l'excellence des pâturages imposera toujours des limites assez étroites aux plantations. Ici la perte ne serait pas grande sous le rapport de la dépaissance. On peut dire, au contraire, qu'en plaçant des touffes d'arbres sur toutes les éminences, on améliorerait le pâturage en corrigeant l'âpreté du climat. Ce n'est pas tout : les bois ont la propriété de former une couche de terre végétale très-riche; en conséquence, si les monticules, appelés *puechs* ou *puys* dans le patois méridional, étaient couverts de bois, les eaux qui en descendent, et qui ne font naître, dans les plis du plateau, que des gazons grossiers, donneraient naissance à des herbages de bonne qualité. Je puis prouver ceci par une remarque dont je suis à même d'apprécier tous les jours l'exactitude. Autrefois les débordemens de l'Aveyron fertilisaient les prairies, parce que les torrens qui font déborder cette rivière pendant les grosses pluies et les orages, traversaient des côteaux chargés de forêts. Aujourd'hui que la majeure partie de ces forêts a disparu, les eaux de la rivière arrivent chargées d'un sable ferrugineux et de paillettes de mica. Les prés qu'elles arrosent vont en se détériorant.

25. Ce fait nous montre combien tout est lié en agriculture, combien l'exploitation rurale est une science de rapports et de combinaisons.

Ceux qui ne voient en agriculture que les travaux directs qui ont pour objet immédiat la production des récoltes ressemblent au sergent d'infanterie qui croit que tout le génie de l'art de la guerre consiste dans le demi-tour à droite, le demi-tour à gauche, dans l'alignement, le pas mesuré et la charge en douze temps.

Le génie de l'exploitation rurale consiste à rassembler et à coordonner, dans un plan approprié au terrain, toutes les productions que la nature a destinées à concerter ensemble, à se prêter un appui mutuel. C'est dans l'action réciproque des diverses opérations que réside le grand secret du métier.

Cette observation se reproduit souvent dans mes chapitres; mais on me pardonnera cette insistance. Il s'agit d'une vérité qui se dérobe aux yeux préoccupés de l'intérêt du moment, d'une vérité que le vulgaire ignore ou repousse avec dédain. C'est pour la mettre dans tout son jour que j'ai pris la plume. Si j'ai atteint ce but principal de mes efforts, ce petit Traité élémentaire, tout imparfait qu'il est, ne sera pas entièrement inutile.

26. En relisant les quatre chapitres qui ont pour objet la méthode améliorante préparatoire, nous trouvons qu'ils se résument ainsi qu'il suit :

En quoi consiste la perfection agricole? dans la suppression des jachères, dans la culture alterne continue, c'est-à-dire dans l'application en grand de la culture jardinière à toutes les terres de la ferme.

Ainsi donc, avant d'entreprendre cette culture , il faut commencer par changer toutes les terres labourables en jardins.

On peut y réussir sans doute en peu de temps , si on a beaucoup d'argent et qu'on veuille en risquer la dépense. On peut y réussir en débarrassant le sol des pierres et des rochers qui l'obstruent ou des eaux qui le submergent ; en y entassant ensuite les substances propres à l'engraisser et à l'amender.

27. Cette marche expéditive ne convient point à un pays pauvre tel que l'Aveyron. Nous n'avons rien : c'est avec rien qu'il faut tâcher de faire quelque chose.

Si vous défrichez une de ces devèzes ou landes incultes qui donnent un mauvais pâturage, vous en tirez, sans fumier, une bonne récolte. Si vous avez la bonne économie de faire servir ce revenu extraordinaire à acheter des graines de fourrage ; si, au lieu d'épuiser le sol écobué par le redoublement des récoltes, vous l'engraissez par une bonne fumure qui se combine avec les cendres et forme une substance savonneuse ; si , après une récolte sarclée, vous semez de la fénasse et du trèfle , vous obtenez deux résultats importans. Votre bétail étant mieux nourri , votre revenu augmente et le fonds s'améliore.

Le séjour du fourrage attire dans la terre des germes de fertilité. Les plantes fourragères puisent dans l'atmosphère des fluides qu'elles ont la propriété de décomposer et dont elles fixent la base dans le sol. C'est là ce que j'appelle faire quelque chose avec rien.

28. Quand vous aurez ainsi établi un bon système de pâtures et de prairies artificielles , le moment sera venu de procéder à la régénération des prés naturels.

En les défrichant , on en tire des récoltes qui payent amplement les frais nécessaires pour amender la terre ; savoir : les fossés couverts , les réservoirs d'arrosement , le fumier , la chaux que l'on répand sur le terrain. En pratiquant cette méthode, on parvient, sans toucher à ses revenus ordinaires, à faire croître des fourrages de bonne qualité à la place du jonc et du gazon aigre des prés marécageux.

29. C'est ainsi qu'il faut demander à la terre , et non à l'usurier , les capitaux nécessaires au soutien de la bonne culture.

Si ma méthode vous procure des profits , donnez-leur une affectation spéciale aux progrès de l'amélioration. Accoutumez-vous à considérer les bénéfices qui proviennent des défrichemens et des fourrages artificiels comme un fonds d'amortissement destiné à corriger les vices du terrain , à éteindre les causes qui déciment les fruits de vos travaux , qui vous imposent une charge pesante , une sorte d'avanie dont il importe de se racheter.

30. La méthode préparatoire prend sa source dans des faits naturels d'une vérité triviale : elle est générale dans ses principes constitutifs ; mais dans ses moyens d'exécution elle se modifie pour se plier aux diverses circonstances de localité. Dans le ségala , elle s'appuie principalement sur les prés-gazon composés de fénasse et de trèfle ; dans le causse,

sur le sainfoin. Les pivots de l'amélioration des terres, pour le ségala, sont les fossés couverts et la chaux ; pour le causse, les épierremens et le plâtre.

31. Le caractère spécial de la méthode est de mettre en valeur les plus mauvaises terres ; des landes qui, suivant la routine, n'influent pas sensiblement sur la balance des revenus. En conséquence, elle dérange la classification des qualités du sol. Ainsi, des fonds que la routine rebute s'élèvent au premier rang, et ceux que la routine porte aux nues descendent dans la médiocrité par rapport à la méthode. Alors celle-ci se replie sur elle-même et se rapproche de la routine, par exception et par rapport aux terrains de cette espèce : elle ne s'impose pas un assolement inflexible. Elle a un assolement différent pour les différentes natures de terre. Elle marche suivant les principes de l'assolement libre.

32. On peut dire que, si la méthode préparatoire est plus nécessaire dans le ségala que partout ailleurs, en revanche elle s'y développe tout naturellement, tandis que, dans le causse, elle se heurte contre des obstacles pénibles. Le ségala paraîtrait destiné à égaler un jour le causse, à l'éclipser même, si la propriété y était en bonnes mains, si elle n'y était trop divisée, trop morcelée. Mais cette dernière considération n'entre point dans le dessein de cet ouvrage : elle se rattache à la science de l'économie politique.

33. Quand on a la prétention de perfectionner l'art agricole, il faut commencer par perfectionner les instrumens. Ceci est d'une vérité palpable et l'on s'étonne de trouver des gens instruits qui soutiennent le contraire. C'est par l'invention du télescope que Newton a reculé les bornes de l'astronomie, et c'est à ses machines que Lavoisier a dû ses belles découvertes. Mais sans aller chercher des comparaisons si haut, que serait l'art du menuisier sans l'invention de la scie et du rabot ? Que dirait-on d'un chirurgien qui voudrait exécuter toutes les opérations de son art avec un mauvais couteau ? Tels sont les laboureurs de l'Aveyron qui prétendent tout cultiver avec leur mauvais araire. Les

instrumens perfectionnés sont donc de puissans auxiliaires de la méthode qui tend à la perfection.

34. L'amélioration du bétail par le choix des types est un point important partout; mais cet objet intéresse plus particulièrement la *montagne*. On peut en dire autant de la régénération des bois par les semis et les plantations. C'est dans les pentes non labourables et sur les crêtes des montagnes qu'il faut s'attacher surtout à multiplier les arbres.

35. Lorsque les côteaux sont trop décharnés pour être immédiatement semés ou plantés en arbres, il faut y semer des genêts. Le genêt ordinaire, le genêt a balai réussit bien sur les terrains schisteux de la nature appelée *ségala*, et le genêt d'Espagne (1) sur ceux que l'on nomme *rougière*. Les pousses du genêt d'Espagne enterrées en vert sont un fort bon engrais, particulièrement pour les vignes. Elles servent aussi à nourrir les moutons.

Ceux-ci rongent également les pousses tendres du genêt à balai, et en dévorent les fleurs avec avidité.

La culture des genêts sur les mauvaises terres et notamment sur les pentes nues, est un moyen d'amélioration plus important qu'on ne pense. Les racines des genêts défendent la terre contre la ravine. Les débris de leurs feuilles forment une couche d'humus qui s'accroît peu-à-peu. Si l'on place parmi les genêts des glands ou des graines de pin, le jeune plant qui en provient s'y trouve nourri et abrité. On doit considérer la culture des genêts comme le moyen le plus sûr et le plus économique d'arriver à la régénération des bois sur les pentes stériles ou dégradées.

(1) Il s'agit ici de l'espèce que les botanistes appellent *spartium junceum*. Il donne des pousses sarmenteuses arrondies, qui ressemblent à celles du jonc et du jasmin. Il porte des fleurs jaunes en papillon, qui répandent une odeur fort suave.

IIIᵉ SECTION.

VUES SUR L'EXPLOITATION RURALE.

—

DE L'ADMINISTRATION AGRICOLE.

Nous voici arrivés à la partie la plus essentielle de la science agricole, à celle qui peut jusqu'à un certain point suppléer toutes les autres et ne peut être supléée par aucune : nous voulons parler de la partie administrative.

Le cultivateur le plus habile, le plus actif, le plus adroit à saisir les circonstances favorables à la production, peut étaler avec orgueil de brillantes récoltes ; mais s'il administre mal, ses succès n'ont rien de solide, sa fortune est chancelante, il marche au bord d'un gouffre qui doit l'engloutir tôt ou tard.

Le bon administrateur, au contraire, celui qui sait maintenir l'ordre dans sa maison et dans ses finances, celui qui saisit avec précision le point délicat qui sépare une sotte et absurde lésine de la bonne et sage économie, celui qui sait compter, qui sait vendre (1) et acheter à propos, celui qui connait les hommes et a appris comment on doit les commander, celui qui connaît le prix du temps ; avec ces qualités et ces connaissances, un tel homme peut absolument faire marcher la machine, quand même il ne serait pas très-instruit des procédés de la culture. Sans doute, il ne serait et ne pourrait être qu'un routinier et même un routinier imparfait, mais, avec un bon maître-valet, il pourrait, comme on dit, se tirer d'affaires.

Si cette partie est la plus essentielle, elle est aussi la plus

—

(1) Soyez, dit Olivier de Serres, hasardeux à vendre, lent à bâtir, prompt à planter.

difficile ; la plus difficile à pratiquer, la plus difficile à enseigner. Nous allons essayer de poser les règles de la bonne administration rurale.

Nos vues sur cette matière n'auront pas sans doute le don de faire de bons administrateurs agricoles ; mais on se flatte qu'elles pourront mettre nos lecteurs sur la voie de le devenir : la pratique fera le reste.

CHAPITRE Ier.

Caractère général de l'administration. — Caractère particulier de l'administration rurale. — De la discipline domestique. — Du maître de labour. — Règles sur la transmission de l'autorité. — Conditions indispensables pour rendre le commandement et la surveillance du maître efficaces. — Du berger dit *majoral*. — Usage des hivernes, source d'abus. — Qu'il faut suivre l'usage du pays, lorsqu'il n'est pas trop vicieux.

1. Ce serait errer lourdement que de considérer l'administration rurale comme étant de fond en comble tout autre chose que l'administration industrielle et que l'administration publique. Nous dirons bientôt quels sont les traits particuliers qui la distinguent ; mais disons d'abord que, dans leurs élémens essentiels, toutes les administrations sont identiques. Aussi Tacite a-t-il comparé l'administration d'une ferme à celle d'une province.

Il en est de l'administration comme de la mécanique. Une machine peut être plus ou moins savante, plus ou moins compliquée, plus ou moins puissante suivant la grandeur de l'effet qu'il s'agit d'obtenir ; mais c'est toujours la même loi fondamentale qui se déguise, qui se distribue sur un espace plus ou moins grand, qui modifie son action pour arriver à son but. Or, de même que, dans la science de la mécanique, que l'on peut appeler l'administration des forces physiques et du mouvement, tous les moyens d'augmenter la puissance dérivent du levier ; de même, dans la science de l'administration, que nous appellerons la mécanique des forces morales, nous trouvons que l'élément primitif de son action heureuse et régulière est la justice.

Etre juste envers soi et envers les autres, voilà le principe et la substance de toute administration. Qu'est-ce qu'administrer ? c'est exercer un ordre de distribution suivant les lois qui régissent la chose qu'on administre. Aussi le mot *économie*, que l'on peut regarder comme contenant les règles de la bonne administration, dérive d'un mot grec qui veut dire *législation domestique*, ou science des lois qui régissent la maison.

Toute l'autorité du maître a son principe dans un engagement réciproque qui est la loi des parties. Cette autorité est plus morale que coërcitive. C'est dans la probité, la bonne foi, dans la religion que le gouvernement domestique, comme tout autre, du reste, mais peut-être plus que tout autre gouvernement, doit chercher un point d'appui ; c'est là qu'il peut trouver la force dont il a besoin.

Pour qu'une maison rurale prospère, il faut qu'elle répande une odeur de bonne renommée ; il faut qu'elle soit le sanctuaire de l'honneur, de la paix, de l'union, de la décence et des bonnes mœurs. Le père de famille doit avoir toujours présent à l'esprit l'anathème que l'Ecriture prononce contre la maison de celui qui se livre à la dissolution (1).

Il ne suffit pas qu'il se préserve lui-même de ces excès, il ne doit pas les souffrir dans les autres ; il doit bannir de sa maison tout ce qui tend à la souiller, à la déshonorer, tout ce qui peut être un sujet d'opprobre et de scandale. C'est ce qu'Olivier de Serres exprime avec une énergie gracieuse, mais dans un langage qui pourrait paraître aujourd'hui trop naïf. Le chef d'une maison agricole doit être réservé, non-seulement dans ses actions, mais encore dans ses paroles ; il doit éviter les juremens, les blasphèmes, les paroles lascives. En un mot, s'il veut être respecté, il doit commencer par se respecter lui-même.

Le Vaillant, dans ses voyages, observe que l'on perd toute considération chez les sauvages, lorsqu'on se laisse aller, envers les personnes du sexe, à des familiarités que semble provoquer la naïve liberté de leurs manières. Croyez-moi, le fond des peuples est le même partout : un maître qui n'observe pas envers ses servantes les lois de l'austère décence, encourt le mépris et la haine de ses valets. Telles sont les premières lois de l'administration domestique.

---

(1) *Domus adulteri peribit*. La maison de l'adultère périra.

Dans toutes les affaires, dans les négociations, dans les marchés, soyez franc, loyal, ce que l'on appelle coulant et de bon compte. Un propriétaire doit laisser aux maquignons les finesses de leur métier. Pour lui, la grande finesse consiste à ne pas en avoir. Il ne doit pas être dupe non plus. Qu'il sache donner à propos des preuves de pénétration et de sagacité ; alors on perdra l'espoir et l'envie de le tromper.

2. Quoique les règles de l'administration rurale soient les mêmes que celles de l'administration industrielle, elles prennent néanmoins un caractère particulier ; elles abjurent la rigueur et la sécheresse d'une simple manutention d'affaires. L'administration rurale a quelque chose de patriarchal. Les domestiques sont quelque chose de plus que de simples ouvriers. Ils sont, pour un temps du moins, commensaux du logis ; ils font, en quelque façon, partie de la famille.

Un bon maître veille sur eux, comme s'ils étaient ses enfans ; il veille sur leur conduite, sur leurs mœurs, sur leur santé ; il les soigne quand ils sont malades. Un bon domestique s'attache à la famille à laquelle il est lié par la reconnaissance plus encore que par son engagement ; il s'identifie avec l'intérêt de la maison qu'il sert ; l'exploitation à laquelle il prend part, dans laquelle il met son travail et quelquefois ses idées, c'est-à-dire une portion de son être, devient pour lui une chose publique à laquelle il se dévoue. Il se sert des pronoms possessifs de communauté ; il dit : Notre maison, nos champs, nos prés, nos bestiaux, nos récoltes. Tel est le caractère spécial de l'administration agricole.

Je dis que c'est là son caractère, c'est-à-dire la tendance qui dérive de la nature des rapports qu'elle fait naître.

3. Malheureusement les bons domestiques sont rares, du moins ceux qui sont capables de sentir la vertu et de se passionner pour elle, capables de chérir, comme un père, le maître honnête et bon qui les traite comme ses enfans.

Une pareille disposition ne se rencontre pas assez souvent dans l'âme des employés des fermes pour qu'on puisse asseoir là-dessus le plan de conduite qu'il convient de tenir envers eux.

Le maître doit user de la plus grande surveillance et faire jouer les ressorts d'une sorte de politique. Et c'est ici que se fait sentir toute la faiblesse de l'administration rurale ; car elle est à-peu-près destituée des deux grands leviers du gouvernement qui sont les peines et les récompenses.

La seule peine que puisse infliger le maître à son valet consiste à lui donner son congé. Cette peine était grave autrefois, parce que les maîtres s'imposaient la loi de ne jamais agréer un valet qui avait mérité d'être chassé d'une maison honnête. Cette loi de bienséance et d'esprit public est de celles que nos mœurs nouvelles ont abolies. Elle mérite d'être remise en vigueur. Ainsi donc gardez-vous de prendre à votre service un vaurien qui a reçu son congé pour des fautes graves.

Pour ce qui est des récompenses, le haut prix des salaires d'une part, et de l'autre la situation financière des agriculteurs laissent peu de latitude à ce mobile puissant. L'agriculture n'est pas assez riche pour récompenser les bons services. Si vous accordez une augmentation de salaire à un bon serviteur qui la mérite, ce taux devient un point de droit acquis pour tous les autres qui ne méritent pas la même récompense.

4. Afin de donner plus de nerf à la discipline domestique, M. de Dombasle a établi un système de peines et de récompenses qui me paraît fort bien entendu. Tout employé qui s'écarte de son devoir devient passible d'une amende proportionnelle à la gravité de la faute. Cette condition est expressément stipulée dans l'engagement des employés de la ferme. Le produit des amendes forme une masse qui sert à établir des primes en faveur de ceux qui se distinguent par leur zèle et leur activité.

Il serait à souhaiter qu'un pareil usage fût généralement adopté dans notre pays. Mais on doit prendre garde que le succès de ce moyen de répression et d'encouragement dépend de plusieurs conditions indispensables. Premièrement, il exige, de la part du maître, une surveillance exacte et clairvoyante. On doit se tenir en garde contre les caprices de l'emportement ou de l'antipathie et contre les penchans de la faveur ; car, dans la distribution des peines et des récompenses, il importe d'être juste. Or, on a droit de s'attendre que le chef de famille serait, en pareil cas, circonvenu par la délation et la flatterie, assiégé par toutes les batteries de l'intrigue qui est le talent naturel des fripons et quelquefois des sots ; car il est bon de savoir qu'il y a aussi dans les basse-cours des flatteurs bien fourbes et bien adroits.

En second lieu, il faut bien se mettre dans l'esprit que, la loi une fois établie, il est absolument nécessaire qu'elle soit appliquée sans distinction, avec une invariable fermeté et un sang-froid inaltérable. La justice est toujours triomphante lorsqu'elle se montre sous ses véritables traits : la colère la défigure ; le privilége l'énerve et l'avilit.

Enfin, il est de la dernière importance que, dans l'application des amendes, l'apparence même de l'arbitraire soit écartée. Par conséquent, elles ne doivent être prononcées que d'après des motifs clairement spécifiés d'avance et portant sur des faits précis. Par exemple, on condamnera à l'amende un valet qui se sera enivré, un bouvier qui aura négligé de rentrer à l'heure le dimanche, pour panser ses bœufs, un berger qui aura conduit son troupeau sur des prés mis en défense, etc.

Pour ce qui est de l'infidélité, on ne doit pas la tolérer dans sa maison : le coupable doit être congédié, et si elle constitue un délit grave, si elle annonce une perversité dangereuse à la société, elle doit être déférée au magistrat.

5. Il y a des gens qui, trop vivement frappés des vices et de la grossiéreté des hommes de travail, ne les abordent jamais qu'avec un préjugé de haine et de mépris ; ils pensent qu'on doit les mener avec dureté comme des animaux récalcitrans et d'un mauvais naturel ; d'autres, au contraire, s'imaginant qu'on peut tirer bon parti de ces gens-là à force de caresses, leur prodiguent les prévenances et les bons traitemens. Ce sont deux excès qu'il faut éviter avec soin.

Il faut bien prendre garde de ne pas *mignarder* son serviteur, suivant l'expression d'Olivier de Serres ; mais il ne faut pas non plus l'avilir ou le désespérer en usant à son égard d'une violence injuste, d'une rudesse et d'une hauteur insultantes qui choquent à la fois la saine politique et l'humanité. N'oublions jamais que c'est la modération qui gouverne les hommes. Cette grande vérité doit retentir sans cesse au fond de nos cœurs. Sans doute, le commandement ne doit pas avoir le ton de la prière : il doit être ferme, quelquefois un peu brusque; suivant le caractère des gens auxquels il s'adresse ; car, après tout, l'autorité du maître sur son valet est une des plus légitimes qu'il y ait sur la terre, puisqu'elle est fondée sur une convention libre et volontaire, consentie dans des vues d'utilité réciproque.

Mais ce serait une bien triste erreur de se mettre dans l'esprit qu'il est nécessaire, pour imprimer l'obéissance et le respect, d'abjurer les traits et le caractère de l'humanité. Il y a des gens qui croient faire merveille en se donnant habituellement des accès de fièvre, en faisant entendre du matin au soir des vociférations aigres et discordantes, entrecoupées de juremens et d'imprécations. Cela n'est ni convenable, ni utile, ni sain. La véritable force n'est point convulsive. Il est bon néanmoins de savoir se montrer, quand l'occasion le requiert, plus irascible qu'on ne l'est réellement; il faut que vos gens sentent que vous êtes bon au fond, mais qu'il ne serait pas prudent de vous pousser à bout; faites-leur sentir aussi que vous n'êtes pas homme à vous contenter de peu ; soyez sobre de louanges; blâmez sans pitié, mais sans emportement, toutes les imperfections un peu saillantes qui se font remarquer dans leur ouvrage, de peur qu'ils ne s'accoutument à faire leur devoir tant bien que mal avec une molle indifférence. Réprimandez vos domestiques avec sévérité quand ils méritent de l'être, mais pas trop souvent et sans injures grossières, observant attentivement l'effet que produisent les reproches amers sur celui qui en est l'objet. Ici l'abus est à éviter ; car, de même que le cheval qui sent à tout instant les éperons dans les flancs finit par s'y accoutumer , à moins qu'il ne commence par se mettre en pleine révolte ; de même les apostrophes trop réitérées sont amorties par l'habitude : les domestiques ne tardent pas à s'en moquer. Rien n'est plus dangereux que de mettre contre soi, dans l'âme de son subordonné, le sentiment de l'injustice.

6. Attachez-vous à bien étudier les mœurs et le caractère de vos domestiques , afin d'être en état de prendre avec chacun le ton qui convient. Si vous découvrez parmi eux quelqu'un de ces hommes rares à qui la Providence a fait don d'une âme capable de sensibilité et de reconnaissance , ne négligez rien pour vous l'attacher ; non qu'il faille lui prodiguer les récompenses pécuniaires et les distinctions trop flatteuses, propres à exciter l'envie de ses camarades ; mais qu'il sente et que les autres sentent que vous honorez en lui la vertu.

7. Voulez-vous être bien servi ? faites en sorte , dit M. de Dombasle , que vos domestiques soient contens de leur sort. Alors ils craindront de vous déplaire et de recevoir leur congé. Que leurs salaires, sans être élevés , soient raisonnables et exactement payés ; que leur nourriture soit saine et suffisante, sans délicatesse et sans superfluité.

On peut , sans s'avilir par un indigne et maladroit empressement ou par une basse familiarité , intéresser finement leur amour-propre et les captiver par des manières pleines de cette dignité affable dont le charme tout puissant pénètre les cœurs les plus grossiers et les enchaine à leur insu. Appliquez-vous à faire l'éducation de vos domestiques ; instruisez-les adroitement et presque sans qu'ils s'en aperçoivent : que des leçons de morale sortent sans affectation et comme par hasard d'une conversation enjouée ; on acquiert toujours de l'ascendant sur un homme lorsqu'on parvient à lui communiquer des idées ; et certes c'est le plus beau présent que l'on puisse faire à son semblable.

8. Toutefois , le père de famille doit être bien persuadé que ces précautions seront de peu d'effet s'il n'y joint la surveillance la plus active. Il faut qu'il se montre souvent à ses gens, surtout le grand matin ; qu'il aille inspecter de

temps en temps les travaux de la campagne, ayant soin d'arriver à l'improviste et au moment où il est le moins attendu. Rien ne peut remplacer l'œil du maître. Cependant, comme il est impossible, dans une exploitation un peu étendue, d'être présent partout et de tout voir par soi-même, il est indispensable de se faire suppléer par un lieutenant, dont l'action sera souvent plus efficace que celle du maître lui-même, pourvu qu'on sache la stimuler et la diriger.

9. Le choix du maître de labour est une des choses les plus importantes en agriculture. Si l'on a l'avantage d'en trouver un qui soit bon et tout formé, ce sera un grand allégement ; sinon, il faut prendre la peine de le former soi-même.

Mais, dira-t-on, rien n'est plus rare que de trouver un bon maître de labour que nous appelons dans notre pays *bouriayré* ou maître-valet. Ne serait-ce pas qu'il est aussi très-rare de trouver un chef de famille qui connaisse bien les principes de son métier? La science de conduire les hommes n'en est pas la moindre partie. Remarquez qu'un bon général a toujours de bons soldats, bien que ceux-ci soient rassemblés de tous côtés et pris au hasard. Choisissez des hommes robustes et de belle taille, écrivait Pyrrhus à l'un de ses recruteurs, je me charge de les rendre braves (1). De tous les domestiques, le maître de labour est, ce me semble, celui qu'il est le plus facile d'affectionner à son emploi, pourvu qu'on sache s'y prendre comme il faut.

En effet, la nature a mis dans l'homme un amour du commandement sans lequel toute police serait impossible. Sachez toucher adroitement cette corde la plus délicate et la plus puissante du cœur humain ; faites savourer un peu à votre maître-valet les douceurs et l'importance de l'autorité, et vous verrez qu'il deviendra un homme nouveau : le sentiment habituel et secret de son rang élevera son âme jusqu'à l'honneur, et le plaisir d'être obéi remplacera en lui la

____

(1) *Tu magnos elige, ego fortes reddam.*

vertu, la passion du devoir, choses trop rares aujourd'hui pour qu'on puisse y compter. Mais ceci demande à être manié avec beaucoup de dextérité et de prudence. Gardez-vous d'abandonner entièrement la conduite de vos affaires à votre maître-valet ; ayez soin d'en retenir pour vous la principale administration et ce que l'on appelle la haute main ; imprimez-lui fortement l'habitude de vous obéir, et soyez à cet égard plus sévère et plus exigeant envers lui qu'envers tout autre, en lui faisant sentir qu'il est quelque chose de plus qu'un simple valet de charrue, et qu'on a droit d'attendre de lui une supériorité de conduite en rapport avec le poste qu'il occupe.

En conférant avec lui des travaux de la ferme, donnez-lui parfois la satisfaction de vous ramener à son avis, après avoir un peu disputé pour l'engager à le motiver par de bonnes raisons : sachez, néanmoins, à propos montrer de la persistance et de la volonté, de peur qu'il ne prenne une idée défavorable de votre caractère et de votre suffisance.

10. Voici une règle générale sur la transmission de l'autorité. Lorsque votre maître-valet a commandé une fois, il faut qu'il commande toujours. Il doit prendre vos ordres et les transmettre aux autres domestiques ; sans quoi, les ordres venant à se croiser et à se contredire, les domestiques ne savent plus à qui entendre, et l'autorité périt faute d'unité. D'ailleurs, l'autorité du maître de labour s'éclipse devant la vôtre ; elle devient timide et chancelante.

« Il faut, dit M. Mathieu de Dombasle, que, dans les travaux, chacun ait sa tâche bien distincte, qu'il n'obéisse qu'à un seul homme, et qu'il soit le plus immédiatement possible en contact avec celui dont il doit recevoir les ordres. Il est essentiel de laisser aux chefs de service une grande liberté d'action, attendu qu'il y a dans l'exécution de tous les travaux une multitude de soins de détail qui ne peuvent être jugés convenablement que par celui qui dirige personnellement le travail sur le sillon même..... »

La justesse de cette observation est évidente. Il y a quelquefois autant et plus d'inconvénient à vouloir tout diriger par soi-même, qu'à demeurer entièrement étranger à la direction des travaux de la ferme. A force de vouloir entrer dans les détails, on devient tracassier et l'on s'expose à tomber dans le cas de ce poète dont il est parlé dans l'*Art poétique*, lequel, réglant tout, brouilla tout. On ôte à ses domestiques tout principe d'émulation en les mettant hors d'état de mériter la louange et en les affranchissant de la crainte du blâme : ils deviennent des machines sans ressort, qui s'arrêtent dès l'instant que le maître oublie ou ne se trouve pas à portée de les faire mouvoir. La besogne va mal ; le travail devient hideux et dégoûtant. Or, il ne faut pas perdre de vue que les hommes sont entraînés par l'attrait du plaisir, lorsque les opérations se déroulent avec ordre et précision, lorsque les travaux s'exécutent avec correction et avec cette élégance qui est en tout genre le caractère de la perfection.

11. Quoique le maître doive éviter la manie de prescrire minutieusement les détails d'exécution, il ne doit pas moins s'appliquer à les connaître, et cela, d'abord, pour être en état d'en juger, de manière à remettre ses domestiques sur la voie lorsqu'ils s'en écartent, et, en outre, pour avoir occasion de montrer à propos ses connaissances et sa capacité : ce qui est de la plus grande conséquence, attendu que les valets obéissent à regret à un maître qu'ils tiennent pour ignorant dans son art ; au contraire, ils suivent avec une sorte de plaisir l'impulsion de celui qu'ils considèrent comme un homme habile. Bien qu'il paraisse que le succès de leur travail ne doive les intéresser en rien, il s'en faut de beaucoup qu'ils y soient indifférens ; ils sont un peu comme les soldats, qui suivent avec ardeur un capitaine qui a l'habitude de vaincre, quoique, dans le fait, ils n'aient pas un intérêt bien direct à la victoire.

D'ailleurs, l'obéissance est si désagréable à l'amour-propre, qu'il saisit avec empressement un prétexte aussi plausible que celui que fournit le bien de la chose et l'intérêt du maître. Mais, lorsque le commandement est judicieux ou qu'il émane de quelqu'un qui a la réputation de l'être, on obéit tout naturellement ; car , si l'autorité de l'homme a quelque chose de révoltant , on se soumet sans rougir à celle de la raison.

12. Après le *bouriayré* , ou maître-valet , l'homme le plus considérable de la ferme est le berger en chef , dit *majoral*. Le choix de ce dernier doit être , plus encore que celui de tout autre domestique , l'objet de la sollicitude du propriétaire ; car , de tous les employés , c'est celui dont les fautes sont le plus pernicieuses , et dont les opérations échappent le plus à la surveillance. Le maître-valet travaille à poste fixe ; on peut inspecter et contrôler son ouvrage. Le berger parcourt la plaine et les travers ; le maître le perd de vue. Il peut , dans un instant de convoitise ou de négligence , laisser pénétrer le troupeau dans un pacage malsain et causer ainsi sa perte et votre ruine. Outre ce cas extrême , un berger, à tous les instants du jour, a mille manières de causer du dommage.

Pour bien conduire un troupeau de moutons , il faut un homme d'un caractère doux et posé , qui joigne toutefois à beaucoup de patience une vivacité active , la plus grande vigilance et cette application soutenue d'observation qui est un don assez rare , une sagacité particulière , un tact exquis d'économie pour distribuer à propos les fourrages , pour nourrir son bétail autant qu'il le faut , jamais plus qu'il ne faut ; la passion de son état , et avec cela une tête assez forte pour porter sans exaltation le poids continuel de la sollicitude qui en est inséparable ; par-dessus tout , une conscience exacte et éclairée pour le défendre contre les occasions de friponnerie qui l'assiégent de toutes parts. Voltaire , qui voulait que sa cuisinière , son apothicaire et son procureur crussent en Dieu et eussent peur de l'enfer , aurait dû faire les mêmes vœux pour son berger ; mais il aurait dû sentir et nous devons sentir tous que , pour inspirer aux autres ce sentiment, il faut l'éprouver soi-même.

13. La profession de berger exige un long apprentissage ou, pour mieux dire , une habitude contractée de bonne heure. Un berger doit connaître toutes les brebis de son

troupeau, non-seulement à la vue, mais encore au son de la voix. Il doit faire une étude continuelle des qualités et des défauts de chacune ; il doit savoir quelles sont les bonnes, quelles sont les mauvaises nourrices.

14. Le défaut le plus dangereux dans un berger est la convoitise, c'est-à-dire la passion d'engraisser son troupeau en étendant le parcours sur les prés et les pâtures destinés au gros bétail, quelquefois sur les bois taillis et, ce qui est encore plus condamnable peut-être, sur des pacages suspects où les animaux courent risque de contracter la pourriture et qui, en conséquence, lui ont été expressément interdits.

Un berger qui respecte scrupuleusement les herbes défendues est un homme introuvable. La convoitise naturelle à cette profession est exaltée par l'intérêt personnel, à cause de l'usage où l'on est de salarier les bergers en hivernes, c'est-à-dire en les autorisant à placer dans le troupeau un certain nombre de brebis. Ainsi qu'on l'a dit plus haut, cette coutume est fondée sur des motifs qui peuvent paraître assez plausibles au premier coup-d'œil ; mais, en y regardant de près, on trouve qu'elle ouvre la porte à de grands abus.

Les valets et surtout les bergers sont continuellement exposés à la tentation d'améliorer le sort de leurs brebis aux dépens du fourrage et même du pain qu'ils dérobent à leur maître. Toutefois l'usage des hivernes est profondément enraciné dans l'opinion de la plupart des propriétaires. Ils se persuadent qu'en donnant au berger le droit d'introduire ses propres brebis dans le troupeau, on lui donne des motifs d'affection pour les brebis du maître. Ne dirait-on pas que le mélange s'opère à la façon des liquides? Au contraire, vous lui donnez une raison de haïr vos brebis, qu'il voit tous les jours entrer en concurrence avec les siennes et leur disputer en foule la nourriture.

Que les bergers disent que les hivernes leur font aimer le troupeau du maître, cela se conçoit ; mais que celui-ci ait la bonté de le croire, c'est le sublime de la naïveté.

J'aimerais presqu'autant croire qu'une marâtre commence

à être éprise d'amour pour les enfans de la première femme , lorsqu'elle devient mère elle-même et qu'elle voit ses propres enfans avec les autres , confondus autour de la même table. Un agriculteur doit étudier la nature et notamment le cœur humain , qui en est la partie la plus intéressante et la plus importante à connaître.

15. Un moyen infaillible d'intéresser le berger au succès de l'éducation qui lui est confiée , serait de lui assigner un droit sur chaque tête de bétail qu'il remettrait en bonne santé, et rien sur les peaux des bêtes mortes. Ici l'usage a réglé tout juste le contraire. Les peaux des agneaux naissans qui périssent appartiennent au berger , afin qu'il ait un double motif de se réjouir de leur mort.

Aussi arrive-t-il plus d'une fois que les bergers étouffent une partie des agneaux de leur maître. Ajoutez à tout cela les substitutions d'agneaux qui sont bien souvent pratiquées à l'époque du part et que toute la surveillance du maître ne saurait empêcher. Tels sont les abus inhérens à l'usage des hivernes. Tels sont les motifs qui doivent engager les propriétaires à se guérir de la malheureuse facilité avec laquelle ils accordent ce genre de salaire , et à travailler peuà-peu à remplacer cet usage par celui que nous avons indiqué plus haut.

16. Au demeurant, dans la façon de louer et de salarier les domestiques, lorsque l'usage n'est pas trop vicieux , il faut le respecter. Tel est le précepte d'Olivier de Serres.

CHAPITRE IIᵉ.

Économie intérieure. — Erreur trop commune qui ruine les maisons. —
De la ménagère. — Nourriture des domestiques. — Réglement pour les
dépenses de ménage. — Jusqu'à quel point faut-il s'attacher à produire
les objets nécessaires à la consommation du ménage ? — De la science
d'économiser le temps. — De l'arrangement et de la conservation des ustensiles et des outils. — Méthode pour la bonne distribution des travaux.
— Id. des fourrages.

1. Que sert de produire, si l'on ne sait pas user ? Et ce n'est
pas user que de le faire sans mesure et sans règle. Cette remarque, applicable à la conduite générale des affaires,
tombe d'une manière plus directe sur les dépenses de ménage
et sur ce que j'appelle économie intérieure.

Du moment que l'on procède par aperçu et d'après une
estimation vague, on flotte sans cesse entre la présomption
et la défiance qui naissent tour-à-tour d'une évaluation exagérée ou trop faible de ses ressources. Aussi est-il vrai de dire
qu'un ménage bien ordonné, un ménage que l'on puisse appeler vraiment économique dans toute la force du terme,
est la chose du monde la plus rare. C'est néanmoins la plus
essentielle : de là dépend la conservation ou la perte des maisons. Cette vérité embrasse tous les états de la vie; mais elle
s'applique plus spécialement à l'agriculture. Ici le moindre
désordre dans l'économie domestique a les plus graves conséquences ; mais, en même temps, on peut dire que la conduite d'une bonne ménagère est une source inépuisable de
biens : c'est le vase d'huile de la veuve de Sarepta.

2. Si l'on voit çà et là quelques maisons rurales qui se sont
maintenues conte le malheur des temps, le vulgaire se récrie
sur la fertilité particulière des terres; quelques-uns attribuent
la prospérité de ces maisons à une culture soignée. Si l'on
examine la chose de près, on est forcé de reconnaitre que
ces exceptions sont dues principalement à l'excellence de

l'économie intérieure; comme aussi la ruine de plusieurs, qui paraît inexplicable au premier coup-d'œil, s'explique fort bien quand on vient à remarquer que le désordre, l'insouciance ou l'ostentation ont trop souvent présidé à la conduite du ménage.

3. M. Mathieu de Dombasle compare le ménage d'une maison rurale à un vase criblé d'une infinité d'ouvertures imperceptibles, par où le liquide s'échappe continuellement goutte à goutte. Pour bien régler une distribution aussi minutieuse et prévenir une déperdition d'autant plus dangereuse qu'elle est toujours imminente et toujours insensible, il ne faut rien moins que la sagacité de ce sexe à qui la nature semble avoir donné des microscopes dans les yeux.

Aussi je ne puis m'empêcher de penser que c'est spécialement à l'homme des champs que s'appliquent ces paroles rapportées au chapitre 2 de la Genèse : *Il n'est pas bon que l'homme soit seul* ; ce qui sous-entend, à-coup-sûr, qu'il doit être bien accompagné.

On pourrait citer plusieurs maisons que l'ineptie ou l'extravagance des maris n'ont pu détruire, parce qu'elles étaient soutenues par la vigilante économie de ce que l'on appelle vulgairement une maîtresse-femme; mais je n'en connais pas où la constante activité du mari ait pu contre-balancer le mauvais ménage d'une femme prodigue ou mal-rangée.

4. C'est un ancien proverbe, que la femme fait ou défait la maison : ce qui prouve que de tout temps elle a présidé au foyer domestique et qu'elle a reçu l'emploi important de régler les dépenses du ménage. Sans doute la nature elle-même lui a assigné cette part dans l'administration, puisqu'elle lui a donné les talens convenables et qu'elle lui a imposé la vie sédentaire. Toutefois ce serait une erreur de croire que la nature puisse se passer ici, plus qu'en toute autre chose, des secours de l'art et de l'instruction. Toute administration a des principes et des règles qu'il faut étudier. Aussi a-t-on lieu de s'étonner du peu de soin que l'on prend d'enseigner aux jeunes demoiselles la science du ménage ; au contraire, on semble vouloir les distraire de ces occupations.

On fait tout ce qu'il faut pour exalter en elles la vanité , le goût de la dissipation et du luxe. Aussi n'est-il pas rare de voir nos jeunes personnes , même dans les classes les moins favorisées de la fortune , se donner les airs de regarder les soins du ménage comme quelque chose de triste , de pénible, de dégoûtant , d'ignoble.

Quel étrange renversement de sentimens et d'idées ! Est-il rien qui porte en soi plus de satisfaction intérieure , est-il rien de plus noble pour une mère de famille , que d'être réputée bonne ménagère, que d'être considérée , dans le pays , comme l'ange-gardien de la maison ; que de s'associer aux combinaisons d'un époux laborieux , j'ai presque dit à sa gloire, et pourquoi ne le dirais-je pas? Il y a , par le temps qui court , une sorte de gloire à soutenir une maison rurale, à déjouer , par une sage économie , les efforts nombreux et puissans qui tendent à ruiner l'agriculture.

De tels sentimens ne sont plus à la mode , je le sais. Notre siècle , dont on vante les progrès , a dégénéré sous ce rapport. Autrefois les mères se faisaient un devoir d'habituer de bonne heure leurs filles à tous les soins du ménage , les exerçaient à surveiller les servantes, à n'être pas les dupes des petites finesses de la ménagère , à faire d'un coup-d'œil l'inventaire du garde-manger , à porter soigneusement les clés.

Appliquons-nous à faire revivre ce qu'il y avait de bon dans les pratiques de nos pères ; joignons-y celles que le progrès des lumières nous a révélées , et nous atteindrons la perfection. Le progrès est faux , lorsqu'on perd d'un côté ce que l'on gagne de l'autre.

5. Sans doute, ce n'est pas une tâche légère, que celle de tenir le ménage d'une maison rurale. Une mère de famille doit être tout yeux et tout oreilles ; son action doit être continue comme les pulsations du sang dans les artères ; la moindre intermittence cause des désordres plus ou moins graves. Les abus pullulent dans le ménage avec plus d'obstination et d'abondance que les mauvaises herbes dans les champs.

Le cultivateur , pour purger ses terres du raifort sauvage,

que nous appelons *ravanelle* , a moins à faire que son épouse pour extirper les abus qui fourmillent dans la cuisine. On peut aisément former de bons laboureurs , parce que les hommes ne sont pas insensibles à l'honneur d'exceller dans leur métier. Mais ce sentiment est moins prononcé dans l'âme des servantes : rien n'est plus difficile que de les tirer de leur insouciance et de leur maladresse, de leur apprendre à ne pas gâter les meubles , à ne pas casser ou laisser traîner les ustensiles ; de leur inculquer l'habitude de fermer les portes.

6. Aussi la difficulté de maintenir l'ordre parmi les servantes et de les assujétir aux fonctions de leurs emplois respectifs , est-elle regardée comme la plus fâcheuse épine de l'administration rurale : une bonne mère de famille , une maîtresse-femme y réussit néanmoins , lorsquelle n'est pas contrariée par son mari , lorsque celui-ci observe religieusement les principes que nous avons exposés plus haut. Croyez-moi, la dépravation a une marche descendante , passant des classes les plus élevées à celles que Lafontaine appelle *la tourbe menue.* Le monde social est une vaste chaîne électrique : l'étincelle part d'en haut et parcourt rapidement tous les anneaux jusqu'au dernier. Ainsi donc, maîtres et maîtresses de maison , cessez vos plaintes inutiles ; pratiquez le précepte de l'oracle qui dit : Connais-toi toi-même ; et regardez si par hasard votre propre conduite ne serait pas le principe ou la cause occasionnelle des désordres dont vous vous plaignez.

7. Les servantes hollandaises sont célèbres dans toute l'Europe. Elles font posément et tranquillement beaucoup plus de travail que nos aveyronnaises les plus alertes , et en sus de la besogne obligée , elles ont soin de laver ou de nettoyer tous les meubles de la maison et la maison elle-même.

N'allez pas croire toutefois que la nature humaine , en Hollande , soit d'une qualité supérieure. Le peuple , que l'éducation n'a pas façonné , est partout le même. Les circonstances ont voulu que la Hollande fût un pays de commerce et d'industrie, c'est-à-dire d'ordre , de régularité , de précision , de méthode. Les maîtres hollandais sont bien servis parce qu'ils ont voulu l'être ; ils ont obtenu la perfection du ménage , parce qu'ils ont commencé par la connaître et qu'ils l'ont exigée. S'ils sont diligemment et méthodiquement servis , c'est parce qu'ils sont eux-mêmes diligens et méthodiques.

Ainsi donc , si l'on parvenait à faire pénétrer dans nos maisons rurales les vrais principes de l'économie domestique ; si les maîtres et les maîtresses de maison apprenaient à devenir plus entendus , plus appliqués , plus exigeans ; à mettre dans leurs mœurs un peu plus de cette gravité qui inspire l'estime et commande le respect ; peu-à-peu on verrait s'opérer la réforme des défauts que nous reprochons aux domestiques des deux sexes.

Je sais bien que cette réforme demanderait un ensemble qu'on ne peut pas espérer de si tôt ; mais , en attendant, on peut , chacun chez soi , mettre de suite la main à l'œuvre et faire tous ses efforts pour *réordonner les choses détraquées* (1).

8. Une bonne mère de famille s'attache à faire l'éducation de ses servantes , non par une triste litanie de préceptes sauvages , mais par la douceur d'une conversation aimable et sensée , et surtout par l'exemple d'une conduite régulière. Bien loin de leur faire durement sentir l'infériorité de leur condition , elle leur enseigne le secret de l'améliorer et de l'ennoblir : elle s'applique à leur faire comprendre que la vertueuse diligence est la dot d'une fille pauvre.

Cela ne suffit pas : voulez-vous couper le mal par sa racine? imposez-vous la loi de tenir un compte exact et régulier de toutes les dépenses du ménage. Une bonne comptabilité fera ressortir de suite tous les abus ; la connaissance du mal conduira à l'application du remède.

Le commun des cultivateurs tombe ordinairement en deçà ou au-delà de la ligne tracée par la véritable économie. Il n'est pas rare de voir marcher ensemble la plus sordide ,

(1) C'est le mot d'Olivier de Serres.

la plus maladroite lésine et la plus ruineuse dilapidation. Entre ces deux excès, la comptabilité pourra vous montrer la route.

Faites d'abord l'inventaire de vos provisions ; faites aussi le compte présumé de la dépense de l'année ; comparez ensuite vos prévisions avec la dépense journalière. On a bientôt appris, de cette manière, à fixer le taux de la ration qui doit revenir, par homme et par jour, aux employés de la ferme.

10. On remarquera que les cultivateurs sont avares de leur argent, parce qu'ils en ont peu et qu'ils sont, en général, prodigues de leurs denrées ; parce qu'il leur semble qu'ils en ont beaucoup, on dirait qu'elles ne leur coûtent rien. Cela vient à la maison, disent-ils. Mais qu'ils interrogent la comptabilité : elle leur répondra que ce qui vient à la maison coûte quelquefois plus cher que ce que l'on achète au marché. Cette erreur trop commune, qui fait que l'on considère comme une épave les produits de la basse-cour, du jardin, voire même des champs, a certainement causé la ruine de plus d'une maison.

Dans nos pays de vignes, on prodigue le vin et les châtaignes, qui sont les productions de ces contrées. Les domestiques font 7 à 8 repas tous les jours avec ces deux ingrédiens, et ils mangent peu de pain parce que le pays est peu cultivé en blé. Ils sont habituellement entre deux vins : le temps se perd et la cave s'épuise. Il est impossible de faire de l'agriculture avec une pareille méthode de ménage. Aussi prend-on habituellement le parti de bailler les terres à mi-fruits. Ainsi des fonds excellens sont condamnés à une culture peu productive.

Ailleurs on tombe dans un excès tout opposé : or, c'est une mauvaise économie que celle qui rogne trop mesquinement la pitance des domestiques.

M. de Dombasle a trouvé, par des expériences comparatives, que des bœufs qui reçoivent une bonne ration de foin exécutent beaucoup plus de travail que ceux dont la paille fait le fond de la nourriture ; et sa comptabilité établit que la valeur du travail fait plus que compenser celle du foin ; en sorte qu'il y a un profit réel à bien nourrir les attelages ; il y en a aussi, je pense, à nourrir convenablement les domestiques et les manouvriers, bien entendu qu'on évitera tout excès de part et d'autre.

11. Un article qui mérite toute la surveillance de la maîtresse de la maison, c'est celui du pain. On ne se figure pas jusqu'où va le gaspillage sous ce rapport. Une bonne précaution serait de peser le pain en secret, de le déposer ensuite sur la table, observant attentivement pendant le repas qu'il ne soit point fait de soustraction frauduleuse ; après le repas, on pesera de nouveau, et si l'on continue pendant quelque temps cette épreuve avec une attention scrupuleuse, on arrivera à connaître, d'une manière assez précise, le poids de la ration journalière des domestiques, l'une compensant l'autre.

Quand on sera bien campé sur ce point, il suffira de peser une fois par semaine, ou, si l'on veut, de peser les fournées entières, en observant de faire des marques indicatives du poids, pièce par pièce. Si les moules où l'on met la pâte sont uniformes, il suffira de peser une fois et ensuite de compter les pièces, parce que le poids sera toujours à-peu-près le même. En faisant ensuite la revue du magasin de temps en temps, si l'on s'aperçoit que la consommation a excédé les bornes accoutumées, on est fondé à croire qu'il y a abus, et l'on ne néglige rien pour découvrir d'où vient le mal et pour y porter remède : on a le droit de demander compte à la ménagère des dilapidations qui ont eu lieu, lui disant que, de même que le maître-valet répond des travaux du dehors, elle répond des provisions et de tous les détails du ménage.

12. A ce mot de ménagère, je vois frémir tous les agriculteurs expérimentés. Dans le choix des employés de la ferme, c'est ici la pierre d'achoppement : une bonne ménagère est un vrai phénix. Les unes sont fidèles, mais sales, hargneuses, haïssables ; d'autres auraient tout à la fois les vertus et les qualités de leur état, mais elles sont d'une timidité exces-

sive, et elles ne savent pas braver les murmures des valets ; la plupart cherchent à se rendre gracieuses et intéressantes aux dépens de leur maître. Telles sont les plaintes des maîtres et des maîtresses de maison ; et certes, il est indubitable qu'on aura lieu de se plaindre tout le temps qu'on laissera une ménagère sur sa bonne foi, qu'on ne lui tracera pas des lignes fixes, qu'on n'aura pas la précaution de l'envelopper du réseau d'un contrôle efficace, se contentant d'une surveillance vague, sujette à contestation, par conséquent illusoire : comment lui demander compte, lorsqu'on ne sait pas soi-même son compte ? On l'a dit plus haut et on le répète ici, la bonne administration rurale, comme toute autre, dépend de la comptabilité.

13. Mais le moyen de tenir régulièrement un compte de ménage ? Ici les opérations et les dépenses se subdivisent et se compliquent à l'infini : pour suivre tous ces détails dans leurs ramifications, il faudrait se noyer dans les écritures. Sans doute, ce serait s'imposer une tâche plus pénible qu'utile que de vouloir tenir note des détails de la consommation et de toutes ces dépenses fugitives. Mais si on ne peut pas compter par le menu ce qui sort de la cuisine, on peut très-aisément annoter tout ce qu'on y fait entrer, lorsqu'on tient les clefs de tous les magasins, et qu'on donne, tous les lundis, à la ménagère les provisions de la semaine. Il suffit ensuite que la maîtresse de la maison tienne l'œil à la distribution.

Ainsi, quand on fait moudre du blé pour le ménage, on écrit sur son journal la quantité, la qualité et la valeur du blé mis au moulin ; quand on achète une ou deux pièces de vin, on les passe également au compte du ménage. Vous dites ensuite à la ménagère : Vous donnerez tant de litres.

Lorsqu'on égorge un cochon, on le pèse et on règle la distribution d'après le tarif des rations que l'on a arrêté. On mesure le lait au moment de la traite ; ce mesurage peut être fait en un clin-d'œil, au moyen d'un petit bâton gradué, qui sert à jauger les seaux dans lesquels on porte le lait qu'on vient de traire. On a éprouvé, par une expérience une fois faite, à quel degré s'élève un litre, deux litres, dix, etc. Pour le jardin , la méthode la plus simple consiste à porter au débit du ménage tous les frais qu'il occasionne , et si l'on vend une partie des produits, le ménage est crédité du prix par caisse. On voit qu'un compte de ménage, ainsi tenu à l'entrée, n'est pas aussi difficile qu'on l'imagine au premier coup-d'œil. La maîtresse de la maison a un tableau sur lequel elle inscrit jour par jour le nombre des individus qui ont figuré à table , ainsi que les produits de la laiterie et ceux de la volaille.

14. Dans certaines maisons rurales, on donne aux domestiques une étape en pain d'un poids fixe et qui est le même pour tous. Cette méthode n'est pas économique, attendu qu'on ne peut pas régler l'étape sur le poids moyen de la consommation. Il est clair que , dans ce cas , les uns auraient du pain au-delà de leur appétit, et les autres souffriraient la faim. Il faut donc que l'étape soit calculée sur les besoins des plus gros mangeurs.

15. Faut-il donner aux domestiques une ration journalière de vin ? Cette question se réduit à savoir si ce surcroît de dépense doit être balancé par un surcroît de travail. Or, ceci est douteux. Le mieux est, par conséquent, de s'en tenir à l'usage le plus commun , suivant lequel le vin est réservé pour être l'aiguillon où la récompense des travaux extraordinaires , notamment de ceux qu'exige la levée de la récolte. En cette matière, comme dans bien d'autres, le plus sûr est de suivre la coutume , toutes les fois qu'elle n'est pas absolument déraisonnable.

16. Il ne suffit pas de veiller sur la distribution des comestibles , il faut s'appliquer à économiser le bois.

La cuisson des pommes de terre cause une augmentation considérable sur la dépense en combustible. On peut atténuer cette dépense en faisant cuire les tubercules à la vapeur. L'appareil dont on se sert pour cela est fort simple. On a une barrique défoncée par un bout, à laquelle on adapte un grillage en fer. On pratique sur les flancs de cette barrique une sorte de porte qui s'ouvre et se ferme à volonté. On la place debout sur une chaudière montée sur un fourneau.

Lorsque l'eau est échauffée, elle peut cuire, par la vapeur qu'elle produit, une grande quantité de pommes de terre en peu de temps et avec très-peu de combustible. Il suffit de vider et de remplir le tonneau à mesure que la cuisson est complète.

Puisque nous en sommes à la préparation des pommes de terre, c'est ici le lieu de faire connaître un instrument qui sert à les laver avec une grande économie de temps.

Cet instrument n'est rien qu'une sorte de cage cylindrique, formée de deux plateaux en planche assemblés par des baguettes de bois, et traversée par un essieu de la même matière, qui déborde de chaque côté. L'un des bouts porte une manivelle. On pose cette machine qui ressemble à un brûloir à café, sur un cuvier en bois, après avoir pratiqué sur ses bords deux entailles où doivent entrer et rouler les deux bouts de l'essieu. Une porte latérale sert à remplir et à vider la cage cylindrique. Le cuvier étant plein d'eau, de manière à ce que la moitié du cylindre soit immergé, on tourne rapidement la manivelle et quelques instans suffisent pour nettoyer les tubercules.

Dans le ménage, comme dans les travaux des champs, il importe de mettre à contribution tous les instrumens et tous les procédés qui tendent à économiser le temps.

17. Après les soins du ménage, la distribution des fourrages est l'objet le plus intéressant de l'administration rurale. Les hommes inattentifs ne se doutent pas des pertes qu'ils éprouvent sous ce rapport. A des jours de prodigalité et de dilapidation succèdent des jours de pénurie et de misère. Qu'importe que votre troupeau ait brillé tout l'hiver par un embonpoint excessif? La provision de foin a fini dix jours trop tôt, et dix jours d'abstinence, au moment décisif, lorsque la saison des ventes arrive, suffisent pour vous enlever tout le fruit de vos soins et de vos dépenses. Les hivers sont tous égaux sur le calendrier, mais ils sont très-inégaux dans la réalité du fait; quelquefois la température de l'hiver se prolonge jusqu'au milieu du mois de mai.

Veillez donc à la distribution économique des fourrages. Au moment de la rentrée des foins, il faut avoir soin de faire à chaque espèce de bétail la part qui lui revient. Ce soin demande un coup-d'œil exercé, parce que les voitures ne sont pas toujours également chargées.

Lorsque le partage est bien fait entre les différentes granges, il faut avoir l'œil à la consommation journalière et s'attacher autant que possible à prévenir le gaspillage.

18. Une bonne méthode serait de faire botteler le foin et de fixer jour par jour une ration plus ou moins forte, suivant les besoins du moment. M. de Dombasle recommande cette pratique. Il assure qu'elle est profitable : toutefois, je pense qu'elle est très-difficile à établir dans notre pays. Les habitudes et surtout la disposition des lieux s'y opposent. Pour prévenir toute fraude de la part des bergers, il faut que les granges soient fermées à clef, il faut que, tous les matins, le maître ou son régisseur distribue au berger, au bouvier, au palefrenier, le nombre de bottes de foin et de paille qu'il convient de mettre à la disposition de chacun.

Cette façon de procéder entraîne des frais ; la question gît à savoir si les avantages qui en résultent balancent ces frais en bénéfice. N'ayant pas encore eu le courage d'en faire l'essai, je ne puis rien décider à cet égard.

19. Je me contenterai d'observer, en général, que la gestion agricole est très-peu en état de supporter des frais généraux d'administration. Cet article des frais généraux mérite l'attention la plus sérieuse. Il importe de considérer l'étendue de la ferme ; en effet, mille francs de frais d'administration seraient une charge légère pour une ferme de dix paires de bœufs, qui récolterait deux mille hectolitres de grains. Cela revient à 50 c. par hectolitre, ou seulement 25, en supposant que les autres récoltes et le bétail supportent la moitié de cette dépense. Une pareille charge serait accablante pour une petite exploitation. Un cultivateur qui a de la tête et de l'activité trouve le moyen de secouer le joug des frais généraux ou, du moins, de les réduire à peu de chose. Il tient lui-même ses comptes, il surveille ses

gens ; il est aidé dans ces soins par ses enfans ou par l'un d'eux ; son épouse a l'œil sur la cuisine. C'est ainsi qu'une famille agricole peut triompher des difficultés du métier. Écoutez-moi , jeunes agriculteurs : sachez qu'en agriculture , le profit le plus clair est dans les frais que l'on épargne.

20. Fuyez le luxe des bâtimens : que vos étables soient saines, aérées, solides ; mais en ce genre point de vues d'ostentation : elles seraient très-déplacées. Si vous êtes dans le cas de bâtir , ayez soin de vous ménager toutes les commodités du service. On ne saurait croire combien la bonne disposition des bâtimens économise le temps et le travail. Ainsi donc, faites en sorte que vos granges puissent recevoir les voitures chargées , de façon qu'on ne soit pas obligé d'introduire le foin par une fenêtre au bout d'une fourche.

21. Un grand joueur de piquet disait : « C'est peu de » savoir conduire son écart suivant les probabilités ; le » grand secret de ce jeu consiste à ne pas perdre un point » en jouant. »

L'agriculture est en quelque sorte un jeu mixte : les combinaisons entrent pour beaucoup dans le succès ; mais il importe surtout de ne pas perdre de points, c'est-à-dire d'être soigneux à tout ramasser , à tout utiliser ; attentif à saisir toutes les occasions de profit qui se présentent. Les pertes n'arrivent que trop d'elles-mêmes : c'est par cette constante et diligente économie que l'on peut lutter contre la fortune, la défier et, pour ainsi dire, la faire rougir de ses caprices. Que de points nous perdons par inadvertance ou par non-chaloir (comme dirait le bon Olivier de Serres), lesquels, pris un à un, semblent de peu de conséquence , mais dont le tout fait une somme considérable ! Souvent c'est là tout le profit qu'on a laissé échapper.

Et qu'on ne me fasse pas un reproche d'insinuer ici une économie de rognures et de bouts de chandelle. Celui qui dédaigne les petites choses , doit déchoir peu à peu (1), ou ,

____

(1) *Qui modica spernit, paulatim decidet.*

comme dit le proverbe italien , celui qui compte pour rien un liard, ne sera jamais riche d'un demi-sou. Dans la conduite d'une fabrique quelconque, il n'y a point de petite économie. Telle est l'idée fondamentale du ménage des champs : il n'y a point de lésine à cela; car, partout, ce qui périt ou ce qui est de trop ne sert à rien.

Dans une ferme on a mille moyens de tout utiliser, jusqu'aux balayures de la maison. Les Flamands les rassemblent soigneusement dans un trou pratiqué exprès, où elles s'imbibent des égouts des étables et de la basse-cour.

22. On ne saurait être trop attentif à ramasser les vieux ferremens qui se détachent des roues et autres pièces du mobilier rural. On devrait avoir un coffre destiné à serrer toutes ces ferrailles. Il y a des momens où , à la campagne, on donnerait vingt sous d'un vieux clou de charrette.

23. Il ne suffit pas de recueillir avec diligence , il faut savoir serrer exactement et conserver avec soin. Combien de maîtresses de maison qui ne laisseraient pas un fruit à cueillir, qui déploient la plus grande ardeur à remplir leurs magasins, et qui, faute d'une disposition bien entendue , par négligence pure , laissent périr ou dérober une bonne partie de leurs provisions !

24. Ce n'est pas , en général, l'intention d'économie qui manque , mais l'entente. On perd souvent en croyant gagner; car rien n'est moins économe que l'avarice , et cette manie poussée à l'excès de vouloir faire, autant que possible, toutes les affaires sans bourse délier. Par exemple , il arrive qu'on envoie un domestique et un cheval à la ville, pour quérir des objets qu'on pouvait faire arriver par contre-voiture , en donnant quelques sous à un voisin.

On dépense ainsi une valeur réelle de trois francs pour n'avoir pas la douleur de tirer de sa poche le quart de cette somme : tant les hommes sont esclaves des sens , tant ils sont dominés par l'habitude d'aller en avant sans calcul et sans réflexion !

Cette paresse d'analyser , qui est cause qu'on se contente de saisir les analyses qui se présentent toutes faites; cette fixité d'idée, qui fait qu'on perd de vue les valeurs réelles pour n'en contempler que le signe ; ce défaut de savoir compter, en un mot, devient une source insensible et continue de pertes qui s'accumulent, qui s'additionnent d'elles-mêmes peu-à-peu, et laissent, au bout de l'année, un grand vide. Faute de présence d'esprit ou pour n'avoir pas fait son compte d'avance et bien établi son budget des dépenses de ménage, on fait trente voyages pour se procurer successivement les provisions qu'on aurait pu transporter dans un seul : ce sont autant de points perdus en jouant.

25. Par l'effet de cette préoccupation d'esprit qui empêche qu'on ne voie avec une égale clarté l'argent dans la denrée et la denrée dans l'argent, on tombe dans un excès d'autant plus dangereux, qu'il n'est que l'abus d'un principe fort bon en lui-même.

Les cultivateurs, en général, ont une tendance à produire, autant que possible, tous les objets nécessaires à la consommation du ménage. Un propriétaire croit avoir atteint le point culminant de la bonne économie lorsqu'il peut dire : J'ai à la maison mon blé, mon vin, mon huile, mes châtaignes, mon laitage. Ceci revient à la maxime d'Olivier de Serres, qui dit, d'après Caton : « On requiert de notre mes- » nager qu'il soit plus vendeur qu'achepteur. »

Mais on sent que cette vue peut nous égarer, lorsqu'elle n'est point subordonnée au grand principe de l'économie rurale, suivant lequel on doit cultiver de préférence les denrées qui conviennent le plus au terroir et au climat. Ainsi on aurait tort, par exemple, sous prétexte qu'il faut de l'huile à la cuisine, d'aller ruiner un bon champ ou un bon pré en le complantant de noyers. Il peut arriver que l'on perdra 20 hectolitres de froment pour acquérir deux quintaux d'huile.

En général, tous les adages, toutes les maximes d'agriculture se jugent par la balance des comptes. Qu'importe que nous ayons besoin de telle ou telle chose? La question est de savoir s'il y a plus de profit à l'acheter qu'à la cultiver. Il faut demander à la terre les productions qu'elle donne le plus volontiers, par conséquent au meilleur compte, et celles qui ont le plus de débit relativement à la position où l'on se trouve, sauf à acheter ce qui manque pour la consommation du ménage. C'est le vrai moyen d'être plus vendeur qu'acheteur, puisqu'on augmente ainsi la balance des profits. La méthode opposée, prise dans toute sa rigueur, pouvait convenir à Robinson-Crusoé dans son île; il avait une raison suffisante de s'attacher à cultiver un peu de tout; mais parmi nous, lorsque le marché regorge de toutes sortes de provisions, il y aurait de la puérilité à violenter la nature pour le vain plaisir d'approvisionner sa table aux dépens de son crû. Telle vigne qui fait boire à son maître la plus aigre piquette rosée, au prix du meilleur vin de Cahors ou de St.-George, serait une excellente châtaigneraie ou donnerait, plantée en mûriers, de riches produits, ou même quelquefois du blé, du colza, des pommes de terre, etc.

Caton avait raison, et ce sage qui, à ce que dit l'histoire, s'entendait grandement en profits, pose un principe incontestable, en disant qu'il faut s'appliquer à être plus vendeur qu'acheteur; mais pour bien entendre cette règle, et en faire une application juste, il ne faut pas oublier que produire c'est acheter.

26. S'il importe de savoir économiser ses revenus, la science d'économiser le temps n'est pas moins essentielle, ainsi que l'a observé un auteur ancien, dont le nom commande l'attention et le respect (1).

Il donne, à ce sujet, d'excellens préceptes : « Ayez soin, » dit-il, de ranger par ordre et avec symétrie, tous les in-» strumens, outils et ustensiles; que chaque chose ait une » place fixe, où l'on soit sûr de la trouver à point nommé » au moment de s'en servir : cela abrége singulièrement le » temps des recherches. »

Outre cet avantage, qui est en lui-même plus considérable qu'on ne saurait croire, un arrangement méthodique contribue à la conservation des instrumens aratoires et des

____

(1) C'est Xénophon, homme rare, grand capitaine, grand philosophe, grand historien, grand agriculteur.

ustensiles de ménage. Dans les pays de culture perfectionnée, une remise en forme de hangar pour les voitures, les charrues, les herses, etc., est comptée au nombre des établissemens de première nécessité ; et ceci peut être pratiqué sans se condamner à de grandes dépenses ; car rien n'empêche de se contenter d'une espèce de baraque que l'on élève au moyen de quelques piquets et de quelques lattes, avec une couverture de chaume ou de genêts.

27. Une autre partie de l'administration rurale aussi importante que négligée, c'est l'attention et l'intelligence de bien distribuer les travaux. Il arrive souvent que, pour n'avoir pas bien pris ses mesures, on se laisse dominer par la besogne ; les travaux se précipitent les uns sur les autres, et tout se fait mal, parce que tout se fait à la hâte et suivant une marche embarrassée.

Il y a dans une ferme deux sortes de travaux : les travaux de rotation annuelle, qui sont relatifs aux revenus, et les travaux d'entretien ou de réparation, qui sont relatifs à la conservation du capital. Ces derniers peuvent être faits d'une manière très-économique, en les plaçant à propos dans les momens perdus de l'hiver. L'essentiel est d'exécuter à fur et mesure des besoins les réparations d'entretien. Ceci demande la plus grande surveillance ; car si on laisse s'accumuler ce genre d'opérations, des dégradations, qu'on aurait pu prévenir par quelques heures de travail, s'accomplissent, et il faut ensuite un effort coûteux pour les réparer. Par exemple, une petite chaussée de rien, avec un bout de mur de soutènement, une rigole bien placée, suffisent pour prévenir un éboulement considérable et un ravin. Une plantation d'arbres sur un rivage ou sur la crête d'une montagne, comme au travers de la pente d'un côteau, suffit pour prévenir ou pour atténuer les ravages causés par les crues d'eau et par les grandes pluies. Faute d'avoir rempli à propos les lacunes d'une haie, faute d'avoir inspecté les murs de clôture, votre récolte se trouve endommagée ; plusieurs pans de muraille s'écroulent à l'improviste, et il faut quitter des travaux urgens pour aller les réparer.

28. Une bonne méthode serait, lorsque l'on parcourt les terres de sa ferme, de porter toujours avec soi un petit livret avec un crayon, et d'y annoter toutes les observations que l'inspection des lieux fait naître relativement aux réparations qu'il serait bon de faire, soit dans les champs, soit dans les prés, soit dans les bois. Ensuite on procède au dépouillement de ces notes et on dresse un *agenda* méthodique, dans lequel les objets sont classés d'après leur degré d'importance ou d'urgence, et les travaux distribués dans les temps les plus opportuns.

Par là on se met en état de faire le plan et le devis des opérations de l'année, on a pour toutes les saisons et toutes les circonstances atmosphériques, un moyen tout prêt d'occuper utilement ses domestiques. De cette façon encore on se met à l'abri de ces entreprises mal calculées, que l'on est forcé d'abandonner ou que l'on ne met à bout qu'à grands frais, ou, ce qui revient au même, aux dépens des travaux de la culture. L'hiver n'est une saison morte que pour le vulgaire des cultivateurs. De même qu'on a dit que la paix était pour les Romains un temps d'exercice, et la guerre un temps de méditation, l'hiver est, pour un agriculteur qui entend son métier, le moment de déployer toute son activité. C'est alors qu'il travaille à mettre à profit les observations qu'il a recueillies dans les temps où la nature s'explique.

Il trouve sur son carnet de notes, que telle portion de champ a été submergée ou cristallisée par le froid; c'est le cas de remédier à ce vice du terrain par un fossé couvert. Une portion de ses prés a paru trop grasse, tandis qu'une autre a été brûlée par le soleil; il court, le niveau à la main, tracer à ses valets un meilleur système de rigolement. Il se souvient très-bien que sa récolte a été dévorée en partie par les bestiaux du voisin; c'est le cas d'établir sur ce point une bonne clôture; car, comme dit le proverbe anglais : Aime ton voisin, mais n'abats point ta haie.

Il a remarqué que ses châtaigniers ont produit peu parce qu'ils sont surchargés de branches inutiles, il s'occupe de les faire émonder d'une manière convenable.

Il n'a pas oublié qu'une ornière profonde a fait verser une de ses voitures chargée de foin , il s'empresse de faire épierrer son champ et d'en employer les pierres à réparer le chemin ; ce qui peut bien se dire , d'une pierre faire deux coups. Lorsque les pluies ou les grandes gelées mettent la terre hors d'état d'être travaillée , il fait une bonne provision d'instrumens perfectionnés : c'est alors le temps de faire construire ou réparer les herses, les extirpateurs, les charrues, etc. , afin de pouvoir, au premier souffle du vent favorable , mettre à la voile sans délai , tandis que les imprévoyans et les routiniers se traînent derrière à force de rames.

29. Il n'en est pas des travaux de l'agriculture comme de ceux d'une fabrique. Ces derniers peuvent marcher ordinairement sans interruption , suivant les vues et les desseins du fabricant. Vouloir ainsi conduire les opérations agricoles d'après un ordre arrêté d'avance, c'est montrer qu'on ignore le métier dans sa partie la plus délicate , c'est agir en homme de ville. En agriculture , il faut épier et saisir l'à-propos. Les travaux des champs éprouvent souvent des chômages désespérans.

Quand l'été est pluvieux , la rentrée des récoltes , les labours et les semailles , tous ces travaux sont resserrés dans l'étroit intervalle de quelques momens lucides.

Heureusement , lorsque l'été est pluvieux , le pâturage surabonde. L'agriculteur prévoyant met à profit cette circonstance pour avoir des attelages surnuméraires. Il s'en sert pour accélérer ses travaux , et puis il les engraisse. C'est ainsi que les chances qui font le désespoir du vulgaire tournent au profit de l'homme habile.

Les mauvaises années font la fortune de celui qui comprend et qui pratique la bonne méthode.

30. Toutes ces précautions seront, ou impossibles, ou infructueuses, si l'agriculteur ne soigne attentivement son compte de caisse, s'il ne s'applique à bien connaître ses recettes et ses dépenses, afin de proportionner exactement ses entreprises aux ressources dont il peut disposer. Ceux qui reçoivent et qui payent sans tenir un compte régulier de

(398)

recette et de dépense sont continuellement exposés, ou à se
faire une illusion dangereuse sur la quotité de leurs revenus,
ou à se troubler à la vue des dépenses, et à tomber dans un
état de découragement et d'inaction. Le bon ordre dans les
finances est le nerf de l'administration rurale, comme de
toute autre.

Il ne suffit pas de compter après coup ; il faut faire son
compte d'avance.

Faites tous les ans votre budget, en commençant par les
dépenses, que vous classerez article par article : 1º les contributions, 2º les salaires, 3º la main-d'œuvre pour faucher,
moissonner, etc. ; 4º le sel, le vin et autres objets de dépense
pour le ménage ; 5º le mobilier rural et le mémoire du ma-
réchal, 6º l'entretien des bâtimens et autres frais généraux,
7º les réparations et améliorations. N'oubliez pas d'annoter
une somme assez forte pour dépenses imprévues. Après avoir
ainsi établi la dépense, on passe à l'évaluation des recettes
présumées, en ayant soin de rester au-dessous des espérances
d'une année commune. Si votre compte, balancé, fait ressortir un déficit, il faut de deux choses l'une, ou trouver le
moyen d'augmenter la recette, ou, ce qui est plus sûr, il
faut chercher à atténuer la dépense.

En procédant ainsi, on acquiert de l'aplomb, on conduit
son exploitation avec sagesse et assurance tout à la fois.

30. Les revenus de l'agriculture sont très-inégaux. Il faut
bien se mettre dans l'esprit que, lorsqu'on épuise tout le
revenu d'une bonne année, on mange son capital ; car l'excédant d'une année heureuse est destiné par la nature à compenser le déficit d'une mauvaise année.

C'est faute de se bien pénétrer de cette vérité fort simple,
que le commun des cultivateurs se ruine ou perd cette aisance
sans laquelle il n'y a point de bonne agriculture possible.

Il importe de se bien fixer sur le revenu moyen de la ferme
qu'on exploite : or, pour y réussir, il faut bien faire son compte.

En conséquence, pour compléter notre ouvrage, il nous
reste à exposer les principes de la comptabilité agricole. La
comptabilité est l'instrument de l'administration, comme la
charrue est l'instrument de la culture.

CHAPITRE IIIe.

Exposé des principes de la Comptabilité agricole.

1. Toute comptabilité peut être considérée sous deux points de vue différens. Il s'agit, en effet, ou de compter simplement ce que l'on reçoit et ce que l'on donne, et de tenir un livre général de recette et de dépense, ce qui comprend nécessairement le compte courant des dettes actives et passives ; ou bien on veut, dans une entreprise commerciale, industrielle ou agricole, se mettre en état de suivre de l'œil les capitaux que l'on emploie, lesquels, se distribuant dans les différentes branches de l'établissement, disparaissent, de façon qu'on ne peut apprécier leur action qu'après coup, et seulement en gros, par le résultat général des opérations.

Supposons un négociant qui veuille opérer tout à la fois sur le commerce en gros des denrées coloniales, des vins, des blés et du fer ; supposons qu'en même temps, il veuille faire la banque et parfois placer à la grosse pour les assurances maritimes : s'il se contente d'une comptabilité générale de recette et de dépense, son livre de caisse déposera, à la fin de l'année, qu'il y a un bénéfice total de 30,000 fr., par exemple ; mais le négociant ne saura pas dans quelle proportion chacune de ses nombreuses opérations a contribué à ce bénéfice total. Il se souviendra seulement que toutes ont présenté tour-à-tour des chances de profit et de perte. Si, par hasard, il trouve que le produit de son commerce est insuffisant par rapport au capital exposé, et qu'il juge que certaines parties ont occasionné des non-valeurs, il se décidera, d'après des aperçus vagues, à retrancher celles-ci, pour reporter ses fonds en augmentation sur le genre d'affaires qui lui semblera le plus avantageux. Mais il arrivera plus d'une fois, qu'étant déterminé par des apparences trompeuses, il aura fermé les sources du profit et élargi celles de la ruine ; semblable à ces jardiniers ignorans, dont la serpette malheureuse abat les branches à fruit et conduit toute la sève dans les gourmandes.

2. Supposons à présent un capitaliste qui veuille consacrer une somme quelconque à une entreprise agricole ; s'il veut agir comme propriétaire, un premier capital est absorbé par l'achat des fonds de terre et va se distribuer en proportions inégales sur les terres arables, sur les prés, les pâtures, les bois, les vergers, les vignes, etc. Une autre somme est employée à la construction des bâtimens et des clôtures ; enfin, pour tirer parti de ce premier fonds immobilisé, il se verra forcé d'employer un capital circulant, qui se distribuera sur les objets nécessaires à l'exploitation, tels que les bestiaux, les outils aratoires, les meubles et ustensiles, les semences, les engrais, les provisions de ménage, les avances de frais pour les travaux de la ferme.

En tenant un livre de recette et de dépense, il verra au plus juste ce qu'a produit en gros son capital ; mais il ne saura pas si son revenu, tel quel, provient plus ou moins des prés, des champs, des pâturages, des vignes ; impossible à lui de dire dans quelle proportion les bêtes à laine, ou les jumens, ou les vaches, ou les pourceaux ont contribué au produit net dont il a le chiffre sous les yeux.

3. En employant un capital circulant de dix mille francs, par exemple, il a tiré de son domaine deux et demi pour cent relativement à la totalité du capital, y compris la valeur de l'immeuble : dans quelle proportion ce bénéfice serait-il accru si ce même capital circulant était porté à 12, à 15, à 20 mille francs ? Question importante et à laquelle un simple compte de recette et de dépense ne fournit pas de réponse.

Cependant le succès de toute entreprise dépend de la quotité du capital que l'on y consacre. Si ce capital est insuffisant, l'entreprise avorte, et l'on court risque de perdre son temps et son argent ; s'il est excessif, le produit qui en résulte ne représente pas l'intérêt de la somme qu'on expose.

On voit que c'est ici la grande question, la question fon-

damentale de l'économie agricole, comme de toute économie
industrielle. Jusqu'à quel point la terre peut-elle rembourser
les capitaux qu'on lui confie? Ou plutôt jusqu'à quel point
l'art agricole peut-il tirer parti des capitaux employés sur
un fonds de terre donné? Ou bien encore, quel est le profit
industriel que l'on peut espérer d'une ferme en sus de sa
valeur locative ordinaire, en y portant des capitaux considérables? Enfin, par quelles opérations peut-on faire fructifier les capitaux consacrés aux spéculations agricoles? Tel
est le problème à résoudre et pour la solution duquel les
cultivateurs n'ont pas les données suffisantes.

4. Pour les obtenir, ces données, d'une manière précise
et positive, il est indispensable de chercher un mode de
comptabilité qui, fixant d'abord, comme point de départ,
la quotité générale du capital, en montre ensuite la distribution dans les différentes branches de l'établissement; en
sorte que le cultivateur ne perde jamais de vue les différentes
portions de ce capital, et qu'il soit à tout instant en état de
vérifier avec facilité la situation respective de chacune, et
de voir au juste quelle est la branche qui fructifie, quelle
est celle qui languit, afin d'opérer des reviremens en conséquence : un mode de comptabilité qui, sans trop multiplier
les écritures, nous ouvre un moyen de suivre à volonté les
diverses opérations dans tous leurs détails, de les tirer de
l'amalgame où elles se confondent, et de les isoler l'une de
l'autre ; un mode de comptabilité, enfin, qui joigne à la
plus grande clarté la plus parfaite garantie de son exactitude et porte en lui-même le moyen le plus facile de contrôle
et de vérification : et par-dessus tout on doit désirer que cette
méthode de comptabilité, procédant par la voie analytique
la plus correcte, après s'être déroulée par articles bien liés
entr'eux, après avoir marché, pour ainsi dire, par échelons,
se résolve en un résumé court, simple et lumineux, où l'esprit puisse saisir sans efforts les résultats variés de toutes
les spéculations de l'année; il faut, en un mot, que ce
résumé soit le miroir fidèle de la situation particulière et
générale de l'établissement.

5. L'ensemble de ces conditions a paru difficile à remplir et il a été l'objet de plusieurs tentatives infructueuses. Enfin, on s'est avisé que la comptabilité en parties doubles, usitée dans les grandes maisons de commerce ou de manufacture, pouvait être appliquée à l'agriculture, et que ce mode de comptabilité était le seul qui pût fournir les lumières nécessaires, en même temps qu'il avait l'avantage de simplifier autant que possible le travail des écritures.

Je sais bien que cette innovation, que nous devons au célèbre Thaër, a révolté l'esprit des agriculteurs, même les plus instruits. La comptabilité en parties doubles est à leurs yeux, d'abord trop savante pour des agriculteurs, ensuite d'une exécution trop compliquée et trop coûteuse. Et comme ils voient que, dans une maison de commerce où s'opère un mouvement annuel de plusieurs centaines de mille francs ou de quelques millions, la tenue des livres occupe plusieurs commis, ils s'imaginent qu'une semblable dépense sera nécessaire pour la comptabilité d'une ferme de trois à quatre mille francs de rente. Nous montrerons plus loin que ce préjugé est faux ou tout au moins très-exagéré.

Contentons-nous de dire pour le moment que la science de la comptabilité en parties doubles n'a rien qui soit au-dessus de l'intelligence d'un homme un peu capable de réflexion, et que lorsqu'on est familiarisé avec ce travail, on peut s'en acquitter facilement et sans y dépenser ni son argent ni le temps nécessaire à la conduite de l'exploitation.

Nous avouerons franchement que ce mode de comptabilité n'est pas un objet de nécessité ; nous dirons plus, il est parfaitement inutile à celui qui est résolu à marcher dans l'ornière de la routine ; mais il est infiniment utile à celui qui, se trouvant placé à la tête d'une exploitation considérable, ose former le projet de refondre les méthodes usitées et de tenter des cultures nouvelles. Il faut alors être éclairé par le flambeau de la comptabilité sous peine de rouler d'erreur en erreur, de mécompte en mécompte.

6. Quoi qu'il en soit, un agriculteur doit apprendre la

comptabilité en parties doubles quand même il aurait résolu de ne point en faire usage. Cette étude servira à rectifier son jugement et à lui montrer les points de vue sous lesquels il faut établir les comptes en agriculture. D'ailleurs la langue de la comptabilité est devenue aujourd'hui usuelle ; il faut l'apprendre, sous peine de ne rien entendre aux livres ou même aux conversations qui ont pour objet des matières d'économie publique ou privée.

Mme de Maintenon faisait enseigner cette comptabilité aux pensionnaires de St.-Cyr.

Comment, après cela, un homme oserait-il avouer qu'une pareille étude lui fait peur ?

Nous allons donc mettre sous les yeux de nos lecteurs les principes élémentaires de la comptabilité en parties doubles; nous montrerons ensuite comment il faut s'y prendre pour les appliquer à l'exploitation rurale.

Principes élémentaires de la comptabilité en parties doubles.

7. On croit que l'invention du système de comptabilité en parties doubles est due aux Italiens : de grands écrivains ont signalé cette amélioration comme faisant époque dans l'histoire du commerce, comme étant une des causes qui ont le plus influé sur le perfectionnement de cette branche importante de la richesse des nations.

Ce système, comme toutes les découvertes du génie, dérive d'une idée première bien claire et bien simple. Toute la comptabilité en parties doubles repose sur ce principe, que nul ne reçoit que ce qu'un autre donne; par conséquent, dans la tenue des livres suivant cette méthode, chaque article fait figurer un débiteur et un créancier; en sorte que toutes les fois que l'on écrit un article au journal, sa contexture même se rapporte à deux comptes différens qui sont ouverts ou qui peuvent l'être au grand-livre. C'est pour cela que cette manière de tenir les livres a reçu le nom de *parties doubles*.

8. Dans le système des parties simples, les écritures du journal, comme du grand-livre, roulent aussi sur les deux

mots *Doit* et *Avoir*, dont le premier exprime que telle personne a reçu une valeur quelconque et qu'elle est débitrice, et le second signifie, au contraire, qu'un individu a fourni une valeur quelconque en argent ou en marchandises, et qu'il est créancier ; mais, dans les articles du journal, suivant la méthode des parties simples, on ne se sert que de l'un de ces mots, de façon qu'on n'y voit pas figurer en même temps le débiteur et le créancier. Ainsi lorsqu'on paie à Jacques 200 fr. pour prix d'une marchandise qu'il avait fournie précédemment, on écrit au journal :

Doit Jacques pour autant que je lui ai payé aujourd'hui.... 200 fr.

Si l'on reçoit d'André une somme de 500 fr., ou des marchandises pour 500 fr., ou un effet de même somme, on écrit :

Avoir André, pour telle valeur qu'il m'a fournie aujourd'hui.... 500 fr. Chacun de ces articles est reporté dans cette forme au grand-livre où il n'a, par conséquent, qu'un seul compte. Telle est la façon de passer les écritures en parties simples.

9. Dans le journal en parties doubles, les mêmes articles seraient passés ainsi qu'il suit :

Doit Jacques à caisse, pour autant à lui payé ce jour.... 200 fr.

Doit caisse à André, de lui reçu ce jour...... 500 fr.

Si c'est en blé qu'on a payé Jacques, ou si ce sont des marchandises qu'on a reçues d'André, on écrit :

Doit Jacques à grains en magasin pour 10 hectolitres froment à lui remis ce jour, à 20 fr.... 200 fr.

Doivent vins à André pour 5 pipes vin de Cunac, à 100 fr. la pipe.... 500 fr.

Ou, pour abréger, on supprime le moit *Doit*, et l'on écrit simplement : Jacques à caisse pour, etc. ; Jacques à grains en magasin, etc. ; Vins à André, etc. Car le débiteur se plaçant toujours le premier, dans le système de la comptabilité en parties doubles, le mot *Doit* devient superflu.

Ceux qui auront bien saisi le principe de la comptabilité en parties doubles, concevront facilement le raisonnement d'après lequel les articles sont passés dans la forme que l'on vient d'indiquer. Quand je paie 200 fr. à Jacques, ce dernier est le débiteur, puisque c'est lui qui reçoit ; qui sera le créditeur ? Dans le fait c'est moi, puisque je donne l'argent ; mais, dans le système de la comptabilité en parties doubles, celui qui tient ses livres se fait représenter, ou, pour mieux dire, fait représenter son capital par divers comptes ouverts au grand-livre, sous différens titres, entre lesquels il distribue ce capital, suivant l'emploi qu'il donne à chacune des portions de ce même capital.

Ainsi le mot *caisse* représente l'argent comptant que l'on possède ; le compte de biens-fonds représente les possessions en immeubles ; celui de bœufs représente la valeur des bœufs qui existent dans le domaine, ainsi que celle des produits qu'on en tire, au crédit, et de toutes les dépenses qu'ils occasionnent, au débit.

10. Pour plus de clarté, voici une règle générale qui peut servir à trouver le créancier et le débiteur.

Celui à qui on remet une valeur quelconque, argent, travail ou denrée, est débiteur.

Celui de qui l'on reçoit une valeur quelconque, argent, travail ou denrée, est créancier.

Voilà pour les personnes, et pour les choses c'est toujours la même règle indiquée par l'analogie.

Tout ce qui entre en mon pouvoir ou sous ma direction est débiteur ou rend débiteur le magasin qui le reçoit.

Tout ce qui sort de mon pouvoir ou de ma direction devient créancier ou transfère ce titre au magasin dont il sort.

11. Il y a deux sortes de comptes, ou, pour mieux dire, les comptes de toute espèce peuvent être divisés en deux classes principales. Il y a des comptes effectifs que l'on ouvre aux personnes avec qui on est en relation d'affaires, et qui contiennent l'état de ce qu'elles nous doivent et de ce que nous leur devons. J'appellerai les comptes de ce genre *comptes extérieurs* ou *comptes courans*. Il y en a d'autres que M. de Dombasle appelle *comptes intérieurs*, dont l'unique

objet est de se rendre raison à soi-même , et qui n'ont de rapport qu'à l'ordre et à la clarté que veut établir dans ses propres affaires celui qui tient sa comptabilité.

Le nombre des premiers est déterminé par celui des personnes avec lesquelles on a une série d'affaires qui fasse sentir la nécessité de leur ouvrir des comptes particuliers.

Les comptes intérieurs , au contraire, peuvent être multipliés indéfiniment. On peut en ouvrir plus ou moins, suivant qu'on met plus ou moins d'importance à connaître les résultats des diverses opérations , et à classer les divers genres de dépenses et de produits.

Ces comptes intérieurs sont d'une utilité agronomique , s'il est permis de parler ainsi , et ils servent à répandre le plus grand jour sur les diverses parties de l'économie rurale et domestique. Ils deviennent surtout nécessaires lorsqu'on introduit des méthodes inusitées et que l'on tente de grandes entreprises d'amélioration. C'est le fil qui sert à nous conduire dans le labyrinthe des opérations agricoles.

12. Or , le système des parties doubles fournit une merveilleuse facilité pour établir ces sortes de comptes et les multiplier autant qu'on le désire, sans nuire en rien à la clarté et sans se donner trop de peine. Vainement on chercherait le même avantage dans un autre système ; celui qu'on appelle en parties simples est dans un sens plus compliqué , puisque , pour y puiser les mêmes renseignemens et obtenir le même degré de clarté , il faudrait multiplier prodigieusement les écritures et se livrer à des recherches longues et fatigantes. Parlons maintenant des livres nécessaires et de l'ordre qu'il faut observer dans chacun.

Des livres nécessaires à la comptabilité.

On emploie ordinairement trois sortes de livres, le journal , le grand-livre et les livres auxiliaires.

13. Le journal est ainsi nommé parce qu'on y écrit jour par jour toutes les affaires à mesure qu'elles arrivent. Ce livre est réellement la base de la comptabilité ; c'est le seul dont la loi exige la tenue régulière de la part des commer-

çans. C'est le seul qui soit rigoureusement indispensable à un agriculteur pour maintenir l'ordre dans ses affaires.

Sa forme est ordinairement un in-folio de cinq à six mains de papier grand-raisin, réglé d'une ou deux lignes à la marge, et de deux autres à l'endroit où l'on tire les sommes.

Il doit être écrit proprement et sans rature ; et c'est pour cela que ceux qui attachent un grand prix à cette propreté et qui veulent qu'il soit toujours écrit de la même main , le font précéder d'un autre livre ou cahier appelé *brouillard* ou *main courante*, sur lequel on prend immédiatement les notes qui doivent servir à composer le journal.

Les articles sont inscrits au journal sans autre ordre que celui de leur date ; c'est ce que l'on appelle *passer écriture*.

Le style doit en être clair et concis tout à la fois , c'est-à-dire qu'il faut éviter les mots inutiles sans omettre aucune des circonstances essentielles.

Ces circonstances peuvent être tout au plus au nombre de sept , savoir :

1° La date.   5° L'action et comment payable.
2° Le débiteur.   6° Le prix.
3° Le créancier.   7° La somme.
4° La quantité et qualité.

En observant toutes ses parties, on forme l'article suivant :

——————————— 30 *Janvier* 1838. ———————————

	fr.	c.
RENARD à grains en magasin :		
Vendu à 3 mois de terme , 35 hectolitres fro-		
ment de l'année, à 18 fr. 50 c. l'hectolitre....	647	50

On remarquera que ; dans cet article , rien n'est omis de ce qui est utile, et que cependant il n'y a pas un mot de trop , pas un qui n'exprime quelque circonstance nécessaire. On peut donc cloncure que , passés dans cette forme , les articles sont dans leur perfection, qu'on ne saurait en rien retrancher sans nuire à la clarté, ni rien ajouter sans surcharger les écritures de mots superflus.

Tels sont les principes du journal , et tel est l'ordre qu'il faut observer en passant les écritures. Voyons à présent ce que c'est que le grand-livre.

14. Le grand-livre est ainsi nommé, parce que c'est le plus grand volume dont on se serve dans la comptabilité. Il est bon qu'il soit large, afin de pouvoir comprendre chaque article dans une seule ligne. Sa forme est celle d'un in-folio de quatre, cinq ou six mains de papier dit *grand-colombier* ou *grand-jésus*, réglé de deux lignes à la marge et de quatre ou cinq vis-à-vis, à l'endroit des sommes.

On l'appelle aussi *extrait*, parce que tous les articles qu'il contient sont extraits du journal. On le nomme encore *livre de raison*, parce qu'il rend raison de toutes les affaires.

Le grand-livre est destiné à recevoir, dans un autre ordre, tous les articles qui ont été passés au journal. Inscrits pêle-mêle dans ce dernier, ils viennent se ranger dans le grand-livre, sur les comptes qui les concernent. On appelle cette opération *reporter* du journal au grand-livre. Chaque compte occupe deux pages en regard l'une de l'autre.

15. La page qui est à gauche de celui qui écrit, contient les articles du débit, et elle porte en tête le mot *Doit*; la page qui est à droite est celle du crédit, et elle est intitulée *Avoir*. En reportant chaque article du journal au grand-livre, on le place sur une page ou sur l'autre, suivant qu'il indique un débiteur ou un créancier. En tête de chaque compte, entre les deux mots *Doit* et *Avoir*, on écrit le nom de la personne ou de la chose à laquelle le compte est ouvert.

16. On aura soin d'annexer au grand-livre sur les premiers feuillets, ou mieux encore sur un petit cahier séparé, un répertoire par ordre alphabétique, où se trouvent portés les noms de toutes les personnes ou de tous les objets personnifiés qui figurent au grand-livre, avec l'indication du folio de chaque compte. Non-seulement ce répertoire sert à trouver les comptes que l'on cherche, il devient, dans la pratique, le régulateur des écritures.

En effet, les articles doivent être passés au journal relativement aux comptes ouverts au grand-livre. Ainsi, dans l'exemple cité plus haut, lorsque nous avons écrit : *Renard à grains en magasin*, nous avons opéré dans la supposition qu'un compte intitulé : *Grains en magasin*, était ouvert au grand-livre ; car , d'ailleurs , rien n'empêchait de passer l'article en écrivant : *Renard à froment*.... Mais alors il eût fallu avoir un compte particulier pour le froment , un autre pour l'orge , etc. ; tandis qu'il est plus simple de comprendre toutes les récoltes en céréales sous le nom de *grains en magasin* ou de *grenier* , et de charger ce compte au débit envers les diverses récoltes tant en froment, tant en seigle , tant en orge , etc.

17. Cette observation est de la plus grande importance ; car si l'on passe les écritures au hasard, et que l'on indique des comptes différens pour la même nature d'affaires , ou , pour mieux dire , si l'on qualifie le même genre de débiteurs ou de créditeurs , tantôt d'une manière , tantôt de l'autre , il arrivera qu'en cherchant l'ordre , on aura créé une confusion à ne plus se reconnaître. Un bon moyen , un moyen en quelque sorte mécanique , de prévenir cet inconvénient serait de commencer par bien établir sur son répertoire tous les comptes que l'on se propose d'ouvrir. Un répertoire bien raisonné , bien conçu, peut devenir le texte ou l'argument d'après lequel on dirige la conduite générale des écritures.

18. On sent qu'il n'est question ici que des comptes de la seconde classe , que nous avons appelés *comptes intérieurs,* dans lesquels figurent comme débiteurs ou créanciers divers objets matériels , comme, par exemple , capital , caisse , froment, blé de printemps , pommes de terre , fourrage artificiel , bœufs , jumens , bergerie , dépenses de ménage , frais généraux, réparations , etc. ; car il est évident que les comptes courans avec les personnes n'étant point arbitraires , ne peuvent pas être toujours prévus d'avance , et d'ailleurs ils ne présentent aucune dificulté en eux-mêmes, puisqu'ils sont tout naturellement ouverts sous le nom de l'individu avec lequel on traite. Cet individu est nécessairement débiteur ou créancier ; il donne ou reçoit une valeur quelconque en argent, en travail ou en denrée. La seule question qui se présente est de le débiter ou de le créditer convenablement ; or, c'est ce que la nature des affaires

indique d'une manière à ne pas s'y méprendre , pour peu qu'on veuille réfléchir , et bien entendu qu'on aura saisi parfaitement les principes exposés ci-dessus.

Ainsi , par exemple , en supposant que Pierre Brulé a fait pour mon compte un certain nombre de journées de main-d'œuvre , et que , de mon côté , j'ai fait labourer son champ par mes bœufs , et qu'en outre je lui ai livré certaines denrées à diverses reprises , tout cela aura été inscrit au journal sous sa date. Voici comment s'établit ce compte au grand-livre :

Sur la page à gauche on écrit :

Doit   **PIERRE BRULÉ :**

1837.			A.	B.	f.	c.
Mars ...	25	A labour étranger pour 2 journées 1 3 de travail à 4 fr............	12	20	9	33
Mai	2	Grains en magasin , 1 hectolitre seigle à 15 fr. 50 cent..........	21	15	15	50
	10	A racines en magasin , 2 hectolit. pommes de terre.............	25	9	2	»»
Juin....	6	Grains en magasin, 2 hectolit. orge à 12 fr......................	30	15	24	»»
Juillet..	1	A caisse pour solde.............	38	2	21	12
		Total..........			72	95

Sur la page à droite , en regard , on pose le crédit dans la forme suivante :

            Avoir.

1837.			A.	B.	f.	c.
Février.	10	Par réparations , 108 mètres muraille au pré Grand...........	6	18	16	20
Mars....	31	Par améliorations , 200 mètres fossés à 15 c..................	13	19	30	»»
Juin....	10	Par carottes , sarclages.........	32	8	20	»»
	26	Par prés , 4 journées et demie de faucher à 1 fr. 50 c...........	34	7	6	75
		Total...........			72	95

On voit par cet exemple quel est l'arrangement qu'il convient d'observer dans les comptes du grand-livre. La date de chaque article du journal se place, savoir : l'année et le mois en marge, et le jour ou quantième du mois dans la colonne qui suit immédiatement ; les deux dernières colonnes à droite servent à placer les sommes en francs et centimes, et les deux qui précèdent immédiatement servent à recevoir le chiffre indicateur des folio du débiteur et du créancier. Celui du débiteur se place au crédit dans la colonne B, et celui du créancier au débit dans la même colonne. La colonne A est destinée à recevoir le chiffre des pages du journal d'où les articles ont été tirés.

Voilà ce que nous avions à dire sur la forme et l'ordre à observer dans le grand-livre. Nous indiquerons ailleurs comment il faut procéder quand on veut reporter les articles du journal, et quelles sont les précautions à prendre pour éviter, dans ce travail, toute omission ou double emploi. Mais auparavant, il convient de dire un mot des livres auxiliaires.

19. Les livres d'aide ou auxiliaires ont été ainsi nommés parce qu'ils servent à rassembler les matériaux nécessaires à la composition des articles du journal. On peut les comparer à des éponges qui recueillent goutte à goutte le liquide dont les articles du journal sont les réservoirs. La multiplicité et la diversité des affaires, les détails nombreux et fractionnaires, dans lesquels elles se divisent, ont fait sentir l'inconvénient, disons l'impossibilité, de porter directement au journal tous les menus articles de recette et de dépense à mesure qu'ils se présentent. En conséquence, les commerçans ont pris le parti d'avoir un certain nombre de livres auxiliaires pour y annoter les diverses opérations à mesure qu'elles se présentent.

Ainsi, dans le commerce, on a, suivant l'exigence des cas, un livre particulier de caisse, un livre des factures, un des traites et remises, un livre de banque, un des achats et ventes, des numéros, des commissions ; un des copies et du port des lettres. On rassemble ensuite les diverses notes, dont la somme prise sur chaque livre auxiliaire forme un article du journal. Ainsi vingt, trente articles qui seraient de mince conséquence pris isolément forment, après avoir été additionnés, un seul article considérable du journal. C'est ainsi que le travail, en se divisant, devient plus facile, plus simple, plus clair et réellement plus expéditif.

20. En appliquant la comptabilité en parties doubles à l'agriculture, il a été indispensable de modifier l'usage du commerce relativement à la tenue et à la forme des livres auxiliaires. Les opérations de l'économie rurale sont infiniment plus compliquées. Avant qu'un hectolitre de blé soit remis dans le grenier, tant de choses ont concouru à sa formation, il a fallu lui faire subir l'influence de tant de travaux, de tant de dépenses, dont les élémens, confondus avec ceux qui ont servi à d'autres produits, se cachent dans des détails qui paraissent tellement inextricables, que, pour opérer le départ et l'analyse de cet amalgame, on a besoin d'employer une méthode toute particulière. Il faut que cette méthode soit tout à la fois claire, facile et expéditive, et que dans l'exécution elle n'exige pas la moindre contention d'esprit.

Dans cette vue, M. Mathieu de Dombasle a imaginé des livres auxiliaires qui ne sont que des cahiers peu volumineux, pas très-larges et de forme oblongue pour en rendre le maniement plus facile, qui sont recouverts de papier de différente couleur, afin qu'on puisse distinguer au premier coup-d'œil la destination de chacun. Chaque page de ces cahiers présente un tableau par colonnes, en tête desquelles sont écrits d'avance les noms des personnes ou des choses qui doivent être le sujet des comptes.

21. Ainsi, par exemple, le livre des domestiques ou employés de la ferme présente un nombre de colonnes égal à celui de ces employés avec le nom de chacun en tête. A la marge, on écrit la date, et à la droite de chaque colonne une ligne verticale sépare la place nécessaire pour contenir les chiffres indicateurs de la durée de leur travail. L'unité est une heure.

Voici quelle est la forme de ce tableau :

Employés de la ferme. — Heures de travail.

1838.		Mᵉ – VALET.		BOUVIER.		VALET DE CHAR.	
Mars..	10	Mob. rural 2, orge 7......	9	Orge......	7	Clôt. 2, orge 7..	9
	12	Id. 4, fumier 5.	9	Fumier ...	7	Id. 2, fumier 7.	9
	13	Bois	9	Bois......	7	Bois..........	9
	14	Avoine........	9	Avoine ...	7	Av. 7, mén. 2..	9
	15	Id. 7, m. rur. 2.	9	Id.........	7	Id. 7, clôt. 2...	9

D'après cet échantillon, on peut se faire une idée de ce tableau. On doit faire en sorte que chaque page, ou que les deux pages en regard embrassent tous les jours du mois, les dimanches exceptés. A la fin du mois, on procède au dépouillement. Ce travail est facile quand on emploie le moyen que je vais décrire.

22. On prend une feuille de papier sur laquelle on trace à la règle et au crayon autant de lignes horizontales qu'il y a d'objets de travail sur le tableau du mois. On les coupe par autant de colonnes verticales qu'il y a de domestiques. On désigne ceux-ci par les chiffres 1, 2, 3, etc., afin de n'avoir à tracer que des colonnes étroites. A la marge, on inscrit de haut en bas le nom des récoltes et autres objets qui font la matière des comptes, tels que labour, fumier, bois, froment, orge, dépenses de ménage, etc., et en face on place le nombre d'heures que chaque valet a dépensées dans les divers travaux. A l'extrémité de la ligne on fait l'addition.

Voici la figure de ce tableau de dépouillement :

	1.	2.	3.	TOTAL :		
Mobilier rural...	8	»	»	8 à 12 c.	0 fr.	96 c.
Fumier	5	7	7	19 id.	2	28
Orge...........	7	7	7	21 id.	2	52
Avoine.........	16	14	14	44 id.	5	28
Bois	9	7	9	25 id.	3	»
Frais généraux..	»	»	4	4 id.	0	48
Ménage.........	»	»	2	2 id.	0	24

Le dépouillement du mois entier fournit la matière d'un article du journal. On écrit : Les suivans aux employés de la ferme , travail de mars :

	f.	c.	f.	c.
1º Mobilier rural...........................	»»	96		
2º Fumier	2	28		
3º Orge	2	52		
4º Avoine	5	28		
5º Bois......................................	3	»»		
6º Frais généraux	»»	48		
7º Ménage...................................	»»	24	14	76

Quand on reporte au grand-livre , les articles partiels vont figurer au débit des comptes fumier , orge , avoine , etc.; et le total au crédit du compte des domestiques , en ces termes :

Par divers , travail de mars , 14 fr. 76 c.

23. Les heures du pansement des bœufs , des vaches et des chevaux étant toujours à-peu-près les mêmes , il est inutile de les porter sur le tableau. On les porte directement au journal à la fin du mois , ou , si l'on veut , à la fin de l'année. On écrit :

Bœufs, ou chevaux , etc. , aux employés de la ferme pour pansement ou frais de garde....

24. Le livre des manouvriers s'établit aussi en forme de tableau par colonnes. Seulement on tire à la droite de chaque colonne deux lignes verticales pour recevoir le chiffre des journées et des fractions de journée. La journée se divise par centièmes. Pour une journée 1/2 , on écrit 1 50 ; pour un quart , on écrit 0 25. L'en-tête indique le nom des manouvriers ; et dans l'intérieur on écrit l'objet du travail.

25. Le livre des bœufs et des chevaux de trait porte des colonnes étroites , parce qu'elles ne doivent recevoir que le chiffre indicateur des heures de travail. On met en tête la désignation des récoltes ou des opérations auxquelles s'applique ce travail, comme labour , hersages , prés , bois , seigle , pommes de terres , etc. Ici on n'a pas besoin de faire le dépouillement : Il suffit d'additionner au bas de chaque

colonne les chiffres qu'elle contient. Et chacune de ces additions fournit un article que l'on passe en la forme collective indiquée ci-dessus pour le travail des employés.

26. Le tableau de la consommation du bétail a la même forme. Seulement on le divise en autant de sections qu'il y a d'espèces différentes de bétail dans la ferme. Ainsi une de ces sections est intitulée *Bœufs*, l'autre *Vaches*, *Chevaux*, etc. On peut consacrer une page du livre à chacune de ces sections. L'en-tête des colonnes, sauf la première à gauche qui est réservée pour le nombre existant des animaux, porte l'indication des matières livrées à la consommation, telles que foin, trèfle, luzerne, maïs, avoine, farine, pommes de terre, etc.

27. Ce tableau, en ce qui concerne le foin, n'est applicable que lorsqu'on prend le parti de le faire botteler pour en régler la distribution. Suivant l'usage ordinaire qui consiste à distribuer le foin dans les granges par charretées, dont on évalue le poids à vue d'œil, il suffit d'annoter sur le journal le nombre de ces voitures qui revient à chaque espèce de bétail. Il est bon néanmoins de faire usage de ce tableau pour les bœufs à l'engrais et d'y porter les quantités de racines et de grains qu'on leur donne.

28. Le tableau de la consommation du ménage commence (à gauche après la date) par deux colonnes pour le nombre, jour par jour, des individus présens à la table, dont l'une pour la table du salon et l'autre pour la table de la cuisine. Ensuite, une série de colonnes porte en tête l'indication des divers objets de consommation ; pain de ménage, pain de boulanger, viande de boucherie, bandes de lard, légumes secs (en doubles décalitres), pommes de terre *id.*, litres de grains aux poules.

29. On peut tenir note des dépenses de ménage en suivant la méthode indiquée plus haut, chap. 2, n° 13, et qui consiste à enregistrer les objets qui entrent dans le ménage. Ainsi on écrit au journal :

Seigle mis au moulin ce jourd'hui, vingt hectolitres à 15 fr.... 300 fr.

Vin ; barrique mise en perce pour les domestiques, revenant au prix de 30 fr.

On passe au débit du ménage le sel qu'on achète, et on crédite ce même compte de la quantité qui est fournie aux bestiaux. Il serait mieux de mettre à part la quantité que l'on destine à ceux-ci. Pour la volaille et les cochons, on met à part le grain qu'on veut leur donner, mois par mois, et on prend note de ces quantités. Le jardin et la vacherie peuvent entrer dans la dotation du ménage. Il suffit de porter au débit de ce dernier tous les frais de culture du jardin, sauf à le créditer à raison des produits qui sont vendus.

Pour la vacherie on fixe le produit journalier en lait par des expériences, ainsi qu'on l'a dit au chapitre précité, et on en débite le compte du ménage ; *idem* pour les veaux.

30. Veut-on obtenir des détails plus cicrconstanciés? on monte un tableau intitulé : *Laiterie*, lequel montre dans diverses colonnes, d'abord le nombre des vaches à lait, puis le produit en litres de la traite du matin et de celle du soir ; enfin, une 4e colonne porte le total des deux traites.

Vient ensuite la consommation : tant pour le ménage, tant converti en beurre, en fromage, en petit-lait ; on annote la part des cochons dans cette consommation ; une dernière colonne indique les quantités vendues et le prix.

En voilà assez pour faire concevoir la forme et l'usage des livres auxiliaires que l'on peut employer dans la comptabilité agricole. Tâchons à présent d'expliquer le mécanisme général de la comptabilité.

Du mécanisme général de la Comptabilité agricole en parties doubles.

On va traiter, dans cet article, de l'inventaire, des comptes, de la manière de les établir, de les vérifier et de les solder ; du compte particulier intitulé : *Profits et pertes*, et enfin du bilan.

31. *De l'Inventaire.* — Le premier soin de tout propriétaire qui veut tenir une comptabilité en parties doubles, doit être de dresser un inventaire exact et détaillé de tous ses effets mobiliers et immobiliers. Cet inventaire se divise en deux

chapitres ; le premier comprend toutes les valeurs actives , et le second les dettes passives.

Au chapitre de l'actif, on porte d'abord l'état des biens-fonds en autant d'articles qu'il y a de natures différentes de propriétés , avec la contenance et la valeur de chacune.

Ainsi , par exemple , on écrit sur l'inventaire :

1° Prés, 24 hectares à 1,500 fr................ 36,000 fr.
2° Terres arables , 80 hectares à 400 fr........ 32,000
3° Pâtures ; 4° bois ; 5° châtaigneraies ; 6° vignes ; 7° jardins ; 8° bâtimens : le tout évalué à juste prix.

Vient ensuite l'état estimatif et circonstancié des bestiaux et celui des outils aratoires et ustensiles , bref de tous les objets employés à l'exploitation, comme aussi des fourrages, des grains qui existent en magasin , des fumiers et du bois qui se trouvent dans la basse-cour. Enfin , on y porte la note de l'argent comptant que l'on possède.

Pour que l'inventaire soit le miroir fidèle de la situation du cultivateur, on y joindra par estimation l'état des récoltes pendantes et des frais qu'elles ont coûté , comme aussi ceux des labours et autres travaux commencés.

On passe ensuite au détail des dettes actives que l'on classe en bonnes , en douteuses et en mauvaises, suivant les circonstances.

C'est ainsi que l'on doit éviter avec soin de se faire illusion sur la quotité de son avoir ; et par la même raison , dans l'évaluation des bestiaux et autres objets d'inventaire, il est essentiel de se tenir en garde contre toute exagération : le plus sûr est de demeurer, au contraire, un peu au-dessous de la valeur réelle.

32. Le chapitre du passif doit comprendre toutes les dettes passives , quelles qu'elles soient , avec leur échéance et la quotité des intérêts , sans omettre les arrérages échus, s'il y en a.

33. Cet inventaire, ainsi dressé avec exactitude , fournit la matière des deux premiers articles du journal que l'on passe dans la forme suivante :

28

——————————————— 1er *Janvier* 1838. ———————

Les suivans à capital , suivant l'inventaire :
1º Prés , 24 hectares à 1,500 fr................36,000 fr.
2º Terres arables , 80 hectares à 400 fr........32,000
3º Pâtures ; 4º bois , chènevières , jardins , etc. ; et les bâtimens pour un dixième de la valeur des biens-fonds.

Puis les bestiaux , article par article , le mobilier rural ,
les ustensiles de ménage , l'argent comptant et les dettes
actives.

Cet article est suivi d'un second ainsi conçu :

——————————————— *Dudit.* ———————

Capital aux suivans pour mon passif , suivant l'inventaire :
A obligations : effet chez N. , ag. de change , éch.
  9 septembre prochain......................... 2,120 fr.
A contrats de rente constituée : capital de la
  rente à 5 pour 0/0 , éch. 1er novembre prochain,
  payable au sieur M. G....................... 2,400

Ces deux articles sont reportés au compte de capital sur
le grand-livre , savoir : le premier au crédit , le second
au débit.

On fait la soustraction , et l'excédant , que l'on nomme
balance , exprime l'avoir réel du propriétaire , son actif ,
déduction faite du passif.

On voit assez , par ce qui précède , quelle est la forme ,
l'usage et l'importance de l'inventaire. Il est la base de la
comptabilité ; on ne saurait apporter trop de soins à le faire
d'une manière exacte et précise. Nous n'en dirons pas davantage sur cet article : de plus longs détails deviendraient fastidieux et tendraient , par conséquent , à obscurcir la
matière au lieu de l'éclaircir.

34. *Des Comptes.* — On établit les comptes sur le grand-livre , ainsi que nous l'avons dit plus haut. Ils se composent des
articles extraits du journal , lesquels vont se ranger sous les
titres qui leur conviennent ; et à cet égard , il ne peut y
avoir d'incertitude , pourvu que les écritures soient passées

au journal dans la forme requise. En effet , on doit se ressouvenir qu'il est de l'essence de la comptabilité en parties doubles de montrer, dans chaque article , un débiteur et un créancier. En conséquence , dans le report des articles du journal au grand-livre , la somme est inscrite au crédit du compte du créditeur et en même temps au débit de celui du débiteur. Ainsi, en supposant que l'on trouve sur le journal un article passé ainsi qu'il suit :

——————————— 15 *Février* 1838. ———————

Caisse à grains en magasin , pour 100 hectolitres de
    froment vendus comptant à 18 fr............ 1,800 fr.

Quand on veut reporter cet article au grand-livre , on se demande : Quel est ici le débiteur ? c'est la caisse qui a reçu. Quel est le créditeur ? c'est le grenier qui a donné. Ainsi donc on écrit sur le compte des grains en magasin , à son crédit , c'est-à-dire sur la page à droite :

                  Grains en magasin :   Avoir.

Février , 15. Par caisse pour 100 hect. froment.... 1,800 fr.

En même temps on cherche le folio du compte caisse et on écrit à son débit , c'est-à-dire sur la page à gauche :

Doit   *Caisse :*

Février , 15. A grains en magasin pour 100 hect. 1,800 fr.

On voit qu'il ne peut pas y avoir de difficulté pour quiconque a bien saisi le principe fondamental de la tenue des livres en parties doubles.

35. Mais si l'opération du report des articles au grand-livre n'exige pas un grand effort de conception , on ne peut nier qu'elle ne soit sujette à des erreurs d'inattention , et que le teneur de livres ne soit exposé, lorsqu'il travaille sans méthode , à commettre par inadvertance des fautes d'omission ou de double emploi.

Pour prévenir cet inconvénient et rendre le travail facile, on a recours au procédé suivant. On trace de haut en bas sur les pages du journal, aux bords de la marge à gauche , deux lignes formant une colonne étroite. En face des articles qu'on veut reporter, on place au-dessus de la ligne horizontale le chiffre indicateur du folio du compte du débiteur au grand-livre, et, par-dessous, celui du folio du créancier. C'est donc le répertoire à la main que l'on prépare ainsi les articles que l'on veut reporter.

Ensuite, à mesure que l'on vérifie l'exactitude de ces reports, on fait un point vis-à-vis les chiffres indicateurs des folio du grand-livre. Cette opération s'appelle *pointer*. Ainsi, en supposant le compte de caisse au folio 2, et celui des grains en magasin au folio 8, l'article serait préparé et pointé ainsi qu'on va le voir :

—————————————— 15 *Février*. ——————————————

.| 2 |Caisse à grains en magasin pour cent hecto.
.| 8 | froment vendus comptant à 18 fr........ 1,800 fr.

En pointant ainsi exactement les articles à fur et mesure qu'ils sont reportés au grand-livre, il suffit de parcourir des yeux les pages du journal pour reconnaître s'il y a des omissions, et l'on n'est point exposé à faire de double emploi.

36. Mais quels sont les comptes que l'on doit ouvrir, et combien faut-il en ouvrir?

Relativement à la dernière question, nous dirons que l'un des avantages de la comptabilité en parties doubles est de pouvoir multiplier les comptes intérieurs sans un notable surcroît de travail. En effet, quand on ouvre deux comptes au lieu d'un, on n'a guère qu'un titre de plus à écrire ; car il importe peu que l'on reporte une fois sur deux folio du grand-livre ou deux fois sur un seul.

37. Quant à la nature des comptes, on observera que le plus grand nombre de ceux qu'il convient d'ouvrir est indiqué par l'inventaire. Si l'on crédite et si l'on débite le capital de tous les articles de l'inventaire, ainsi qu'on l'a indiqué plus haut, il est clair que chacun de ces articles réclame un compte au grand-livre ; car il est de l'essence des parties doubles de ne jamais introduire un débiteur sans lui donner un créditeur, et un créditeur sans lui donner un débiteur, d'où il suit que chacun des articles crédités ou débités par le capital doit avoir un compte particulier.

On ouvre le compte de caisse , qui est le compte par excellence , et l'on ouvre également des comptes à toutes les autres portions du capital , telles qu'elles sont détaillées au 1er article du journal, d'après l'inventaire ; c'est-à-dire aux terres arables , aux prés, aux bois , aux châtaigneraies , aux vignes, aux bœufs, aux vaches, aux jumens, à la bergerie, aux cochons et à la volaille, à moins qu'on n'aime mieux comprendre ces deux derniers articles dans le compte de dépenses de ménage.

Pour les dettes actives un peu considérables , on ouvre un compte à chacun des débiteurs. Quant à ces petits débiteurs avec lesquels il est si commun , dans les exploitations rurales , d'être en comptes courans pour des sommes minimes , qu'ils payent en travail ou à parties brisées , on les réunit en un compte collectif sous le nom de *Divers débiteurs.*

38. Le second chapitre de l'inventaire , c'est-à-dire celui du passif , fournit la matière d'autant de comptes qu'il contient d'articles différens. On peut les réunir en un compte collectif sous le nom d'*obligations ,* si mieux on n'aime ouvrir un compte nominal à chaque créancier.

Vient ensuite le compte des salaires qui porte à son crédit les salaires de chaque valet et de chaque servante , et au débit les payemens.

39. Outre ces comptes particuliers à chaque salarié , on a un compte général intitulé : *Employés de la ferme.* Il porte au crédit la valeur présumée de toutes les heures de travail que ces employés ont fournies dans le courant de l'année et appliquées aux diverses cultures ; à son débit figure en bloc le montant de leurs salaires , ainsi que la valeur de leur nourriture.

La balance de ce compte fait connaître à combien revient le travail des employés de la ferme , et on peut en déduire le véritable prix de l'heure de travail.

40. On trouve de la même manière le prix de l'heure de travail pour les bœufs et les chevaux ; ce qui est de la plus grande importance pour fixer le prix de revient des diverses récoltes.

41. Faut-il ouvrir un compte à chaque pièce de terre ou à chaque récolte différente? M. de Dombasle s'est déclaré pour cette dernière méthode et avec grande raison ; car, suivant la première, qui est celle de M. Thaër, il faudrait faire un gerbier pour chaque champ, le battre et le mesurer à part, ce qui serait souvent très-embarrassant dans la pratique. En ouvrant les comptes aux récoltes, on n'éprouve pas le moindre inconvénient ; car les produits des différentes cultures ne sont jamais confondus.

Lorsque les grains sont battus, vannés et mesurés, on les passe au débit du compte de grains en magasins, en les évaluant au cours du jour. La paille passe au compte de fourrages en magasin.

42. Pour connaître la quantité de la paille, on emploie un procédé fort simple. On compte les gerbes, soit au champ quand on les rassemble par douzaines, soit à l'aire quand on les extrait du gerbier pour les battre. Il suffit de peser un certain nombre de gerbes prises parmi les grandes, les médiocres et les petites. On arrive ainsi à déterminer à-peu-près le poids moyen des gerbes. Quand le battage est terminé, on voit combien il a fallu de gerbes pour produire un hectolitre de grain. On pèse celui-ci. Supposons 30 gerbes pour un hectolitre. Les gerbes pèsent vingt livres ou demi-kilo.

Si l'hectolitre pèse 160 livres ou demi-kilo., en déduisant ce poids de celui des trente gerbes, c'est-à-dire de 600 demi-kilo., on aura pour la paille 440 livres : à déduire pour déchet 1/10, c'est-à-dire 44 livres ; reste 396.

43. Les comptes intermédiaires de magasin sont très-utiles. Ils servent à recueillir les frais de manutention qui surviennent. Le compte de grenier surtout est indispensable. Il n'est pas agricole, comme ceux des récoltes ; c'est un compte de commerce. Les récoltes sont censées vendre leurs produits au magasin, sur l'aire et d'après le cours du moment. Le magasin reste chargé du transport au marché. Si le cours du blé augmente, le bénéfice ne diffère en rien de celui d'un marchand qui aurait acheté le blé à la même époque.

Quand on évalue le blé à l'entrée, il faut avoir égard au déchet et aux frais du criblage.

44. Quant à l'évaluation du foin en magasin, M. de Dombasle prend pour base le prix du marché ; mais je trouve que le bétail est hors d'état de payer le foin à ce prix. Le foin n'est pas une denrée directement applicable aux usages de l'homme ; il ne sert que par l'intermédiaire du bétail. Le prix du marché est relatif aux bénéfices du commerce et aux quantités mises en vente. Si tout le monde vendait son foin, le prix tomberait dans l'avilissement et le débit manquerait.

En évaluant le foin au cours du marché, on arrive à cette singulière conclusion, que le bétail est une source continuelle de pertes, et qu'il faut le bannir de l'exploitation. Disons, au contraire, que le foin ne vaut rien par lui-même et que son prix dérive du bétail.

Evaluez, si vous voulez, le foin au cours des ventes qui ont lieu sur le marché de la ville : quand vous balancerez le débit et le crédit du bétail, vous trouverez une perte. Il faut donc baisser le prix jusqu'à ce qu'on arrive à un bénéfice raisonnable, à un bénéfice suffisant pour compenser les cas fortuits.

Le prix réel du foin est resserré entre deux points fixes, savoir : le produit du bétail et la rente des prés. On fixe cette rente d'après le taux commun de la valeur vénale en corps de domaine. Si vous portez le foin trop bas, le bétail sera en bénéfice exorbitant, et le pré en perte ; si trop haut, la perte sera sur le bétail. Les parties doubles font justice de toutes les évaluations exagérées et de tous les déplacemens de valeur.

45. La même règle s'applique à l'estimation du fumier. Si vous portez celui-ci trop haut, le bénéfice du bétail tombe en perte sur le blé. On trouve la valeur réelle du fumier en comparant la balance des récoltes qui le reçoivent avec celle du bétail qui le fournit. C'est ainsi que les parties doubles ont l'avantage inappréciable de nous montrer la valeur réelle des choses, le prix de revient des diverses productions.

46. Je trouve, d'après mon compte, que le prix du foin est de trente sous le demi-quintal métrique. Celui du fumier varie suivant l'espèce qui le produit. Le fumier de mouton vaut cinq francs le tombereau, celui de cheval trois francs, celui de bœuf deux francs, au moment où il sort des étables. Le fumier, ainsi évalué, subit un déchet et des frais pour transport et dispersion sur le terrain, qui le font revenir au prix de 4 fr. 50 c. ou de 5 fr. le tombereau au moment où il est mis en terre.

Dans l'évaluation du fumier, il faut distinguer la part qui revient au bétail et celle qui revient à la paille. **M. de** Dombasle compte la paille pour moitié du prix. Si ce compte est exact pour les bœufs, il ne l'est pas pour les moutons, ni pour les chevaux. Je prends le parti de débiter les divers bestiaux de toute la paille qui leur est fournie, soit pour leur nourriture, soit pour la litière indistinctement, et puis je les crédite de toute la valeur du fumier. Je trouve la valeur de la paille, comme j'ai trouvé celle du foin et du fumier, en comparant les balances des divers comptes qui s'y rapportent.

47. L'avantage des comptes intermédiaires est incontestable. Il ne faut pas craindre d'ouvrir tous ceux dont l'utilité ou la commodité se fait sentir. Ainsi, il est bon d'avoir un compte de labour, au lieu de porter directement les travaux de ce genre sur le compte des récoltes ; et cela parce que les circonstances peuvent nous engager à changer la destination des labours.

Quand on a additionné tous les articles du débit de ce compte, on le crédite à la fin de la campagne par les diverses récoltes, en faisant la distribution au prorata de l'espace que chacune occupe.

48. Il faut donc un peu d'arpentage ; mais que ceci n'effraie personne. Un coup de compas est bientôt donné, et d'ailleurs on ne tarde pas à se mettre le compas dans les jambes. On se promène en long et en large, et on compte les pas.

En donnant aux planches du labourage une largeur égale,

si la longueur est la même, il suffit de les compter. Lorsqu'elles sont inégales en longueur, on tient compte de cette
différence. Du reste, ce soin ne regarde que les récoltes qui
occupent une partie du champ, car lorsque celui-ci est tout
entier occupé par la même récolte, on prend la contenance
sur la matrice cadastrale. Cette contenance doit être relatée
sur l'inventaire.

49. La connaissance des contenances sert encore pour la
distribution de la rente des terres sur les comptes des différentes récoltes. Celles-ci sont chargées à leur débit de la part
qui leur revient sur le loyer des terres, eu égard à leur
étendue et à la durée de leur végétation. Le blé occupe la
terre un an, y compris le temps nécessaire au labour préparatoire, et quelquefois plus long-temps, quand on donne
le labour à bonne heure. On lui impose la rente entière :
les pommes de terre et autres récoltes intercalaires ne doivent en supporter que la moitié.

En conséquence, j'ai un compte intermédiaire intitulé :
Rente de la ferme. Il est crédité par les prés, les pâtures,
les bois, les jardins et les terres arables. Celles-ci sont cré-
ditées par les diverses récoltes, ainsi que par le bétail, pour
la dépaissance des herbages naturels. Elles sont débitées
envers la rente de la ferme et envers le compte des contributions pour la part qui leur revient, d'après la matrice
cadastrale. Le montant de ce débit, déduction faite de la
valeur du pâturage, est réparti sur les récoltes. C'est en
faisant ce compte que l'on voit bien les inconvéniens de la
jachère et les avantages des fourrages artificiels comme
aussi des récoltes intercalaires.

50. Les comptes des prés naturels et des prés artificiels portent aussi à leur débit, outre les frais divers, leur part de
la rente et des contributions ; il en est de même des bois,
des pâtures, etc. Comme les arbres ne sont pas tous agglo-
mérés en face de bois ou forêt, je rassemble tous leurs produits, soit fruitiers, soit forestiers, en un seul compte intitulé : *Plantations.* Le débit porte tous les frais ordinaires et
extraordinaires.

51. On a un compte de mobilier rural, et un autre inti-

tulé : *Frais généraux.* Sur ce dernier figurent toutes les dépenses qui n'ont pas une application directe aux récoltes, comme, par exemple, l'entretien des bâtimens, les clôtures, les frais d'administration, ceux de négociation pour les achats et les ventes, ce qui comprend les déplacemens pour les foires, les marchés, etc.

Il y a des gens qui mettent les dépenses de ménage au rang des frais généraux ; mais je ne puis admettre cette classification. Les dépenses de ménage étant directement appliquées aux employés de la ferme, il est certain qu'elles entrent dans l'évaluation de l'heure de travail, et qu'elles atteignent ainsi les diverses récoltes. Si on les portait encore aux frais généraux, il y aurait double emploi ; car la somme totale de ces frais est répartie, à la fin de l'année, sur toutes les récoltes. On fait aussi la répartition des frais de mobilier rural. Pour faire de ceux-ci une distribution équitable, il faut arriver à connaître à-peu-près à combien revient par heure de travail l'usure des instrumens, tels que charrues, herses, voitures, etc. Alors on règle cette distribution pour chaque récolte, proportionnellement au nombre des heures qu'elle a dépensées.

52. On établit un compte d'intérêts. Ce compte est débité à obligations ou contrats de rente pour tous les intérêts que l'on doit. Il l'est aussi envers le capital circulant que l'on emploie. Il est crédité par les intérêts des dettes actives, si l'on en a (chose rare aux agriculteurs), et par tous les objets qui représentent le capital circulant, savoir : le mobilier rural, les bestiaux, etc.

Ainsi les intérêts arrivent au crédit des comptes du passif et au débit des comptes de l'actif.

53. Les dépenses de ménage embrassent deux objets distincts : la nourriture du maître et celle des valets. A la rigueur, il faudrait deux comptes. Mais ces deux dépenses se touchent et se confondent par tant de points, qu'il est bien difficile de les séparer. On prend le parti de fixer le prix de la dépense journalière des domestiques, et cela au moyen de quelques expériences et du calcul. On porte

ensuite au crédit du compte le total de la dépense annuelle des valets, d'après ces estimations. On en fait autant pour les manouvriers. Le compte étant débité de tous les articles de dépense, on fait la balance, et l'excédant du débit indique ce qui revient à la table du maître.

54. Les dépenses autres que celles de la table donnent lieu à un autre compte intitulé : *Dépenses du maître.* Si l'on a des chevaux de voiture ou de selle pour le service du maître et de sa famille, on en porte l'entretien à dépenses. Il en est de même des domestiques, toutes les fois que leur service n'appartient pas à l'exploitation de la ferme.

55. On remarquera que nous avons porté en inventaire, suivant l'usage des experts, les bâtimens pour un dixième de la valeur des terres.

Outre l'entretien annuel, ces bâtimens doivent une rente proportionnelle à leur estimation et calculée au taux vénal des immeubles; cette rente appartient au crédit du compte *rente de la ferme;* et de là il arrive au débit des frais généraux. Mais, si la maison est plus belle, plus spacieuse et plus estimée qu'une maison ordinaire d'exploitation, l'excédant de la rente va figurer au compte des dépenses. On voit que ce dernier n'est pas un compte agricole.

56. Le compte des contributions est crédité par les terres arables, par les bois, par les prés, par les pâtures, etc.; par frais généraux pour les portes et fenêtres et pour la contribution personnelle et mobilière : il est débité à caisse à mesure des paiemens.

57. On a deux comptes pour les blés d'hiver : un pour le blé de l'année, un autre pour le blé de l'année suivante. Ce dernier ne porte que les frais de culture jusqu'au moment des semailles : il passe à l'exercice de l'année suivante par le moyen du bilan, ainsi que nous l'expliquerons plus bas.

58. On notera que, si le jardin est attribué aux dépenses de ménage, tous les frais qu'il occasionne doivent entrer au débit de ce compte. Lorsque le jardinier est employé à autre chose, on crédite le ménage de toutes les heures de travail qui ont été dépensées au profit des autres récoltes. Le salaire

des servantes prend place également au débit du ménage , et leur travail dans les champs ou dans les prés passe à son crédit.

59. Il en est de même de la bergerie. Elle est chargée au débit du salaire et de la nourriture des bergers et de leurs chiens. Si les bergers prennent part aux travaux de la ferme, le compte de bergerie en est crédité.

60. Au lieu de porter directement aux récoltes le montant des journées des manouvriers , il est bon d'avoir un compte de main-d'œuvre. On le débite à caisse à mesure qu'on paie les journées , et à dépenses de ménage pour la nourriture ; on le crédite par les comptes des divers objets auxquels a été appliqué le travail des manouvriers.

61. Si l'on est débiteur par comptes courans et pour de petites sommes envers plusieurs particuliers, ou ouvre un compte intitulé : *Divers créanciers.*

62. Si des gens qui nous doivent s'acquittent en tout ou en partie par des journées de travail , on porte le montant de ces journées au débit de main-d'œuvre et on en crédite celui de divers débiteurs sous le nom de l'individu qui s'est acquitté de cette manière.

63. Le compte *fumier* est débité, aux diverses espèces d'animaux , du nombre de tombereaux qui sortent de leurs étables ; et il est crédité par les récoltes qui reçoivent ensuite ce fumier. Mais , comme , dans la culture alterne , il arrive que plusieurs récoltes profitent d'une seule fumure , on a un compte intermédiaire pour distribuer à chacune la part qui lui revient dans la dépense de l'engrais. Ce compte est intitulé : *Engrais en terre.*

On prend le parti, d'après M. de Dombasle , d'attribuer la moitié de la valeur du fumier à la récolte qui le reçoit immédiatement, et de partager l'autre moitié entre les deux qui lui succèdent. Les fourrages artificiels , suivant le même auteur , doivent être exempts de tout tribut envers engrais en terre , parce qu'ils rendent à la terre autant ou plus qu'ils n'en reçoivent. Voici comment on fait usage du compte *engrais en terre :*

On débite la première récolte de tout le fumier qu'elle reçoit. A la fin de la campagne, cette même récolte est déchargée de la moitié du fumier par engrais en terre. Ce dernier compte arrive, par le bilan, dans la comptabilité de l'année suivante, et on le crédite par la récolte qui succède à la première sur la même terre. Il est clair qu'on doit avoir soin d'indiquer le champ sur lequel porte l'article passé au compte *engrais en terre*.

Ce compte n'est mis en usage que dans les cas où deux ou trois récoltes doivent se succéder sur une seule fumure. On l'applique surtout aux pommes de terre et autres récoltes intercalaires. Ainsi, on fait refluer sur le blé qui vient après la moitié de la dépense en fumier qui a été appliquée à ces récoltes.

64. Une des plus grandes difficultés de la comptabilité se trouve dans l'évaluation de la dépaissance du bétail et dans celle des rations en fourrage vert qu'on lui donne à la crèche. Je porte cette ration journalière à 35 cent. pour un bœuf, et à 30 cent. pour une vache ou un cheval. La dépaissance sur le pré est évaluée à 25 cent. pour un bœuf et un cheval et à 20 cent. pour une vache. Je porte à 2 cent. par jour la dépaissance d'une brebis sur les prairies, et à 1 cent. sur les terres en friche durant la belle saison, lorsque les bêtes à laine ne reçoivent point de nourriture au râtelier. Lorsqu'on commence à leur donner un supplément en foin, la dépaissance est réduite par moité ou davantage, suivant les circonstances. C'est ici une affaire de coup-d'œil et d'estimation.

65. Il est inutile de dire que, lorsqu'on donne des hivernes aux domestiques, la bergerie doit en être créditée. Pour évaluer le parc, je le mesure; et partant de ce point de fait que le parcage équivaut tout au moins à 24 tombereaux de fumier par hectare, je l'évalue à raison de 120 fr. pour cette contenance. La mesure du parc nous donne celle du terrain parqué, en comptant les nuits que les bêtes à laine ont passées sur le terrain. Si le parc a sur chacune de ses quatre faces dix claies de deux mètres de largeur, déduction faite des doublures, cela fait un carré parfait de 20 mètres

de côté et par conséquent une enceinte de 400 mètres carrés. Alors le troupeau engraissera un hectare dans 25 nuits.

En voilà assez pour donner une idée de la façon dont on établit les comptes agricoles. L'expérience en apprendra davantage à ceux qui se donneront la peine de travailler sur la comptabilité avec réflexion.

66. Voyons à présent comment on vérifie l'exactitude des écritures et comment on doit s'y prendre pour corriger les erreurs.

Une des conditions de la bonne comptabilité réside dans la garantie de son exactitude : on a droit, par conséquent, d'exiger qu'elle porte en elle-même un mode de vérification aussi expéditif que facile. Or, cette condition est mieux remplie par la comptabilité en parties doubles que par toute autre. En effet, on doit se souvenir qu'il est de l'essence de cette comptabilité de ne jamais porter une somme quelconque au crédit d'un compte, sans la porter, en même temps, au débit d'un ou de plusieurs autres.

Il suit de ce principe que, si l'on additionne toutes les sommes inscrites au journal, en même temps toutes les sommes portées au crédit des divers comptes, ainsi que toutes celles qui se trouvent à leur débit, les résultats de ces trois additions doivent être parfaitement égaux. On peut donc s'assurer, par cette opération, de l'exactitude des écritures. Toutes les fois que ces trois additions ne concordent pas d'une manière rigoureuse, on peut être certain qu'il y a erreur, soit dans le report des articles du journal au grand-livre, soit dans l'addition des colonnes du débit ou du crédit des comptes. Dans ce cas, on doit repasser les écritures avec une attention scrupuleuse, jusqu'à ce qu'on ait découvert l'erreur. Pour la réparer, on ne doit ni raturer ni corriger, mais passer un article que l'on débite ou que l'on crédite pour réforme de l'erreur. Cela s'appelle *contrepasser*. Ainsi, en supposant que l'on découvre au débit du compte de caisse une erreur de 150 fr. 14 c., on passe au crédit un article ainsi conçu : Pour contrepasser le double emploi ci-contre ou l'erreur d'addition, ci 150 fr. 14 c. Cela suffit pour rétablir l'exactitude de la balance. Si l'erreur est au crédit, on contrepasse au débit.

67. Toutefois , on sent que le mode de vérification dont on vient de parler serait assez fatigant , si l'on ne le mettait en usage qu'à la fin de l'année ; mais il devient aisé lorsqu'on a soin de l'appliquer de temps en temps , à la fin du mois par exemple. Pour cet effet , on a soin d'additionner toutes les sommes inscrites au journal , au bas des pages , à mesure qu'elles sont remplies. Si l'on fait suivre d'une page à l'autre , on trouve au bas de la dernière page le chiffre total.

On peut rendre cette opération plus facile encore en se contentant de faire le relevé de toutes les balances au crédit d'une part , et de l'autre celui de toutes les balances au débit : en les additionnant séparément , l'égalité des résultats est un indice de l'exactitude des écritures.

68. Lorsque , dans le courant de l'année , le folio ou la portion du folio du grand-livre que l'on a destiné à un compte se trouve rempli , il faut nécessairement continuer ce même compte sur un autre folio ; mais, auparavant , il faut le balancer. Quand on veut balancer un compte , on fait l'addition de la colonne du débit et de celle du crédit : si l'on trouve que les deux sommes soient égales , on dit que le compte est balancé par lui-même , il n'y a plus à s'en occuper ; mais si elles sont inégales , on ajoute à la plus petite la quantité dont elle diffère de la plus grande. Cette différence entre le total du crédit et le total du débit se nomme *balance.*

Supposons que le compte de caisse présente , à son débit , un total de 6,424 fr. 56 c. , et à son crédit un total de 5,927 fr. 80 c. ; on fait la soustraction sur une feuille volante , et on trouve que la différence est de 496 fr. 76 c. On écrit au-dessous du total du crédit cette différence , ainsi qu'on va le voir , et l'on fait l'addition.

Total du crédit................ 5,927 fr. 80 c.

Par balance................... 496   76

Somme pareille................ 6,424   56

Par là il arrive que la somme du débit ressort au crédit, et le compte est balancé. Balancer un compte, c'est rendre égaux son débit et son crédit ; mais en même temps on rétablit l'ordre des choses, en reportant la balance de l'autre côté ; ainsi, dans l'exemple dont il s'agit, on écrirait au débit :

Balance à nouveau......................... 496 fr. 76 c.

Et au-dessous on met ces mots : Porté à folio tel, à folio 12, par exemple.

En rouvrant le compte sur le folio indiqué, on porte simplement la balance à la page qui lui appartient, c'est-à-dire, dans le cas actuel, au débit. On commencerait donc le nouveau compte de caisse en ces termes :

Doit   *Caisse :*

Pour le montant de la balance au fol. 2...... 496 fr. 76 c.

Dans les comptes où le crédit excède le débit, la balance va commencer le crédit du nouveau compte.

69. On voit que, de cette manière, on peut faire suivre les comptes indéfiniment par le simple report de leur balance.

Mais ce n'est pas ainsi que l'on doit opérer ; il est essentiel, au contraire, de séparer les exercices année par année, et de recommencer tous les ans un nouveau journal et, par conséquent, un autre grand-livre. Ainsi donc, lorsqu'on est arrivé à l'époque que l'on a choisie pour la fin de l'exercice, il faut clore et solder définitivement tous les comptes sur les livres que l'on quitte. Pour cet effet, il faut les balancer, mais d'une manière différente que lorsqu'on n'a pour objet que de faire ressortir la balance à nouveau. Pour régulariser cette opération, on a imaginé des comptes intermédiaires, conçus dans un esprit différent des autres. Nous allons tâcher d'en expliquer la nature et les propriétés.

70. Pour l'intelligence de ce qu'on va lire, on remarquera que, parmi les comptes qui se trouvent ouverts au moment de la clôture de l'exercice, les uns doivent être continués et, par conséquent, reportés dans la comptabilité de l'année

suivante, parce qu'ils sont restés créanciers ou débiteurs pour des valeurs réelles probablement recouvrables ; les autres, au contraire, ne doivent plus reparaître, parce que les valeurs qu'ils représentent ne sont susceptibles ni d'augmentation ni de diminution. Parmi ces derniers, il y en a qui sont balancés par eux-mêmes, c'est-à-dire dont le crédit égale le débit, et il n'y a pas lieu de s'en occuper ; ce sont des affaires terminées : mais il s'en trouve plusieurs qui présentent un excédant, soit au débit, soit au crédit, et dont les résultats doivent être recueillis et rassemblés, pour aller composer le résultat général des opérations de l'année.

71. On a imaginé pour cela un compte intermédiaire intitulé : *Profits et pertes*, lequel est destiné à recevoir toutes les balances des comptes qui ne doivent pas reparaître dans les livres de l'exercice qui va s'ouvrir.

Toutes les fois qu'un compte présente un excédant au crédit, on le débite par balance à profits et pertes, et cette balance va figurer au crédit des profits et pertes, lequel reçoit en dépôt tous les bénéfices : si, au contraire, c'est le débit qui excède le crédit, le compte est en perte ; on le crédite par profits et pertes, et la balance est reçue au débit de ce dernier compte.

On voit, d'après cela, que le compte de profits et pertes a pour objet de tenir note de tous les profits au crédit, et de toutes les pertes au débit. La balance de ce compte présente le résultat final des opérations comprises dans l'exercice.

Ce compte, qui sert à solder les autres, doit être soldé lui-même. On le solde par le compte de capital, qui est le principe et la fin de la comptabilité ; c'est le point de départ des autres comptes, et c'est le centre où ils reviennent aboutir par le canal de celui de profits et pertes. Rien n'est plus conséquent ; car la somme des bénéfices forme une augmentation, et celle des pertes une diminution du capital.

Telle est la manière de solder les comptes qu'il est essentiel de clore pour toujours sur les livres de l'exercice qui finit.

72. Quant à ceux qui doivent reparaître dans la comptabilité de l'année suivante, il faut les solder aussi ; mais il faut bien se garder de confondre leurs balances avec les autres, et pour cela, il est nécessaire de les tenir provisoirement en dépôt sur un compte à part, où l'on puisse les retrouver au moment où il faudra les transporter dans les livres de l'exercice qui va commencer.

On a, dans cette vue, imaginé un autre compte intermédiaire intitulé : *Bilan*. On a même compris sous cette dénomination deux comptes, dont l'un s'appelle *bilan de sortie*, et l'autre *bilan de rentrée*. Nous n'avons pas à nous occuper ici de ce dernier, dont la destination est de faire l'ouverture de l'exercice qui commence et nullement de clore celui qui finit. Il est d'ailleurs sans difficulté, ainsi qu'on le verra plus bas. Attachons-nous, pour le moment, à bien saisir la nature, les propriétés et l'usage du bilan de sortie.

C'est lui qui, de concert avec profits et pertes, doit opérer la clôture de tous les comptes de l'année.

73. Les comptes qui, d'après ce qu'on a dit plus haut, ne peuvent pas être soldés par profits et pertes, doivent l'être par bilan de sortie. Il y en a que l'on solde par l'un et l'autre, et dont la balance se partage entre les deux. Quelques exemples vont éclaircir ceci.

Supposons que Jean, l'un de mes débiteurs, m'a donné des à-comptes dans le courant de l'année. Je cherche sur le répertoire le folio de Jean, et son compte me présente les résultats suivans :

Doit	JEAN :	
A billets à ordre, son billet de	....	3,456 fr.
Et au crédit,		Avoir :
Par caisse	....	1,242
Par dépenses de ménage, une pipe de vin	.....	65
	Total du crédit	1,307
A la fin de l'année, j'écris au crédit :		
Par bilan de sortie, pour balance	....	2,149
Et l'addition me donne	....	3,456

Somme pareille au débit.

Tous les comptes qui rentrent dans la même catégorie, c'est-à-dire qui sont de nature à reparaître, en tout ou en partie, dans la nouvelle comptabilité, sont soldés de la même manière, soit au crédit, soit au débit.

74. Ensuite, quand on veut dresser le bilan de sortie, on prend toutes les balances au crédit pour les porter au journal et de là au débit du bilan de sortie, et toutes les balances au débit pour les porter au crédit de ce même bilan; c'est-à-dire que le bilan de sortie comprend à son débit tous les débiteurs solvables dont on a l'espoir d'être payé plus tard, en tout ou en partie, et à son crédit, tous les créanciers qui certainement seront payés tôt ou tard, puisque le propriétaire n'est pas insolvable, d'après son compte de capital.

Ainsi, dans l'exemple ci-dessus, on écrit au journal :

Bilan de sortie à Jean, resté débiteur............ 2,149 fr.

Ce qui veut dire que le compte de Jean, n'étant pas balancé par lui-même, n'a pu l'être que par bilan de sortie, et que cette balance, par l'intermédiaire de ce compte provisoire, va reparaître dans l'exercice suivant, et le constituer débiteur pour une somme de 2,149 fr.

75. D'après ce qui précède, on peut conclure que, lorsqu'il n'y a rien au crédit, on doit porter le total du débit par bilan de sortie. C'est ainsi que l'on solde les comptes de tous les débiteurs dont le crédit est vide. Quand celui-ci est inférieur au débit, ou quand le débit est inférieur au crédit, on porte la balance au compte du bilan, bien entendu toujours qu'on peut espérer d'en être payé plus tard en tout ou en partie. Car, si l'on suppose un compte tel que le suivant :

Doit avoine 1837, pour frais de culture, etc.   456 f. 90 c.
Avoir pour le total des produits............ 407   25
la balance au crédit sera de................. 49   75

Or, dans l'hypothèse, tous les produits de cette récolte sont vendus ou consommés. Nous avons donc ici un débiteur insolvable qui ne doit point figurer au bilan. Nous rayons son nom de nos comptes, en le soldant par profits et pertes, et nous passons sur ce dernier compte un article ainsi conçu :

Profits et pertes à avoine 1828.............. 49 fr. 75 c.

Ce qui exprime la perte essuyée sur la culture de l'avoine.

En voilà assez pour montrer dans quel cas on doit solder les comptes par profits et pertes, et dans quel cas on doit les solder par bilan. Voyons quels sont ceux où les comptes se soldent tout à la fois par profits et pertes et par bilan.

76. Tous les comptes qui portent au débit une valeur capitale tirée de l'inventaire appartiennent à cette catégorie. Ainsi, supposons un compte de bœufs de travail, sur lequel l'inventaire a porté 4 paires de bœufs au prix de 500 fr. — 2,000 fr. Si, dans l'intervalle de l'exercice, les bœufs ont dépéri, en sorte que le nouvel inventaire ne les porte plus qu'à 400 fr. — 1,600 fr.; si cette différence ne se trouve pas couverte par la valeur du travail et du fumier, on doit la porter, en tout ou en partie, au débit de profits et pertes. En même temps la valeur des bœufs, suivant l'inventaire, passe au bilan.

Voici comment on procède. Soit chargé ledit compte au débit :

1° 4 paires bœufs, suivant l'inventaire........	2,000 f.
2° Frais d'entretien et autres, en somme.......	3,450
Total du débit..............	5,450

Avoir par divers............................	3,514
Par bilan, suivant le nouvel inventaire........	1,600
Total du crédit.............	5,114
Soustraction faite, balance par profits et pertes	336
Somme pareille.............	5,450

La perte sur les bœufs, est en effet, de cette somme de 336 fr.

Si les bœufs, au contraire, ont gagné en taille et en embonpoint, de façon que, portés sur l'inventaire précédent pour 1,728 fr., ils figurent sur le nouveau pour 2,320, les résultats du compte seront les suivans :

Doivent   *Bœufs :*

1° Suivant l'inventaire , 4 paires............. 1,728 f.

2° Total des frais d'entretien , etc............. 3,450

Total du débit........... 5,178

Avoir par divers..................... 3,514

Par bilan de sortie , inventaire............... 2,320

Total du crédit........... 5,834

La balance, par soustraction du débit, sera de 656 fr. En conséquence, on écrit :

Bœufs doivent à profits et pertes, pour bénéfice... 656 fr.

Cette règle s'applique à tous les cas analogues.

Soit un compte de grains en magasin chargé à son débit d'une somme de 10,031 fr. 83 c. pour la valeur de 783 hectolitres 4 décalitres, et montrant à son crédit un avoir de 11,771 fr., ce qui suppose une augmentation dans le prix du blé d'autant plus considérable que les grains mis au grenier, bien loin d'être épuisés, donnent un résidu en magasin de 127 hect. 4 décalit., valant, au cours du moment, 1,529 f. 60 c. Le bénéfice se compose d'abord de l'excédant du crédit sur le débit qui sonne pour 1,739 fr. 17 c. ; plus pour le blé qui reste en magasin, de 1,529 fr. 60 c. ; ce qui forme un total de 3,268 fr. 77 c.

Mais il faut prendre garde que les deux valeurs qui entrent dans cette somme ne sont pas homogènes, qu'il y en a une qui a les chances du commerce à courir, qui est susceptible de plus ou de moins, et qui, par conséquent, rentre dans le domaine de la comptabilité. Telle est celle du blé qui reste à vendre. Ce compte est donc de ceux que l'on solde tout à la fois par bilan de sortie et par profits et pertes.

On écrit au journal deux articles en ces termes :

Bilan de sortie à grains en magasin, pour 127 hectolitres 4 décalit. en inventaire................... 1,529 f. 60 c.

Grains en magasin à profits et pertes........ 3,268   77

77. Ce que l'on vient de lire fait sentir la nécessité de dresser un nouvel inventaire à la fin de chaque exercice. Il

y a des objets, tels que l'argent comptant, les dettes actives et passives, les grains, les foins, les pailles et autres, qui sont de nature à passer directement au bilan; mais on remarquera que l'inventaire d'une exploitation rurale comprend des valeurs qui sont susceptibles de s'améliorer et de se détériorer. Tels sont les bestiaux, dont la valeur peut subir, dans l'espace d'un an, des variations considérables : un cheval, par exemple, évalué **800 fr.**, peut tomber d'un moment à l'autre au-dessous de **150 fr.** Il suffit qu'il perde la vue ou qu'il prenne une entorse incurable. Les outils aratoires et autres objets du mobilier rural s'usent et se dégradent continuellement. Ces changemens ne sauraient être la matière de comptes, et il est indispensable de les relater dans un nouvel inventaire.

78. Ce nouvel inventaire, le compte de profits et pertes et le bilan de sortie sont les trois instrumens au moyen desquels on opère la clôture de l'exercice ; on fixe les résultats des opérations de l'année ; on établit la situation générale des affaires, et on pose les bases de la comptabilité qui va s'ouvrir pour l'exercice suivant.

79. En résumé, nous dirons que la comptabilité en parties doubles considère toutes les valeurs actives comme des débiteurs, et les passives, quelles qu'elles soient, comme des créanciers.

L'inventaire est chargé de fournir le catalogue des uns et des autres, et de déterminer la quotité de leur dette et de leur créance.

80. Mais, parmi ces débiteurs, il en est, tels que les biens-fonds, qui nous doivent une rente dont il est impossible d'être payé, si l'on n'a recours à des intermédiaires auxquels il faut encore faire des avances. On peut comparer ceux-ci à des agens d'affaires auxquels on donnerait de l'argent, à charge de nous faire payer par des débiteurs qu'il nous est impossible d'atteindre directement. Dans cette classe sont comprises toutes les récoltes et toutes les réparations d'entretien ou d'amélioration, qui ont pour objet la rentrée de la rente des terres ou son accroissement.

81. Or, il arrive que quelques-uns de ces agens intermédiaires sont infidèles et insolvables, qu'ils trompent plus ou moins nos espérances ; tandis que les autres accomplissent leur mission avec plus ou moins de succès. A la fin de l'année, on met leurs comptes en présence de profits et pertes. En personnifiant ce dernier comme les autres, on peut le comparer à un individu qu'on chargerait d'examiner toutes nos affaires bonnes et mauvaises, et d'en faire le triage. Sur la colonne du débit, se place le chiffre des pertes, et celui des profits au crédit (1). Ce nouvel agent rend compte à son tour à capital qui représente le chef ou le propriétaire.

82. Mais, parmi les débiteurs, il s'en trouve dont la dette n'est pas venue à échéance, ou qui, ne pouvant pas se libérer dans le moment, offrent des garanties de leur solvabilité. Ceux-ci ne tombent point encore dans le domaine de profits et pertes : ils vont se ranger au débit de bilan de sortie. Tous les créanciers figurent à son crédit.

83. Ce bilan, qui, dans le principe, ne pouvait pas directement et par lui-même devenir le tableau exact et complet de la situation générale des affaires, le devient en dernière analyse par le moyen du nouvel inventaire. Celui-ci intervient dans le réglement définitif des comptes avec lesquels il a des rapports, et il sert à rectifier leur balance, ainsi qu'on l'a vu dans les exemples cités plus haut.

Les balances des comptes, ainsi rectifiées, vont se ranger au bilan, chacune en son lieu : voilà comment le nouvel inventaire arrive au bilan. La balance des profits et pertes y parait à son tour (2), soit nominativement, soit confondue

---

(1) Ce n'est pas bien comprendre la nature du compte intitulé : *Profits et pertes*, que d'y porter directement les pertes que l'on éprouve par la mort d'un animal. Ce compte ne doit recevoir que les balances en perte ou en profit des autres comptes. Quand un animal périt, il faut porter la valeur de la peau au crédit du compte qui le concerne. La perte est constatée ensuite tout naturellement par le nouvel inventaire. On peut aussi ouvrir un compte particulier intitulé : *Mortalité* ou *cas fortuits*.

(2) Suivant l'ancien usage, on solde profits et pertes par capital, et la balance arrive au compte de celui-ci sans l'intermédiaire du bilan. **M.** Legret conseille de porter sur le bilan la balance du compte de profits et pertes, et de ne l'amalgamer au compte de capital qu'après avoir ouvert la nouvelle comptabilité. Qu'on suive l'un ou l'autre de ces procédés, le résultat sera toujours le même.

avec celle de capital qui est le principal créancier de la comptabilité. Alors il est vrai de dire que le **bilan de sortie** est l'inventaire général de toutes les affaires de l'agriculteur. Dans cet état, l'addition de la colonne du débit et celle de la colonne du crédit doivent donner des résultats parfaitement identiques ; en sorte que ces deux additions servent à vérifier l'exactitude et la régularité des écritures.

84. Le bilan de rentrée n'est que la copie littérale du précédent : seulement les valeurs y paraissent dans un ordre inverse, c'est-à-dire que celles qui sont au débit du bilan de sortie passent au crédit du bilan de rentrée, et celles qui sont au crédit du premier vont, par conséquent, au débit du second. De cette façon, l'ordre naturel des choses est rétabli, et la nouvelle comptabilité est ouverte : on ouvre ensuite des comptes particuliers à chaque débiteur et à chaque créancier compris au bilan de rentrée, en les débitant ou les créditant suivant les indications de ce même bilan.

85. Il est très-probable que plus d'un lecteur demandera la raison de ce circuit que l'on vient de décrire. Il faut la donner, cette raison, car elle servira à montrer de plus en plus l'esprit dans lequel a été conçu le système de la comptabilité en parties doubles. Or, dans le fond, c'est là tout ce qu'il y a de difficile et d'essentiel, attendu que, lorsqu'on est bien parvenu à comprendre ce système, l'application devient tout-à-fait aisée. Ce système, qui paraît au premier coup-d'œil assez compliqué, se développe peu-à-peu, lorsqu'on a soin de se bien pénétrer du principe sur lequel il est établi. Toutes les opérations de la comptabilité ne sont que des conséquences rigoureuses de ce principe ; en sorte que leur ensemble forme un tout bien lié dans toutes ses parties, et mérite un certain rang parmi les conceptions ingénieuses et fortes de l'esprit humain.

Or, on se souviendra que, d'après ce principe, le comptable ne doit jamais paraître dans ses comptes, et qu'il doit être constamment représenté par des débiteurs et des créanciers réels ou fictifs, et que jamais un débiteur ne doit se montrer sans avoir à l'opposite un créancier et *vice versâ*.

RÈGLE GÉNÉRALE. — Tout débiteur exige un créditeur ; tout créditeur exige un débiteur. C'est là ce qui compose l'essence des parties doubles ; c'est en quelque sorte la loi fondamentale de cette comptabilité. En conséquence, tous les comptes doivent être balancés, c'est-à-dire que leur crédit doit égaler leur débit.

Or, il y a des comptes qui naturellement n'ont rien à leur crédit. Tel est, par exemple, celui des dépenses. On compose aux comptes de ce genre un avoir fictif, en les créditant par profits et pertes : et cette fiction est puisée dans la vérité ; car toute dépense qui n'est point balancée, qui n'a rien produit, est une perte.

Il en est d'autres dont le crédit est encore vide ; mais il a droit d'attendre des valeurs qui balanceront ou surpasseront le débit. On les crédite provisoirement par bilan de sortie.

Enfin la plupart des comptes présentent à leur débit ou à leur crédit un excédant destiné à reparaître dans un nouveau compte, et qui constitue, dans le fait, un débiteur partiel sans créditeur, ou un créditeur sans débiteur. On crédite ces comptes, ou on les débite, les uns par profits et pertes, les autres par bilan de sortie, en observant les règles qui ont été précédemment établies.

87. Par une conséquence forcée de ce même principe fondamental, toutes les valeurs actives et passives doivent se présenter au bilan de sortie dans un ordre renversé ; mais, en suivant toujours le fil des conséquences, l'ordre se rétablit au bilan de rentrée ; chacun reprend la place et le rôle qui lui appartient.

88. Il suit encore de ce qui précède que, si l'on additionne les deux colonnes du bilan, les résultats des deux additions doivent être parfaitement identiques, à moins qu'il ne se soit glissé quelque erreur ou quelque inexactitude dans les écritures. C'est ici peut-être le point le plus difficile à concevoir ; et certes il faut avouer qu'il a quelque chose qui révolte au premier aspect. « Comment, dira-t-on, le bilan peut-il être le tableau fidèle de la situation du négociant ou

de l'agriculteur , puisque son *doit* et son *avoir* se balancent? Deux quantités égales et opposées se détruisent , et le résultat est zéro. »

Cela serait vrai , si tous les créanciers qui figurent au crédit du bilan de sortie étaient de véritables créanciers ; mais il en est dans le nombre qui ne sont que fictifs : tel est le crédit du capital qui représente le propriétaire , en sorte que son avoir balancé , bien loin de former un passif réel, exprime , au contraire , le total de l'actif , de concert avec le compte de profits et pertes , lequel représente encore le maître , et , pour ainsi dire , stipule en son nom.

Les deux bilans , ainsi balancés par eux-mêmes , sont une mesure d'ordre nécessaire pour maintenir la suite, la clarté, la vérité des comptes , et qui sert aussi à vérifier leur exactitude.

89. Expliquons à présent comment le capital devient créancier. Le capital de toute entreprise commerciale , manufacturière ou agricole, peut être considéré sous trois points de vue différens ; et c'est ce que les auteurs qui ont traité de la comptabilité n'ont pas suffisamment éclairci. 1° Considéré dans le sens le plus général, le capital représente la somme entière qui a été dépensée pour établir le fonds et tous les accessoires de l'entreprise ; et alors il se compose de l'actif et du passif, et c'est sous cette forme qu'il paraît dans la somme totale du crédit au bilan de sortie. 2° Sous un autre point de vue, il exprime la fortune réelle du propriétaire ; et alors on le trouve dans la balance de son compte , laquelle exprime l'actif , déduction faite du passif. 3° Il importe de le considérer dans sa distribution , et de le suivre de l'œil dans toutes les branches de l'établissement , dans toutes les opérations qui ont pour but d'assurer le succès de la spéculation ; et c'est là ce qui fait l'objet de la comptabilité.

Or, pour atteindre ce but , en suivant le principe fondamental , on personnifie le capital considéré sous le premier point de vue ; on le constitue créancier envers tous les effets mobiliers ou immobiliers qui composent l'entière propriété , et débiteur à raison de toutes les dettes et de toutes les charges dont cette propriété est grevée.

90. Il sera facile à présent de comprendre pourquoi, dans le bilan de sortie, le total de la colonne du débit et celui de la colonne du crédit doivent être identiques. En effet, que trouve-t-on au débit de ce bilan ? tous les débiteurs, c'est-à-dire toutes les valeurs réelles qui composent en détail l'entière propriété. Et à son crédit? le capital actif et passif, qui est l'expression en gros de cette même propriété. Les deux sommes doivent être égales, si le compte est bien fait, par la raison que 100 cent. égalent 1 fr.

Tels sont les principes élémentaires de la comptabilité en parties doubles.

Je ne me flatte pas de les avoir exposés de manière à dispenser le lecteur d'une étude réfléchie. Sans doute j'aurais pu encore ajouter une infinité de détails; mais j'ai cru devoir faire tous mes efforts pour être clair sans être trop long ; car j'ai souvent remarqué que les longueurs nuisent plus qu'elles ne servent à la clarté.

Mais je dois avertir ceux qui désirent d'apprendre la comptabilité , qu'il ne suffit pas de lire , et qu'il faut l'étudier la plume à la main. C'est inutilement qu'on apprendrait par cœur les élémens de l'arithmétique , si l'on ne s'exerçait aux opérations : il en est de même de la comptabilité.

On joint ici quelques modèles de comptes qui serviront à rendre sensibles à l'œil les principes exposés ci-dessus , et en faciliteront l'étude à-peu-près comme les figures facilitent celle de la géométrie.

Folio 2.

Doit.   **Rente de la ferme.**

Décembre.	31	A dépen. de ménage table du maître.	65	25	1,691	85
		A dépenses diverses..............	65	24	1,257	25
		A intérêts pour les dettes passives..	65	31	745	75
					3,694	85
		A profits et pertes (excédant de la rente sur les dépenses)......			221	15

$$3,916 \quad »»$$

Les dépenses qui ne produisent rien, qui , par conséquent, n'ont rien à leur crédit, se soldent naturellement par profits et pertes. Mais un procédé que je crois très-utile , est de les solder par le compte ouvert à la rente de la ferme , lequel n'a rien à son débit et devrait être soldé en bénéfice par profits et pertes.

Cette façon d'agir pourra d'ailleurs paraître assez rationnelle. En effet , le compte rente de la ferme exprime le loyer des terres tel que le payerait un fermier. C'est à ce prix de ferme qu'il appartient de supporter les charges qui pèsent sur le propriétaire , ainsi que sa dépense et celle de sa famille. Les bénéfices que peuvent procurer au cultivateur son industrie ou des circonstances favorables doivent être capitalisés,

2.

1836.   —   AVOIR.

						fr.	c.
Janvier.	1	Par prés...........................	4	7		1,600	»»
		Par terres arables	4	3		1,400	»»
		Par pâtures et plantations........				500	»»
		Par dépenses de ménage , jardin..				60	»»
		Par frais généraux, loyer des bâti-mens.........................				356	
						3,916	
		A nouveau , profits et pertes......				221	15

soit pour amortir les dettes, soit pour être employés à des améliorations, soit encore pour former une réserve contre les cas fortuits.

Rien n'est plus propre à dissiper la fausse sécurité qu'inspirent les bonnes années, que de comparer, de cette manière, ses dépenses avec le revenu moyen de son domaine.

N. B. — Le loyer des bâtimens nécessaires à l'exploitation arrive au débit des récoltes par la distribution sur celles-ci des frais généraux. On distribue les frais généraux au prorata des contenances. Les prés et les bois doivent en supporter leur part.

On distribue également les frais du mobilier rural en prenant pour base, non pas seulement les contenances, mais le travail qui use les outils.

Folio 3.

Doiv.   Terres arables.

1836.						fr.	c.
Janvier.	1	A bilan de rentrée, valeur de hectares 87 50 à 400 fr............	1	1	35,000	»»
	2	A rente de la ferme, à 4 pour cent.	3	2	1,400	»»
	2	A contributions.................	3	7	233	33

36,633 33

Quoique le taux vénal des terres soit communément trois pour cent, il est bon de calculer la rente à 4, afin de combattre la tendance que l'on a naturellement à exagérer la valeur capitale de son fonds.

On observera que la rente est calculée ici, déduction faite des contributions, et que celles-ci reparaissent au débit dans un article à part. On pourrait porter la rente tout entière telle que la payerait un fermier, en laissant les contributions à la charge du propriétaire. Alors le compte des contributions se balancerait par profits et pertes. Mais en distribuant les contributions, d'après la matrice cadastrale, sur les terres, sur les prés, sur les bois, sur les pâtures, on obtient des résultats plus exacts et plus lumineux.

Par exemple, lorsque vous voulez comparer les prés naturels avec les fourrages artificiels, vous apercevez de suite tout le poids que les contributions mettent dans la balance.

On doit remarquer encore quelle réaction heureuse les fourrages artificiels exercent sur les comptes des grains et des autres cultures, en assumant à leur charge une portion considérable de la rente. Dans le système de la jachère naturelle, la rente pèse tout entière sur les blés, sauf la valeur du parcours.

Il est inutile d'avertir le lecteur intelligent que le présent compte n'a de réalité que tout autant que les récoltes acquittent à leur crédit la part de rente dont chacune d'elles est chargée. Si, dans l'ensemble, elles se balancent habituellement en perte, il faut diminuer la rente; si, au contraire, le bénéfice est considérable pendant plusieurs années consécutives, on peut juger que le fonds s'est amélioré. Alors on augmente la rente et, par voie de conséquence, la valeur capitale de l'immeuble.

Il ne faut pas perdre de vue que le compte final, intitulé: *Profits et pertes*, fait justice de toutes les erreurs, sauf les erreurs d'addition ou de position.

Avoir.

Décembre.	30	Par bergerie, dépaiss. de la jachère.	45	26	120	»»
	31	Par seigle de l'année..............	45	5	633	20
	31	Par froment id.................	45	4	158	92
	31	Par orge....................	45	6	58	84
	31	Par avoine......................	45	6	40	»»
	31	Par trémois.....................	45	6	17	62
	31	Par fourrage artificiel	45	8	512	13
	31	Par pom. de terre (moitié de la rente)	45	9	57	57
	31	Par betteraves , id........	45	8	16	62
	31	Par fèves , id........	45	15	3	57
	31	Par maïs porte-graine , id........	45	14	4	96
					1,633	33
	31	Par bilan de sortie, valeur capitale des terres......................	48	36	35,000	
					36,633	33

N.-B. -- On voit que les modèles de comptes que nous présentons ici, ont été établis d'après la supposition que le comptable fait son bilan à la fin de l'année. Cette époque n'est pas, à tout considérer, la mieux choisie. L'année agricole ne concorde pas avec celle du calendrier. Elle concorde infiniment mieux avec le système du calendrier décadaire qui fut décrété par la Convention. Ainsi il ne serait pas mal de choisir pour la clôture de l'exercice la fin de septembre, vu qu'alors, communément, toutes les opérations des principales récoltes sont terminées. Si l'on voulait embrasser à la fois les résultats des récoltes intercalaires , il faudrait attendre la fin de novembre. Cette dernière époque me parait la plus commode.

Mais peu importe l'époque du bilan, pourvu qu'il soit bien fait. Or, comme il demande à être travaillé à tête reposée , il est bon de choisir la saison où le mauvais temps ramène l'agriculteur au coin de son feu.

Nous dirons ici que toute la difficulté du bilan gît à bien faire les additions des divers comptes.

Lorsqu'il n'y a point d'erreur de chiffre et que les articles ont été tous reportés à la place qui leur appartient , lorsque les comptes ont été soldés comme ils doivent l'être , le bilan n'est plus qu'une opération mécanique. Mais lorsqu'il s'est glissé des erreurs, il faut quelquefois beaucoup de temps pour les découvrir.

Folio 5.

DOIT.   SEIGLE DE L'ANNÉE.

1836.					fr.	c.
Janvier.	1	A bilan de rentrée, frais de culture.	1	1	3,062	57
Mars.	27	A main-d'œuvre, sarclage du champ destiné à la semence..........	15	17	8	25
Août.	4	*Id.* Moisson , salaire et nourriture.	28	17	179	73
	14	Aux employés de la ferme , transp.. et dépiquaison................	32	16	188	76
	17	Aux bœufs.....................	33	25	49	32
Septemb.	15	Aux emp. de la ferme, dépiquaison.	41	16	101	40
	26	Main-d'œuvre pour dépiquer.....	41	17	14	50
Octobre.	1	Terres arables , rente............	44	7	633	20
Décembr.	26	Frais généraux..................	51	10	50	»»
		Total.................			4,287	73
	30	A profits et pertes , bénéfice......	54	31	902	27
					5,190	00

DOIT   SEIGLE 1837.

1836.					fr.	c.
Novemb.	1er	A grains en magasin , semé 40 hectolitres , à 16 fr. , blé trié......	47	12	640	»»
	1	A bergerie, parc sur 4 hect., à 120 f.	47	26	480	»»
	1	A fumier , 240 voitures , à 4 fr 50 c. sur le terrain................	47	15	1,080	»»
	4	A labour.....................	48	11	572	36
	4	A menues cultures , hersages.....	48	11	25	»»
	4	A mobilier rural................	49	14	290	»»
		Total.................			3,087	36
		A nouveau bilan de sortie........			3,087	36

5.

Avoir.

Septemb.	30	Par grains en magasin , 284 hec-tolitres à 15 fr...............	43	12	4,260	»»
	30	Par fourrages en magasin, 93 mil-liers paille , à 10 fr..........	43	13	930	»»
		Total................			5,190	»»
		Balance à nouveau profits et pert..			902	27

Avoir.

Décembre.	30	Par bilan de sortie..............	56	36	3,087	36

30

Folio 23.

Doiv.   **Employés**

1836.					fr.	c.
Février.	4	A divers, travail du jardinier et des servantes.................	7		12	74
Mars.	6	*Id.* *id*......	12		42	24
Juin.	1	*Id.* *id*......	31		194	28
Septemb.	30	*Id.* *id*......	51		334	56
Novemb.	1	*Id.* travail des bergers..........	62		88	80
Décemb.	1	A divers, travail du jardinier et des servantes.................	66		167	» »
	1	A salaires......................	67	16	621	25
	2	A bergerie, hivernes..........	67	26	90	» »
	2	A dépenses de ménage, nourriture.	67	25	730	» »
					2,280	87
	2	A profits et pertes, pour balance.	68	31	121	21
					2,402	08

Cette balance en bénéfice indique qu'à 12 centimes l'heure de travail est un peu trop évaluée.

N. B. — On suppose que la clôture de ce compte a eu lieu au 1er décembre.

23.

DE LA FERME.   AVOIR.

				fr.	c.
Janvier.	1	Par divers, travail de décembre..	3	98	50
Février.	4	Par divers, travail de janvier....	7	103	36
Mars.	6	Par divers, *id.* de février....	12	118	16
Avril.	2	Par divers, *id.* de mars.....	20	134	60
Mai.	8	*Id.* *id.* d'avril.......	25	185	88
Juin.	1	*Id.* *id.* de mai.......	31	244	10
Juillet.	3	*Id.* *id.* de juin	40	286	5
Août.	5	*Id.* *id.* de juillet	45	290	12
Septemb.	7	*Id.* *id.* d'août.......	49	260	»»
Octobre.	2	*Id.* *id.* de septembre.	53	192	65
Novemb.	1	*Id.* *id.* d'octobre	61	168	14
Décemb.	3	*Id.* *id.* de novembre.	66	120	52
				2,202	8
	31	Par divers, pansement des bœufs, vaches et jumens..............	67	200	»»
		Total.................		2,402	8
		A nouveau profits et pertes		121	21

Folio 20.

Doiv. **AMÉLIORATIONS.**

1836.				fr.	c.
Janvier.	1	A Bilan de rentrée..............	1 | 1	453	64
Mars.	12	A main-d'œuvre, pour mille mètres fossé couvert...................	15 | 17	150	»»
		Aux employés de la ferme , pour combler les fossés.............	15 | 23	95	35
		Aux bœufs , transport des pierres.	15 | 25	51	60
	18	A caisse , pour 10 voitures chaux , à 12 fr......................	21 | 22	120	»»
		Aux employés de la ferme , 120 heures , à 12 cent.............	21 | 23	14	40
		Aux bœufs , pour le transport de la chaux , à 24 cent...........	21 | 25	28	80
Juin.	2	A mobilier rural................		3	»»
				916	79
		A nouveau bilan de sortie........		825	19

N. B. — Lorsqu'on a exécuté sur une terre des opérations qui ont pour objet de l'amender et de lui procurer une amé—lioration durable, on fait peser la dépense sur les récoltes qui occupent cette terre ainsi amendée ; mais seulement à raison d'un dixième pour les cultures annuelles, et d'un vingtième pour les cultures intercalaires. Après soustraction faite , on fait suivre la balance par bilan de sortie jusqu'à ce que ce

20.

AVOIR.

			fr.			c.
Avril.	10	Par trémois......................	28	5	25	66
Mai.	30	Par pommes de terre.............	33	9	8	42
	30	Par fourrage artificiel	33	8	15	»»
Novemb.	1ᵉʳ	Par froment	52	4	42	52
					91	60
Décemb.	31	Par bilan de sortie..............	71	36	825	19
					916	79

capital avancé soit amorti. Si les récoltes supportent, pendant dix ans, cette augmentation de dépense sans perte, on peut juger que les fonds consacrés à l'amélioration ont été placés à dix pour cent. Et si après ce laps de temps on remarque que l'amélioration se maintient, on pourra ajouter le capital amorti à la valeur du fonds, au prorata du taux vénal, et augmenter proportionnellement la rente.

Folio 12.

DOIV. GRAINS EN MAGASIN.

1836.				hect.	déc.			fr.	c.
Janv.	1	A bilan de rentrée, blé des années							
		antérieures :							
		1° froment, à 14 fr. l'hectolitre.		300	» »	1	1	4,200	» »
		2° seigle , à 11 fr. l'hectolitre.		450	» »	1	1	4,950	» »
		3° avoine , à 7 fr. l'hectolitre.		30	» »	1	1	210	» »
Oct.	4	A froment, récolte de l'an. à 18 f.		400	» »	41	5	7,200	» »
	5	A seigle , *id.* à 15 fr......		345	» »	42	6	5,175	» »
	6	A orge , *id.* à 11 fr.....		260	» »	42	7	2,860	» »
	8	A avoine , *id.* à 8 fr.....		40	» »	43	8	320	» »
	10	A maïs , *id.* à 15 fr.....		15	» »	44	9	225	» »
	11	A colza , *id.* à 20 fr.....		8	» »	45	10	160	» »
		Total des hectolitres..		1,848				25,300	» »
Déc.	31	A profits et pertes , bénéfice...				82	35	7,903	55
								33,203	55
		Balance à nouveau bilan de							
		sortie ,.....................		512	3			7,833	» »

12.

AVOIR.

			hect.	déc.			fr.	c.
Nov.	20	Par caisse, vendu froment à 20 fr. l'hectolitre.............	97	»»	34	4	1,940	»»
Déc.	1er	Par ladite caisse, froment à 21 fr. 25 c.................	400	»»	51	4	8,500	»»
	12	*Id.* seigle à 18 fr.............	150		56	4	2,700	»»
	20	Par dépenses de ménage, seigle à 18 fr..................	45	»»	61	24	810	»»
	20	*Id.* orge à 14 fr.............	62	»»	61	24	868	»»
	22	*Id.* pour les cochons et la volaille, criblures............	6	»»	61	24	48	»»
	23	Par chevaux, avoine à 9 fr...	9	3	62	18	83	70
	25	Par caisse, seigle à 18 fr. 15 c..	325	»»	63	4	5,898	75
	30	*Id.* froment à 20 fr. 50 c......	200	»»	64	4	4,100	»»
	30	Par dépenses de ménage, colza à 22 fr..................	8	»»	64	24	176	»»
	30	*Id.* maïs pour la basse-cour à 16 fr..................	7	»»	64	24	112	»»
	31	Par bœufs à l'engrais, seigle à 18 fr..................	4	2	65	19	75	60
	31	*Id.* avoine à 9 fr.............	6	5	65	19	58	50
		Total des hect. sortis du grenier	1,320	»»	»»	»»	25,370	55
	31	Par bilan de sortie, résidu en magasin.................	512	3	81	36	7,833	»»
		Déchet...................	15	7	»»	»»		
		Total...............	1,848	»»			33,203	55
		Balance à nouveau profits et pertes..................					7,903	55

Folio 17.

DOIT   MAIN-D'OEUVRE.

1836.				fr.	c.
Janvier.	12	A caisse, payé à Roc Taillefer, pour 30 mètres fossés à 15 cent.......	3 21	4	50
Février.	2	*Id.* payé audit Taillefer ou à ses associés (100 mètres)...........	10 21	15	» »
Mars.	5	*Id.* payé pour la coupe du bois 10 journées à 75 cent.............	15 21	7	50
	5	A dépenses de ménage, lesdites journées à 50 cent.................	15 25	5	» »
	8	A caisse, audit Taillefer, à compte sur les fossés.................	17 21	120	» »
	10	*Id.* à Jeanne Regourd et Marie Fricasse, 8 journées 1/2 à 50 cent...	17 21	4	25
	10	A dépenses de ménage, 8 journées nouriture (sarclage du seigle)..	17 25	4	» »
	12	A caisse, soldé à Taillefer, pour 1,000 mètres de fossé..........	18 21	10	50
Août.	1	*Id.* à Martinet et à Ginestet, prix fait pour faucher.............	29 21	120	» »
	1	A dépenses de ménage, pour 70 journées de fauchage à 75 cent..	29 25	52	50
	15	A caisse, moisson du seigle, 89 journées à 1 fr. 50 cent...........	32 21	133	50
	15	*Id.* pour faire boire les moissonneurs au marché.................	32 21	1	73
	15	A dépenses de ménage, pour lesdites 89 journées à 50 cent......	32 25	44	50
Octobre.	25	A caisse, extraction des pommes de terre, 20 journées d'homme.	46 21	15	» »
	25	*Id.* *id.* 30 journées de femme à 60 cent................	46 21	18	» »
	25	A dépenses de ménage, 50 jours de nourriture à 50 cent........	46 25	25	» »
				580	98

Si ceux qui nous font des journées sont nos débiteurs, et comme tels inscrits au compte de divers débiteurs, on passe un article tel que le suivant :

Novemb.	2	A divers débiteurs, Robert Blanquet, 10 journées à 75 cent....	50 19	7	50

Et le même article va prendre place au crédit du compte divers débiteurs.

17.

AVOIR.

					fr.	c.
Mars.	12	Par améliorations , 1,000 mètres fossés à 15 cent.................	18	20	150	»»
	5	Par plantations , coupe du bois, salaire et nourriture...........	15	3	12	50
	10	Par seigle , 8 jours de sarclage , salaire et nourriture...........	17	5	8	25
Août.	1	Par prés, fauchage, salaire et nourriture......................	29	7	103	50
	1	Par fourrage artificiel , *id*........	29	8	69	»»
	15	Par seigle, moisson, salaire et nourriture......................	32	5	179	73
Octobre.	25	Par pommes de terre , extraction , salaire et nourriture...........	46	9	58	»»
					580	98

NOTICE

SUR LA CULTURE ET L'EXPLOITATION

DES VIGNES.

Ce n'est pas un traité complet sur la culture de la Vigne que l'on entreprend d'écrire. On se propose seulement de présenter ici quelques considérations sur l'aménagement des vignobles et sur les perfectionnemens dont cette branche intéressante de la richesse du pays est susceptible.

1. Dans le choix du terrain pour l'établissement d'une vigne, on doit avoir égard à sa nature et surtout à son exposition. Il ne faut pas oublier que la vigne, originaire d'Asie, nous est arrivée par l'intermédiaire de la Grèce et de l'Italie, que, par conséquent, elle ne peut mùrir dans nos climats que sur les côteaux situés de manière à recevoir et à concentrer les rayons du soleil.

La nature du sol influe beaucoup aussi sur la maturation des raisins et sur la qualité des vins qui en proviennent. Un terrain gras, humide, compacte, donne pour l'ordinaire des vins grossiers et froids. Les meilleurs vins naissent dans des terrains légers, siliceux ou calcaires. Ce serait néanmoins une erreur de croire que la bonne qualité dans les vins dépend de l'aridité et de l'infertilité des terres. Les meilleurs vignobles du Médoc croissent dans des graviers, mais dans des graviers assez gras, du moins dans leur couche inférieure.

L'extrême sécheresse amaigrit les raisins et s'oppose à ce degré de maturité suivant lequel a lieu la production du muqueux-doux sucré, lequel est le principe de la fermentation vineuse et de la formation de l'alcool, vulgairement nommé esprit de vin.

2. Après avoir fixé son choix sur une pièce de terre, on aura soin de la défricher et de la défoncer jusqu'à une profondeur qui excède au moins d'un décimètre le point sur lequel doivent reposer les racines du plant. Cette précaution a pour but de faciliter l'absorption des eaux pluviales et de former un réservoir d'humidité qui puisse alimenter la vigne pendant les ardeurs de l'été. A mesure que le défoncement

s'exécute, on extrait les plus grosses pierres et on les rassemble à la surface en petits tas , pour les faire servir ensuite
à la construction des murs de soutènement et des murs de
clôture.

Il n'est pas bon de clore les vignes avec des haies vives,
parce qu'elles affament les ceps qui les avoisinent. A plus forte
raison , les arbres de toute espèce doivent-ils être bannis des
bordures et de l'intérieur des vignes. J'incline néanmoins à
faire plier la rigueur de cette prohibition en faveur des amandiers, bien entendu qu'ils seront clair-semés.

3. Quand le terrain est ainsi disposé, on procède à la
plantation. On emploie pour cela des boutures prises sur des
ceps vigoureux , âgés de huit à dix ans au moins, et formées
d'un sarment de l'année coupé tout près de la souche.

Il est si avéré que les yeux les plus voisins du tronc sont
les plus vigoureux, que , dans bien des pays, on exige des
gens qui fournissent les boutures, qu'ils laissent un morceau
de vieux bois pour attester que le sarment n'a pas été divisé
en plusieurs fragmens pris sur toute sa longueur. Les boutures
ainsi munies d'un morceau de vieux bois reçoivent le nom
de *crossettes*.

Il y a des pays où l'on ne plante que des crossettes , mais
cette pratique ne produit d'autre avantage que celui qu'on
vient d'indiquer ; car d'ailleurs le vieux bois ne pousse point
de racines , et il se décompose lorsqu'il est plongé dans la
terre.

Quelques-uns trouvent plus avantageux d'employer des
plants enracinés ; mais cette méthode a de grands inconvéniens. Elle oblige à ouvrir de petites fosses ou des tranchées,
pour y disposer le chevelu des racines ; au lieu que la plantation des boutures s'exécute au moyen d'un plantoir en fer
ou d'un autre instrument , décrit par Olivier de Serres, que
l'on nomme *taravelle*. Cet instrument, long d'un mètre et
gros comme le manche d'un hoyau , ressemble à une grande
tarière de charpentier.

On fixe par une branche de fer enfoncée en travers du
corps de la taravelle la profondeur à laquelle on veut qu'elle

descende. Cette branche latérale sert encore à faire entrer l'instrument dans la terre, parce qu'on peut y appuyer le pied comme sur une bêche. La taravelle porte d'ailleurs un manche posé transversalement sur l'un de ses bouts, de manière à représenter la forme d'un T. On s'en sert comme du manche d'une tarière, pour percer la terre. Après avoir étêté les boutures, on les plonge dans une ouverture de trois à cinq décimètres, en observant de laisser deux nœuds au-dessus de la surface du sol. On a soin de remplir le trou avec de la terre bien émiettée. Une bonne précaution serait d'arroser les boutures avec une eau imprégnée de fumier.

4. A quelle distance faut-il placer les plants pour qu'ils accomplissent les deux conditions que l'on se propose, savoir la quantité et la bonne maturité? Certains auteurs conseillent d'espacer les ceps de 1 mètre 40 ou 1 mètre 60 en tous sens. Cette méthode est fort bonne dans les pays méridionaux, où la chaleur du climat ne laisse aucun doute sur la maturation du raisin. Mais dans nos climats plus froids et habituellement plus humides, il est essentiel d'affaiblir le cours de la sève en le divisant sur un plus grand nombre de sujets, de peur que trop de vigueur et, comme disent les vignerons, trop de gaillardise dans les ceps ne nuise à la formation du principe sucré. Ainsi, on peut poser en règle générale que les vignes doivent être plantées à des distances plus ou moins rapprochées, suivant que la maturité est plus ou moins favorisée par la température.

5. La hauteur à laquelle on laisse croître les vignes varie suivant les climats. En Espagne, on associe la vigne au mûrier; en Italie, ce sont des peupliers et plus souvent des ormeaux qui lui servent de support. Le mélange des arbres, si funeste sur un sol pauvre et aride, devient utile sur un sol trop substantiel, où il convient d'affamer la vigne. Dans certaines contrées de la France, on élève la vigne à deux ou trois mètres, en lui donnant des échalas (1) de cette hauteur. Quelquefois on réunit et on lie par leurs sommités ces échalas.

(1) *Payssel* en patois.

de trois en trois , en forme de trépied , afin de les mettre en état de se soutenir mutuellement contre les orages.

La hauteur qu'il convient de donner aux vignes est relative à la température. Il est clair que plus la vigne est basse, plus les raisins sont exposés à la réverbération des rayons solaires, laquelle double leur intensité. Sur les côteaux escarpés, les vignes peuvent s'élever un peu plus que dans la plaine et dans les pentes douces, sans s'éloigner du sol qui réfléchit les rayons du soleil.

Il y a deux sortes de vignes moyennes ou basses. Les unes, appelées vignes courantes ou rampantes, sont coupées assez près de terre, et les sarmens qui en sortent se soutiennent d'eux-mêmes, ou du moins on ne leur donne aucun appui. Cette méthode, suivie dans plusieurs cantons du Bas-Languedoc, a été adoptée à Millau et généralement dans toute la vallée du Tarn. Dans les autres vignobles du département, les vignes, rabattues à sept ou huit décimètres, sont liées à des échalas. De ces deux méthodes quelle est celle qui mérite la préférence? Il n'est pas aisé de le dire. Dans les plaines ou sur les pentes douces exposées aux grands vents, les vignes rampantes doivent être préférées. Sur les côteaux escarpés, il est bon d'élever la vigne pour la mettre en rapport avec le mouvement du terrain, et si la vallée est resserrée et sujette à l'humidité, les échalas sont nécessaires pour prévenir la pourriture des raisins.

On observera que, si les échalas augmentent la dépense, ils augmentent aussi la production.

6. La vigne, en sa qualité de plante étrangère, ne peut devenir productive que tout autant qu'elle est travaillée avec soin. Trois labours lui sont nécessaires. Dans les pays chauds, on donne le premier vers la fin de l'automne, attendu que, dans ces pays, on taille immédiatement après la vendange. Dans les pays où la rigueur des hivers impose l'obligation de différer la taille jusqu'aux approches du printemps, le premier labour ne saurait suivre celle-ci de trop près.

Quelques-uns diffèrent le labour jusque vers la fin d'avril

parce qu'il est avéré que la terre fraîchement remuée provoque la gelée blanche. Mais, si l'éruption des bourgeons arrive avant que la vigne ait reçu cette façon destinée à précipiter le mouvement de la sève, ces bourgeons sont faibles et mal nourris au moment critique de leur naissance. Placé entre ces deux inconvéniens, le vigneron doit, ce me semble, prendre le parti de travailler la vigne dès le mois de février, afin qu'au moment où le bourgeon se montre, la terre soit rassise et la surface du labour encroûtée. Alors il ne laisse plus échapper ces vapeurs qui rendent les gelées blanches plus abondantes et plus nuisibles.

Dans les plaines ou sur les côteaux arrondis à pente modérée, ou laboure les vignes avec un petit araire tiré par des chevaux ou des mules, ce qui suppose que les ceps sont alignés en quinconce et par rangées assez distantes l'une de l'autre.

Nos vignes, situées sur des pentes escarpées, repoussent ce moyen expéditif emprunté à la grande culture ; elles ne peuvent être travaillées que suivant les procédés de la culture à bras.

La vigne ne peut pas être labourée à la bêche, parce que le fer de cet instrument endommagerait les racines. D'ailleurs il est rare que le sol qui porte les vignes soit susceptible de recevoir la bêche. On est donc forcé d'avoir recours à la houe.

Il y a trois sortes de houes : la houe carrée, la houe triangulaire, dont le fer ressemble à une truelle ; la houe à deux ou trois dents (1). La première convient aux terres douces et légères, la seconde aux terres fortes et glutineuses ; la houe à dents devient nécessaire quand le sol est très-pierreux.

En labourant la vigne, il importe de faire remonter la terre autant qu'on le peut. Dans la Bourgogne, où les vignobles occupent des pentes fort douces, on commence au sommet, et le pionnier en descendant fait passer la terre entre les jambes. Ce procédé est très-pénible et il devient impossible sur des côteaux tels que ceux de l'Aveyron, que l'on peut souvent qualifier de précipices. On laboure donc les vignes en travers sur une ligne oblique, en observant de

____

(1) Houe carrée, en patois *fessou* ; houe triangulaire, *bigosse* ; houe à 2 dents, *bigos*.

tirer la terre de bas en haut et de droite à gauche. On forme ainsi de petits sillons ondulés.

On donne le second labour immédiatement après que le fruit est noué. Le vigneron, comme pour le premier, commence au sommet du côteau, mais il prend les lignes par le bout opposé, et il tire la terre de gauche à droite ; de telle sorte que les sillons sont déplacés et que la partie qui était creuse devient bombée à son tour. Les sillons ainsi dirigés serpentent en spirale et enlacent toute la superficie de la vigne : le second labour est nommé improprement *binage*.

C'est le troisième qui n'est réellement qu'un binage destiné à débarrasser la vigne des mauvaises herbes qui croissent avec abondance vers le solstice. On donne celui-ci après que le raisin a tourné.

On doit appliquer aux labours de la vigne ce que nous avons dit précédemment de la nécessité d'observer l'état de la terre et d'éviter de la déssaisonner en la remuant, soit lorsqu'elle est trop humide, soit lorsqu'elle est trop sèche (1).

7. Ainsi qu'on l'a indiqué plus haut, la vigne doit être taillée tous les ans. Dans les procédés de cette opération, il faut avoir égard à la nature du sol et du climat, à l'état et à l'âge de la vigne, ainsi qu'aux circonstances atmosphériques. Entrer dans tous les détails, dans toutes les variations de la taille serait un travail aussi fastidieux qu'inutile. Tâchons de montrer le but et les effets de la taille. Quiconque aura bien saisi le principe, trouvera aisément les conséquences en se livrant aux inspirations que fait naître l'aspect des lieux.

La taille a pour objet, sur la vigne faite ou en rapport, d'empêcher la dissémination de la sève et la formation d'une immense quantité de sarmens qui sortiraient de tous ses yeux. En supprimant le bois, on force la sève de refluer sur le fruit.

Règle générale. — Lorsqu'on taille une branche sur une

____

(1) Voyez Iʳᵉ Partie, Chap 2ᵉ, nᵒˢ 30 à 39.

grande longueur, on tend à l'affaiblir ; lorsqu'on la raccourcit, on tend à la fortifier, en concentrant la sève sur un espace moindre.

La taille ayant pour objet de diriger la sève, on peut porter celle-ci plus ou moins vers la production du bois ou vers la production du fruit. Si, par une cupidité aveugle, on taille constamment de manière à sacrifier le bois au fruit, la vigne, trop chargée, s'épuise et court risque de périr. Tailler à fruit c'est tailler à mort, dit le proverbe des vignerons. Il faut donc garder un juste milieu et tenir la balance entre la production du bois et celle du fruit.

Quand la vigne est dans l'enfance, on taille de manière à fortifier le brin que l'on destine à devenir souche. On s'applique à rendre celle-ci capable de nourrir un nombre de bras ou mères-branches relatif à la hauteur et au volume que l'on veut donner au cep.

Ainsi, n'ayant laissé hors terre, à la bouture ou au provin, que deux yeux, on trouve deux jets. On coupe en entier le plus élevé, et l'on rogne le second sur un œil près du tronc.

L'année suivante, on taille sur trois, sur deux sarmens, ou sur un seul, suivant que la vigne est destinée à devenir ou moyenne, ou basse, ou naine. A la troisième taille, on donne un bourgeon de plus à chaque tête, et le nombre des têtes doit être ménagé de manière à n'en laisser que trois ou quatre à la vigne moyenne, deux à la vigne basse, point à la vigne naine. Pour celle-ci, les flèches à fruit reposent immédiatement sur le tronc. A l'âge de quatre ans, la vigne commence à être en état de donner du fruit. Elle demande néanmoins encore des ménagemens. Taillez seulement à deux yeux sur les sarmens les plus forts, ne laissez qu'un bourgeon à fruit sur le sarment inférieur, et bornez à cinq le nombre total des flèches.

Lorsque la vigne vieillit, on doit ramener la taille aux procédés de son enfance. Il est essentiel de ménager la production. On la rajeunit au moyen des jets qui naissent vers le bas de la souche. Ces rejetons, d'abord stériles, méritent d'être conservés avec soin, car c'est sur l'un deux que l'on rabaisse une souche décrépite ou épuisée.

Lorsque la gelée a maltraité la vigne, on supprime le bois qui a souffert et l'on ravale sur celui qui a poussé des sous-yeux ou qui a percé de la souche.

Si, au contraire, par excès de sève, la vigne a coulé, si elle a fait des pousses démesurées, taillez long et chargez en fruit, sauf à la ménager plus tard si elle paraît fatiguée.

Faut-il tailler avant ou après l'hiver ? Dans les pays vraiment méridionaux, on taille immédiatement après la vendange. Mais dans nos pays montueux, où nous avons la latitude, sans avoir le climat du midi de la France, cette pratique ne peut qu'être dangereuse en ouvrant les veines de la plante aux atteintes des gelées.

Du reste, quand on taille avant l'hiver, il faut attendre la maturité du bois et la chute des feuilles ; quand on taille après la période des grands froids, il faut prévenir de loin, autant que possible, le mouvement de la sève. Si les plaies de la taille sont encore fraîches quand la germination commence, la vigne s'épuise en pleurs et perd la substance destinée à nourrir le fruit.

Une bonne pratique serait d'enduire les plaies de la taille avec de l'onguent de St.-Fiacre (1), ou du moins avec de la terre glaise.

8. La vigne, comme tous les êtres organisés, subit les lois de la vieillesse et de la mort. Lorsqu'elle arrive à la caducité, il faut songer à la remplacer. Dans certains pays, on arrache les vignes épuisées et on replante. Cette méthode a le grave inconvénient de priver le propriétaire des produits de sa vigne pendant quatre ou cinq ans. On peut perpétuer la vigne en la provignant. Par cette opération les ceps mourans renaissent de leurs cendres, comme le Phénix. Provigner, c'est coucher en terre les ceps en tout ou en partie. Il y a donc des provins de deux sortes. Les uns, que l'on doit appeler *marcottes*, proviennent d'un sarment que

____

(1) C'est le nom que les jardiniers donnent à la bouse de vache.

l'on couche sans le détacher du tronc, et qu'on recouvre de terre en relevant en dehors son extrémité, observant de la plier en arc, sans la couder.

Ces marcottes ont le grave inconvénient d'épuiser la mère-souche en vivant à ses dépens.

La meilleure façon de provigner consiste à déraser les racines d'une vieille souche, à la renverser dans le fond d'une fosse où on la couche horizontalement; puis on la couvre de terre en ne comblant la fosse qu'en partie. Aux quatre coins de la fosse, on fait surgir, taillés en dehors à deux yeux, quatre sarmens qui tiennent à la souche enter-rée, en ayant bien soin de les courber légèrement en arc, sans violence et sans les couder en équerre. On a soin de les bien assujettir, sans néanmoins les trop recouvrir de terre. Le tuteur que l'on donne à ces jeunes provins doit être de vieux bois, parce que le bois vert contient, surtout celui de chêne et même celui de châtaignier, une substance âcre qui peut faire périr la vigne naissante. Du reste, on peut lui enlever cette propriété pernicieuse en le faisant tremper dans l'eau pendant quelques mois. Il est inutile de dire que les bois que l'on destine aux échalas doivent être écorcés. Sans cette précaution, on les verrait végéter à côté de la vigne, ou du moins leur écorce deviendrait le nid des insectes dévorateurs.

On a soin de fumer les provins; plus tard, on comble entièrement la fosse; mais il est essentiel d'attendre, pour faire cette dernière opération, que le plant ait grandi et soit bien enraciné. Si l'on comble trop tôt les fosses, les racines viennent s'établir trop près de la surface du sol. C'est surtout lorsque le sol de la vigne est maigre, qu'il est essentiel d'approfondir autant que possible les fosses, et de forcer les provins à établir leurs racines dans le fond de ces mêmes fosses.

Quant à l'époque de provigner, c'est celle de planter, a dit Olivier de Serres. Il faut donc, dans chaque pays, choisir le moment que l'expérience a signalé comme le plus favora-ble aux plantations.

9. Outre les opérations fondamentales dont on vient de parler, il en est deux autres que je nommerai accessoires. Ce sont l'*ébourgeonnage* et l'*épamprage*.

Lorsque la vigne s'emporte, le vigneron, voyant avec effroi le prolongement des sarmens, prend le parti de rogner les pousses tendres et de pincer les bourgeons. Cette opération fait reculer la sève, ce qui donne naissance dans le bas à des brindilles, à de faux bourgeons, à des branches chiffonnes. Le vigneron abat encore tout cela : cette opération est dangereuse, et l'on doit en user avec sobriété. Il faut bien se garder de l'appliquer à tort et à travers sur tous les ceps, mais seulement sur ceux qui montrent une végétation luxuriante.

On ébourgeonne communément avec les doigts et les ongles (1). On occasionne ainsi des déchirures qui altèrent la santé de la plante. Quand on se décide à pratiquer cette opération, dont la nécessité est plus rare qu'on ne pense, il faut se servir du sécateur et couper proprement.

L'ébourgeonnage occasionne souvent la coulure. Pour concevoir comment un pareil effet peut dériver de cette opération, il faut savoir que la coulure est de deux sortes et appartient à deux causes différentes.

Lorsque la floraison est contrariée par les pluies, l'acte de la fructification ne peut s'accomplir ; l'ovaire n'étant point fécondé se flétrit et disparait. Telle est la première espèce de coulure. Mais le raisin coule même après que le fruit a noué. On voit les grains se détacher du pédoncule. Cet accident est occasionné par la surabondance de la sève qui se porte sur la grappe et y produit une véritable congestion morbifique. Or, l'ébourgeonnage tend à favoriser cette congestion. Il ne faut donc l'employer que lorsque le raisin est déjà fort et bien consolidé.

A force de vouloir bien nourrir le raisin, on le frappe d'apoplexie ou d'indigestion. C'est ainsi que si l'on nourrit trop une jument pleine, on ne manque guère de provoquer l'avortement. Tant il est vrai que les règles d'hygiène sont

(1) Ebourgeonner se dit en patois *majenca*.

les mêmes, dans leurs principes, pour les plantes et pour les animaux. Un homme qui subit l'amputation d'un membre demeure exposé à l'apoplexie, parce que le cours du sang étant raccourci, il reflue vers la tête.

Lorsqu'on ébourgeonne avec excès ou sans opportunité, on fait refluer vers la grappe avec excès la sève qui est le sang des végétaux. J'ose soupçonner que la coulure de la seconde espèce est souvent occasionnée par un ébourgeonnement immodéré ou intempestif.

L'épamprage ou l'enlèvement d'une partie des feuilles a lieu lorsque le fruit approche de la maturité. Cette opération exige encore de grandes précautions et beaucoup de discernement. Il faut que le vigneron apprenne à raisonner cette opération comme toutes les autres. Quel est son but lorsqu'il effeuille la vigne? d'exposer la grappe à l'action du soleil. Ce n'est donc qu'un effet en quelque sorte mécanique qu'il se propose de produire. Mais la feuille qui ombrage la grappe a reçu de la nature une mission importante. Elle pompe dans l'air les fluides et les vapeurs aqueuses qui sont nécessaires à la nutrition de la plante; elle seconde et complète le travail des racines.

Quand on éfeuille, on appauvrit la sève. L'opération ne peut donc être profitable que dans les cas où celle-ci surabonde. Effeuiller lorsque la sécheresse se fait sentir, c'est rendre la maturité impossible, au lieu de la favoriser.

Ce n'est point le soleil tout seul qui mûrit le raisin. Il faut de l'eau pour faire du vin. Si le raisin ne reçoit pas toute l'eau dont il a besoin, la chaleur la plus intense ne saurait le mûrir; il se ride, il se dessèche sans cesser d'être du verjus.

Il faut donc attendre la pluie avant d'effeuiller. Il faut aussi attendre que le raisin ait acquis toute sa grosseur. En commençant, on n'enlève qu'un petit nombre de feuilles. Pour peu qu'on remarque que la pellicule du raisin commence à se rider ou à se ramollir, il faut s'arrêter.

On réitère l'épamprage à diverses époques, à mesure que le moment de la maturité approche, et toujours avec précaution.

10. La vigne , comme toutes les cultures dont les produits ne sont point consommés sur place , tend à épuiser la terre. En conséquence , la nécessité des engrais ne tarde pas à se faire sentir. Les fumiers, quels qu'ils soient, sont propres à ranimer la végétation de la vigne ; mais s'ils ont la vertu d'augmenter la quantité , ils altèrent la qualité du vin. La colombine seule fertilise la vigne sans nuire à la qualité de ses produits. La gadoue donne aux vins un goût détestable.

Toutefois , les diverses matières excrémenteuses peuvent être employées sans inconvénient , lorsqu'on les soumet à cette décomposition lente qui les change en bon terreau. Ainsi donc , les compost , dont nous avons reconnu l'inutilité pour les autres cultures , doivent être considérés comme le meilleur moyen d'engraisser les vignes sans leur communiquer ce goût désagréable qui provient du fumier et que l'on attribue mal à propos au terroir.

Un bon compost pour les vignes serait celui que l'on formerait en stratifiant couche par couche le fumier avec de la chaux vive et de la terre. Il serait utile d'y ajouter des herbes, des feuilles d'arbre, les balayures des rues et des chemins, les vases que l'on trouve au fond des fossés , et autres immondices dont l'action directe serait fatale au bon goût du vin , mais qui , ayant resté deux ou trois mois en digestion dans les entrailles d'un compost , perdent toute mauvaise odeur et conservent néanmoins une action fertilisante très-énergique.

Les pousses du genêt d'Espagne , ainsi que les tiges des lupins , fournissent un excellent moyen d'engraisser les vignes.

Quelques auteurs conseillent de semer les lupins dans les fosses des provins , en automne , et de les enterrer au mois de mai suivant, lorsqu'ils sont en fleur. Je ne dirai rien de ce procédé , n'ayant à citer aucune expérience à cet égard ; je pense seulement qu'il serait bon de l'essayer.

Les propriétaires de vignes qui possèdent aussi des terres labourables , peuvent cultiver les lupins sur une portion de

celles-ci , et lorsque ces végétaux sont en pleine fleur , on les
arrache , on en forme de petits fagots que l'on emploie immédiatement après la vendange ; ou bien , si on les récolte
plus tôt , on les conserve , en les faisant sécher , pour l'époque où l'on juge à propos d'engraisser la vigne.

11. Malgré l'action des engrais , la vigne ne saurait échapper tout-à-fait à la loi de l'alternance. Lorsqu'on s'aperçoit
que les ceps , même jeunes , languissent et que leur produit
n'est pas en rapport avec les frais qu'ils occasionnent , il faut
prendre courageusement le parti d'arracher la vigne et de
rajeunir le terrain par des cultures d'un genre différent.

Rien de mieux , en pareil cas , qu'un semis de luzerne
qu'on enterre en vert , au moment de replanter , après l'avoir
conservé quelques années , si l'on juge cette précaution nécessaire ou profitable.

Si le terrain n'est pas propre à la luzerne , on peut avoir
recours au trèfle.

12. Ainsi que nous l'avons dit plus haut , le fumet plus ou
moins rebutant que l'on remarque dans certains vins est un
effet purement artificiel , qui dérive de l'usage d'appliquer
aux vignes le fumier dans son état de crudité. On donne à ce
goût particulier le nom de *goût de terroir* , car les hommes
sont très-enclins à accuser la nature de leurs fautes et de
leurs sottises.

Le véritable goût de terroir est ordinairement agréable.
C'est ainsi que certains vins sentent la pierre à fusil , d'autres,
tels que les vins de Médoc , ont un bouquet parfumé.

Le goût nauséabond , qu'on attribue au terroir , provient
des fumiers ou des exhalaisons fétides qui sortent des maisons
et des rues sales des villages qui avoisinent les vignes. La fumée des fours à chaux et celle des usines altèrent sensiblement
le jus des raisins. C'est au moment où ceux-ci travaillent à
la crise de leur maturité qu'ils deviennent infiniment sensibles aux mauvaises odeurs qui circulent dans l'air qui les
environne et qu'ils aspirent. Certaines herbes puantes , qui
croissent dans les vignes , altèrent aussi la qualité des vins.
On ne saurait être trop attentif à sarcler les vignes aux approches de la maturité.

13. Nonobstant tous ces soins, les vins de l'Aveyron , bien qu'ils possèdent de bonnes qualités , ne s'élèveront jamais au-dessus de la médiocrité , parce qu'il leur manque habituellement quelques degrés d'alcool.

Tel est le vice du climat ; notre soleil d'automne est trop faible , trop pâlissant , ou trop contrarié par les froidures qui descendent des montagnes , pour qu'il puisse élaborer complétement le muqueux sucré qui est l'âme de la fermentation vineuse.

Ce défaut de nos vins n'est pas de ceux qu'il est impossible de corriger. Que faut-il pour leur donner le feu qui leur manque ? du sucre. Si l'on jetait dans les cuves vinaires une quantité suffisante de sucre , les vins les plus froids , les vins que l'on qualifie de plats, d'insipides, deviendraient généreux et l'emporteraient alors sur les vins rudes et incendiaires que nous envoie le Bas-Languedoc.

Et qu'on ne dise pas que ce moyen est de ceux que la théorie indique , et que la pratique rebute comme trop dispendieux. Au pied de nos vignes s'étendent des terres qui semblent avoir été créées tout exprès pour la culture de la betterave.

Le procédé de la macération que nous devons à M. Mathieu de Dombasle , fournit un moyen économique d'extraire la matière sucrée de cette racine. Il n'est pas ici question d'obtenir un sucre cristallisé. Il suffit d'un sirop bien déféqué , bien purgé des substances qui peuvent en altérer le goût. Ce sirop , ajouté dans les cuves au jus du raisin , doit produire une fermentation vigoureuse et créer, par conséquent , dans le vin , la liqueur qui lui manque.

14. On remarque dans l'espèce de la vigne une multitude de variétés dont les raisins sont plus ou moins bons, plus ou moins propres à donner de la qualité au vin. Dans le choix de ces variétés , on doit avoir égard à la nature du sol et au climat. Celles qui donnent le meilleur vin , dans notre pays , sont le franc-pineau , que nos vignerons nomment *menut* , et le bourguignon noir , à grappe rouge , qu'ils appellent *saumançois*. Ces deux variétés et quelques autres qui leur ressemblent et qui portent le nom générique de *morillon*, sont la base des vins de Bourgogne. Le franc-pineau produit les

vins les plus délicats de cette terre classique des bons vins. Malheureusement il en produit peu, quoique son grain soit assez gros et oblong. Ses grappes sont petites. Le saumançois est plns productif, mais il l'est encore moins que certaines espèces de qualité médiocre ou mauvaise. En général, il est très-difficile de faire marcher sur la même ligne la quantité et la qualité. Le commun des tenanciers et des vignerons sacrifie la qualité à la quantité, en multipliant les variétés les plus abondantes, qui sont aussi les plus mauvaises, notamment celle qui porte, dans le centre et le nord de la France, le nom de *teinturier*, parce qu'elle donne un vin très-gros et très-coloré.

Cette façon d'aménager les vignes est commandée, dans notre pays, ou du moins justifiée jusqu'à un certain point par l'impolitique injustice des consommateurs, lesquels refusent d'encourager la bonne qualité, en lui accordant un prix supérieur au prix commun qui s'établit d'après les qualités médiocres.

En général, ce n'est point aux cultivateurs qu'il faut s'en prendre, lorsqu'on trouve que la qualité des blés ou des vins est par eux négligée.

Le bon en tout genre est coûteux à produire : la consommation, pour l'obtenir, n'a qu'à se résoudre à le payer. Les voluptueux habitans des villes s'indignent contre le préjugé, contre la routine, contre la grossièreté et le mauvais vouloir des producteurs; ils ressemblent à l'Avare de Molière, qui prétendait qu'on lui fît bonne chère avec très-peu d'argent.

15. Quoi qu'il en soit, s'il arrive un temps où les propriétaires de vignes trouvent leur compte à cultiver les variétés qui donnent les meilleurs vins, ils pourront remplacer leurs cépages d'une façon peu dispendieuse, au moyen de la greffe. L'art de greffer la vigne consiste à couper net le cep à cinq centimètres en terre, quand la sève commence à se mouvoir, et à le fendre par le milieu dans un espace sans nœuds. On insère dans cette fente deux entes taillées en coin par le gros bout; on a soin de les placer de manière que l'écorce s'adapte parfaitement avec celle du sujet. L'entaille des

entes doit être plus épaisse du côté de l'écorce. C'est à-peu-près le même procédé que pour la greffe en fente des arbres fruitiers. Il y a pourtant cette différence, qu'après avoir lié la greffe avec un osier, on la butte de terre, afin de la garantir du soleil. On coupe les entes à trois yeux, et on les dispose de manière que l'un de ces yeux est tout près du sujet, l'autre à fleur de terre et le troisième à quelques centimètres au-dessus. La bonne saison pour greffer est depuis le 20 mars jusqu'à pareil jour d'avril. On choisira un jour où le ciel soit nébuleux et la température adoucie par un vent du sud ou du sud-ouest. Le vent du nord est funeste à la greffe.

On coupe les greffes en automne et on les conserve dans une cave, en les enfonçant par le gros bout dans un sable humide, à la profondeur d'un décimètre.

16. Il nous reste à parler de l'opération qui couronne toutes les autres, c'est-à-dire de la vendange. Olivier de Serres dit que toute autre affaire peut être menée à bonne fin par procureur, fors la vendange. Cette récolte demande la présence et l'œil du maître.

On ne saurait dire combien il faut d'attention, de tact et de sagacité pour saisir le moment précis où il convient de commencer la vendange. Sans doute l'époque la plus favorable est celle de la maturité du raisin, mais il n'est pas rare que les circonstances atmosphériques ne rendent les signes de cette maturité très-équivoques. Il arrive assez souvent que le propriétaire flotte entre la crainte de pré-maturer ses raisins et celle de les voir tomber en pourri-ture. Toutefois la pourriture commençante n'est pas tou-jours un signe de maturité, ni une raison suffisante de pro-céder à la récolte. Il vaut mieux perdre courageusement quelques grappes par la pourriture que de faire un vin acerbe et impotable.

Les signes les plus certains de la maturité sont les suivans :

1º La queue verte de la grappe devient brune ;

2º La grappe devient pendante ;

3º La pellicule du raisin devient mince et *translucide*, suivant l'expression d'Olivier de Serres ;

4° Les pepins sont vides de substance glutineuse , comme l'observe le même auteur ;

5° La grappe et les grains de raisin se détachent aisément; enfin le jus du raisin est savoureux et gluant.

Olivier de Serres recommande de ne vendanger que lorsque le sol et les raisins sont secs ; il va jusqu'à dire qu'il faut attendre que le soleil ait dissipé la rosée que la fraicheur des nuits dépose sur le raisin.

On recommande aussi de calculer le nombre des vendangeurs de manière à remplir une cuve en un jour. Cette précaution est essentielle , afin d'obtenir une bonne fermentation , une fermentation bien égale.

On lit dans le Dictionnaire de Rozier, qu'il faut avoir soin de couper très-court les queues des raisins et de se servir de ciseaux pour cette opération , afin de ne pas ébranler la souche.

Le même auteur voudrait qu'il fût sévèrement défendu de manger dans la vigne , afin de conserver , dit-il , à la cuve les raisins les plus mûrs et les plus sucrés. Je laisse au lecteur le soin de décider si une pareille prohibition peut s'accorder avec les habitudes et les mœurs du pays. En général , les vendangeurs ne reçoivent qu'un salaire minime , et s'ils se présentent en foule pour cette opération , c'est uniquement pour avoir occasion de manger des raisins , et , comme ils disent, c'est pour prendre les raisins, afin de rétablir ou de consolider leur santé.

Si l'on est jaloux de faire de bon vin , il faut recommander aux vendangeurs de ne couper que les raisins qui sont mûrs et sains. Tous ceux qui sont pourris doivent être rejetés, ceux qui sont verts doivent rester en place pour attendre la maturité. Dans les pays où l'on se pique de soigner la qualité des vins , on vendange à plusieurs reprises, observant de trier , chaque fois , les raisins les plus mûrs. Néanmoins cette règle n'est pas sans exception, car il est des pays où l'on se trouve bien de vendanger un peu sur le vert. Tel est , par exemple , l'usage de la Champagne pour les vins blancs mousseux. On coupe les raisins avant qu'ils soient tout-à-fait mùrs et pendant qu'ils sont humectés par la rosée ou par un brouillard.

17. Voyons à présent quelles sont les précautions à prendre pour disposer le raisin à la fermentation.

Faut-il ou ne faut-il pas égrapper les raisins? Cette question est encore indécise. Il est certain que la grappe contient une substance astringente d'une saveur austère. Les raisins égrappés donnent un vin plus doux et plus agréable. Mais il est des vins insipides qui ont besoin d'être relevés par l'âpreté de la grappe. Le vin égrappé, d'ailleurs, se conserve moins bien.

Quand le raisin est bien mùr, la présence des grappes rend la fermentation plus vive et plus complète. Mais si les circonstances obligent de vendanger pendant que le bois de la grappe est encore vert, il est infiniment utile d'égrapper.

Pour exécuter cette opération, on écrase les raisins dans une espèce de crible ou de cage dont le fond est formé par des liteaux espacés de manière à laisser couler le moût dans la cuve et à retenir les grappes.

Un point très-essentiel est de bien écraser les raisins. Tous les grains qui demeurent entiers sont perdus pour la fermentation. Le vigneron écrase les raisins en les foulant aux pieds. Quelques auteurs conseillent de porter directement la vendange sous le pressoir : le moût qui coule est transporté dans les cuves et on y ajoute le marc.

Si le temps est froid, si les raisins sont mouillés par la rosée, la fermentation s'établit difficilement et marche avec tiédeur. Alors on couvre les cuves pour les réchauffer, ou bien on soutire une certaine quantité de moût que l'on soumet à l'ébullition, et puis on le verse ainsi tout chaud dans la cuve. Si l'on réduit le moût, par la cuisson, en consistance de sirop, la fermentation devient encore plus active et le vin acquiert de la qualité.

Tout ce qui tend à concentrer le suc du raisin, en le dépouillant d'une partie de l'eau qu'il contient, tend aussi à rendre le vin meilleur. Ainsi ce serait une bonne méthode,

que d'étendre les raisins sur des claies et de les laisser quelque temps exposés aux ardeurs du soleil avant de les plonger
dans la cuve.

Rien n'est plus contraire à la bonne vinification, que
d'ajouter de la vendange fraîche à une cuve qui commence
à fermenter. Ainsi qu'on l'a dit plus haut, il faut calculer
le nombre des vendangeurs de manière à remplir chaque
cuve en un jour.

Si la fermentation est interrompue ou seulement contrariée, il y a perte d'alcool et, par conséquent, de qualité
dans le vin.

Pour obtenir ce résultat avec plus de facilité, il faut bien
se garder de rapetisser les cuves; ce serait affaiblir la fermentation. Celle-ci est d'autant plus active que la masse sur
laquelle elle agit est plus considérable. Il importe néanmoins
d'éviter tout excès. Si la cuve est trop grande, la fermentation devient trop vive, et la chaleur qu'elle produit fait
évaporer l'esprit de vin.

18. On doit épier avec soin le moment de décuver les vins.
Il n'y a point de règle fixe sur la durée de la fermentation.
Cette durée est plus ou moins longue, suivant la qualité
des raisins, suivant leur degré de maturité et suivant la
température. Lorsque le temps est chaud, la fermentation
marche plus vite. Si les raisins sont très-sucrés, la fermentation sera plus longue, toutes choses égales d'ailleurs.

Si l'on veut obtenir des vins parfumés, légers, peu colo-
rés, il faut abréger autant que possible la fermentation.

En général, le moment de décuver est venu lorsque l'ébullition est calmée, et que le moût a perdu sa douceur, pour
prendre le goût et le montant qui caractérisent la liqueur
vineuse.

19. Avant d'introduire du vin nouveau dans des tonneaux
qui n'ont point encore servi, on doit avoir soin de corriger
le principe astringent contenu dans le bois neuf, en y passant, à plusieurs reprises, de l'eau chaude dans laquelle on
a fait dissoudre du sel. On laisse séjourner quelque temps ce
liquide, on agite le tonneau et puis on le vide. Si le tonneau
est vieux, on râcle le tartre, et on lave avec soin.

Dans tous les cas, on passe dans les tonneaux quelques pintes de moût ou de vin chaud.

Lorsque la cuve a cessé de couler, on place le marc sous le pressoir. Dans les pays méridionaux, on sépare la partie de ce marc qui a surnagé et que l'on nomme le *chapeau* ; on l'exprime à part, attendu qu'elle a contracté un commencement d'acidité : le suc qui en découle devient un excellent vinaigre.

Quant au dépôt de la cuve qui n'a point tourné à l'aigre, on l'exprime sous le pressoir et le vin qui en sort est porté avec l'autre dans les tonneaux. On ouvre le pressoir et avec une pelle tranchante on coupe le marc tout autour, sur une épaisseur de trois ou quatre travers de doigt ; on jette au milieu ce qui est coupé, on presse une seconde fois ; on coupe de rechef, et on presse pour la troisième fois. Le vin de la première taille est le meilleur, celui de la troisième est le plus coloré et le plus âpre.

En humectant le marc avec de l'eau, après l'avoir épuisé, on obtient encore une liqueur que l'on nomme *piquette* ou demi-vin.

20. Après qu'on a décuvé, la fermentation continue dans le tonneau. Ce n'est plus une effervescence violente, mais une fermentation paisible et presque insensible. Le vin se boursouffle néanmoins et jette par le bondon l'écume qui se forme à sa surface.

Ce travail, qui tend à perfectionner le vin, doit être surveillé. A mesure que le liquide s'affaisse, il faut verser dans le tonneau du vin jusqu'à ce que l'écume s'échappe à pleins bords. C'est ce que l'on appelle *ouiller*. Dans les pays où l'on se pique de faire de bon vin, on ouille tous les jours pendant le premier mois ; tous les quatre jours, pendant le second ; ensuite tous les huit jours jusqu'au soutirage.

En Bourgogne, sitôt que la fermentation commence à se calmer, on bouche le bondon ; mais on a soin de pratiquer, à côté, un trou que l'on nomme *fausset* (1), et que l'on ferme

______
(1) En patois *vespiral :* la cheville se nomme *douzil.*

avec une cheville, en observant de ne pas trop l'assujettir. On ôte cette cheville de temps en temps, pour donner passage au gaz.

21. Qand la fermentation est terminée, les vins contiennent encore des matières solides qui se séparent peu-à-peu et forment au fond du tonneau un dépôt qui prend le nom de *lie*. Toutes les fois que la température éprouve des variations considérables, la lie est agitée, elle fermente, le vin devient trouble et court risque de tourner. Pour prévenir cet accident, on le tire au clair et on le transvase vers la fin de l'hiver. Il est bon de réitérer ensuite cette opération deux fois par an, savoir : en mars et en septembre, suivant quelques-uns ; ou vers le solstice d'hiver et aux approches du solstice d'été, suivant quelques autres. On observera de ne transvaser les vins que lorsque le vent est au nord.

En plaçant la canelle pour soutirer, on introduit de l'air et il se produit dans le tonneau un mouvement qui trouble le vin peu ou prou : on échappe à cet inconvénient lorsqu'on transvase au moyen d'un siphon.

22. Outre cela, on a soin de soufrer les tonneaux, c'est-à-dire d'y introduire au bout d'un fil de fer une mèche soufrée, à laquelle on a mis le feu. On bouche le bondon pendant que la mèche brûle.

Mais le meilleur procédé pour préserver les vins, est de les bien clarifier au moyen de la colle de poisson ou des blancs d'œufs. On met une douzaine de blancs d'œufs dans une certaine quantité de vin, après les avoir battus comme pour une crême. On les verse dans la barrique ; puis on fouette le vin avec un bâton ou avec plusieurs baguettes que l'on introduit par le bondon. Lorsque le vin est bien clarifié, on le soutire pour le transvaser.

Si l'on fait usage de la colle, on coupe celle-ci par petits morceaux qu'on met tremper dans le vin jusqu'à ce qu'ils soient ramollis et dissous en une masse gluante. En cet état, la colle est introduite dans la barrique, on fouette, on laisse reposer, puis on transvase.

La gomme arabique clarifie aussi les vins, on la jette en poudre dans la barrique, à la dose d'une once par hectolitre.

23. **Malgré tous ces soins**, le vin se conserve mal lorsqu'il est déposé dans une mauvaise cave.

Une bonne cave est celle qui est creusée dans la terre, qui est recouverte d'une voûte, exposée au nord, à l'abri de la réverbération du soleil, qui n'est ni trop sèche ni trop humide, peu éclairée, et où l'air circule librement.

On aura soin d'y entretenir la propreté; on évitera surtout d'y déposer des matières susceptibles de fermenter, de se pourrir ou de tourner à l'aigre.

Il convient de la placer loin des chemins et généralement de tout ce qui produit du bruit et des secousses capables de troubler la tranquillité du vin.

NOTICE

SUR

LES ABEILLES ET LES SOINS QU'IL CONVIENT DE LEUR DONNER.

—

1. Parmi les accessoires de l'exploitation rurale, les abeilles tiennent un rang distingué. Le revenu d'une ruche peut être comparé à celui d'une brebis. Ce revenu, à la vérité, est très-casuel ; mais les insectes intéressans qui le produisent ont cela de particulier qu'ils ne causent aucun dommage, pas la moindre diminution sur les autres productions de la ferme, et que leur conservation n'impose au propriétaire qui profite de leur travail que des soins peu coûteux.

Ainsi donc, le père de famille qui néglige les abeilles pèche contre une des principales règles de l'administration rurale, suivant laquelle on ne saurait être trop diligent à saisir toutes les ressources que nous offre la nature.

2. Nos villageois ne dédaignent pas les abeilles ; mais ils les considèrent comme un objet d'agrément ou de mince utilité. Ils sont d'ailleurs imbus de l'idée qu'en cette matière il faut laisser agir la nature, sans autre soin que celui de recueillir les essaims, et celui de tailler les ruches pour s'emparer d'une partie des provisions qu'elles contiennent.

Ceci est une erreur. Les abeilles, comme les autres animaux domestiques, exigent des soins fondés sur la connaissance de leur tempérament, de leurs mœurs et de leurs habitudes.

Il importe, par conséquent, d'acquérir cette connaissance. Toutefois on se dispensera de compiler ici tout ce que Swamerdam, Réaumur, Hubert et autres observateurs ont découvert touchant les abeilles. On se bornera à choisir parmi les faits observés ceux qui sont de nature à nous guider dans la pratique.

Ainsi, en ce qui concerne l'histoire naturelle de ces insectes industrieux, on se contentera de dire qu'ils vivent en société et par tribus séparées, ayant chacune son chef et une

police régulière. L'objet de cette espèce d'organisation politique est le travail dirigé vers un but commun , c'est-à-dire
vers la conservation et la prospérité de l'état.

Pour cet effet , la nature a divisé l'espèce des abeilles en
trois genres , savoir : les femelles , les mâles et les ouvrières
qui sont neutres , n'ayant aucun des attributs des deux sexes.

4. Il n'y a dans une société d'abeilles qu'une seule femelle
qui ponde et qui commande. On la nomme la *reine* ou la
mère-abeille. Elle est facile à reconnaître. La longueur de
son corps, qui excède celle de ses ailes, suffit pour la distinguer. Elle est moins grosse que les mâles , mais elle surpasse
en grosseur les ouvrières ; ses ailes ne vont guère au-delà
du troisième anneau de l'abdomen. Sa couleur diffère de
celle des autres abeilles : elle est d'un brun clair sur le dos ,
et sous le ventre d'un beau jaune. Son ventre , dont le diamètre va en diminuant , est plus détaché du corselet. Ses
jambes ne portent point ces brosses et ces sortes de corbeilles
que l'on nomme *palettes* , qui servent aux ouvrières à ramasser et à transporter la poussière séminale des fleurs. Elle
est armée d'un aiguillon très-vigoureux , mais dont elle ne
fait usage que lorsqu'on l'irrite ou lorsqu'une rivale vient
lui disputer l'empire. Ses nombreux ovaires ou *oviductus* ,
contiennent au moins cinq à six mille œufs visibles et probablement un nombre pareil qui échappent à la vue. Comme
elle fait plusieurs pontes dans le cours du printemps, on peut
évaluer à soixante mille tout au moins le nombre des abeilles
qui naissent annuellement de la mère commune.

Celle-ci visite les cellules à mesure que les ouvrières les
construisent et, lorsqu'elles lui paraissent en bon état, elle
y dépose ses œufs, lesquels sont enduits d'une matière gluante
qui les colle au fond de la niche qui leur est destinée.

5. Les mâles, que l'on nomme aussi *faux-bourdons* , diffèrent de la reine, en ce qu'ils ont le corps moins long , et
des ouvrières, en ce qu'ils l'ont plus gros. Leurs ailes sont
grandes et elles accompagnent le corps dans toute sa longueur. Leur tête plus grosse et leurs yeux qui s'arrondissent
et se touchent au-dessus de la tête , et qui deviennent trian-

gulaires en descendant vers les mâchoires, suffisent pour les faire reconnaître. Enfin, ils n'ont ni palettes pour recueillir la ciré, ni aiguillon pour défendre la patrie. Ce sont des prolétaires dans toute la force du terme. Leur existence n'a d'autre but que la propagation de l'espèce.

Lorsque la reine est en amour, elle sort de la ruche et s'élance dans les airs, laissant après elle une odeur qui attire les mâles. Ceux-ci se précipitent en foule à sa suite. Le plus ardent et le plus vigoureux au vol la joint, s'accouple et meurt. La mère-abeille retourne au logis, portant à l'extrémité de son abdomen les parties génitales du mâle qu'elle a arrachées en se séparant.

On voit pourquoi la nature a voulu que, dans cette espèce, il y eût plusieurs mâles pour une seule femelle. Le nombre des faux-bourdons n'est guère au-dessous de deux ou trois cents, et il s'élève jusqu'à deux mille.

Outre qu'ils composent le sérail de la reine, ils servent encore à couver les œufs et à réchauffer les vers. Telle est du moins l'opinion de Féburier, d'après les observations d'Hubert. Ils s'agglomèrent en essaim autour des gâteaux qui contiennent le couvain.

Lorsque leur mission est accomplie, lorsque la saison des fleurs est passée et que les faux-bourdons, ne trouvant plus à vivre à la campagne, s'avisent de toucher à des provisions qui sont le fruit d'un travail auquel ils n'ont pris aucune part, un décret sévère les bannit de la république. S'ils s'obstinent à rester, ou s'ils se hasardent à rentrer dans la ruche, on les tue à coups d'aiguillon. Ainsi se termine misérablement leur existence douce, mais éphémère. De nouveaux faux-bourdons sortent au printemps des œufs que la mère-abeille a conservés pendant l'hiver.

6. Les ouvrières ne contribuent point à la propagation de l'espèce : elles ne sont que les nourrices de la famille qu'elles élèvent. Elles construisent les cellules où doivent être déposés les œufs. Ceux-ci donnent naissance à un ver que les ouvrières ont soin de nourrir avec une bouillie claire plus ou moins sucrée, suivant l'âge du ver et suivant le genre de

l'abeille qui doit en provenir (1). La bouillie royale , c'est-à-dire celle qui sert à nourrir les jeunes reines , est rouge et d'une qualité toute particulière. Cette dernière bouillie est nécessaire au développement des parties sexuelles. Les vers qui en sont privés donnent naissance à des abeilles neutres. La forme de la cellule contribue aussi à favoriser ou à comprimer le développement de la région de l'abdomen où doivent se trouver les ovaires et les autres parties nécessaires à la génération. Aussi voit-on que les cellules destinées aux jeunes reines sont beaucoup plus grandes et d'une forme différente.

Il suit de cette observation que les ouvrières, improprement appelées *mulets* , sont des femelles en qui le sexe a été oblitéré à dessein. C'est une sorte de castration qu'on leur fait subir à leur naissance.

Ce n'est , toutefois , qu'au bout de quelques jours que le ver destiné à devenir abeille neutre a perdu la faculté de devenir femelle féconde. Cette circonstance est très-heureuse , et en elle réside quelquefois le salut de la république. En effet , lorsque, par un accident quelconque, une tribu d'abeilles se trouve sans reines , les ouvrières se mettent à élargir les cellules de trois ou quatre vers qu'elles jugent capables de le devenir , et on leur sert la bouillie royale. Mais s'il ne se trouve dans la ruche ni œufs, ni vers propres à donner naissance à des reines, la société tombe en dissolution : le travail cesse et la ruche périt. La mère-abeille est l'âme de la république. Son pouvoir néanmoins n'est pas absolu. Bien qu'elle soit jalouse à l'excès des autres femelles , et que sa rage la porte à détruire toutes celles qui naissent dans la ruche, le sénat et le peuple avec lesquels elle partage l'autorité , la forcent de conserver quatre ou cinq jeunes reines qui sont l'espoir de la patrie. En attendant que la

(1) Le ver des abeilles , comme le ver à soie , file et s'enveloppe d'une espèce de cocon. Sa peau se fend et il en sort une nymphe qui montre les rudimens de la jeune abeille. Lorsque celle-ci est entièrement formée , elle brise sa prison et sort. Les ouvrières l'entourent et lèchent ses ailes humides.

saison des essaims arrive , ces jeunes reines sont enfermées dans leurs cellules au moyen d'une cloison ou couvercle en cire mastiquée. Ce couvercle est percé, au milieu, d'un petit trou par lequel on nourrit les recluses.

La reine régnante frémit de jalousie et elle cherche à tuer ses jeunes rivales ; mais le sénat leur donne des gardes.

Lorsque la saison des essaims arrive , si la population paraît trop nombreuse, on tire de sa prison une des jeunes reines. Celle-ci paraît entourée de sa cour et de sa garde. Alors la vieille reine désespérée se met à la tête de la colonie et elle émigre.

Lorsque le mauvais temps s'oppose au départ des essaims , et que la population de la ruche n'est point excessive, on permet à la reine de briser les portes des cellules royales et de tuer les jeunes prétendantes. Si une de ces dernières a été mise en liberté afin de provoquer un essaim, lequel reçoit ensuite contre-ordre, le peuple des abeilles, au lieu de se diviser, ordonne le combat en champ clos entre les deux rivales. On se range en cercle autour du lieu du combat, et celle que la victoire couronne est unanimement reconnue.

Les ouvrières sont armées, comme la reine , d'un aiguillon empoisonné, dont les piqûres causent une douleur cuisante. Cet aiguillon est composé de deux lames dentelées, renfermées dans un étui au bout duquel se trouve la vésicule du venin. Comme l'abeille retire difficilement son dard enfoncé dans la chair, il arrive pour l'ordinaire qu'elle le laisse dans la plaie avec partie de ses intestins, et elle meurt. La blessure alors devient plus vive et elle guérit plus difficilement. Si on a la patience d'attendre que l'abeille retire les deux lames de son aiguillon, la piqûre est bientôt guérie. Dans tous les cas, il n'en résulte qu'une inflammation locale et passagère , à moins que les piqûres ne soient trop multipliées ; car alors elles peuvent causer la mort.

Les ouvrières travaillent pour la patrie et combattent pour sa défense quand l'occasion le requiert. Il paraît qu'elles se partagent les diverses fonctions qu'exige le bien public. Les unes vont au loin cueillir la matière de la cire et du miel, les autres se livrent au travail de l'intérieur et elles mettent en œuvre les matériaux qui leur sont apportés du dehors. Pendant ce temps il y en a quelques-unes qui sont posées en sentinelles, qui veillent à la garde des portes et à la sûreté de l'état.

7. Les abeilles appartiennent à la classe des mouches à quatre ailes. La tête, le corselet et le ventre sont les parties principales que l'on remarque dans la structure de leur corps. Leur tête est armée de dents ou pinces. Elles ont outre cela une trompe qui se replie quand elle est dans l'inaction, et qui s'alonge pour aller au fond du calice des fleurs lécher le nectar, le faire passer dans la bouche et de là dans l'un des estomacs. L'abeille a deux estomacs, dont l'un sert à la préparation du miel et l'autre à celle de la cire. Ces deux estomacs sont susceptibles de se comprimer comme la panse des ruminans, et de faire regorger par la bouche les matières qu'ils contiennent. C'est à l'aide de cette faculté que l'abeille fabrique la cire et le miel qu'elle entasse dans la ruche. Aux côtés du corselet sont de petites ouvertures par où l'insecte respire. L'air chassé par ces petits trous pendant que les ailes sont agitées, produit le bruit appelé *bourdonnement*.

Au-dessous de ce même corselet sont attachées six jambes. Sur la troisième pièce de la troisième paire, à la face interne, se trouve une cavité triangulaire bordée de poils, que l'on nomme la *palette*. La quatrième pièce de la troisième et de la seconde paires est encore garnie de poils qui sont implantés droit comme dans une brosse. L'abeille s'en sert pour ramasser la poussière des fleurs dont son corps se couvre, et pour l'entasser dans la palette.

Telles sont les particularités les plus remarquables que nous offre l'histoire naturelle de l'abeille.

8. Voyons à présent quelles sont les attentions qu'il convient d'avoir pour les abeilles, lorsqu'on veut tirer bon parti de ces insectes précieux.

Ces attentions ont pour objet : 1º le choix des races ; 2º la forme et l'emplacement des ruches ; 3º les moyens de garantir les abeilles du froid et de leurs ennemis ; 4º le soin de leur procurer une ample pâture dans les champs ; 5° celui de les nourrir dans la ruche quand elles sont dans la disette ; 6° l'art de recueillir les essaims ; 7° la connaissance des maladies de l'abeille et la manière de les traiter ; 8° les procédés relatifs à la récolte , c'est-à-dire à l'opération par laquelle on tire de la ruche le miel et la cire qui constituent le revenu annuel que produisent les abeilles. Cela s'appelle tailler ou dégraisser la ruche (1).

9. On remarque parmi les abeilles domestiques , quatre races bien distinctes.

Les abeilles de la première sont grosses et très-brunes ; celles de la seconde sont moins grosses , leur couleur est presque noire ; celles de la troisième sont grises et de moyenne grosseur ; celles de la quatrième , beaucoup plus petites que les autres , sont d'un jaune aurore , luisant et poli. On les nomme communément les *petites hollandaises* ou les *petites flamandes.*

Ces dernières méritent d'être préférées à toutes les autres. Elles sont tout à la fois laborieuses et économes , ménageant leurs provisions et ne pillant point celles de leurs voisines. Leur naturel est doux , et il est facile de les apprivoiser. On dirait qu'elles connaissent ceux qui les visitent souvent. La seconde espèce vient après. Elle n'est pas trop vicieuse. On peut parvenir à l'apprivoiser. Mais celles de la première et de la troisième ont conservé l'humeur farouche et sauvage du désert. Elles sont d'un abord dangereux. On parvient difficilement à les fixer dans leurs habitations, surtout les grises qui sont de vrais pirates. Elles sont paresseuses , gourmandes et pillardes. Leur voisinage est dangereux pour les deux autres espèces. Elles les attendent au passage pour les assassiner et s'emparer du butin qu'elles ont péniblement ramassé dans les champs.

On voit qu'en fait d'abeilles , comme pour les autres animaux domestiques , le choix des races n'est rien moins qu'indifférent.

10. La capacité , la forme et l'emplacement des ruches

(1) En patois on dit : *Cura lou Bourgnou.*

sont des points très-importans qui ont la plus grande influence sur le succès.

Si la ruche est trop grande , les abeilles y sont exposées à périr de froid. D'ailleurs, à la vue d'un espace qu'elles désespèrent de remplir de gâteaux dans le cours d'une campagne, elles tombent dans le découragement et dans l'inaction.

Les ruches communes des environs de Paris ont 30 pouces de haut sur 20 ou 25 de large. Divers auteurs estimés , qui ont écrit sur la culture des abeilles , proposent des ruches dont la hauteur n'excède guère 20 ou 26 pouces sur un pied ou treize lignes en carré.

Les anciens logeaient les abeilles dans des troncs d'arbres qu'ils creusaient exprès lorsqu'ils ne l'avaient pas été par la pourriture et par les vers. Cette espèce de ruche, qu'on nomme *souche* , est très-estimée dans nos campagnes. Les abeilles y sont mieux à couvert du froid que dans celles qui sont formées par quatre planches assemblées.

11. Divers amateurs distingués ont imaginé des ruches composées de plusieurs pièces ou compartimens que l'on nomme *hausses*. Leur construction n'a rien de bien difficile, ni de bien coûteux. Qu'on se figure une ruche ordinaire en planches , que l'on scie en travers de trois en trois pouces, et dont on réunit ensuite les fractions , et l'on aura l'idée d'une ruche à hausses.

Une hausse n'est autre chose qu'une espèce de boîte ou de tiroir , formée de quatre planches et ayant treize pouces en carré sur trois ou quatre pouces de hauteur. Chaque hausse doit être traversée par deux chevilles qui se croisent au milieu à angles droits , et font de chaque côté en dehors une saillie de quatre ou cinq lignes.

On assemble les hausses au moyen d'une moulure qui les fait emboîter l'une dans l'autre. On enduit les joints avec un ciment appelé *pourget* , lequel est composé de bouse de bœuf, de cendres et d'un peu de chaux éteinte. Le nombre des hausses varie suivant la population de la ruche et suivant la saison (1). Sur la hausse supérieure on pose un couvercle

(1) Certains auteurs estimés prétendent que la ruche doit avoir une élé-lévation double de sa largeur , attendu que cette proportion plaît aux abeilles.

sur lequel sont clouées des traverses en croix , qui font saillie comme celles des hausses et qui leur correspondent . Pour bien assujettir cet assemblage , il faut quatre ficelles. On les attache aux chevilles de la hausse inférieure sur les quatre faces de la ruche, puis en montant on leur fait faire deux tours sur chaque cheville, et finalement on les noue sur les traverses du couvercle. On pose sur le couvercle une grande pierre plate qui sert de toiture et qui raffermit la ruche contre les coups de vent (1).

Pour un essaim passablement nombreux , on porte à sept le nombre des hausses. La hausse du fond doit avoir une ouverture tout près de la table , qui soit assez grande pour donner passage à six ou sept abeilles à la fois. Les autres hausses étant destinées à prendre place au fond chacune à son tour , doivent être percées d'une ouverture pareille que l'on a soin de fermer avec un bouchon de liége.

12. Suivant l'usage du pays , la ruche est percée de quatre trous vers le milieu de sa hauteur. Cet usage est vicieux , en ce qu'il tend à refroidir le couvain qui se trouve le plus souvent au centre de la ruche. En second lieu , lorsqu'il fait du vent , les abeilles qui reviennent chargées ne peuvent pas toujours arriver juste dans les trous , et elles tombent , non sans perte d'une portion de leur charge. Au lieu que lorsque la porte est au fond , elles se posent sur la table et entrent ensuite sans difficulté. Enfin , lorsqu'on multiplie les portes, on rend la défense plus difficile et moins efficace.

13. L'usage de placer la ruche sur une pierre est encore funeste. La pierre se refroidit trop en hiver et s'échauffe trop en été. Chaque ruche doit avoir une table séparée en bois. On prend pour cet effet un tronçon de planche de chêne de dix-sept pouces de long sur quinze de large, et dont l'épaisseur soit au moins de 18 lignes : on le place et on le cloue sur trois piquets placés en triangle et fortement assujettis dans la terre.

Durant la saison des frimas , on colle la ruche sur la table

(1) Pour mettre la ruche à couvert des voleurs, on peut remplacer les ficelles par des chaînes qu'on lie à la table et au couvercle avec un cadenas.

avec du pourget, mais lorsque la chaleur devient excessive, on ôte le ciment, et on soulève la ruche avec des coins de bois, afin d'augmenter l'introduction de l'air, et de faire profiter les abeilles de la fraîcheur des nuits. On aura soin que l'intervalle que l'on établit ainsi entre la ruche et la table ne soit pas assez grand pour donner passage aux abeilles et, par conséquent, à leurs ennemis.

14. Quelques auteurs conseillent de construire les ruches avec des planches de quatre ou cinq lignes d'épaisseur. Ce conseil est pernicieux. Des planches trop minces sont bientôt percées par les rats. On doit employer des planches de treize ou quatorze lignes. D'ailleurs il est clair que l'épaisseur des parois de la ruche forme un rempart contre l'humidité et le froid (1).

Outre cela, il est bon de donner à la ruche un surtout en paille que l'on forme en liant une botte (en patois *cluech*) très-près de l'extrémité opposée aux épis, qu'on ouvre ensuite, et qu'on pose sur la ruche à-peu-près comme la dernière gerbe renversée qui couronne les gerbiers, et qu'on nomme en patois la *clouco*, c'est-à-dire la glousse.

15. Les auteurs qui ont écrit sur les abeilles conseillent de construire un rucher, c'est-à-dire de placer les ruches dans une espèce de hangar ou de galerie ayant une porte et plusieurs fenêtres qu'on ouvre durant la belle saison et qu'on ferme en hiver.

Un rucher a de grands avantages. Il garantit les abeilles contre l'extrême chaleur et contre l'extrême froid ; il les met à couvert des pluies qui pénètrent la ruche exposée en plein air, lorsque les vents les poussent avec violence. Si, le soir, on condamne les fenêtres en dedans et qu'on ferme la porte à clef, on met les ruches à couvert des voleurs. La construction d'un rucher n'est pas un objet de grande dépense. On enfonce en terre contre une des murailles du jardin, deux piquets fourchus, sur lesquels on pose en travers une perche. Sur le devant,

---

(1) On conseille de donner la préférence aux planches de pin, à cause qu'elles sont moins sujettes à être piquées des vers.

à la distance de cinq pieds , on assujettit de la même manière deux autres poteaux moins élevés , afin de ménager la pente de la toiture. Une seconde traverse correspond à celle de derrière. On pose sur les deux traverses de petites perches à un pied de distance l'une de l'autre , et sur cette charpente , on établit un couvert en paille. Les murailles des côtés et du devant sont faites avec des bâtons qu'on fixe debout dans la terre et qu'on tresse avec des rameaux de chêne tordus. On garnit ce treillage avec de la terre grasse délayée. Il est bon de mettre en dedans une doublure en paille qu'on assujettit avec des osiers. Il faut avoir soin de rôtir sur le feu les bouts des poteaux et des pieux qui doivent être enfoncés en terre. Cette précaution tend à prévenir la pourriture.

16. Un point très-essentiel est de donner aux ruches une bonne exposition. Quelques personnes conseillent l'exposition du levant , afin d'engager les abeilles à sortir de grand matin. Mais cette circonstance , favorable en été , devient souvent mortelle pour les abeilles qui , réchauffées par les premiers rayons du soleil , se hasardent à travers une atmosphère qui est encore glaciale.

D'autres veulent que les ruches soient tournées à l'aspect du couchant , afin que les derniers rayons du jour puissent reconduire à la ruche les ouvrières qui se sont écartées pour aller butiner au loin. Cette considération ne saurait balancer les inconvéniens d'une exposition qui est celle des pluies battantes.

Tout bien considéré , la meilleure exposition est celle du midi. Elle a l'inconvénient de trop échauffer la ruche en été, mais cet inconvénient est peu à craindre lorsque les ruches sont placées dans un rucher qui modère la chaleur ; et , pour celles qui sont exposées en plein air , on peut y remédier en les couvrant de feuillage.

On aura l'attention de placer les ruches assez loin de la muraille pour qu'on puisse librement circuler tout autour.

17. Quant à la position des ruches relativement aux circonstances locales qui peuvent leur être favorables ou nuisibles, nous dirons d'abord que le voisinage des fours à chaux

et de toutes usines qui répandent d'épais tourbillons de fumée, leur est très-préjudiciable. On peut en dire autant de celui des grandes rivières et des vastes réservoirs d'eau, attendu que les vents les y précipitent bien souvent et qu'elles n'ont pas la force d'en sortir.

Il est nécessaire toutefois que les abeilles trouvent de l'eau dans leur voisinage. Ainsi une fontaine ou un ruisseau dont on a soin de surmonter le niveau par des pierres placées à de petites distances, est un accessoire infiniment avantageux du local que l'on choisit pour y établir les abeilles.

Celles-ci ne peuvent pas se passer d'eau, et lorsqu'elles n'en trouvent pas dans le voisinage, il faut avoir soin de leur en fournir. On met l'eau dans des assiettes de bois ou de terre, sur lesquelles on pose de petites buches afin que les abeilles puissent s'y percher pour boire sans courir le risque de se noyer.

Une bonne manière d'abreuver les abeilles consiste à disposer circulairement, autour des pieds de la table, des pierres sur lesquelles on creuse de petits canaux que l'on a soin de remplir d'eau tous les jours.

Il importe d'affectionner les abeilles au lieu que l'on a choisi pour leur habitation. Ainsi, outre le soin dont nous venons de parler, il est à propos de planter, dans le voisinage des ruches, des arbres qui puissent leur fournir beaucoup de fleurs, tels que cerisiers, pruniers, poiriers, pommiers, etc. Les noisetiers, les saules, les vergnes et généralement les arbres à châtons leur plaisent infiniment. Quelques auteurs ont prétendu que le tilleul donne un miel de mauvaise qualité ; mais l'abbé Della Roca se moque avec raison de ce préjugé et il conseille, au contraire, de multiplier les tilleuls à cause de la bonne qualité et de l'abondance de leurs fleurs (1). On cultivera aussi aux environs des ruches, la lavande, le thym, le romarin, le genêt d'Espagne, etc.

On doit noter qu'il n'est pas toujours possible de choisir

____

(1) J'ai été à même de vérifier par l'expérience cette opinion de l'abbé Della Roca, dont l'autorité d'ailleurs est grande en matière d'abeilles. Cet abbé était né dans une île de la Grèce qui tire un grand profit de ces insectes industrieux.

pour l'emplacement des ruches, l'endroit le plus favorable, parce qu'il importe avant tout qu'elles soient placées assez près de la maison pour qu'on puisse les surveiller et les visiter souvent.

18. Il faut avoir la précaution de proportionner le nombre des ruches aux ressources qu'offre le pays pour leur entretien. Les pays où abondent les arbres, les prairies, les bruyères et les genêts sont naturellement favorables aux abeilles. Les progrès de la culture ont anéanti une bonne partie de ces ressources naturelles. Attachez-vous donc à multiplier les arbres et les haies. Les prairies artificielles sont également très-utiles aux abeilles.

Afin qu'elles aient de la pâture, même lorsque la saison des fleurs est passée, semez du sarrasin dit *blé noir*. Cette plante fleurit vers la fin de l'été et continue à fleurir au commencement de l'automne. On ne saurait dire combien le blé noir est favorable à la prospérité et à la multiplication des ruches.

19. Lorsque l'été a été sec et brûlant, ou bien lorsque l'hiver se prolonge et que la naissance des fleurs est retardée, les ruches les plus faibles, surtout les essaims tardifs, sont exposées à la disette. Il est alors nécessaire de venir à leur secours et de leur fournir des alimens.

La meilleure nourriture qu'on puisse leur offrir est sans doute le miel; mais, si on n'en a pas, on peut y suppléer au moyen d'un sirop que l'on prépare avec du jus de poire ou de pomme, à quoi on ajoute de la cassonnade et un peu de vin. Du vin dans lequel on a dissous du sucre suffit pour les alimenter et les fortifier. Généralement, le jus de tous les fruits cuits au four est un bon aliment pour les abeilles. On doit attendre que ces divers sirops soient refroidis avant de les introduire dans la ruche. Le soir ou le matin, pendant que les abeilles sont engourdies, on soulève doucement la ruche, et on glisse dessous une assiette de bois ou de terre non vernissée, dans laquelle on a mis le sirop. Il faut éviter d'en laisser tomber sur la table, de peur d'attirer les abeilles des ruches voisines et de provoquer le pillage. Il est même prudent, si les abeilles que l'on nourrit sont faibles, de griller l'entrée de la ruche.

Ce n'est point durant les grands froids de l'hiver qu'il faut donner à manger aux abeilles, attendu qu'elles sont alors dans un état d'engourdissement qui leur ôte le besoin et le pouvoir de prendre des alimens. C'est dans les mois de septembre et d'octobre et dans ceux de février et de mars que les ruches sont exposées à la disette. Il faut avoir soin alors de les visiter. On enfonce dans les gâteaux une petite brochette de fer, et l'on reconnaît, en la retirant, s'ils sont encore pourvus de miel. Si l'on trouve que les provisions sont épuisées, on se hâte d'y suppléer de la façon qui a été indiquée plus haut.

Une livre et demie de miel ou de sirop suffit pour entretenir pendant un mois la ruche la plus populeuse. Si l'on introduit cette quantité tout à la fois, on est étonné, au bout de vingt-quatre heures ou de deux jours au plus, de trouver l'assiette entièrement vide et bien léchée. Les abeilles n'en ont mangé cependant qu'une petite partie et elles ont déposé le reste dans leurs magasins.

20. Malgré tous ces soins, la mortalité anéantit de temps en temps la population de quelques ruches ; il faut donc être attentif à recueillir les essaims que donnent les ruches les plus vigoureuses.

La saison des essaims commence en mai et dure pour l'ordinaire jusqu'au 25 juin ; quelquefois il s'en montre encore vers le milieu de juillet. Ces essaims tardifs réussissent rarement, à moins qu'on ne leur fournisse des vivres avant et après l'hiver.

Lorsqu'on juge qu'une ruche est à la veille d'essaimer, il faut la surveiller.

Il y a des signes certains pour reconnaître qu'un essaim se dispose à partir. Si l'on va le soir, à l'entrée de la nuit, écouter tout près des ruches, on entend dans celles qui se préparent à donner un essaim, un grand bourdonnement au milieu duquel on distingue, par intervalles, une voix aiguë qui a quelque chose du clairon. Si le lendemain le temps est chaud et calme, surtout si de gros nuages flottans laissent passer par intervalles des coups de soleil ardens, la résolution arrêtée dans le conseil tenu la veille s'exécute et le départ de la colonie a lieu. Si le temps est mauvais, si le vent est vif, ce départ est ajourné.

On est donc obligé de garder les ruches durant la saison des essaims. Ceux-ci s'échappent quelquefois et ils prennent leur vol sans s'arrêter dans le voisinage. Le meilleur moyen pour les arrêter consiste à faire pleuvoir sur eux du sable ou de l'eau; ou bien encore à les effrayer par la détonation d'une arme à feu. On les voit aussitôt se rabattre et se poser en grappe sur un arbre voisin. Alors on approche la ruche qu'on a eu soin de préparer d'avance, qu'on a nettoyée exactement; on la frotte de miel et de quelques herbes qui plaisent aux abeilles, telles que la lavande, la mélisse ou la fève de marais. On entoure la ruche d'un linge bien propre que l'on fait déborder du côté du fond ouvert par où les abeilles doivent s'introduire. On coupe la branche à laquelle l'essaim est suspendu, et on la place sur le linge tout près de la ruche. On frappe de petits coups sur celle-ci et on pousse les abeilles avec un petit balai de feuillage.

Cette opération expose à recevoir sur la figure et sur les mains de bons coups d'aiguillon. Il est donc prudent de prendre des gants de peau, et de s'envelopper le visage d'une gaze transparente. Il y a des gens qui ne sont jamais piqués, parce que leur transpiration a le don de plaire aux abeilles. On assure qu'un moyen infaillible pour n'être pas piqué, est de se laver les mains et le visage avec son urine. L'urine fraîche a une odeur de fleur de blé qui plaît aux abeilles.

Du reste, on les écarte par la fumée et on les engage par ce même moyen à se réfugier dans la ruche. Un bon moyen encore de rendre les abeilles maniables, c'est de les enivrer en les aspergeant de vin. On les engourdit complétement et sans danger pour elles, en leur faisant subir l'espèce de fumigation qui sort d'une vesse-de-loup dans son état de maturité.

Lorsque l'essaim s'est établi dans sa ruche, on continue à la surveiller , et on attend la nuit pour la transporter sur la table qui lui est destinée.

21. Comme la saison des essaims est celle des travaux agricoles les plus multipliés et les plus urgens, la garde des ruches a pu paraître assez onéreuse. En conséquence , on a pris le parti de faire essaimer les ruches par force et par des procédés dont les plus simples et les plus faciles dans l'exécution sont ceux que nous allons expliquer.

Lorsqu'on juge qu'une ruche est en état de produire un ou plusieurs essaims , on se hâte de prévenir le départ de ceux-ci en provoquant un essaim artificiel. On choisit pour cela un beau jour du mois mai , et l'heure où un grand nombre d'abeilles a quitté la ruche pour aller travailler dans les champs.

Après avoir pris la précaution de garantir le visage avec un masque et les mains avec des gants , on ôte le couvercle de la ruche ; on la couche doucement sur une chaise en appliquant exactement le fond contre celui d'une ruche vide, bien nettoyée et bien enduite de miel et du suc de quelques herbes odoriférantes. Afin qu'il n'y ait point d'issue pour les abeilles au point de jonction des deux ruches , on les enveloppe avec un linge. Pendant qu'on enfume les abeilles par l'autre bout de la ruche , on frappe sur celle-ci de petits coups de bâton pour les attirer vers la ruche où on veut les transvaser. La reine , persuadée qu'elle est menacée d'une invasion , accourt vers le point où elle entend le bruit , et tout son peuple marche à sa suite.

On la conduit ainsi graduellement dans le nouveau logement qu'on lui destine. Pour hâter la marche des plus paresseuses , on pousse la fumée dans la ruche avec un soufflet. Quand on juge , en approchant successivement l'oreille des deux ruches , que la transmigration est opérée , on pose ces deux ruches sur leur table , en observant de ne pas les mettre trop près l'une de l'autre. La mère-souche doit rester à sa place. On a soin de boucher exactement la ruche où se trouve l'essaim artificiel. Les abeilles de la mère-souche, qui se trouvaient en campagne pendant l'opération, arrivent successivement et paraissent indécises, tristes et déconcertées en trouvant la maison deserte. Elles errent quelque temps tout autour, jusqu'à ce qu'enfin, sentant les approches de la nuit, elles prennent le parti d'entrer. Alors on les enferme et l'on ouvre la porte de la ruche où l'on a transvasé leur reine et leurs compagnes. Ces dernières, le lendemain, se mettent au travail avec ardeur pour approvisionner leur nouvelle habitation.

Pour connaître l'instant où l'on peut ouvrir les portes de la ruche qui a fourni l'essaim, on va prêter l'oreille tout près des parois. Si l'intérieur de la ruche retentit d'un bourdonnement universel, il faut bien se garder d'ouvrir : les abeilles n'ont pas encore de reine et elles travaillent à en faire une. Sitôt que le tumulte cesse, on peut être assuré qu'il y a dans la ruche ou une reine nouvellement sortie de sa cellule, ou une nymphe, ou un ver de reine qui a été reconnu par la population. Alors on ouvre la porte, et les abeilles prennent leurs occupations accoutumées.

22. Comme tout ce qui respire, l'abeille a des ennemis. Les plus redoutables sont les fausses teignes et les rats.

Les fausses teignes proviennent d'une espèce de phalène ou papillon de nuit, qui entre dans les ruches pendant que les abeilles sont endormies, et y dépose ses œufs. Ceux-ci donnent naissance à de petites chenilles qui percent les cellules et les tapissent d'une espèce de toile. Elles font couler le miel et périr le couvain. Une ruche envahie par les fausses teignes est perdue sans ressource, à moins qu'on ne parvienne à la délivrer de ce fléau. Quand on a des ruches à hausses, la chose est très-facile, attendu que l'on nettoie la hausse du sommet et qu'on la met ensuite au fond ; ainsi de suite, jusqu'à ce que toutes les hausses aient été nettoyées. Mais pour les ruches d'une seule pièce, que l'on nomme *ruches de l'ancien système*, on est réduit à prendre le parti de transvaser les abeilles. On procède à cette opération de la manière qui a été décrite plus haut pour les essaims artificiels, sauf qu'on choisit autant que possible le moment où toutes les abeilles sont présentes dans la ruche, et qu'après les avoir transvasées on place la nouvelle ruche sur la même table sans en boucher l'entrée, en ayant soin d'emporter fort loin celle que l'on veut nettoyer, de peur que l'odeur du miel n'attire les abeilles.

Les rats, pendant l'hiver, parviennent à percer les ruches, et trouvant les abeilles engourdies, ils les dévorent aussi bien que leurs provisions. Le seul moyen de préserver les ruches, est de les entourer de piéges propres à détruire ces ennemis dangereux. Le meilleur de ces piéges est un vase de terre dans lequel on met de l'eau jusques vers le milieu de sa hauteur, qu'on recouvre ensuite d'un parchemin bien ficelé sur les bords et découpé au milieu en forme de cœur ou de languette mobile, qui plie lorsqu'on pèse dessus, et reprend sa position par son propre ressort. On y attache avec un brin de fil quelques miettes de pain frit dans l'huile de noix ou autres friandises. Le long de la muraille, derrière les ruches, on enfonce ces vases dans la terre jusqu'au niveau du sol. Le premier rat qui tombe dans l'eau nage long-temps et pousse des cris. Ses camarades accourent et se précipitent dans le même piége. Il est bon que les vases soient vernissés en dedans et que leur ventre arrondi soit plus large que l'ouverture.

Les araignées s'introduisent aussi quelquefois dans les ruches, y tendent leurs toiles et prennent un grand nombre d'abeilles.

Il faut s'imposer la loi de visiter souvent les ruches, pendant que les abeilles sont engourdies, afin de les nettoyer et de les délivrer de leurs ennemis. Si l'on trouve des ordures ou des cadavres d'abeilles sur la table, il faut les enlever. Si l'on y voit des gouttes de miel, c'est une preuve que la ruche est en proie aux fausses teignes ; si l'on y voit des débris de cire, on peut juger qu'elle est attaquée par les rats.

23. Il ne suffit pas de défendre les abeilles contre leurs ennemis et de les mettre à couvert du froid dans la ruche, conformément à ce qui a été indiqué plus haut ; il faut les empêcher de sortir toutes les fois qu'elles ne peuvent pas le faire sans danger ; ce qui arrive lorsque le soleil est chaud,

à l'abri du nord, et que néanmoins l'air est froid et la terre couverte de frimas. Les abeilles, excitées par la chaleur qu'elles éprouvent dans la ruche, s'envolent dans les airs ; mais parvenues à la hauteur du mur qui les abrite, elles tombent et périssent. Il faut alors prendre le parti de fermer la porte de la ruche, mais sans la boucher de manière à empêcher l'entrée de l'air extérieur. On se sert pour cet effet d'une petite grille en fil de fer.

Il faut ainsi griller l'entrée des ruches dès le mois de novembre, sitôt que les premières gelées se montrent.

24. Il arrive assez souvent que vers la fin de l'hiver les abeilles sont atteintes de la dyssenterie, ou d'une autre maladie que l'on nomme la *maladie des antennes*. Dans la dyssenterie, on trouve la table parsemée de points rouges. Ce sont les excrémens des abeilles malades. Dans la maladie des antennes, les abeilles ont les antennes lourdes et terminées par un bourrelet jaunâtre. Le remède est le même pour les deux maladies. Il consiste à administrer de bon vin dans lequel on a dissous un peu de sucre. Quelques auteurs conseillent de faire bouillir du miel récent dans du vin, à raison de quatre livres de vin pour deux livres de miel ; on ajoute une livre de sucre : on écume avec soin. Quand cette mixtion est réduite à la consistance perlée d'un sirop, on la retire du feu, et lorsqu'elle est refroidie, on la met dans des bouteilles que l'on bouche avec soin, et que l'on conserve dans la cave pour s'en servir au besoin. Ce sirop peut être employé comme aliment, comme préservatif et comme remède (1).

La maladie la plus dangereuse pour les abeilles est celle que l'on nomme le *faux couvain*, nom très-impropre, car on entend par là un couvain composé de vers et de nymphes qui ont péri et dont les cadavres exhalent des émanations pestilentielles dans la ruche. Le remède consiste à enlever ce faux couvain, à parfumer la ruche, et, ce qui serait

---

(1) Le sel de cuisine est encore un bon moyen pour rétablir et pour fortifier la santé des abeilles. On peut l'administrer dissous dans l'eau, ou bien en poudre très-fine que l'on place sous la ruche.

plus convenable encore , à transvaser les abeilles. On doit aussi avoir soin d'administrer à celles-ci le sirop tonique dont on a donné plus haut la composition. Mais , au préalable , il convient de les obliger de jeûner pendant deux jours pour leur donner le temps de se vider du mauvais levain qu'elles ont dans le corps.

25. Il nous reste à présent à dire à quelle époque de l'année et de quelle manière il faut tailler les ruches.

Suivant l'usage généralement reçu , on taille les ruches en février ou en mars au plus tard. Cet usage , bien qu'il soit consacré par un temps immémorial, n'en est pas moins vicieux , et il est vrai de dire que la saison est fort mal choisie. En effet , on demande du miel aux abeilles dans le moment de l'année où elles en ont le moins, dans un moment où elles sont affaiblies par les rigueurs de l'hiver , où elles ont besoin de se bien nourrir pour reprendre des forces , enfin dans une saison où la campagne ne leur offre aucun moyen de réparer la brèche que l'on fait à leurs provisions.

Tous nos bergers disent avec raison que le mois de mars est de tous les mois de l'année le plus critique pour le bétail , celui où le sang est le plus appauvri. Ce qui est vrai pour les brebis est vrai pour les abeilles. Pourquoi donc a-t-on choisi cette époque? Par une raison qui ne dérive pas de la nature , mais bien d'un vice inhérent à la forme des ruches.

Pour tailler les ruches qui sont assemblées tout d'une pièce , et qu'on nomme ruches de l'ancien système , il importe de prendre le temps où les abeilles sont faibles. On a dit avec raison que la taille des ruches de ce genre est en quelque sorte une expédition militaire. On ouvre la ruche , on l'enfume , on y enfonce un instrument de fer , qui représente par un bout un ciseau de menuisier à lame droite et plane ; et par l'autre bout , une serpette. On détache et on coupe les gâteaux. Pour épargner le couvain , on n'a d'autre règle que le coup-d'œil de la routine. On taille la ruche par ses deux extrémités et on laisse les abeilles dans un état violent d'exaspération. Il est clair qu'une pareille opération deviendrait impossible, si l'on attendait la saison où les abeilles ont repris toute leur force et toute leur vivacité.

Quand on se sert de ruches à hausses, on a le moyen de tailler les ruches sans bruit et sans que les abeilles s'aperçoivent du larcin qu'on leur fait. On est donc le maître de choisir la saison la plus favorable, qui est celle des fleurs. C'est vers le 10 ou le 12 mai qu'il convient de tailler les ruches. Voici de quelle manière il faut procéder :

Le matin, avant que les abeilles soient réveillées par le soleil, on détache les ficelles qui retiennent les hausses et le couvercle, on soulève doucement la hausse supérieure au moyen d'une lame de couteau que l'on introduit dans les joints. Pour couper les gâteaux, on fait passer un fil de laiton très-mince, qu'on a assoupli en le rougissant au feu, et dont les deux bouts sont roulés sur deux petites chevilles. On pose le couvercle sur la hausse qui vient après et qui se trouve alors la dernière vers le haut. Après avoir nettoyé celle qu'on a enlevée, on la place sous la première du fond, laquelle devient alors la seconde. On ôte le bouchon de liége qui fermait l'ouverture de la hausse du haut, et on le place dans le trou de celle qui occupait le fond et qui vient de céder sa place. On peut ainsi successivement dépouiller les abeilles, en déplaçant les hausses, tout autant qu'on juge convenable de le faire.

Cette façon de tailler les ruches a de grands avantages. Premièrement, dans la saison des fleurs, il est essentiel d'exciter les abeilles au travail. C'est à quoi on réussit en leur présentant des hausses vides dont la capacité n'est pas assez vaste pour les décourager. En second lieu, il n'est pas bon que les gâteaux séjournent trop long-temps dans la ruche, et il importe qu'ils soient souvent renouvelés. La cire, en vieillissant, devient noire et de mauvaise qualité : le miel se cristallise et devient ce que l'on appelle *candi*. En cet état, les abeilles ne peuvent pas le sucer, et il occupe inutilement les cellules. Ces inconvéniens sont inévitables dans les ruches d'une seule pièce, qui ne peuvent être taillées qu'une fois l'an ; d'ailleurs les rayons du milieu restent toujours, à moins qu'on ne prenne le parti violent et malheureux d'anéantir le couvain. Du reste, eu taillant ces mêmes ruches, il est impossible de ne pas faire périr une partie du couvain.

Suivant le système des ruches à hausses, le centre est continuellement déplacé : toutes les hausses sont successivement nettoyées, et le couvain trouve toujours des cellules neuves et saines. En taillant plusieurs fois dans le cours de l'année, on procure aux abeilles et on se procure à soi-même du miel et de la cire dans leur état de fraîcheur et de bonne qualité.

En taillant pour la première fois vers le milieu de mai, qui est la saison des essaims, le couvain des premières pontes est éclos, et les cellules qu'il a quittées dans les hausses du haut sont pleines de miel. Il n'y a des œufs et des vers que dans les hausses du centre et du fond. On est donc sûr, en ne prenant que la hausse supérieure, que le couvain ne sera pas endommagé.

26. Combien de fois et jusqu'à quel point faut-il dégraisser les ruches ? Ceci dépend des circonstances : c'est une affaire de tact et de discernement. Il faut avoir égard à la population des ruches et à la quantité des provisions qu'elles renferment.

Pour connaître les forces et les richesses d'une ruche, le moyen le plus simple et le plus sûr est de la peser. Mais pour avoir ce poids net de tare, il faut avoir pris la précaution de peser la ruche avant d'y introduire les abeilles, et de graver sur le couvercle le chiffre qui indique son poids. Alors on n'a qu'à percer l'une des traverses du couvercle par chacun de ses bouts. On y attache une ficelle qui fait anse de panier. On accroche ainsi la ruche à une balance-romaine, on la soulève doucement, et on la pèse pendant que les abeilles sont endormies.

Si l'on trouve un poids net de soixante-quatre à soixante-cinq demi-kilogrammes pour une ruche composée de sept hausses ayant chacune treize pouces de largeur en carré, on ne fait aucun tort aux abeilles en leur prenant successivement la moitié de leurs provisions , ou , tout au moins, trois hausses sur sept.

On dégraisse la première hausse en mai , la seconde vers la fin de juin et la troisième en octobre. Mais à cette dernière époque, on ne remet pas la hausse dans le fond. On raccourcit ainsi la ruche et on procure aux abeilles une maison d'hiver moins spacieuse et par conséquent moins exposée au froid. On ajoute la hausse vide vers le commencement du printemps.

Si celui-ci est très-favorable, si l'on remarque que la ruche est pleine et que les gâteaux descendent sur la table, on ajoute encore une nouvelle hausse vide , et ensuite on taille en conséquence plus souvent : on enlève un plus grand nombre de hausses.

Par cette méthode, on a eu tiré d'une seule ruche , en un an , 88 livres pesant de rayons.

On rend service aux abeilles en ne souffrant pas que leurs magasins restent encombrés. Il est bon qu'elles trouvent continuellement des vides à remplir et des occupations qui les commandent ; car pour cette espèce , comme pour toutes celles que la Providence a destinées au travail , l'oisiveté est la mère des vices et des maladies.

On peut évaluer la force des essaims et le nombre des abeilles en les pesant. 336 abeilles donnent le poids d'une once ; ce qui revient pour l'ancienne livre de 16 onces faisant bien près du demi-kilogramme , à 5,376. Un essaim de cinq à six livres peut passer pour fort. Il y en a qui pèsent huit livres , mais ils sont rares. Un essaim de six livres sera composé de 32,256 abeilles.

D'après ces données , on peut, ce me semble , évaluer d'une façon approximative , le nombre des abeilles contenues dans une ruche pleine de gâteaux , au moment où on la taille , pourvu qu'au préalable on ait eu soin de la peser. Il suffit ensuite de peser à part la hausse qu'on a détachée et de comparer son poids avec la portion aliquote qui lui revenait sur le poids total d'après le nombre des hausses. Soit une ruche de 7 hausses qui pèse en bloc 70 livres , tare déduite :

cela revient à dix livres pour chaque hausse. Si celle qu'on a enlevée et dans laquelle il n'y a point d'abeilles, ne donne qu'un poids de neuf livres, on peut présumer que les six autres, abstraction faite des abeilles, donnent aussi tout au plus un poids de neuf livres chacune. Cela fait pour les sept hausses 63 livres, et laisse une différence de sept livres, qui exprime le poids des abeilles. Si une livre suppose 5,376 abeilles, nous aurons 5,376 multiplié par sept, c'est-à-dire 37,632 abeilles.

On a vérifié que la population des ruches s'élève quelquefois jusqu'à quarante ou quarante-cinq mille. Celles qui n'en ont que quinze ou vingt mille doivent être réputées faibles.

Une ruche vigoureuse peut donner trois essaims du poids de six livres l'un dans l'autre. Cela fait une surabondance de population de 96,768.

On peut juger, d'après ces aperçus, combien la nature a mis de germes de fécondité dans cette espèce intéressante, et combien l'art attentif, diligent et éclairé peut en tirer parti pour l'agrément et l'utilité de l'homme.

Un rucher bien gouverné peut devenir une branche considérable du revenu de la ferme.

FIN.

TABLE

PAR CHAPITRES.

TABLE

ANALYTIQUE DES MATIÈRES PAR ORDRE ALPHABÉTIQUE.

D.

(514)

R.

S.

FIN DE LA TABLE.

ERRATUM :

Page 275, ligne 1re : *le rayonneur*, 15 fr. ; lisez : 5 fr.